University Computer

大学计算机

主　编：李　伟　刘天真
参　编：王　新　程　宇　李景丽　马颖丽
邓　昀　李　超　谢　昊　刘凤田

河北大学出版社
·保定·

出 版 人：马　力
责任编辑：刘　婷
装帧设计：王占梅
责任校对：苏安邦
责任印制：常　凯

DAXUE JISUANJI

图书在版编目（CIP）数据

大学计算机 / 李伟，刘天真主编 . -- 保定：河北大学出版社，2024. 7. -- ISBN 978-7-5666-2390-4（2025.7 重印）

Ⅰ . TP3

中国国家版本馆 CIP 数据核字第 20242618HU 号

出版发行：河北大学出版社
地址：河北省保定市七一东路 2666 号　邮编：071000
电话：0312-5073019　0312-5073029
邮箱：hbdxcbs@163.com　网址：www.hbdxcbs.com
经　　销：全国新华书店
印　　刷：保定市北方胶印有限公司
幅面尺寸：185 mm×260 mm
印　　张：22.75
字　　数：472 千字
版　　次：2024 年 7 月第 1 版
印　　次：2025 年 7 月第 2 次印刷
书　　号：ISBN 978-7-5666-2390-4
定　　价：59.00 元

如发现印装质量问题，影响阅读，请与本社联系。
电话：0312-5073023

目　　录

第1章　计算机基础知识

本章能力目标

①了解计算机的分类和应用领域。

②认识微型计算机系统的组成。

③掌握计算机常用数制的转换与编码方法。

④了解新型计算机。

人们把21世纪称为信息化时代，其标志就是计算机的广泛应用。在科学发展史上，没有哪个学科像计算机科学这样发展如此迅速，并对人类的生产生活产生如此巨大的影响。计算机本身是一门科学，更是一种科学工具，掌握计算机知识以及必要的计算机技能，将使我们更有信心迎接未来。

计算机的诞生是人类科学技术发展史上的里程碑，计算机极大地提升了人类认识世界、改造世界的能力，对社会生活的各个领域产生了深远的影响，促进了社会从工业化向信息化发展的进程。计算机不但广泛应用在工业、农业、国防和科学技术等诸多领域，还渗透到人们日常生活的各个方面，成为我们的助手和有力工具，促进了人类社会的巨大变革，助推了现代化的进程。

今天的“计算机”（Computer）以及“计算机科学”（Computer Science，CS）、“计算机技术”（Computer Technology）等术语涉及的概念非常广泛，本章从计算机的基本概念开始，进而了解计算机的发展史及其特点和计算机科学的研究内容。

1.1　计算机概述

1.1.1　计算机的产生与发展

今天的计算机和早期相比，无论是形式还是内容都发生了巨大的改变。从技术上讲，使用大规模集成电路的计算机的体积越来越小，功能却越来越强；从用途上看，过去昂贵的计算机被放置在专用机房，今天已经在办公桌上可见，计算机还进入了家庭成为消费电子产品。在用户方面，过去的计算机只能被专家操作，今天的计算机可以被儿童所用。这个例子可能并不普遍，但有普遍意义：从来没有接触过计算机的人，并不需要通过长时间的学习就可以面对计算机的显示器，敲着键盘，点着鼠标，上因特网了。

另一个例子可能比较普遍。几乎所有的银行储户都有存折或储蓄卡，存折和储蓄卡上的黑色磁条里存放的并不是储蓄余额，而是存折或储蓄卡的相关信息，包括一个账号。它是一个通向银行计算机网络的钥匙（当然还需要另一个钥匙：密码）。银行终端机接收到磁条信息后连接银行的计算机网络，然后完成储户需要的服务。而储户可以在任何一家银行的服务点存钱或取钱。这种业务操作还可以跨行、跨地区，甚至跨国家进行。

计算机应用已经深入到社会生活的许多方面，从家用电器到航天飞机，从学校到工厂，计算机所带来的不仅仅是一种行为方式的变化，更大程度上促进了人类思考方式的革命。计算机对人类社会产生的革命性影响还在继续。

1. 计算工具的发展

在人类社会漫长的发展过程中，在对自然世界的认识不断加深的基础上，各种各样的计算方法和工具被发明出来。如远古时采用垒石、结绳或刻痕的方法进行计数和运算，我国春秋战国时期出现了筹算法（使用竹筹、木筹等），唐代末期发明了人类的第一种计算工具——算盘。伴随着社会生产力的发展，在17世纪，计算工具得到了较大的发展。1622年，英国数学家奥特雷德（William Oughtred）根据对数表设计了计算尺；1642年，法国数学家、物理学家帕斯卡（Blaise Pascal）发明了采用齿轮旋转进位方式执行运算的加法器；1673年，德国数学家莱布尼茨（Gottfried Leibniz）在帕斯卡的发明基础上设计制造了能进行加、减、乘、除和开方运算的计算器，为各种机械式计算机的出现打下了基础。

近代计算机技术的发展中，起到奠基人作用的是19世纪的英国数学家查尔斯·巴贝奇（Charles Babbage）。如图1-1所示。他于1822年制造出的差分机可动模型，是最早采用寄存器来存储数据的计算机，体现了早期程序设计思想的萌芽。第一台差分机从设计到制造完成，花费了整整十年。如图1-2所示。它可以处理3个5位数，计算精度达到了6位小数。1834年，巴贝奇又提出了分析机的设计。如图1-3所示。巴贝奇设计的分析机采用了三个具有现代意义的装置：使用齿轮式装置保存数据的寄存器，从寄存器中取出数据进行运算的装置，控制操作顺序、选择所需处理的数据以及输出结果的装置。虽然受当时科学技术条件和机械制造工艺水平的限制分析机未能最终实现，但分析机的结构组成和设计思想使其成为现代电子计算机的雏形，巴贝奇也因此被国际计算机界公认为“计算机之父”。

100年后的1936年，美国哈佛大学的霍华德·艾肯（Howard Aiken）在图书馆发现了巴贝奇有关分析机设计的论文，并根据科学技术的新发展，提出了采用机电方法，而不是纯机械方法来实现巴贝奇分析机的构想。在IBM公司的资助下，艾肯于1944年研制成功了 Mark-Ⅰ计算机，将巴贝奇的梦想变成了现实。Mark-Ⅰ取消了齿轮传动装置，代之以穿孔纸带传送指令，是世界上最早的通用型自动机电式计算机。

图 1-1　查尔斯・巴贝奇

图 1-2　差分机

图 1-3　分析机

2. 现代计算机的发展

在现代计算机科学的发展中，有两个最杰出的代表人物。一个是现代计算机科学的奠基人，英国数学家阿兰・图灵(Alan Mathison Turing)。如图 1-4 所示。图灵在计算机科学方面的主要贡献有两个：一是建立了图灵机（Turing Machine，TM 机）的理论模型，对计算机的一般结构、可实现性和局限性研究都产生了深远的影响，奠定了可计算理论的基础；二是提出了定义机器智能的图灵测试（Turing Test），奠定了人工智能的理论基础。

图 1-4　阿兰・图灵

另一个是被称为“现代计算机之父”的美籍匈牙利数学家冯・诺依曼（John von Neumann）。如图 1-5 所示。他在参与研制 EDVAC（Electronic Discrete Variable Automatic Computer，电子离散变量自动计算机）时，提出了“存储程序”的概念，并以此概念为基础确定了计算机硬件系统的基本结构。“存储程序”的工作原理也因此被称为冯・诺依曼原理。EDVAC 于 1950 年研制成功正式投入使用。事实上，世界上第一台实现“存储程序”工作原理的电子计算机是英国剑桥大学的莫瑞斯・威尔克斯（Maurice Wilkes）根据冯・诺依曼的设计思想研制的 EDSAC（Electronic Delay Storage Automatic Calculator，电子延迟存储自动计算机），于 1949 年 5 月制成并投入使用。多年来，虽然现代的电子计算机系统从性能指标、

图 1-5　冯・诺依曼

运算速度、工作方式和应用领域等各个方面与早期的电子计算机有了极大的差别，但基本结构和工作原理并没有改变，仍属于冯·诺依曼式计算机。

目前，大家公认的世界第一台通用计算机是由美国宾夕法尼亚大学研制，于 1946 年 2 月 14 日成功投入使用的 ENIAC（Electronic Numerical Integrator And Calculator），即电子数字积分计算机。如图 1-6 所示。ENIAC 使用了 18 000 多只电子管、10 000 多个电容器、70 000 多个电阻和 1 500 多个继电器，重达 30 余吨，占地近 170 平方米。虽然 ENIAC 本身也存在着不能存储程序、使用十进制、用布线板连接线路的方法来编排程序使准备时间大大超过实际运算时间等严重缺陷，但因为它采用了电子管和电子线路，大大提高了运算速度，每秒能进行 5 000 次的加法运算，比当时最快的机电式计算机的运算速度快了 1 000 多倍，速度是手工计算的 20 万倍。ENIAC 的问世，将科学家从繁重的计算中解脱了出来，表明了电子计算机时代的到来，因而具有划时代的意义。

图 1-6　ENIAC

3. 计算机的发展阶段

我们现在所称的计算机全名为通用数字电子计算机。因为几乎没有其他的计算机了，包括 20 世纪六七十年代还在使用的模拟计算机也被数字计算机所取代，所以今天的计算机一词也就成了数字计算机的同义词。根据制造电子计算机所使用的电子器件的不同，通常将电子计算机的发展划分为电子管、晶体管、集成电路以及大规模集成电路等四个时代。

（1）第一代计算机（1946—1957 年）

通常称为电子管计算机时代。电子管计算机因为体积庞大、笨重、耗电量大、运行速度慢、工作可靠性差、难以使用和维护，且造价极高，所以主要用于军事领域和科学研究工作中的科学计算。其主要特点是：

①采用电子管作为计算机的基本逻辑开关部件，运算速度仅为每秒数千次至数万次。

②内存储器采用水银延迟线、磁芯等，容量仅有几 KB。

③外存储设备使用卡片、穿孔纸带、磁鼓、磁带等。

④软件在早期使用机器语言编写，20 世纪 50 年代中期开始使用汇编语言，尚无操作系统。

(2) 第二代计算机（1958—1964 年）

通常称为晶体管计算机时代。晶体管计算机较电子管计算机的体积减小、重量减轻、耗电量减少、可靠性增强、运算速度提高，应用范围从军事和科研领域中单纯的科学计算扩展到数据处理和事务处理。其主要特点是：

①采用半导体晶体管作为计算机的逻辑开关部件，运算速度达到每秒几十万次。

②内存储器普遍采用了磁芯存储器，容量达到几十 KB。

③外存储设备主要使用磁带、磁盘等。

④软件编程出现了多种高级语言，如 FORTRAN、COBOL、ALGOL 等，并提出了操作系统的概念。

(3) 第三代计算机（1964—1970 年）

通常称为集成电路计算机时代。集成电路计算机的体积、重量、耗电量较晶体管计算机进一步减少，可靠性和运算速度进一步提高，开始应用于科学计算、数据处理、过程控制等多方面领域，软硬件都向通用化、标准化、系列化方向发展。其主要特点是：

①开始采用中、小规模的半导体集成电路作为逻辑开关部件，运算速度达到了每秒几百万次。

②内存储器开始使用半导体存储器，容量达到了几千 KB。

③外存储设备仍以磁带、磁盘为主，外部设备的种类增加。

④高级程序设计语言有很大发展，出现了结构化的程序设计方法、会话式语言（如 BASIC 语言），以及操作系统和数据库管理系统等。

(4) 第四代计算机（1971 年至今）

通常称为大规模、超大规模集成电路计算机时代。随着集成电路集成度的大幅度提高，计算机的体积、重量、功耗急剧下降，而运算速度、可靠性、存储容量等迅速提高。多媒体技术蓬勃兴起，将文字、声音、图形、图像等各种不同的信息处理集于一身。计算机的应用已广泛地深入到人类社会生活的各个领域，特别是计算机技术与通信技术紧密结合构建的计算机网络，标志着计算机科学技术的发展已进入以计算机网络为特征的新时代。其主要特点是：

①采用大规模、超大规模集成电路作为逻辑开关部件，家用计算机的运算速度达到每秒数十亿次。

②作为内存储器的半导体存储器，集成度越来越高，容量越来越大。

③外存储设备中的软、硬磁盘及磁带的容量不断提高，并出现了高容量的光盘等。

④各种新型的输入/输出设备不断涌现，如鼠标、激光打印机、声卡、扫描仪、绘图仪、手写板、数码相机等。

⑤随着操作系统的不断完善、发展以及数据库技术的进一步发展，软件行业已成为一种新型的现代化工业。各种操作系统、应用软件层出不穷，如微型机操作系统、GUI 界面操作系统和网络操作系统等；出现面向对象的、可视化的多种高级语言，如 C＋＋、Visual Basic、Java 等。

（5）新一代计算机

虽然当前电子计算机的性能得到极大的提高，但人类的追求是无止境的。世界各国的科学家一刻也没有停止过对更好、更快、更强的新一代计算机的研制工作。

半导体芯片集成度的提高并不是无止境的，在传统计算机的基础上大幅度提高计算机的性能必将遇到难以逾越的障碍。采用新材料构建新型逻辑部件，从基本原理上寻找计算机发展的突破口才是正确的道路。新一代计算机的工作原理和系统结构必将突破传统的冯・诺依曼体系结构。非冯・诺依曼体系结构是提高现代计算机性能的一个研究焦点。人们经过长期的探索，进行了大量的研究后，一致认为冯・诺依曼的传统体系结构虽然为计算机的发展奠定了基础，但是它的“程序存储和控制”原理表现在“集中顺序控制”方面的串行机制，却成为进一步提高计算机性能的瓶颈，而提高计算机性能的方向之一是并行处理。因此，许多非冯・诺依曼体系结构的计算机理论不断出现，如“神经网络计算机”“DNA 计算机”“光子计算机”等。

新一代计算机应是“智能化”的计算机系统，它能够模拟人的感觉和思维能力，模拟人的智能行为，具有视觉、听觉、语言、行为、思维、逻辑推理、联想、学习、证明和解释等能力；可通过自然语言、图形、图像等与人类直接对话，帮助人类开拓未知的新领域，获取新的知识。智能化的研究包括模式识别、物形分析、自然语言的生成和理解、定理的自动证明、自动程序设计、专家系统、学习系统、智能机器人等方面。人工智能的研究使计算机更进一步地突破了“计算”的初级含义，更广泛地扩展了计算机的能力和应用领域。

从目前的情况来看，新一代计算机系统的研制成功及真正投入使用尚需时日。

4. 计算机的发展趋势

随着人类社会的发展、科学技术的不断进步，计算机技术也在不断向纵深发展。不论是在硬件方面还是在软件方面都不断有新的产品推出，但总的发展趋势可以归纳为以下几个方面。

（1）微型化

由于微电子技术的迅速发展，芯片的集成度越来越高，计算机的元器件越来越小，使得计算机计算速度快、功能强、可靠性高、能耗小、体积小、重量轻。微型化、多功能仍然是今后计算机发展的方向。

（2）巨型化

为了满足尖端科学技术、军事、气象、地质等领域的需要，计算机也必须向超高速、大容量、强功能的巨型化发展。巨型计算机的技术水平是衡量一个国家综合国力的重要标志。

（3）网络化

网络技术把整个互联网虚拟成一台空前强大的一体化系统，犹如一台巨型机，在这个动态变化的网络环境中，实现计算资源、存储资源、数据资源、信息资源、知识资源、专家资源的全面共享，从而让用户享受可灵活控制的、智能的、协作式的信息服务。

（4）智能化

智能化是未来计算机发展的总趋势。计算机智能化是指计算机具有模拟人的感觉和思维过程的能力。在系统设计中考虑了构建知识库管理系统和推理机，使得机器本身能根据存储的知识进行推理和判断。这种计算机除了具备现代计算机的功能之外，还具有在某种程度上模仿人的推理、联想、学习等思维功能，并具有声音识别、图像识别能力。

1.1.2　计算机的特点与分类

要列举计算机的特点需要大量的篇幅，我们简单地把计算机的特点归纳为高速精确的运算、强大的存储和逻辑处理能力，以及可以自动处理和联网等方面。

1. 计算机的特点

电子计算机自诞生至今，能在短短的几十年里发展成为现代社会不可缺少的、最先进的、最具通用性的信息处理工具，是因为它具有一些人类和其他工具所不具备的优异特性。

（1）运算速度快

现代超级计算机的运算速度已达每秒 1 太（Trillion，万亿）次以上。过去人工需要几年、几十年才能完成的大量、复杂的科学计算工作，现在使用计算机只需几天或几小时甚至几分钟即可完成。

（2）运算精度高

由于计算机采用二进制数字运算，计算精度随着表示数字的设备的增加和算法的改进而不断提高，一般的计算机均可达到数十位有效数字。目前使用计算机计算得到的圆周率 π 的值已达到小数点后的上亿位。

(3) 具有记忆能力

计算机具有记忆(存储)信息的能力,可存储大量的数据和程序,并将处理或计算结果保存起来。这也是电子计算机区别于其他计算工具的基本特点。

(4) 具有逻辑判断能力

计算机除了能进行数值计算,还可以进行逻辑判断运算。正是这种逻辑判断的能力,使计算机能做非常复杂的运算,实现过程控制和完成各种各样的数据处理工作。

(5) 运行过程自动化

计算机具有自动执行程序的能力。将设计好的程序输入计算机,发出命令后,计算机即可按照程序指令自动地控制运行,完成指定的任务。

(6) 可靠性高

计算机的可靠性很高,工作稳定,差错率低。一般来讲,只有在人类介入的地方才容易出现错误。

(7) 通用性好

通用性是计算机能够应用于各种领域的基础。任何复杂的信息处理任务都可以分解为一系列的基本算术运算和逻辑判断操作。将实现这些基本运算和操作的机器指令按照一定的次序组合起来,加上运算所需的数据,形成适当的程序,就可以完成特定的任务。这种程序控制的工作方式使计算机在适应各种不同的工作时十分灵活、方便,易于变更,从而具有极大的通用性。

(8) 具有网络连接与通信功能

计算机技术发展到今天,支持将几十台、几百台,甚至更多的计算机连成一个网络,可将一个个城市、一个个国家的计算机连接到一个计算机网络上。目前规模最大、应用范围最广的"国际互联网"(Internet),连接了全世界150多个国家和地区数亿台的各种计算机。在网上的所有计算机用户,可共享网上资料、交流信息、互相学习,整个世界都可以互通信息。网络功能的重要意义是改变了人类交流的方式和信息获取的途径。

2. 计算机的分类

计算机的分类方法有多种,分类标准各不相同。

(1) 根据工作原理分类

根据工作原理的不同,计算机可以分为数字电子计算机和模拟电子计算机。

数字电子计算机中的数据都是用0和1构成的二进制数表示的,其基本运算部件是数字逻辑电路。因此,数字电子计算机的运算速度快、精度高、存储容量大。通常所说的电子计算机都是指数字电子计算机。

模拟电子计算机是以连续变化的电压/电流(模拟量)表示运算量的电子计算机。它可以模拟对象变化过程中的物理量。模拟电子计算机的运算速度快,但精度不高,通用性差，主要用于模拟计算、过程控制和一些科学研究领域。

（2）根据用途分类

根据用途的差别可以分为通用计算机和专用计算机。

通用计算机的功能多，通用性强，用途广泛，可用于解决各类问题。通常我们使用的都是通用型计算机。

专用计算机的功能单一，具有某个方面的特殊性能，通常用于完成某种特定的工作。与通用计算机相比，专用计算机在特定的环境或特定的用途上会更有效、更经济。

（3）根据性能指标分类

根据性能指标可以分为超级计算机、大型计算机、高档工作站、个人计算机、便携式计算机、平板计算机、单片计算机等。

超级计算机的运算速度快，内存容量大，功能超强，主要用于尖端科学技术方面。超级计算机的研制技术水平标志着一个国家的科学技术和工业发展的程度。

我国在 20 世纪 80 年代和 90 年代研制的“银河”系列、21 世纪推出的“曙光”系列均属于超级计算机。特别是在 2009 年我国研制成功“天河一号”计算机，使用了 6 144 个通用型处理器，存储容量达到 1 PB，其峰值运算速度达到了每秒 1 206 万亿次，名列同时期的亚洲第一，世界第五。

大型计算机具有运算速度高、存储容量大、支持多用户使用的特点，主要用于大型计算中心和作为计算机网络中的主机、服务器等。

高档工作站是 20 世纪 80 年代出现的一种新型计算机系统，它实际上是一种高性能的高档微型计算机，其运算速度、内存容量等指标均优于普通的个人计算机，多用于一些专门问题如图形、图像的处理。

个人计算机具有价格低、体积小、功耗低、使用方便的优点，是应用范围最广泛、最普及的计算机。

便携式计算机又称笔记本电脑，体积小、重量轻，可随身携带，使用方便。

平板计算机，采用多点触控屏技术，去掉了键盘和鼠标，更加轻巧，使用方便，如美国苹果公司于 2010 年初推出的 iPad。

单片计算机是将计算机系统的主要组成部分集成在一片半导体芯片上，主要用于自动控制领域，智能化的仪器、仪表，如掌上电脑、各种智能家用电器等。

1.1.3　计算机的应用

多年前，有一位计算机科学家曾经这样形容计算机的用途：“计算机除了不能帮你煮咖啡，其他什么都可以干。”这句话现在可以改变了，因为现在出现了能够煮咖啡的计算机——家庭机器人。计算机已经和几乎所有学科进行了结合，计算机的用途涉及科学计算、信息处理、过程控制等方面。

1. 科学计算

科学计算又称数值计算，是计算机应用最早的领域。在科学研究、工程设计、军事领域中经常遇到各种各样计算量很大的数学问题，如天气预报、地震预测、建筑设计、卫星的发射、天文观测等。利用计算机的高速度、高精度的计算能力，可以大大缩短计算周期，节省大量的人力、物力和时间。计算机强大的运算能力也为许多学科提供了新的研究方法。计算机成为发展现代尖端科学技术必不可少的重要工具。

2. 信息处理

信息处理又称数据处理。信息在人类的生产活动和社会生活中发挥着越来越重要的作用，信息处理已成为当今世界上最主要的社会活动之一，因此信息处理成为计算机应用最广泛的领域。信息处理包括对信息的采集、接收、转换、存储、传输、分类、排序、查询、统计等加工处理工作，其结果是获得有用的信息，为管理和决策提供依据。目前，信息处理已广泛应用于办公自动化、事务处理、经济领域的各种生产经营管理、医疗管理、人口统计、档案管理、情报检索等各个方面。利用计算机进行信息处理不仅可以提高工作效率，还可扩大获得信息的渠道。

3. 过程控制

过程控制又称实时控制，是指使用计算机及时地自动采集、检测、分析控制对象的有关数据，并迅速地对控制对象的运行状态进行自动调节、自动控制的过程。利用计算机对生产过程进行自动控制不仅能大大提高生产的自动化水平和控制的精确性，提高劳动生产率，而且还可减轻劳动强度，提高产品质量，节省原材料，减少能源消耗，降低生产成本。因此，过程控制在工农业生产、交通运输、电力、通信、航空、航天、军事等各种领域都得到了广泛应用。

4. 实时系统

实时系统是指能够及时收集、检测数据，进行快速处理并自动控制被处理对象操作的计算机系统。这个系统的核心是计算机控制整个处理过程，包括从数据输入到输出控制的整个过程。现代工业生产的过程控制基本上都以计算机实时控制为主，传统过程控制的一些方法如比例控制、微分控制、积分控制等都可以通过计算机的运算实现。计算机实时控制不但是一个控制手段的改变，更重要的是它的适应性较传统控制方式大大提高，它可以通过参数设定、改变处理流程实现不同过程的控制，有助于提高生产质量和生产效率。

5. 计算机辅助工程

利用计算机的高速计算能力、逻辑判断功能、大容量存储和图形处理功能来部分地代替或帮助人完成各种工作，称为计算机辅助工程。

如帮助工程技术人员进行设计工作的计算机辅助设计（Computer Aided Design，CAD），已广泛应用于机械设计、电路设计、建筑设计、服装设计等领域，不但大大提高了设计速度，而且提高了设计质量。

计算机辅助制造（Computer Aided Manufacturing，CAM）可以帮助管理、操作生产设备，控制生产过程，实现产品的制造、加工、装配、检测和包装等工作的自动化，从而大大提高生产效率和产品质量。

计算机辅助教育（Computer Aided Education，CAE）通过人与计算机系统之间的对话，让学生在计算机教学软件的指导下自主进行学习，改变了传统的教育方式，使学生的学习方法灵活、多样、方便，使教学内容形象、生动、逼真，能够激发学生的学习兴趣，并能满足不同层次学生对教学的不同要求。结合计算机网络通信技术的计算机远程教育的发展更是方兴未艾。

其他的还有计算机辅助测试（Computer Aided Test，CAT）、计算机辅助出版（Computer Aided Publish，CAP）等。

6. 人工智能

人工智能指用计算机模拟、实现人脑的部分复杂功能，如感知、演绎、推理、决策、学习等人类的思维活动，它是计算机科学技术应用研究的前沿学科。新一代计算机系统的研制开发，将成为人工智能研究成果的集中体现。

计算机可以模拟人类的某些智力活动。利用计算机可以进行图像和物体的识别，模拟人类的学习过程和探索过程。如机器翻译、智能机器人等，都是利用计算机模拟人类智力活动。人工智能是计算机科学的前沿研究领域，它的主要研究内容包括自然语言理解、专家系统、机器人以及定理自动证明等。

7. 网络和通信

计算机网络是计算机技术与现代通信技术相结合的产物，是计算机技术最具广阔发展前途的一个应用领域。计算机网络的建立，不仅可以支持一个单位、一个地区、一个国家内的计算机之间的通信和各种资源的共享，还可以促进和发展国际数据通信和资源共享。

将一个建筑物内的计算机和世界各地的计算机通过电话交换网等方式连接起来，就可以构成一个巨大的计算机网络系统，支持相互交流和资源共享。计算机网络的应用所涉及的主要技术有网络互联技术、路由技术、数据通信技术、信息浏览技术等。

计算机通信几乎就是现代通信的代名词。

8. 数字娱乐

运用计算机和网络进行娱乐活动，对许多计算机用户是习以为常的事情。网络上有丰富的电影、电视资源，也有通过网络和计算机进行的游戏，甚至有国际性的网络游戏赛事。数字娱乐的另一个重要方向是计算机和电视的结合，“数字电视”走入家庭，改变了传统电视的单向播放模式，推进交互模式应用。

9. 电子商务

电子商务是利用计算机系统和网络所进行的商业活动。它将国际互联网 Internet 与传统信息系统提供的丰富资源紧密结合，以网上相互关联的动态商务活动代替传统的商业活动。电子商务是计算机技术前景广阔的发展领域。

10. 嵌入式系统

并不是所有计算机都是通用的。有许多特殊的计算机用于不同的设备中，包括大量的消费电子产品和工业制造系统，把处理器芯片嵌入其中，完成处理任务。

1.2 计算机系统

计算机系统是由各种借助电、磁、光、机械等原理的物理部件组成，在相应软件的控制下，依照存储程序和程序控制的工作原理，能够高速、有效地完成用户指定的各种信息处理任务的自动化综合系统。

一个完整的计算机系统包括硬件和软件两大部分，其中硬件是组成计算机的物质基础，而软件则是硬件工作的指引者，是为了充分发挥计算机效能和方便用户使用的各种程序的总称。计算机软件的发展受到应用和硬件的推动与制约，反之，计算机软件的发展也推动了应用和硬件的发展。计算机系统的一般组成如图 1-7 所示。

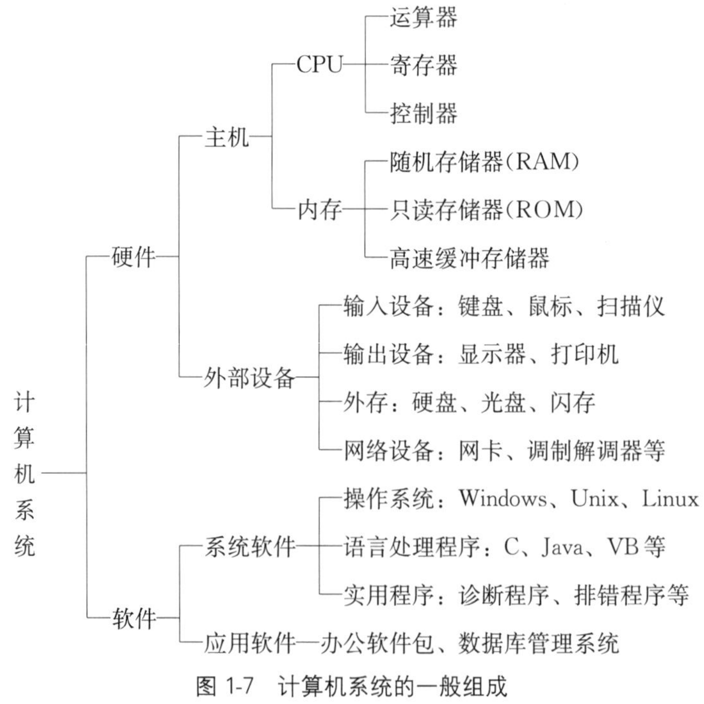

图 1-7 计算机系统的一般组成

1.2.1　计算机硬件系统

1. 计算机硬件系统逻辑构成

随着功能的不断增强，计算机应用范围不断扩展，计算机硬件系统也越来越复杂，但是其基本的体系结构并没有发生多大的变化，仍然属于冯·诺依曼型计算机系统。

冯·诺依曼型计算机的特点：

①计算机内部采用二进制代码表示程序（指令）和数据。

②事先编制程序并将程序和数据一起进行存储，计算机按程序编排的顺序自动连续地从存储器中依次取出指令并执行。

③计算机硬件系统由运算器、控制器、存储器、输入设备和输出设备五大逻辑功能部件组成。

五大部件中每一种部件都有相对独立的功能，分别完成不同的工作，这五大部件在数据处理时有机地结合在一起，通过系统总线完成操作。计算机接收指令后，由控制器指挥，将数据从输入设备传送到存储器存放，再由控制器将需要参加运算的数据传送到运算器，由运算器进行数据处理，处理后的结果先存放到存储器，然后由控制器控制输出设备输出。计算机硬件系统构成及工作流程如图 1-8 所示。

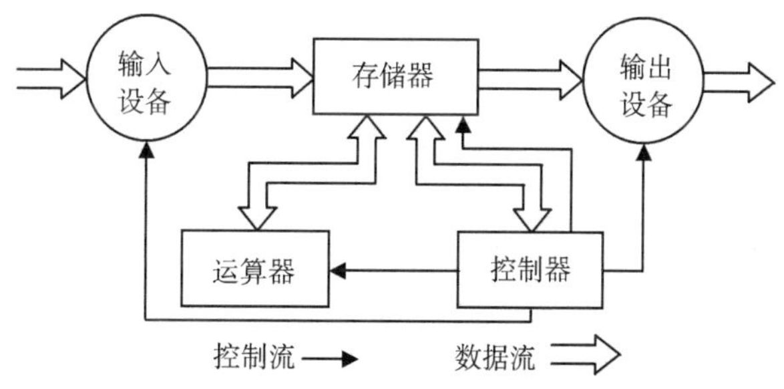

图 1-8　计算机硬件系统构成及工作流程

（1）运算器

运算器是对数据进行处理的部件。运算器的主要部件是算术逻辑单元，即 ALU（Arithmetic Logical Unit），另外还包括一些寄存器和其他部件。运算器的基本功能是进行算术运算和逻辑运算。在计算机中不管多么复杂的运算，都是通过基本的算术运算和逻辑运算完成的。算术运算是按算术规则进行的运算，如加、减、乘、除等。逻辑运算一般指非算术性质的运算，如比较大小、移位、逻辑“与”、逻辑“或”、逻辑“非”等。运算器由控制器统一控制，不断地读取内存储器中的数据进行运算，并将运算的结果送到内存储器中。

（2）控制器

控制器一般是由程序计数器（Program Counter，PC）、指令寄存器（Instruction

Register，IR）、指令译码器（Instruction Decoder，ID）和操作控制器等组成，并能够协调计算机各部件工作，使整个过程有条不紊地进行。它负责按程序计数器指出的指令地址从内存中取出对应指令，并对指令进行分析和逻辑译码，然后根据该指令的功能向有关部件发出控制信号，执行该指令。

运算器和控制器是按逻辑功能来划分的，实际上在计算机中，它们是结合在一起的集成电路块。这个集成电路块被称为中央处理器（简称 CPU）。

（3）存储器

存储器是计算机系统的记忆设备，用来保存信息，如数据、程序、指令和运算结果等。按照与中央处理器的接近程度，可以把存储器分为内部存储器和外部存储器两大类。

①内部存储器。

内部存储器是计算机主机的组成部分，也称内存或主存，用来存放当前运行程序及所需要的数据，属于临时存储器。CPU 可以直接访问内存并与其交换信息。相对于外部存储器而言，内存的存储容量小，存取速度快，成本较高。

根据存取方式的不同，内部存储器分为随机存储器（RAM）和只读存储器（ROM）两类。随机存储器（RAM）也叫读写存储器，有两个主要特点：一是其中的信息随时可以读出或写入，当写入时，原来存储的数据将被冲掉；二是加电使用时其中的信息会完好无损，但是一旦断电（关机或意外断电），随机存储器中存储的数据就会消失，而且无法恢复。随机存储器具有这些特点，因此也称它为临时存储器。只读存储器主要用来存放系统程序和数据，信息是在设备制造时用专门工具一次性写入的，存储的内容是永久性的，即使关机或断电也不会丢失。

②外部存储器。

外部存储器简称外存或辅存，它是内存的扩充。外存存放当前不参加运行的程序和数据，以及一些需要永久保存的信息，属于永久性存储器。外存的存储容量大、成本低，但存取速度较慢，且 CPU 不能直接访问它。当需要用到某一程序或数据时，必须先将其调入内存，然后再运行。常用的外存有硬盘、光盘、移动硬盘和 U 盘等。

③由于内存的速度与 CPU 的速度存在一定的差距，为了减小 CPU 的等待时间，大多数 CPU 中都配置了高速缓冲存储器（Cache）。主存储器、辅助存储器和高速缓冲存储器协同工作，满足了容量大、速度快、成本低的存储器要求。

（4）输入设备

输入设备是计算机用来接收外来信息的部件。它的功能是把原始数据和处理这些数据的程序、命令通过输入接口输入到计算机中。键盘、鼠标、摄像头、扫描仪、触摸屏、语音输入装置等都属于输入设备。

（5）输出设备

输出设备是计算机用来输出信息的部件。输出设备把计算机加工处理的结果转换成人或其他设备所能接收和识别的信息形式，如文字、数字、表格、图形、图像、声音和视频等。常用的输出设备有显示器、打印机、绘图仪和音箱等。

2. 常见微型计算机硬件设备

(1) 中央处理器

中央处理器（CPU）是计算机的核心部件，相当于计算机的大脑，负责统一指挥、协调计算机所有的工作，其速度决定了计算机处理信息的能力，其品质的优劣决定了计算机的系统性能。中央处理器由运算器和控制器组成。目前市面上流行的品牌主要有 Intel 和 AMD。图 1-9 所示的是 Intel 的酷睿 i9 9980XE CPU 模拟件。

图 1-9　Intel 酷睿 i9 9980XE CPU

(2) 主板

主板是计算机的躯干，是计算机最基本、最重要的部件之一。主板为中央处理器、内存条、显卡、硬盘、光驱、网卡、声卡、鼠标、键盘等部件提供了插槽和接口。计算机的所有部件都必须与它连接才能运行，它对计算机所有部件的工作起着统一协调的作用。目前大部分主板上都集成了声卡和网卡，部分主板还集成了显卡。常见的主板品牌有华硕、技嘉、微星、七彩虹等。图 1-10 所示为华硕 TUF GAMING Z490-PLUS 主板。

图 1-10　华硕 TUF GAMING Z490-PLUS 主板

(3) 内存储器

内存储器又称内存条，需要插在主板上才能发挥作用。常见的内存条种类有 DDR SDRAM、DDR2 SDRAM、DDR3 SDRAM，常见品牌有三星、金士顿、威刚、现代等。图 1-11 所示为金士顿 DDR4 2133 内存条，内存容量为 16 GB。

图 1-11 金士顿 16 GB DDR4 2133 内存条

图 1-12 日立万转级别 1.8 TB 笔记本机械硬盘

(4) 硬盘

硬盘通常用来作为大型机、小型机和微型机的外部存储器，是计算机中最重要的数据存储设备，计算机中的文件都存储在硬盘中。硬盘通常被固定在主机箱内部，其性能直接影响计算机的整体性能。它有很大的容量，常以兆字节（MB）或吉字节（GB）为单位。目前，常见硬盘容量多为 500 GB～2 TB，转速多为 7 200 r/min，如图 1-12 所示。

(5) U 盘

U 盘是利用闪存（Flash Memory）在断电后还能保持存储的数据不丢失的特点而制成的。其优点是重量轻、体积小，一般只有拇指大小，15～30 g 重。通过计算机的 USB 接口即插即用，使用方便，一般的 U 盘容量有 16 GB、32 GB、64 GB、128 GB、256 GB、512 GB、1 024 GB 等。U 盘有基本型、增强型和加密型三种。基本型只提供一般的读写功能，价格是这三种 U 盘中最低的；增强型是在基本型上增加了系统启动等功能，可以替代软驱启动系统；保密型提供文件加密和密码保护功能，价格是三种 U 盘中最高的。

(6) 光盘

光盘是一种大容量辅助存储器，呈圆盘状，需要光盘驱动器来读写。根据性能的不同，光盘分为只读型光盘 CD-ROM、一次性写入光盘 CD-R、可擦除型光盘 CD-RW、DVD 光盘。

(7) 移动硬盘

移动硬盘主要以硬盘为存储介质，体积小，重量轻，存储容量大，是强调便携性的存储产品。绝大多数的移动硬盘为 6.35 cm（2.5 英寸）的笔记本硬盘，一般采用

USB 接口为数据接口，没有外置电源，直接从计算机的 USB 接口取电，以较高的速度与系统进行数据传输。市场上主流 6.35 cm（2.5 英寸）的品牌移动硬盘有 USB 2.0 和 USB 3.0 两种接口，存储容量最高达 6 TB。其中 USB 3.0 接口的移动硬盘读取速度约为 60～70 MB/s。

（8）各种功能的扩展卡

各种接口扩展卡的作用是扩展计算机的功能，并用于连接各种外部设备。如显卡、声卡、网卡、电视卡等。

（9）键盘和鼠标

键盘和鼠标是最基本的输入设备，主要有两种接口：PS/2 接口和 USB 接口。现在绝大多数键盘和鼠标都使用 USB 接口。随着无线电技术的广泛使用，无线的键盘和鼠标越来越受到广大计算机用户的青睐。

（10）显示器

显示器是计算机最重要的输出设备。通过显示器，能方便地查看输入的内容和经过计算机处理后的各种信息。个人计算机的显示系统由显示器和显卡组成，它们共同决定了图像输出的质量。显示器的种类很多，目前主要使用 LCD 液晶显示器。

3. 计算机的主要技术指标

一台计算机的功能或性能涉及体系结构、硬件组成、软件配置、指令系统等多方面的因素，不是由某一项指标来决定的。一般来说，表示计算机性能的主要指标有以下几个。

（1）字长

字长是指计算机内部一次能同时处理的二进制代码的位数。它反映了计算机内部寄存器、算术逻辑单元和数据总线的位数，直接影响着计算机的硬件规模和造价。

字长是衡量计算机性能的一个重要标志。字长越长，计算机的运算精度就越高，数据处理能力就越强，速度也就越快。通常计算机的字长总是 8 的倍数，如 8 位、16 位、32 位和 64 位，也就是对应通常所说的 8 位机、16 位机、32 位机和 64 位机。64 位字长的高性能微型计算机是目前市场的主流。

（2）主频

主频就是 CPU 的时钟频率，计算机中的系统时钟是一个典型的频率相当精确和稳定的脉冲信号发生器。简单地说，主频就是 CPU 运算时的工作频率（1 秒内发生的同步脉冲数）的简称。频率的标准计量单位是 Hz（赫兹），它决定计算机的运行速度。随着计算机的发展，主频的数量级由过去的兆赫兹（MHz）发展到了现在的吉赫兹（GHz）。

通常来讲，在同系列处理器中，主频越高就代表计算机的速度越快，但对于不同类型的处理器，就只能作为一个参考。主频仅仅是 CPU 性能表现的一个方面，并不代表 CPU 的整体性能。

(3) 主存容量

主存容量是指主存储器（内存）所能存储二进制信息的总量。存储器只能识别“0”和“1”组成的二进制数，其基本单位为字节 B（Byte）。计算机中规定每个字节由 8 个二进制位 b（bit）组成，即 1 B=8 bit。由于存储器的容量一般都较大，因此常用 KB、MB、GB、TB 等来表示，它们之间的换算如下。

1 KB=1 024 B　1 MB=1 024 KB　1 GB=1 024 MB　1 TB=1 024 GB

1.2.2 计算机软件系统

所谓的软件系统是指计算机正常运行时所必需的各种程序和数据，是为了运行、维护、管理、应用计算机所编制的“看不见”“摸不着”的程序集合。软件发展的目的是扩展计算机的功能，为用户编制解决各种问题的源程序提供更加简单、方便、可靠的手段。软件是建立在硬件基础上的，没有硬件的物质支持，软件就无法生根，所谓的软件功能也就更加谈不上。没有装软件的机器称为“裸机”，而“裸机”是无法工作的，因此只有将硬件系统和软件系统有机地组合在一起，形成一个完整的计算机系统，才能使计算机正常运转，发挥其功能。

计算机软件一般分为系统软件和应用软件两大类，如图 1-13 所示。

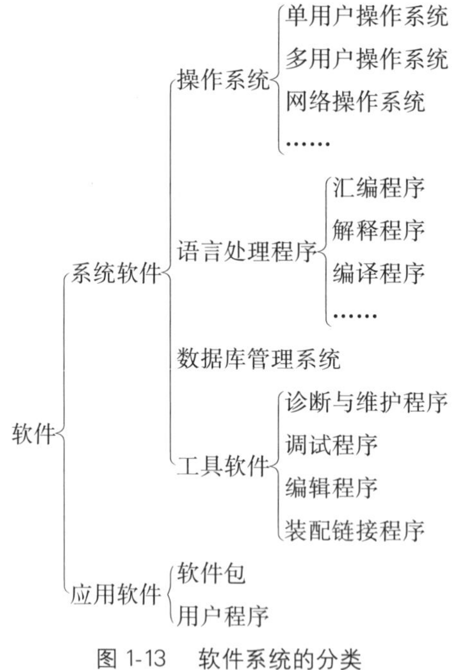

图 1-13　软件系统的分类

1. 系统软件

系统软件是指控制和协调计算机及其外部设备工作、支持应用软件的开发和运行的软件。其作用是对计算机系统进行调度、管理、监控和服务，扩展计算机的功能，提高使用效率，给使用计算机的用户提供方便。系统软件一般包括操作系统、语言处理程序和服务性软件等。

系统软件有两个显著的特点：一是通用性，其算法和功能不受用户影响，普遍适用于各个应用领域；二是基础性，其他软件都是在系统软件的支持下进行开发和运行的。

（1）操作系统

操作系统是计算机软件系统中最重要、最基本的系统软件。它负责管理计算机系统的所有软件资源和硬件资源，合理地组织计算机各部分协调工作，提高计算机的效率，为用户提供操作和开发界面。计算机必须配备操作系统以后才能正常工作，才能发挥计算机的功能。正是由于操作系统的飞速发展，才使计算机的使用变得简单且普及。

操作系统的主要任务：一是控制和管理计算机的所有资源，合理地组织计算机的工作流程，使用户充分、有效地利用计算机的资源；二是方便用户使用计算机，为用户提供一个清晰、简便、易于使用的友好界面。

操作系统的主要功能有作业管理、存储管理、进程管理、设备管理、文件管理和用户接口等。

操作系统的种类很多，根据功能和使用环境可分为以下几类。

①单用户操作系统。

单用户操作系统是整个计算机资源只为一个用户提供服务的操作系统。它有单任务和多任务之分。例如，DOS（Disk Operating System）属于单用户单任务操作系统，曾广泛用于早期的个人计算机，由于其字符界面不友好，现已基本淘汰，被 Windows 操作系统所取代。Windows 操作系统属于单用户多任务操作系统。

②批处理操作系统。

批处理操作系统以作业为处理对象，连续处理在计算机系统中运行的作业流。这类操作系统的特点是：作业的运行完全由系统自动控制，系统吞吐量大，资源的利用率高，但用户失去了与作业的交互能力。

③分时操作系统。

分时操作系统使多个用户同时在各自的终端上联机使用同一台计算机，CPU 按某种策略分配各个终端的时间片，轮流为各个终端服务，对每个用户而言有“独占”这台计算机的感觉。分时操作系统侧重于即时性和交互性，使用户的请求尽量在较短的时间内得到响应。Unix、VMS 等属于分时操作系统。

④实时操作系统。

实时操作系统是对随机发生的外部事件，在限定的时间范围内做出响应并对其处理的系统。外部事件一般指来自与计算机系统相联系的设备的服务请求或数据采集。实时操作系统广泛用于工业生产控制过程和事务数据处理中。如生产流水线的控制系统、导弹飞行的控制系统、飞机的订票系统等。

⑤网络操作系统。

为计算机网络配置的操作系统称为网络操作系统，它负责网络管理、网络通信、资源共享和系统安全等工作。常用的网络操作系统有 Novell 公司的 Netware、Microsoft 公司的 Windows NT、Windows 2000 Server、自由软件 Linux 等。

⑥分布式操作系统。

分布式操作系统是用于分布式计算机系统的操作系统。分布式计算机系统是由多个并行工作的处理器组成的系统，具有高度的并行性，提供有效同步算法和通信机制，自动实行全系统范围的任务分配并自动调节各处理器的工作负载。如 MDS 和 CDCS 等。

（2）语言处理程序

由于计算机采用二进制的方法来表示信息，程序和数据都是用“0”“1”代码表示，因此用户既不方便阅读这些代码，也不方便编写这些代码。为此计算机专家们根据不同的用途，发明了很多“计算机语言”——即计算机能够“理解”、人们“容易懂”的语言。

计算机语言的发展经历了三代。

①第一代机器语言。

机器语言是由“0”“1”代码组成的计算机能够直接识别和执行的语言。这种语言编写的程序的优点是，能够直接被计算机所执行，因此节省内存且运行速度快；缺点是，指令难读、难记、难编程、难修改。另外，由于机器语言与具体机型密切相关，因此编写的程序通用性差，难以推广。

②第二代汇编语言。

汇编语言又称符号语言，是用约定的英语符号（助记符）来表示机器语言中的指令和操作数。使用汇编语言时，不需要直接用“0”“1”来编写程序，但它仍要一条指令一条指令地编程。用汇编语言编写的程序称为“汇编语言源程序”，由于该源程序不是用“0”“1”代码编写的，因此计算机不能够直接识别，必须用相应的语言处理程序将它翻译成机器语言程序，这样计算机才能接受并执行。这种语言处理程序称为“汇编程序”，翻译成的机器语言程序称为“目标程序”，整个翻译过程称为“汇编”。

③第三代高级语言。

高级语言是一种与人的自然语言和数学语言相接近的，且易学、易懂、易书写的语言。用高级语言编写的程序称为“源程序”，这个“源程序”必须通过“翻译”程序——语言处理程序，变成机器语言程序后，才能被计算机识别、执行，我们把“翻译”后形成的机器语言程序称为“目标代码”。翻译程序有两种类型：编译和解释。

所谓的编译方式就是把源程序用相应的编译程序翻译成机器语言的目标代码，然后通过连接装配程序成为可执行程序，再运行可执行程序，得到结果。下次再运行该程序时，只需直接运行可执行程序，不必重新编译、连接，因此执行速度快，但由于需要保存目标代码，因此程序占用内存较多。高级语言中如 C 语言、Pascal 语言、FORTRAN 语言等翻译时都是采用编译方式。

所谓的解释方式就是将源程序输入计算机后，翻译程序翻译一条语句，计算机就执行一条语句，执行完就得出结果，而不保留解释所得的机器代码，下次再运行该程序时还要重新再翻译、执行，因此执行的速度较慢。同样，由于不需要保存翻译的机器代码，因此程序占用内存较少。高级语言中 BASIC 语言翻译时采用解释方式。

常用的高级语言有 C、C＋＋、Python、Visual Basic 等。

（3）数据库管理系统

数据库管理系统 DBMS（DataBase Management System）是一种通用的数据库管理软件，它是对数据库的数据进行存储、检索、分类、统计、共享等处理的有效工具。根据所依赖的数据模型（数据库中数据的组织模式）可将数据库管理系统分为三类：层次型、关系型、网络型。当前关系型数据库管理系统最为流行，有 FoxBase、Visual FoxPro、Access、Oracle、Sybase、SQL Server 等。其中 Oracle 是目前世界上最为流行的一种数据库管理系统，其特点是可移植性好，使用范围广，可在大、中、小计算机的各种操作系统环境下使用。

数据库管理系统主要用于档案管理、财务管理、图书资料管理、仓库管理、人事管理等信息管理领域。

（4）服务性程序

服务性程序是为计算机软硬件服务的一种工具性软件，这类软件品种繁多，主要包括硬件维护软件、病毒检测与清除软件、系统性能测试软件等。

2. 应用软件

应用软件指利用计算机及其所提供的各种系统软件编制的、用于解决具体问题的软件。如用 C 语言编写一个求定积分运算的程序就是一个应用软件，又如编写一个查询学生档案的程序也是一个应用软件。因此，应用软件品种繁多，举不胜举。常用的应用软件有以下几种。

（1）编辑软件

编辑软件是指使用计算机对各类文件、表格进行编辑、排版、存储、传送、打印等操作的软件。现在的编辑软件大都能够实现图文混排，并且具有复杂的数学公式编辑功能。

专门用于字处理的应用软件主要有 Word、WPS 等，这些软件除了具有字处理功能外，还具有一定的表格处理功能。

专门用于表格处理的应用软件主要有 Excel、Lotus 1-2-3 等，这些软件除了具有制表功能外，还具有数据分析、数据统计、制图等功能。

（2）统计分析软件

统计分析软件指将常用的统计分析方法编制成程序，组装成的软件包。当用户需要用某种统计方法去分析数据时，可调用软件包中对应的程序，计算机执行该程序后，对所给的数据进行统计、分析，最后输出数据、图形或报表。

（3）计算机辅助设计软件

对于计算机辅助设计软件，目前研究得比较多，其应用也比较广泛，涉及工业、制造业和教育等，主要的软件包括各种 CAD、CAT、CAM、CAI 等。

此外，还有图形图像处理软件、保护计算机安全的软件、实时处理软件等。

总之，随着计算机技术的发展和应用的普及，计算机应用的范围越来越广，所涉及的领域越来越多，因而面向不同对象、具有不同功能的应用软件的种类也越来越多，上面仅仅是列举了几个方面。

计算机软件系统直接影响和制约着计算机的发展与应用。一台计算机只有配备了一定功能且使用方便的软件，才能扩展它的使用范围，扩大它的应用领域。因此对计算机软件的设计和开发是计算机工业的重要组成部分，它将促进计算机的发展，推动计算机的进一步普及。

1.2.3 常见操作系统

操作系统种类很多，有工业用的嵌入式操作系统，还有个人用的桌面操作系统以及智能手机的移动操作系统，涉及范围很广。在计算机的发展过程中，出现过许多不同的操作系统，其中最为常用的有 DOS、Mac OS、Windows、Linux、Unix/Xenix、OS/2 等，这里只介绍几种操作系统。

1. DOS

DOS 是磁盘操作系统（Disk Operating System）的缩写，它是一个单用户、单任务的操作系统，是曾经最为流行的个人计算机的操作系统。DOS 的主要功能是进行文件管理和设备管理，比较典型的是微软公司的 MS-DOS。

自从 DOS 在 1981 年问世以来，版本就不断更新，从最初的 DOS 1.0 升级到最新的 DOS 8.0（Windows ME 系统），纯 DOS 的最高版本为 DOS 6.22，之后的新版本 DOS 都是由 Windows 系统所提供的，并不单独存在。DOS 的优点是运行快捷，熟练的用户可以通过创建 BAT 或 CMD 批处理文件完成一些烦琐的任务。因此，即使在 Windows 操作系统下 CMD 也是高手的最爱。DOS 界面如图 1-14 所示。

```
C:\WINDOWS\system32\cmd.exe

C:\>clockres

ClockRes v2.0 - View the system clock resolution
Copyright (C) 2009 Mark Russinovich
SysInternals - www.sysinternals.com

Maximum timer interval: 15.625 ms
Minimum timer interval: 0.500 ms
Current timer interval: 1.000 ms

C:\>
```

图 1-14 DOS 界面

2. Windows 操作系统

Windows 操作系统是微软公司开发的一种基于图形用户界面的操作系统，其界面形象、生动，操作十分简便，吸引着众多用户，是目前普及率最高的操作系统。

Windows“家族”产品众多，从 1985 年的 Windows 1.0 开始，到现在已经有了很多版本。但是，使用最多的还是下面两个系列：一个是面向个人消费者和客户机开发的桌面操作系统系列，即从 Windows 1.0、Windows 3.2 到 Windows 95/98/XP、Windows Vista、Windows 7/8/10 等；另一个是面向服务器端开发的 Windows Server 2003/2008/2012 等。图 1-15 显示了 Windows 桌面操作系统的发展版本。从 Windows 8 开始，Windows 操作系统发生了巨大变化，具有了触屏功能。

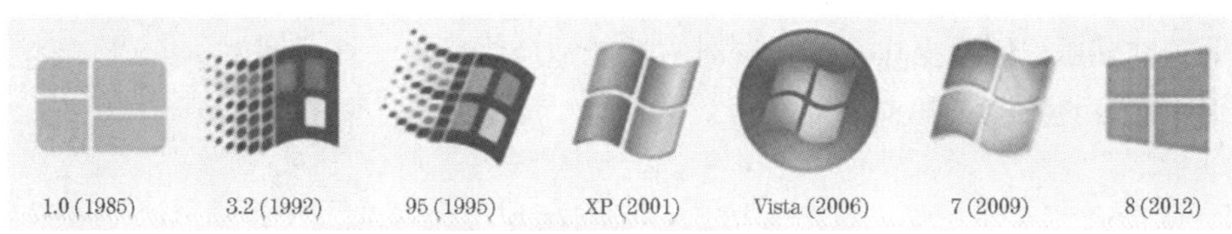

图 1-15 Windows 桌面操作系统发展

3. Mac OS X 操作系统

OS X 是苹果公司基于 Unix 为苹果的 Mac 系列机开发的专属操作系统，是史蒂夫·乔布斯于 1985 年被迫离开苹果公司后，成立了 NeXT 公司后开发的。后来苹果公司收购了 NeXT 公司，史蒂夫·乔布斯重新担任苹果公司首席执行官，Mac 开始使用的 Mac OS 系统才得以整合到 NeXT 公司开发的 OpenStep 系统上。OS X 应用 C、

C++和 Objective-C 编程，采用的是闭源编码。Mac OS 操作系统具有较强的图形处理能力，广泛用于桌面出版和多媒体应用等领域。Mac OS 的缺点是与 Windows 缺乏较好的兼容性，以致影响了它的普及。图 1-16 是 Mac OS 系列操作系统界面。

图 1-16　Mac OS 系列操作系统界面

4. Linux 操作系统

Linux 操作系统是类 Unix 计算机操作系统的统称。过去，Linux 操作系统主要用作服务器的操作系统，但因它的廉价、灵活性及 Unix 背景使得它适合更广泛的应用。传统上有以 Linux 为基础的“LAMP（Linux、Apache、MySQL、Perl/PHP/Python 的组合）”经典技术组合，提供了包括操作系统、数据库、网站服务器、动态网页的一整套网站架设支持，而面向更大规模级别的领域中，如数据库中的 Oracle、DB2、PostgreSQL，以及用于 Apache 的 Tomcat JSP 等都已经在 Linux 上有了很好的应用样本。

Linux 实际上是从 Unix 发展而来，它与 Unix 兼容，且能够运行大多数的 Unix 工具软件、应用程序和网络协议。Linux 继承了 Unix 以网络为核心的设计思想，是一个性能稳定的多用户网络操作系统，同时它还能适应多任务、多进程和多 CPU 环境。图 1-17 是 Linux 操作系统界面。

图 1-17　Linux 操作系统界面

5. Unix/Xenix 操作系统

Unix 操作系统是一个强大的多用户、多任务操作系统，支持多种处理器架构，按照操作系统的分类，属于分时操作系统。最早由 Ken Thompson、Dennis Ritchie 和 Douglas McIlroy 于 1969 年在 AT&T 的贝尔实验室开发。由于 Unix 具有技术成熟、结构简练、可靠性高、可移植性好、可操作性强、网络和数据库功能强、伸缩性突出和开放性好等特色，可满足各行各业的实际需要，特别能满足企业重要业务的需要，已经成为主要的工作站平台和重要的企业操作平台。它主要安装在巨型计算机、大型机上作为网络操作系统使用，也可用于个人计算机和嵌入式系统，曾经是服务器操作系统的首选。

Xenix 是 Microsoft 公司与 SCO 公司联合开发的基于 INTEL80x86 系列芯片系统的微型机 Unix 版本。由于开始没有得到 AT&T 的授权，所以起名叫 Xenix，采用的标准是 AT&T 的 Unix SVR 3（System V Release 3）。

6. iOS 操作系统

iOS 操作系统是由苹果公司开发的便携设备操作系统。苹果公司于 2007 年 1 月 9 日的 Mac World 大会上公布了这个系统，最初专为 iPhone 设计，后来陆续应用到 iPod touch、iPad 和 Apple TV 等苹果公司产品。iOS 与苹果的 Mac OS X 操作系统一样，同样属于类 Unix 的商业操作系统。图 1-18 左侧是 iOS 的图标。

图 1-18　iOS 和 Android 操作系统图标

7. Android 操作系统

Android 操作系统是一种以 Linux 为基础的开放源代码操作系统，主要用于便携设备。Android 操作系统最初由 Andy Rubin 开发，最初主要支持手机设备。2005 年由 Google 收购注资，并组建开放手机联盟，逐渐将其扩展到平板电脑及其他领域上。图 1-18 右侧是 Android 操作系统的图标。

1.2.4　键盘与鼠标的使用

键盘是计算机重要的输入设备，各种数据信息都可以通过键盘输入计算机中。想要熟练操作键盘，就要了解键盘上各个键位的作用并掌握击键指法，以达到快速输入的目的。

1. 认识键盘的结构

常见的键盘有 101 键、104 键、107 键等若干种，我们以常用的 107 键键盘为例来介绍，键盘按照各键功能的不同可以分成功能键区、主键盘区、编辑键区、小键盘区和状态指示灯区 5 个部分，如图 1-19 所示。

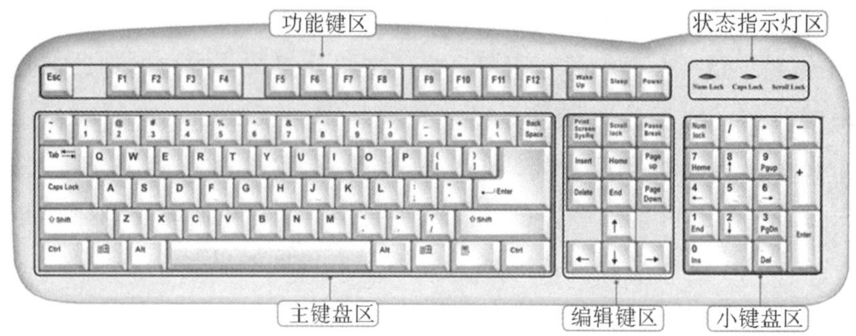

图 1-19 键盘结构

（1）主键盘区

主键盘区用于输入文字和符号，包括字母键、数字键、符号键、控制键和Windows 徽标键等，共 5 排 61 个键，如图 1-20 所示。

图 1-20 主键盘区

①字母键："A" ～ "Z" 用于输入 26 个英文字母。

②数字键："0" ～ "9" 用于输入数字和符号，每个键位由上、下两种字符组成，又称为双字符键。单独敲这些键，将输入下档字符，即数字；如果按住 Shift 键同时再敲击该键位，将输入上档字符，即特殊符号。

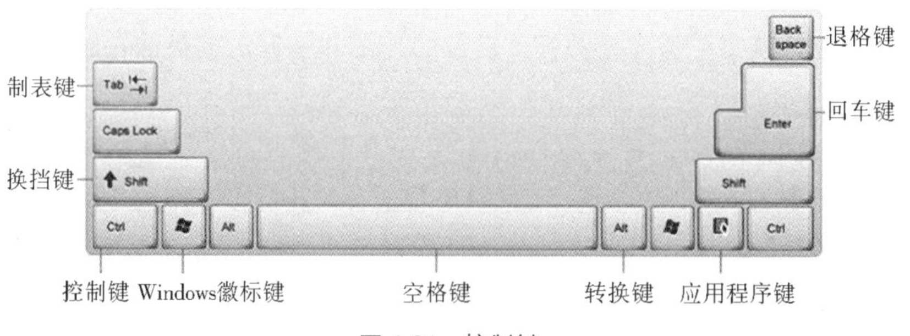

图 1-21 控制键

③控制键：广义的控制键共有 14 个，除了键位于主键盘区的左上角外，其余都位于主键盘区的下侧，Alt、Shift、Ctrl、Windows 徽标键各有两个，分布在空格键左右两边，功能完全一样，只是为了操作方便而设。各控制键如图 1-21 所示，其作用如表 1-1 所示。

表 1-1　控制键的作用

按键	作用
Tab 键	Tab 是英文“Table”的缩写。Tab 键也称制表定位键，常用于文字处理中的对齐操作，每按一次该键，光标向右移动 8 个字符
Caps Lock 键	大写字母锁定键。系统默认状态下输入的英文字母为小写字母，按下该键后输入的英文字母为大写字母，再次按下该键可以取消大写锁定状态
Shift 键	主键盘区左右各有一个，功能完全相同，主要用于输入上档字符和字母键的大写英文字符。例如，按下 Shift 键不放再按 A 键，可以输入大写字母 A
Ctrl 键和 Alt 键	主键盘区左下角、右下角各有一个，常与其他键组合使用，在不同的应用软件中，其作用也各不相同
空格键	空格键位于主键盘区的下方，每按一次该键，将在光标当前位置上产生一个空字符，同时光标向右移动一个位置
Backspace 键	每按一次该键，可使光标向左移动一个位置，若光标位置左边有字符，将删除该位置上的字符
Enter 键	回车键。它有两个作用：一是确认并执行输入的命令；二是在输入文字时按此键，光标移至下一行行首
Windows 徽标键	主键盘区左右各有一个，该键面上有 Windows 窗口图案，左下角的称为“‘开始’菜单”键，在 Windows 操作系统中，按下该键后将打开“开始”菜单；主键盘右下角徽标键称为“快捷菜单”键，在 Windows 操作系统中，按该键后会打开相应的快捷菜单，其功能相当于单击鼠标右键

（2）编辑键区

编辑键区主要用于编辑过程中的光标控制，各键的作用如图 1-22 所示。

（3）小键盘区

小键盘区主要用于快速输入数字及进行光标移动控制。当要使用小键盘区输入数字时，应先按下左上角的 Num Lock 键，此时状态指示灯区第一个指示灯亮，表示此时为数字状态，然后输入即可。

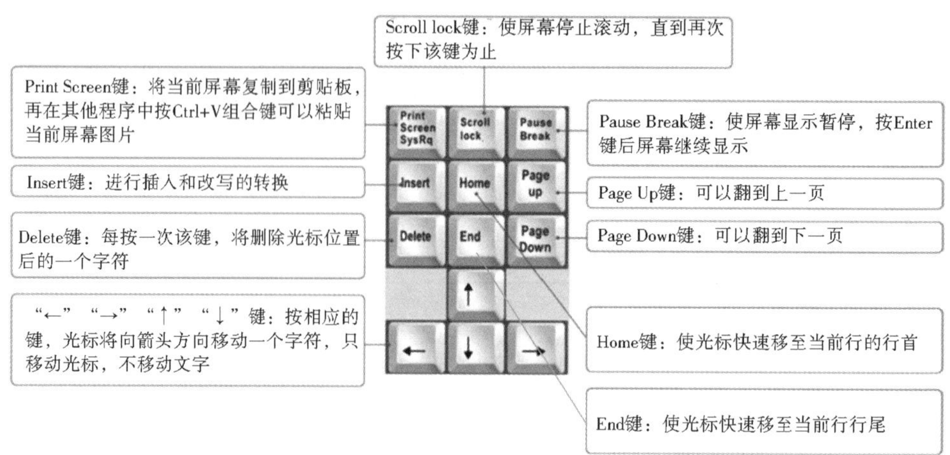

图 1-22　编辑键区

状态指示灯区主要用来提示小键盘工作状态、大小写状态及滚屏锁定键的状态。

2. 键盘的操作

保持正确的打字姿势可以提高打字速度，降低疲劳感。正确的打字姿势为：身体坐正，双手自然放在键盘上，腰部挺直；双脚的脚尖和脚跟自然地放在地面上，大腿自然平直；座椅的高度与计算机键盘、显示器的放置高度要适中，一般以双手自然垂放在键盘上时肘关节略高于手腕为宜，显示器的高度则以操作者坐下后，其目光水平线处于屏幕的 2/3 处为优。

准备打字时，将左手的食指放在"F"键上，右手的食指放在"J"键上，这两个键下方各有一个突起的小横杠，用于左右手的定位，其他的手指（除大拇指外）按顺序分别放置在相邻的 6 个基准键位上，双手的大拇指放在空格键上，8 个基准键位是指主键盘区的第 2 排字母键中的"A""S""D""F""J""K""L"";"8 个键。如图 1-23 所示。

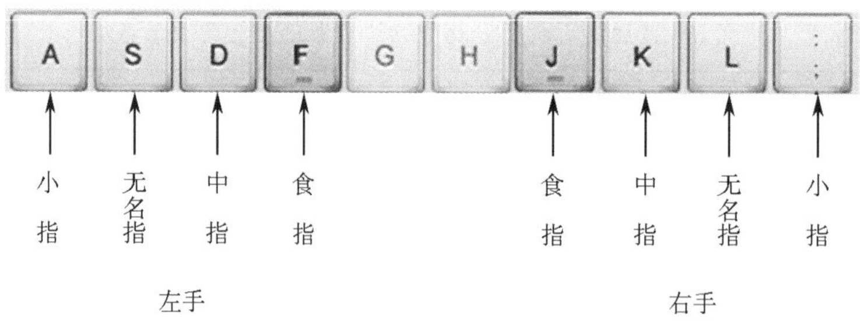

图 1-23　基准键

打字时，键盘的指法分区是：除大拇指外，其余 8 个手指各有一定的活动范围，把字符键位划分成 8 个区域，每个手指负责该区域字符的输入。如图 1-24 所示。

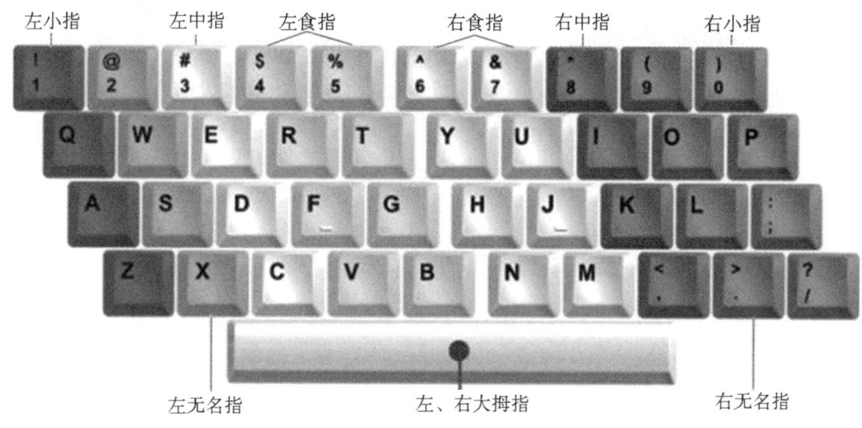

图 1-24　键盘的指法分区

击键的要点及注意事项包括以下几点：

①手腕要平直，胳膊应尽可能保持不动。

②要严格按照手指的键位分工进行击键，不能随意击键。

③击键时以手指指尖垂直向键位使用冲力，并立即收力，不可用力太大。

④左手击键时，右手手指应放在基准键位上保持不动，右手击键时，左手手指也应放在基准键位上保持不动。

⑤击键后手指要迅速返回相应的基准键位。

⑥不要长时间按住一个键不放，击键时应尽量不看键盘，以养成“盲打”的习惯。

3. 指法练习

将手指轻放在键盘基准键位上，固定手指位置。为了提高录入速度，一般要求不看键盘，集中视线于文稿，养成科学合理的“盲打”习惯。

4. 鼠标的使用

(1) 手握鼠标的方法

手握鼠标的正确方法是：食指和中指自然放置在鼠标的左键和右键上，大拇指放于鼠标左侧，无名指和小指放在鼠标的右侧，拇指与无名指及小指轻轻握住鼠标，手掌心轻轻贴住鼠标后部，手腕自然垂放在桌面上，食指控制鼠标左键，中指控制鼠标右键和滚轮。当需要使用鼠标滚动页面时，用中指滚动鼠标的滚轮即可。如图 1-25 所示。

(2) 鼠标的基本操作

移动定位：移动定位鼠标的方法是，握住鼠标，在光滑的桌面或鼠标垫上随意移

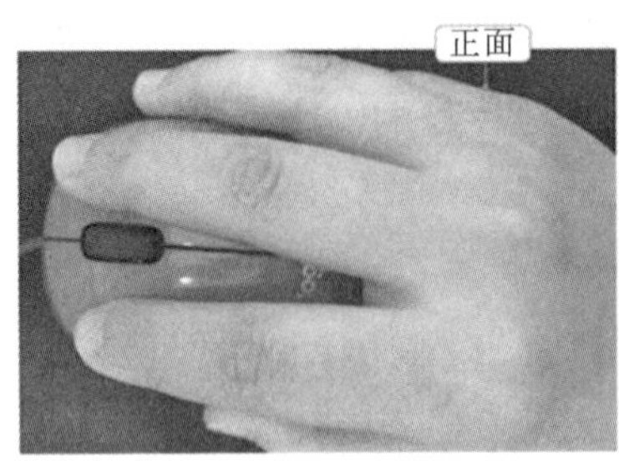

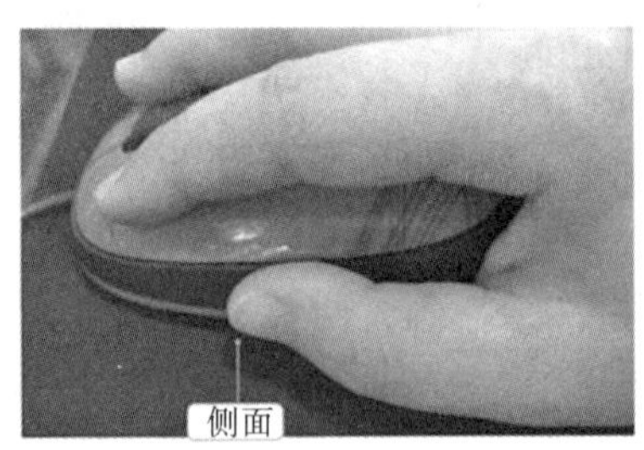

图 1-25　鼠标握法

动，此时在显示屏幕上的鼠标指针会同步移动，将鼠标指针移到屏幕上的某一对象上停留片刻，这就是定位操作，被定位的对象通常会显示相应的提示信息。

单击：单击俗称点击，方法是先移动鼠标，让鼠标指针指向某个对象，然后用食指按下鼠标左键后快速松开按键，鼠标左键将自动弹起还原。单击操作常用于选择对象，被选择的对象呈高亮显示状态。

拖动：拖动是指将鼠标指向某个对象后按住鼠标左键不放，然后移动鼠标把对象从屏幕的一个位置拖动到另一个位置，最后释放鼠标左键即可。拖动操作常用于移动对象。

右击：右击即单击鼠标右键，方法是用中指按一下鼠标右键，松开按键后鼠标右键将自动弹起还原。右击操作常用于打开对象的相关快捷菜单。

双击：双击是指用食指快速、连续地按鼠标左键两次，双击操作常用于启动某个程序、执行任务和打开某个窗口或文件夹。

1.3　计算机的数制与编码

1.3.1　数的表示

与我们日常生活中习惯使用的十进制不同，计算机内用二进制表示数据。

1. 常用的进制数

最常用的十进制数有 10 个数码，即 0～9，进位方式为逢十进一，或者说其基数为 10。例如，十进制数 1 234 表示为：

$1234=1\times1000+2\times100+3\times10+4\times1=1\times10^3+2\times10^2+3\times10^1+4\times10^0$

即每一个数位对应一个 10 的 n 次幂，任意一个十进制数 X 的多项式表示为：

$$X=\sum_{i=0}^{n-1}(a_i\times p^i)$$

其中，a_i 是数码，p 是基数，p^i 是权；不同的基数表示不同的进制数。

因为计算机内部用二进制形式表示数据，因此，基数为 2，进位方式为逢二进一，即有两个数码，为 0 和 1。

类似的，p 进制使用 p 个数字符号：0，1，2，…，9，10，…，$p-1$，进位基数为 p，进位规则是“逢 p 进一”。

显然，当 $p=16$ 时，X 为十六进制数表示，a_i 的取值有 0，1，2，…，9，A，B，…，E，F；当 $p=8$ 时，X 为八进制数表示，a_i 的取值有 0，1，2，…，7。

在书写时，为了区分不同的进制数，通常用加后缀的方法表示，二进制后缀为 B，如 11011B、101.1B；十进制后缀为 D，如 13.73D；八进制后缀为 O，如 1307O；十六进制后缀为 H，如 2E8CH 等。如果不使用后缀，通常指该数是十进制的。

2. 二进制系统

计算机内使用二进制数，因为二进制数只有 0 和 1 两个数码，从实现上看，设计具有两个状态的器件容易实现，如开关的闭合、晶体管的截止和导通、电位电平的低和高都可以用数码 0 和 1 表示。使用二进制使得电子器件的设计更具有可行性；二进制数具有比十进制数更简单的运算规则；因为使用二进制数表示数码的电信号较少，控制过程简单，数据的处理和传输不易出错，所以提高了计算机系统的可靠性。

计算机中的三类基本运算，分别为算术运算、关系运算和逻辑运算。

（1）算术运算

算术运算是计算机最基本的功能。计算机的 CPU 中有一个核心运算部件，称为算术逻辑部件（ALU），支持计算机执行加、减、乘、除四则运算和其他种类的运算。

（2）关系运算

关系运算就是比较运算，如大于、小于、等于等。排序、检索、模式识别等都建立在比较的基础上。由于计算机采用二进制数，所以关系运算可以直接由硬件（比较器）来实现。

（3）逻辑运算

计算机中经常需要对各种情况进行判定，因而使用了逻辑数据，其值只有两个，即逻辑真和逻辑假。在逻辑运算中 1 代表真，0 代表假。建立在此基础上的逻辑运算主要有逻辑非、逻辑与（也称逻辑乘）和逻辑或（也称逻辑加）。

3. 数制间的转换

（1）非十进制数转换为十进制数

非十进制数转换为十进制数的方法只有一个，就是把非十进制数按权展开即可。如带小数的二进制数 1001101.1011B 的等值十进制数转换为

$$\begin{aligned}1001101.1011\text{B} &= 1\times2^6+0\times2^5+0\times2^4+1\times2^3+1\times2^2+0\times2^1+1\times2^0+1\times2^{-1}+\\&\quad 0\times2^{-2}+1\times2^{-3}+1\times2^{-4}\\&=77.6875\end{aligned}$$

（2）十进制数转换成非十进制数

当一个十进制数 m 转换成 J 进制数时，需要将整数部分和小数部分分别计算，计算规则如下。

整数部分：将 m 的整数部分除以 J 取余，再重复地用相除后的整数部分除以 J 取余，直到整数部分为 0。按先后次序，将所得到的余数由右到左（即由低到高）排列，即得到 J 进制数的整数部分。如十进制数 539 转换成二进制数为 1000011011。如图 1-26 所示。

小数部分：将 m 的小数部分乘 J 取整，再重复地用相乘后的小数部分乘 J 取整，直到小数部分为 0 或达到要求精度时为止。按先后次序将所得到的整数由左到右（即由高到低）排列，即得到 J 进制数的小数部分。如十进制数 0.71875 转换为二进制数为 0.10111。如图 1-26 所示。

整数部分

539/2=269	余 1	低位
269/2=134	余 1	
134/2=67	余 0	
67/2=33	余 1	↑
33/2=16	余 1	
16/2=8	余 0	
8/2=4	余 0	
4/2=2	余 0	
2/2=1	余 0	
1/2=0	余 1	高位

小数部分

0.71875×2=1.4375	整数部分为 1	高位
0.4375×2=0.875	整数部分为 0	
0.875×2=1.75	整数部分为 1	↓
0.75×2=1.5	整数部分为 1	
0.5×2=1.0	整数部分为 1	低位

图 1-26　十进制数转换成二进制数

（3）非十进制数之间的转换

主要是指二进制数与八进制数和十六进制数之间的转换。

二进制数与八进制数之间的转换：从二进制数转换成八进制数时，从小数点开始，分别向左右分组，每 3 位分为一组，不满足 3 位的用 0 补足，然后将每组二进制数用相应的 1 位八进制数表示。

例如，将二进制数 1100101.1011 转换成八进制数：

（001 100 101.101 100）B=（145.54）O

将八进制数转换为二进制数是上述过程的逆过程，即将每一位八进制数码转换为 3 位的二进制数即可。

二进制数与十六进制数之间的转换：从二进制数转换成十六进制数时，从小数点开始，分别向左右分组，每 4 位为一组，不足 4 位的用 0 补足，然后将每组二进制数用相应的 1 位十六进制数表示。

例如，将二进制数 1100101011.101 转换成十六进制数：

(0011 0010 1011.1010) B= (32B.A) H

将十六进制数转换为二进制数是上述过程的逆过程，即将每一个十六进制数码转换为 4 位的二进制数即可。

1.3.2　数的编码

在计算机中，为了适应人们的习惯，采用十进制数方式对数值进行输入和输出。这样，在计算机中就要将十进制数变换为二进制数，即用 0 和 1 的不同组合来表示十进制数。将十进制数变换为二进制数的方法很多，但是不管采用哪种方法的编码，统称为二-十进制编码，即 BCD 码 (Binary-Coded Decimal)。

在二-十进制编码中最常用的一种是 8421 码。它采用 4 位二进制编码表示 1 位十进制数，其中 4 位二进制数中由高位到低位的每一位权值分别是：2^3、2^2、2^1、2^0，即 8、4、2、1。BCD 码在形式上是 0 和 1 组成的二进制形式，而实际上它表示的是十进制数，每位十进制数用 4 位二进制编码表示，运算规则和数制都是十进制。

1.3.3　字符编码

计算机中使用最多的字符包括十进制数字 0～9，大、小写英文字母 A～Z 和 a～z，常用的运算符和标点符号等共 128 个，可以用 7 位二进制数对这些字符进行编码（因为 $128=2^7$），使得每个字符得到的码值都不重复。国际上通用的字符编码是美国标准信息交换码，即 ASCII (American Standard Code for Information Interchange) 码。这些字符按一定的规则排列并汇集在一起，构成一张表，称为 ASCII 编码表。ASCII 编码表中定义的字符又称为 ASCII 字符。在计算机中，一个 ASCII 码占用一个字节（8 个二进制位）存储，每个字节多余的一位用作奇偶校验。如字母 A 的 ASCII 编码为 65。

1.3.4　汉字编码

英文为拼音文字，构成全部字符集的字符个数只有 128 个，因此采用 7 位编码。汉字是非拼音文字，数目众多。1981 年，我国颁布了《信息交换用汉字编码字符集·基本集》(GB 2312—80)。这是汉字交换码的国家标准，故称“国标码”。该字符集收入了 6 763 个汉字和 687 个其他字母和符号，共 7 000 多个字符。

汉字编码表比 ASCII 编码表要大得多，它有 94 行、94 列。每一行称为一个“区”，共有 94 区，编号为第 01 区、第 02 区、……、第 94 区；每一列称为一个“位”，共 94 位，编号为第 01 位、第 02 位、……、第 94 位。整个表分为四个部分。

第一部分：第 1～15 区，为图形符号区，包括各种字母、标点符号、数学符号、制表符（线条）、自定义符号等。

第二部分：第 16～55 区，为一级常用汉字区，包括 3 755 个汉字，按汉字的拼音顺序排列汉字。

第三部分：第 56～87 区，为二级常用汉字区，包括 3 008 个汉字，按汉字的偏旁部首排列汉字。

第四部分：第 88～94 区，为自定义汉字区。用户可以定义自己的汉字或符号。

汉字的表示就使用“区码”和“位码”作为汉字的编码，“区码”为高位（在左），“位码”为低位（在右）。

由于汉字的机内码比较长（8 位区码加 8 位位码），而且必须紧紧相连在一起才能表示汉字，因此在计算机内要用相连的 2 个字节（高位字节和低位字节）表示一个完整的汉字。

根据一字一码的原则，国标码字符规定，每个字符由一个 2 字节代码组成，每个字节的最高位为 0，其余 7 位用于组成各种不同的码值，共有 128×128＝16 384 个，汉字编码只使用了其中的一部分。

1.4 新型计算机

1. 计算机新技术的发展

进入 21 世纪，计算机技术的发展更是日新月异，在未来会得到快速发展并具有重要影响的计算机新技术主要有以下几种。

（1）嵌入式技术

嵌入式技术是将计算机作为一个基本信息处理部件，嵌入到应用系统中的一种技术。嵌入式技术将软件固化集成到硬件系统中，从而使硬件系统和软件系统一体化。嵌入式系统具有软件代码少、高度自动化和响应速度快等特点，其应用越来越广泛。例如，各种智能化的自动监测仪器、检测仪表，家用电器中的电冰箱、全自动洗衣机、数码相机、数字电视机均广泛应用了嵌入式技术。

（2）网格计算

网格计算是专门针对复杂科学计算的一种新型计算模式。这种计算模式利用 Internet 技术将分散在不同地理位置的计算机系统组织成一个“虚拟的超级计算机”，其中的每一台参与运算的计算机就是一个“结点”，而整个系统就是由成千上万个“结点”组成的“一张网格”，因此这种计算方式称为“网格计算”。这样组织起来的“虚拟超级计算机”有两个优势，一是数据处理能力超强，二是能充分利用网络上闲置的处理能力。

2003 年，在 SARS 病毒肆虐时，为了尽快找到防治 SARS 病毒的特效药，美国耶鲁大学医学院的 D2OL 网格计算项目组曾尝试利用网格计算技术，加速进行抗 SARS 病毒的药物筛选。其方法是参与这个项目的计算机用户只需要到 http：//www. d2ol.

com 下载并安装一个软件（该软件名为“药物设计优化实验室”，简称 D2OL），D2OL 启动后以后台方式运行，利用计算机的闲置运算能力，自动从网站获取数据包，运算完成后自动发送回去，一般不需要用户干涉。

网格计算技术的特点主要有：

①支持资源共享，能够实现应用程序的互联互通。网格计算与计算机网络不同，计算机网络实现的是一种硬件的连通，而网格计算实现的是应用层面的连通。

②协同工作。网格上的各结点可以共同处理一个计算项目。

③基于国际的开放技术标准。

④网格计算可以提供动态的服务，能够适应变化。

（3）中间件技术

顾名思义，中间件是应用软件和操作系统之间的一类系统软件。在中间件技术诞生之前，在企业局域网中多采用客户机/服务器（Client/Server，C/S）模式，C/S 模式的缺点是系统的拓展性差。到了 20 世纪 90 年代，提出了一种新的技术，就是在客户机和服务器之间增加一组服务软件，这组服务软件就是中间件。构成中间件的这些组件基于某种标准是通用的，所以它们可以被重用。应用程序可以使用中间件提供的应用程序接口调用组件，完成所需的操作。例如，连接数据库所使用的 ODBC（Open Database Connectivity，开放数据库互连）就是一种标准的数据库中间件。它是 Windows 操作系统自带的服务，应用程序可以通过 ODBC 连接各种类型的数据库。

随着 Internet 的发展，一种基于 Web 技术的中间件技术得到广泛应用。在这种模式中，IE 浏览器若要访问数据库，需将请求发送给 Web 服务器，请求再被转送给中间件，最后送到数据库系统。得到的结果又通过中间件、Web 服务器返回给浏览器。在这里，中间件是 CGI（Common Gateway Interface，公共网关接口）、ASP（Active Server Page，动态服务器主页）或 JSP（Java Server Page，Java 服务器主页）等。

目前，中间件技术已经发展成为企业应用的主流技术，并形成了各种不同的类别，如交易中间件、消息中间件、专有系统中间件、面向对象中间件、数据存取中间件、远程调用中间件等。中间件技术迅猛的发展必将把计算机技术的应用推向一个新的境界。

2. 未来新型计算机

电子计算机是人类实现问题求解自动化研究的一种物理途径。从 20 世纪 40 年代开始，现代电子计算机的电子器件从电子管、晶体管、集成电路发展到当前的超大规模集成电路。根据摩尔定律，每 18 个月计算机微处理器的速度就会增加一倍，单位面积上集成的元件也会不断增加。但集成带来的能耗导致计算机芯片发热，极大影响了芯片的集成度，从而限制了计算机的运行速度。因此，科学家和工程师们正在研究新的计算机体系结构，同时也在寻求新的替代技术，由此新型计算机研究应运而生。

从目前的研究情况看，未来新型计算机将在下列几个方面取得实质性的突破。

（1）量子计算机

量子计算机（Quantum Computer）的概念源于对可逆计算机的研究，目的是为解决计算机中的能耗问题。量子计算机是一种遵循量子力学规律进行高速数学和逻辑运算、存储及处理量子信息的物理装置。也就是说，它是一种基于量子效应的新型计算装置，其基本原理是以量子位作为信息编码和存储基本单元，通过大量量子位的受控演化来完成运算任务。

量子计算机具有超强的本领，主要是因为它使用量子位表示信息，在处理数据时量子位可以同时处于 0 和 1 两个状态，这与电子计算机中晶体管一次只能处于 0 或 1 的状态不同，这是由量子的叠加特性决定的。因此如果要进行海量运算，量子计算机有无与伦比的优势。具体来说，量子计算机的 N 个量子位可以同时存储 2^N 个数据。与此同时，量子计算机操作一次等效于电子计算机进行 2^N 次操作的效果，也就是说一次量子计算机运算相当于完成了 2^N 个数据的并行处理，这就是量子计算机具有超强本领的奥秘。

量子计算机能够进行量子并行计算，其超强的运算能力远远超过传统电子计算机。例如，求一个 300 位数的质因数，目前最好的超级电子计算机需要几百年乃至上千年时间来完成，而量子计算机可在很短的时间内得到结果。再比如，性能强大的“天河二号”超级计算机需要 100 年处理的任务，一台量子计算机只需 0.01 s 就能完成。因此，量子计算机在太空探测、核爆炸模拟、密码破译、材料和药物研制等领域具有突出的优势，有着广阔的应用前景。更重要的是，量子计算机的应用还将对现有的保密体系、国家安全产生重大的影响。迄今为止，世界上还没有真正意义上的量子计算机。2007 年 2 月，加拿大 D-Wave 系统公司宣布研制成功 16 位量子比特的超导量子计算机，但其作用仅限于解决一些最优化问题，与科学界公认的能运行各种量子算法的量子计算机仍有较大区别。该公司此后在 2011 年推出具有 128 个量子位的 D-Wave One 型量子计算机，并在 2013 年宣称 NASA 与谷歌公司共同预定了一台具有 512 个量子位的 D-Wave Two 型量子计算机。2013 年 6 月 8 日，由中国科学技术大学潘建伟院士领衔的量子光学和量子信息团队首次成功实现了用量子计算机求解线性方程组的实验，该方法被评价为量子信息技术最有前途的应用之一。

（2）生物计算机

生物计算机即脱氧核糖核酸（DNA）分子计算机，主要由生物工程技术产生的蛋白质分子组成的生物芯片构成，通过控制 DNA 分子间的生化反应来完成运算。20 世纪 70 年代，人们发现 DNA 处于不同状态时可以代表信息的有或无，分子中的遗传密码相当于存储的数据，DNA 分子间通过生化反应可以使分子从一种基因代码转变为另一种基因代码，反应前的基因代码相当于输入数据，反应后的基因代码相当于输出数据。只要能控制这一反应过程，就可以制成 DNA 分子计算机。

生物计算机以蛋白质分子构成的生物芯片作为集成电路。蛋白质分子比电子元件小很多，可以小到 1 米的几十亿分之一，而且生物芯片本身具有天然独特的立体化结构，其密度要比平面型的硅集成电路高 5 个数量级。生物计算机芯片本身还具有并行处理的功能，其运算速度要比当今最新一代的计算机快 10 万倍，能量消耗仅相当于普通计算机的十亿分之一。生物芯片一旦出现故障，可以进行自我修复，具有自愈能力。生物计算机具有生物活性，能够和人体的组织有机地结合起来，尤其是能够与大脑和神经系统相连。这样，植入人体的生物计算机就可直接接受大脑的综合指挥，成为人脑的辅助装置或扩充部分，并能借助人体细胞吸收营养补充能量，成为帮助人类学习、思考、创造和发明的最理想的伙伴。相关领域专家认为，DNA 分子计算机是未来计算机的发展方向之一。

美国计算机科学家伦纳德・艾德曼已成功研制出一台 DNA 分子计算机，他说："DNA 分子本质上就是数学式，用它来代表信息非常方便。试管中的 DNA 分子在某种酶的作用下迅速完成生物化学反应。28.3 g DNA 的运行速度超过了现代超级计算机的 10 万倍。" DNA 分子计算机的外形像普通小盒子，有非常薄的玻璃外壳，里面装着肉眼看不见的多层蛋白质，蛋白质间由复杂的晶格联结。这种精巧的蛋白质晶格里是一些生物分子，也就是生物计算机的"集成电路"。

（3）光子计算机

光子计算机是一种通过光信号进行数字运算、逻辑操作、信息存储和处理的新型计算机，它用不同波长的光代表不同的数据，可以对复杂度高、计算量大的任务实现快速地并行处理。光子计算机由激光器、光学反射镜、透镜、滤波器等光学元件和设备构成，靠激光束进入反射镜和透镜组成的阵列进行信息处理。光子计算机与电子计算机相比，它以光子代替电子，以光互连代替导线互连，以光硬件代替计算机中的电子硬件，以光运算代替电运算，而光的并行、高速特性决定了光子计算机并行处理能力很强、具有超高的运算速度的特点。光子在光介质中传输造成的信息畸变和失真极小，光传输、转换时能量消耗和散发热量极低，对环境条件的要求比电子计算机低很多。

1990 年初，美国贝尔实验室宣布成功研制了世界上第一台光子计算机。它采用砷化镓光学开关，运算速度可达每秒 10 亿次。尽管与理论上的光子计算机还有一定距离，但已显示出强大的生命力。人类利用光缆传输数据已经有几十年的历史，用光信号来存储信息的光盘技术也已广泛应用。然而要想制造真正的光子计算机，需要开发出可以用一条光束来控制另一条光束变化的光学逻辑器件。虽然在实验室条件下，科学家们已经可以实现这样的装置，但尚难以进入实用阶段。

20 世纪 90 年代中期，第一台超高速全光数字计算机由英国、法国、德国、意大利和比利时等国的70多名科学家和工程师合作研制成功，其运算速度比电子计算机快1 000倍。目前，许多国家都投入巨资进行光子计算机的研究，随着现代光学与计算机技术、微电子技术相结合，在不久的将来光子计算机将成为普遍的工具。

（4）纳米计算机

纳米计算机是用纳米技术研发的新型高性能计算机。其采用的纳米管元件尺寸在几纳米到几十纳米范围，质地坚固，有极强的导电性，能代替硅芯片用于制造计算机。纳米是一个计量单位，用纳米技术研制的计算机内存芯片，其体积只有数百个原子大小，相当于人的头发丝直径的千分之一。因此纳米计算机体积非常小，但反应速度很快。采用纳米技术生产芯片成本低廉，既不需要建设超洁净生产车间，也不需要昂贵的实验设备和庞大的生产队伍，因此纳米计算机几乎不需要耗费任何能源，但是其性能要比今天的计算机强大许多倍。

2013年9月26日，斯坦福大学宣布人类首台基于碳纳米晶体管技术的计算机成功测试运行，英国学术杂志《自然》在刊物中刊登了斯坦福大学的研究成果。这台纳米计算机用了178个碳纳米管，运行只支持计数和排列等简单功能的操作系统。然而尽管原型看似简单，却已是人类多年的研究成果。该项实验的成功，证明了人类有望在不远的将来摆脱当前硅晶体技术来生产新型计算机设备。

3. 我国计算机技术的发展

我国从1956年开始研制计算机，1958年研制成功第一台电子管计算机——103机。1959年研制成功运行速度为每秒1万次的104机，这是我国研制的第一台大型通用电子管数字计算机。103机和104机的研制成功，填补了我国在计算机技术领域的空白，为促进我国计算机技术的发展做出了贡献。1964年研制成功晶体管计算机，1971年研制了以集成电路为主要器件的DJS系列机。在微型计算机方面，研制开发了长城系列、紫金系列、联想系列等微型机，并取得了迅速发展。此外，我国在CPU的自主研制方面取得突破性进展，2006年初推出的龙芯2E的性能相当于2 GHz的P4处理器。同时，基于多核技术设计的龙芯3号研制成功。“华睿一号”已经成功应用于我国军队雷达产品中，作为我国首款具有国际先进水平的高端四核DSP芯片，“华睿一号”填补了我国在多核DSP芯片领域的空白。在不久的将来会有更多的计算机使用“中国芯”。

在科技竞争日益激烈的今天，高性能计算机技术及应用水平已成为综合国力的一种标志。1978年，邓小平同志提出：“中国要搞四个现代化，不能没有巨型机!”多年来，我国计算机领域专家不懈努力，取得了丰硕成果，“银河”“曙光”和“神威”计算机的研制成功使我国成为具备独立研制高性能巨型计算机能力的国家之一。

1983年底，我国第一台被命名为“银河”的亿次巨型电子计算机诞生。1992年，10亿次巨型电子计算机银河-Ⅱ研制成功。1997年6月，每秒130亿次浮点运算，全系统内存容量为 9.15 GB 的银河-Ⅲ并行巨型计算机在北京通过国家鉴定。2000 年由 1 024 个 CPU 组成的银河-Ⅳ超级计算机研制成功，峰值性能达到每秒 1.064 7 万亿次浮点运算。

1997 年，国防科技大学研制成功银河-Ⅲ百亿次并行巨型计算机系统，该系统采用可扩展分布共享存储并行处理体系结构，由 130 多个处理节点组成，峰值性能为每秒 130 亿次浮点运算，系统综合技术达到 20 世纪 90 年代中期国际先进水平。

1997 至 1999 年，曙光公司先后在市场上推出具有机群结构（Cluster）的曙光 1000A、曙光 2000-Ⅰ、曙光 2000-Ⅱ超级服务器，峰值计算速度突破每秒 1 000 亿次浮点运算，机器规模超过 160 个处理机。

1999 年，国家并行计算机工程技术研究中心研制的神威Ⅰ计算机通过了国家级验收，并在国家气象中心投入运行。该系统有 384 个运算处理单元，峰值运算速度达每秒 3 840 亿次。

2000 年，曙光公司推出每秒 3 000 亿次浮点运算的曙光 3 000 超级服务器。

2001 年，中国科学院计算技术研究所研制成功我国第一款通用 CPU——“龙芯”芯片。

2002 年，曙光公司推出完全自主知识产权的“龙腾”服务器。“龙腾”服务器采用“龙芯 1 号”CPU，采用曙光公司和中国科学院计算技术研究所联合研发的服务器专用主板，采用曙光 Linux 操作系统，该服务器是国内第一台完全实现自有产权的产品，在国防、安全等部门发挥重大作用。

2003 年，百万亿次数据处理超级服务器曙光 4000L 通过国家验收，再一次刷新国产超级服务器的历史纪录。

2013 年 11 月，国际 TOP500 组织公布了最新全球超级计算机 500 强排行榜榜单，中国国防科学技术大学研制的“天河二号”以第二名美国的“泰坦”2 倍的速度再度轻松登上榜首。

2016 年 6 月，在法兰克福世界超算大会上，国际 TOP500 组织发布的榜单显示，“神威·太湖之光”超级计算机系统登顶榜单之首，不仅速度比第二名“天河二号”快出近两倍，其效率也提高 3 倍；11 月 14 日，在美国盐湖城公布的新一期 TOP500 榜单中，“神威·太湖之光”以较大的运算速度优势轻松蝉联冠军；11 月 18 日，我国科研人员依托“神威·太湖之光”超级计算机的应用成果首次荣获“戈登贝尔奖”，实现了我国高性能计算应用成果在该奖项上零的突破。

2017 年 5 月，中华人民共和国科学技术部高技术研究发展中心在无锡组织了对“神威·太湖之光”计算机系统课题的现场验收。专家组经过认真考察和审核，一致同意其通过技术验收；6 月 19 日，全球超级计算机 500 强榜单公布，“神威·太湖之光”以每秒 9.3 亿亿次的浮点运算速度第三次夺冠。

课后习题：

1. 冯·诺依曼提出的计算机方案的要点是什么？
2. 计算机系统由哪些部分组成？计算机是如何工作的？
3. 举例说明计算机的主要应用领域。
4. 简要说明计算机的发展阶段和发展趋势。
5. 计算机中常用的数制有哪些？如何书写它们？
6. 什么是 ASCII 码？在计算机内部如何表示字符？
7. 微型计算机系统由几部分组成？分别说明各部分的内容。
8. 画出微型计算机的基本结构图。
9. 常见的操作系统有哪些？

第 2 章　计算机网络与因特网基础

本章能力目标

①了解计算机网络的基本概念。

②了解通信信道和介质。

③了解因特网的基本知识。

④了解计算机系统安全知识。

计算机网络是计算机技术与通信技术相结合的产物，是一门涉及多种学科和技术领域的综合性技术。自世界上第一个大型计算机网络 ARPANET 开发成功以来，随着微型计算机的出现和数字通信技术的不断进步，计算机网络的发展十分迅速。计算机网络技术正在对人类的经济生活、社会生活等各方面产生巨大的影响。

最大的计算机互联网 Internet 几乎遍及所有的国家和地区，应用范围也早已从军事、科研领域进入政府机构、商业企业、文化教育乃至家庭和日常生活。各国政府都已将“信息高速公路”的建设作为国家发展的重要战略。

2.1　计算机网络的基本概念

1946 年世界上第一台电子计算机的诞生是伟大的创举，当时没有任何人能预测到几十年后的今天，计算机在社会各领域的应用和影响会如此广泛和深刻。当 1969 年第一个分组交换计算机网络 ARPANET 出现时，也不会有人预测到几十年后计算机网络在现代信息社会中会扮演如此重要的角色。目前，ARPANET 已由最初的 4 个结点发展为横跨全球拥有上千万个结点的国际互联网。

2.1.1　计算机网络的定义与分类

1. 定义

计算机网络是用通信线路把分散布置的多台独立计算机及专用外部设备互连，并配以相应的网络软件所构成的系统。计算机网络主要由网络服务（资源共享）、连接介质和协议三要素组成，是否具备这三要素是判断计算机网络存在与否的标准。

2. 分类

从不同角度出发，计算机网络有多种分类方法，常见的有五类。

（1）按网络覆盖的范围分类

计算机网络按照所覆盖的地理范围可分为局域网、城域网和广域网。

局域网 LAN（Local Area Network）是指连接距离近的计算机网。包括办公室或实验室网络（十米级网）、建筑物的网络（百米级网）、校园网（千米级网）等。局域网是将较小地理范围内的计算机系统相互连接起来构成的计算机网络，通常的覆盖范围在几公里以内。它可以小到仅在一间办公室里连接两台微型计算机，也可以大到在一栋大楼内、几栋大楼之间、整个校园、工矿企业的整个厂区内连接多台大/中/小型机、微型机和数据终端设备等多种计算机系统，其网络连接多采用专用数字通信设备和传输介质，如网卡、集线器、同轴电缆、双绞线、光缆等。局域网的数据传输速率高，误码率低，可靠性高。

城域网 MAN（Metropolitan Area Network）的覆盖范围在十几到上百公里，通常为一个城市和地区的范围。城域网的网络连接可以采用局域网式的专用线路，如光缆、DDN（数字数据网）等，也可以使用公用通信设施，如电话线、有线电视线路等。

广域网 WAN（Wide Area Network）是大型、跨地域的网络系统，其覆盖范围可达上千公里甚至全球，如国际互联网 Internet。广域网的网络连接都是利用现有的公用通信网设备，如有线通信网、无线通信网及卫星通信网等来实现。

（2）按拓扑结构分类

按拓扑结构划分，通常分为总线型网、星型网、环型网和树型网。

（3）按信息交换方式分类

按信息交换方式可划分为线路交换网、分组交换网和混合交换网。

（4）按信号传输方式分类

按信号传输方式进行划分，可分为基带网和宽带网。基带网传输没有经过改变的0、1脉冲数字信号，在目前的局域网中一般采用基带传输方式。宽带网传输模拟信号，即经过调制的脉冲数字信号，在宽带网中一般须配有调制解调设备。

（5）按网络中使用的操作系统分类

按网络中使用的操作系统进行划分，可分为 Novell NetWare 网、Windows 2008 网、Windows 2013 网、Linux 网和 Unix 网等。

2.1.2 计算机网络的发展

计算机网络的发展经历了一个从简单到复杂，然后又到简单（指入网容易、使用简单、网络应用大众化）的过程，大致为以下四个阶段。

第一阶段：20 世纪 60 年代末到 20 世纪 70 年代初为计算机网络发展的萌芽阶段，其主要特征是为了提高系统的计算能力和资源共享水平，把小型计算机连成实验性的网络。第一个远程分组交换网叫 ARPANET，是由美国国防部高级研究计划局于 1969 年建成的，第一次实现了由通信网络和资源网络复合构成计算机网络系统。ARPANET（通常称为 ARPA 网）的建成标志着计算机网络的真正产生，APPANET 是这一阶段的典型代表。

第二阶段：20 世纪 70 年代中后期是局域网络（LAN）发展的重要阶段，其主要特征为局域网络作为一种新型的计算机体系结构开始进入产业部门。局域网技术是从远程分组交换通信网络和 I/O 总线结构计算机系统派生出来的。1974 年，英国剑桥大学计算机研究所开发了著名的剑桥环局域网（Cambridge Ring）。1976 年，美国 Xerox 公司的 Palo Alto 研究中心推出以太网（Ethernet），它成功地采用了夏威夷大学 ALOHA 无线电网络系统的基本原理，发展成为第一个总线竞争式局域网络。这些网络的成功实现，一方面标志着局域网络的产生，另一方面对以后局域网络的发展起到了导航的作用。

第三阶段：整个 20 世纪 80 年代是计算机局域网络的体系结构标准化阶段，其主要特征为局域网络完全从硬件上实现了 ISO 开放系统互联通信模式协议的功能。由于 ARPANET 的成功，各大计算机公司相继推出了自己的网络体系结构以及基于这些结构的软硬件产品。同一体系结构的网络设备互联非常容易，但是不同体系结构的网络设备却很难实现互联互通。为了解决这一问题，国际标准化组织（ISO）于 1984 年提出了著名的开放系统互联参考模型（OSI），给网络的发展提供了一个可以遵循的规则。如果全世界所有的网络都遵守该规则，这些网络就可以很容易地实现互联。因此，把网络体系结构标准化的计算机网络称为第三代计算机网络。

第四阶段：20 世纪 90 年代初至现在是计算机网络飞速发展的阶段，其主要特征为计算机网络化、协同计算能力发展以及全球互联网络（Internet）的盛行。计算机的发展已经完全与网络融为一体。目前，计算机网络已经真正进入社会各行各业。另外，虚拟网络 FDDI 及 ATM 技术的应用使网络技术蓬勃发展并迅速走向市场，走进百姓的生活。

2.1.3　计算机网络的组成

从物理连接上讲，计算机网络由计算机系统、通信链路和网络结点组成。计算机系统进行各种数据处理，通信链路和网络结点提供通信功能。按逻辑功能划分，计算机网络可以分为资源子网和通信子网两部分，如图 2-1 所示。

1. 资源子网

计算机网络中的资源子网就是功能独立的各个计算机系统。资源子网包括网络的数据处理资源和数据存储资源，负责全网数据处理和向网络用户提供资源及网络服务。资源子网由主计算机、智能终端、磁盘存储器、工业控制监控设备、I/O 设备、各种软件资源和信息资源等组成。

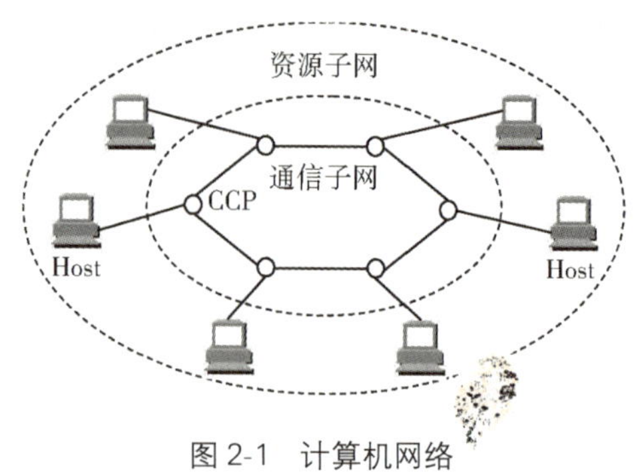

图 2-1 计算机网络

2. 通信子网

通信子网是由负责数据通信处理的通信控制处理机和通信线路组成的独立的数据通信系统。通信子网主要负责网络中的数据传输任务，以实现各计算机系统之间的信息传递与交换。通信子网主要包括网络中的分组交换机、网络控制机、网间连接器、中继器、集线器、网卡、传输介质等通信设备和网络通信协议、通信控制软件等。

2.1.4 计算机网络的主要功能

计算机网络主要具有以下几方面的功能。

1. 数据通信

该功能用于实现计算机与终端、计算机与计算机之间的数据传输，这是计算机网络的最基本的功能，也是实现其他功能的基础。

2. 资源共享

计算机网络系统中的资源可分成三大类，即数据资源、软件资源和硬件资源。相应地，资源共享也分为数据共享、软件共享和硬件共享。网络中，可供共享的数据主要来自网络中设置的各种专门数据库；可供共享的软件包括各种语言处理程序和各类应用程序；为发挥巨型计算机系统和特殊外围设备的作用，并满足用户的要求，计算机网络也应具有硬件资源共享的功能，例如可以使用网络中某一台高性能的计算机来处理复杂的大型问题，也可以使用网络中的一台高速打印机打印报表、文档等。

3. 负荷均衡

负荷均衡是指网络中的负荷被均匀地分配给网络中的各计算机系统。当某系统的负荷过重时，网络能自动地将该系统中的一部分负荷转移至负荷较轻的系统中去处理。

4. 提高系统的可靠性和可用性

计算机网络提高了系统的可靠性和可用性。当网络中的某一台计算机发生故障时，可选择其他系统代为处理，以保证用户的正常操作，不会因局部故障而导致系统瘫痪。若某台计算机发生故障而使数据库中的数据遭受破坏时，可以从另一台计算机的备份数据库中恢复遭破坏的数据。

5. 网络通信

网络通信是指通信通道可以传输各种类型的信息，包括数据信息和图形、图像、声音、视频等各种多媒体信息。

6. 分布式处理

分布式处理是指把要处理的任务分散到网络中的各个计算机上，而不是集中在一台大型计算机上。这样，不仅可以降低软件设计的复杂性，还可以大大提高工作效率并降低成本。

在具有分布处理能力的计算机网络中，可以将任务分散到多台计算机上进行处理，由网络来完成对多台计算机的协调工作。这样，在以往需要大型计算机才能处理的复杂问题，可由多台微型机或小型机构成的网络来协调处理，而费用却相当低廉。

7. 集中管理

集中管理是指在没有联网的条件下，每台计算机都是一个“信息孤岛”，管理这些计算机时必须分别管理。而计算机联网后，可以在某个中心位置实现对整个网络的管理。

2.1.5　计算机网络协议

1. 网络通信协议

在一个复杂庞大的计算机网络中，为了使其中的各个计算机能够有条不紊、正确地传递、交换数据及识别信息，必须制订一套网络中的计算机在进行数据交换时都要遵循的规则、约定和标准。这些规则、约定和标准的集合就是网络通信协议。

网络通信协议主要由以下三个要素组成。

①语法。

语法指数据与控制信息的结构或格式，用于确定通信双方采用的数据格式、编码及信号电平等。

②语义。

语义由通信过程的说明构成，它规定了需要发出何种控制信息完成何种动作以及做出何种应答，对发布请求、执行动作以及返回应答予以解释，并确定用于协调和差错处理的控制信息。

③时序。

时序即用户数据与控制信息传输的顺序。

2. 协议的层次结构

分解是解决复杂问题的一种基本方法。为了降低网络协议设计的难度，简化其复杂性，大多数的网络都是按照分层的方式来组织的。通过分层，一个复杂的问题分解成若干个较为简单的多层次问题，每个层次要解决自己的关键问题，从而使整个问题以层次结构的形式表示出来。各层次之间要通过一定的关系连接起来，这种连接关系称为层间接口。不同网络分层的数量、各层的内容和功能都不尽相同。

基于结点之间联系的复杂性，在制订协议时，通常把复杂成分分解成一些简单成分，然后再将它们复合起来。最常用的复合技术就是层次结构。层次结构有如下特征。

①结构中的每一层都规定有明确的任务及接口标准。

②把用户的应用程序作为最高层。

③除了最高层外，中间的每一层既向上一层提供服务，又是下一层的用户。

④把物理通信线路作为最低层。它使用从高层传送来的参数，是提供服务的基础。

对计算机网络划分不同的层次就形成了不同的网络体系结构。为使不同计算机厂家生产的计算机能相互通信，以便在更大范围内建立计算机网络，国际标准化组织（ISO）在 1978 年提出“开放系统互联通信参考模型”，即著名的 OSI/RM（Open System Interconnection/Reference Model）。参考模型利用层次结构把开放系统的信息交换问题分解在一系列较易于控制的“层”之中。OSI 的体系结构具有物理层、数据链路层、网络层、传输层、会话层、表示层和应用层 7 个层次，如图 2-2 所示。

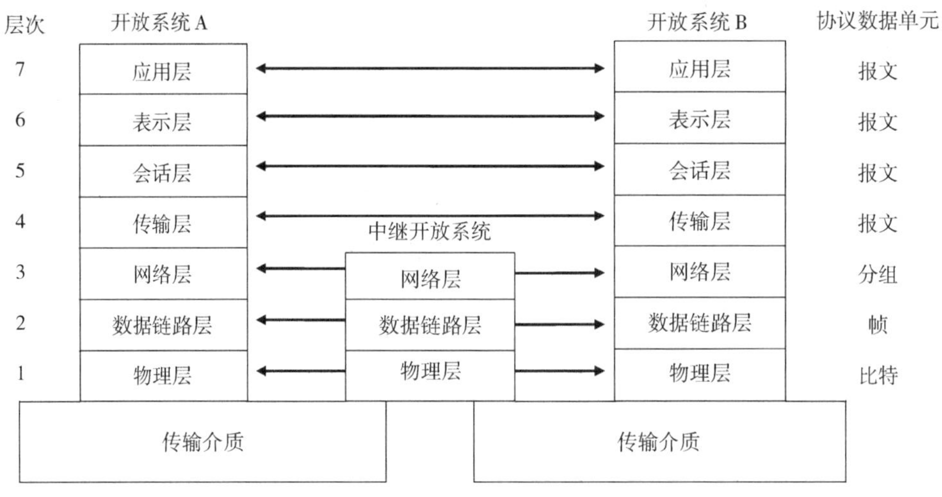

图 2-2　OSI 的体系结构

简化为四层结构的 TCP/IP 协议，为覆盖全世界的国际互联网所采用，已成为事实上的国际标准。

计算机网络模型的层次结构有以下优点：

①各层之间是独立的。某一层并不需要知道它的下一层是如何实现的，而仅仅需要知道该层层间的接口所提供的服务。

②灵活性好。当任何一层发生变化时，只要层间接口关系保持不变，则这层以上或以下的层都不受影响。

③结构上可分割开。各层都可以采用最合适的技术来实现。

④易于实现和维护。整个系统被分解为若干个相对独立的子系统，使得实现和调试一个庞大而又复杂的系统变得易于处理。

⑤能促进标准化工作。每一层的功能及其所提供的服务都有了精确说明，便于标准化。

2.2　通信信道和介质

网络使用通信介质连接计算机，并使用通信信道进行通信。通信信道是指信息可以传输的通道，它以传输介质和通信中继设施为基础，如电话线就是提供语音通信的信道，而某个电台使用的信道可能是某个无线频率范围。通信介质是通信信道的载体，如有线电视（CATV）使用同轴电缆传输电视节目。常用的通信介质包括双绞线、同轴电缆、光纤和无线方式的空间传输。

2.2.1　传输速率和带宽

在通信系统和计算机网络中，数据传输速率和带宽经常用于表述通信能力。

1. 传输速率

计算机网络也叫数字网络，以二进制形式进行通信，用数据传输速率来描述网络的通信速度。数据传输速率是指单位时间内传输的二进制位数，单位为 bps（bit per second），即比特率。

我们说某个通信设备比特率为 9 600 bps，则表示该设备每秒钟能传输 9 600 bit。我们通常还用“K”“M”“G”作单位，其中 1 K＝1 000 bit，1 M＝1 000 K，1 G＝1 000 M。注意这里的“K”和计算机存储容量中的“K”的区别，后者的 K 表示 1024。

传输速率的另一种表示方法称为波特率（Baud Rate），它与比特率是两个不同的概念，其定义为每秒钟传送的脉冲数，波特率一般对应的是信号传输。

2. 带宽

带宽（Band Width）描述的是信道的传输能力，指一个信道单位时间传输的数据量。用带宽作为网络通信能力的指标更为直观。带宽的分类也是模糊的，主要是因为商业名词和专业术语之间被交叉使用。一般认为带宽有三种类型。

（1）语音带宽

语音带宽（Voice Band）指标准电话线路的带宽，典型速率是 9 600 bps～56 Kbps。

（2）中等带宽

中等带宽（Medium Band）一般是指租用线路的带宽，如中国电信为行业用户如金融、证券等提供的 DDN（Digital Data Network）专线，其速率是 56 Kbps～264 Mbps。

(3) 宽带

宽带(Broad Band)指的是微波、卫星、同轴电缆和光纤信道的带宽,其速率是264 Mbps～30 Gbps。

这里要说明的是,这里的宽带和目前市场上的"宽带接入"的"宽带"是完全不同的概念。某种意义上,"宽带接入"的"宽带"是一种相对于传统的电话线路而言的商业术语。

还有一点需要说明的是,带宽意味着"能够达到的"上限,不一定需要和实际传输速率一致。带宽和传输速率的关系就像一条高速公路可以通过的流量为每天 10 万辆汽车,但实际情况并不一定要求必须有 10 万辆车在这条路上通过一样。

2.2.2 网络介质

传输介质是通信网络中发送方和接收方之间的物理通路。LAN 常用的传输介质有双绞线、同轴电缆和光缆,如图 2-3 所示。

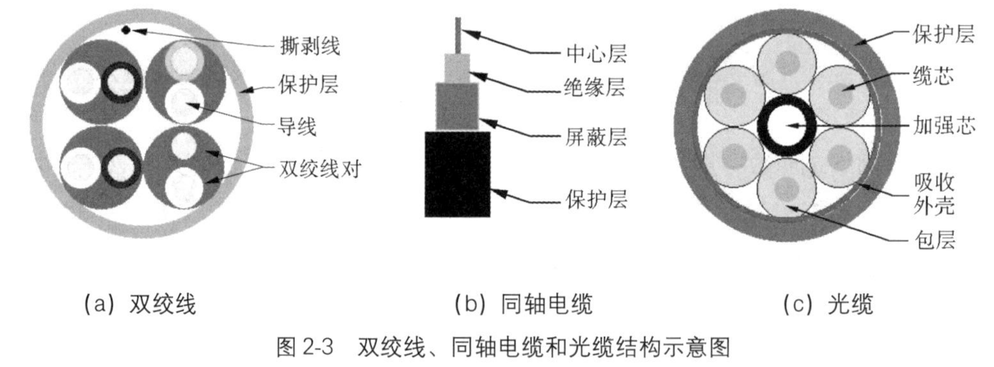

图 2-3 双绞线、同轴电缆和光缆结构示意图

1. 双绞线

双绞线(Twisted Pair,TP)是网络中最常用的传输介质。双绞线成本低,易于铺设,既可以传输模拟数据也可以传输数字数据。在 IEEE 802.3 制定了 10BASE-T(双绞线以太网)标准后,双绞线被广泛应用。一对或多对双绞线放在绝缘套中便成了双绞线电缆,每对双绞线是把两根铜导线按一定的密度互相绞在一起,很好地降低了信号干扰。常用的双绞线网络电缆由 4 对双绞线组成。

双绞线又可分为屏蔽双绞线(STP,Shielded Twisted Pair)和无屏蔽双绞线(UTP,Unshielded Twisted Pair)。双绞线有六类、超五类、五类之分。五类双绞线的传输速率为 100 Mbps,传输距离小于 100 米。双绞线两端安装 RJ-45 水晶头,如图 2-4 所示,分别连接计算机的网卡和网络设备。

2. 同轴电缆

同轴电缆(Coaxial Cable),如图 2-3 所示,曾经是计算机通信网中使用最普遍的

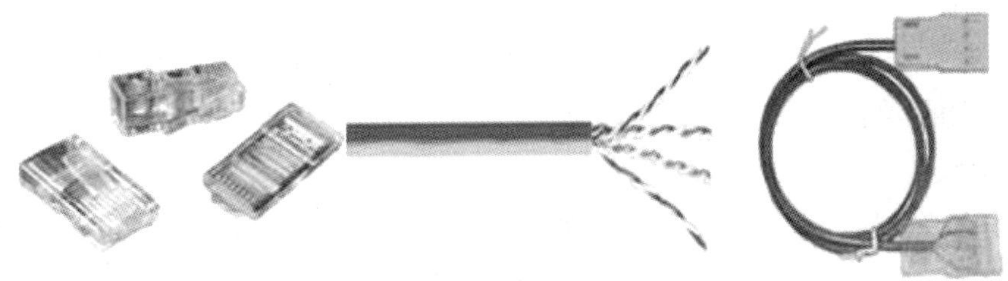

图 2-4　水晶头与双绞线

传输介质之一。同轴电缆是由一根空心的外圆柱导体和一根位于中心轴线的内导线即芯线组成，内导线是传输线，外圆柱导体是屏蔽层，内导线和外圆柱导体之间用绝缘材料隔开。线的两端与 BNC 接口连接器连接，以便和网卡对接。由于它的屏蔽性能好、抗干扰能力强，因此多用于基带传输。

同轴电缆又可分为粗缆和细缆两种。细缆功耗较大，每段干线长度最长不超过 200 米，接入的用户不多于 30 个。相对于这一点来说，粗缆的传输距离就远得多，可达 500 米，但安装成本比较高。对于小型的网络来说，使用细缆布线，安装容易，造价低。同轴电缆构造的网络缺点是，当有一个结点发生故障时，会影响电缆上所有的结点，这对网络的维护非常不利。因此，同轴电缆已逐步被非屏蔽双绞线和光缆所取代。

3. 光纤

光导纤维（Optical Fiber，简称光纤）是一种传输光束的细微而柔韧的传输介质，以金属导体为核心。用光纤做成的光缆，其结构如图 2-3 所示，是由缆芯、包层、吸收外壳和保护层几部分组成。光缆传输的是光脉冲形成的数字信号。

利用光纤传输光信号是基于光的全反射原理。由于光线的折射率大于包层的折射率，只要光线的入射角大于某临界值，就会产生光的全反射，通过光在光纤中的不断反射来传送被调制的光信号，以把信息从光纤的一端传送到另一端。光信号在光纤中传输时的损耗极低。

相对于其他传输介质，光纤的电磁绝缘性能好，信号衰变小，频带宽，速度快，距离长，抗干扰能力强及保密性能好，是传输图像、声音等多媒体信息的理想介质。电信服务商如我国的中国电信和有线电视公司，都将原来的数据传输主干线路升级为光缆。

利用光纤传输信号需要光电信号转换设备，称为光纤接口，其价格比较贵。长距离的光缆需要拼接，但抽头困难。

光缆有多种型号和规格，以适应室内、室外和不同传输距离的需要。根据能够传输的距离，主要有单模光纤（Single Mode Fiber，SMF，2～10 km）和多模光纤

(Multi Mode Fiber，MMF，2 km 以内)。

光缆提高了整个系统的带宽，扩大了系统容量，但对接入点如家庭用户带宽的提升没有多大的实际意义。

4. 无线传输

通信需要介质，除了电线电缆之类的有线介质，数据通信也可以通过无线方式。无线通信有无线电波通信、红外线传输以及微波和卫星通信。

(1) 无线电波通信

无线电波通信主要靠电离层的反射实现通信。现在最普及的无线通信是移动电话(Mobile)。无线电波的频率在 1 MHz～3 GHz 之间，使用无线频道需要国家无线电管理委员会的审批。

(2) 红外线传输

红外线传输使用可见光谱以下的频率范围进行数据通信。红外线传输，在发送端和接收端之间必须有一条无障碍的路径。红外设备已非常常见，如家用电器的遥控器就是红外设备，它能在一定距离内控制电视、空调、音响等设备的操作。

市售的大多数便携式计算机中，红外接口曾是标准配置，能够在便携式计算机之间或便携式计算机与红外接口打印机等外设之间实现数据传输。

(3) 微波和卫星通信

微波是一种频率在 1 GHz 以上的电磁波。微波信号由于频率高，传输受到距离的限制，一般在数公里之内就需要建站；地球的曲线也影响微波的传输。现代通信更多的是利用地面接收站和卫星实现通信。

1945 年，英国科幻作家阿瑟·克拉克（Arthur Clarke）预言，在地球上空部署 3 颗同步卫星可以组成全球通信网，并精确指出高空 35 860 km 是卫星和地球同步的高度。10 多年后有了火箭，1964 年有了第一颗同步电视卫星，克拉克的设想变成了现实。他被尊称为“卫星通信之父”。

卫星通信也是一种微波通信，只不过微波的中继站被高空的同步卫星所代替。第一代通信卫星被定位在 36 000 km 的同步轨道上，和地球之间的传输时间大约为 0.24 s。通信卫星覆盖范围广，其跨度为 18 000 km，大约覆盖地球表面三分之一的面积，因此 3 颗通信卫星就可以覆盖地球上的全部通信区域。

最新的卫星通信技术能够使同步卫星定位在更近距离的太空，传送时间被缩短。通信卫星支持多个频段通信以实现多路传输，每一路卫星信道的容量约等于 10 万条话频线路。

远程卫星系统的以某种频率接收信号，放大该信号后又以另一种频率发射出去的装置叫收发器。现代卫星通信系统中，收发器一般以一个频率进行发送，频率通常叫作“波段”。

计算机将数据发送到卫星收发器，再由收发器将信号传送到碟型天线上。碟型天线能够将数据传输到卫星或者从卫星接收数据。

2.2.3　网络主体设备

网络硬件主要包括网络服务器、工作站、外设等，如果要进行网络互联，还需要网桥、路由器、网关以及网间互联线路等。根据传输介质和拓扑结构的不同，还需要集线器（Hub）等。

1. 服务器

服务器是一种高性能计算机，具有固定的地址，作为网络的结点，能存储、处理网络上 80%的数据、信息，用于协调网络用户对这些资源的使用，因此也被称为网络的灵魂。服务器主要有文件服务器、打印服务器、终端服务器、磁盘服务器和域名服务器等，其中文件服务器是最为重要的服务器。

2. 工作站

工作站是一种高档的微型计算机，通常配有高分辨率的大屏幕显示器及容量很大的内存储器和外部存储器，并且具有较强的信息处理功能和高性能的图形、图像处理功能以及联网功能。一般情况下，一个工作站在退出网络后就可以作为一台普通微型机使用，用来处理本地事务，一旦联网就可以使用服务器提供的各项网络服务。

3. 网络外设

网络外设主要是指网络上可供网络用户共享的外部设备。通常，网络上的共享外设包括打印机、绘图仪、扫描仪、调制解调器等。

4. 网络适配器

网络适配器又称网络接口卡（Network Interface Controller，NIC）简称网卡，是用于将计算机与网络相连的硬件设备，它插在计算机主板的扩展槽中，通过网线与网络相连。其主要功能是实现并行数据与串行数据的转换、数据包的装配和拆装、网络信号的产生等。

一台计算机要进入网络，必须配备网卡作为网络接口设备。如果通过拨号方式使用公共电话网进入计算机网络则需要 Modem 或相关设备。网卡有一个唯一的 48 位物理地址，通常称为 MAC（介质访问控制）地址，形如“00-00-E8-51-0E-7C”，由一个国际组织进行分配，因此每张网卡都有一个固定的 MAC 地址，为一组 12 位的 16 进制数，其中前 6 位代表生产厂商，后 6 位为该厂商自行分配给网卡的唯一号码。

在网络管理系统中，就是通过每一台机器的 MAC 地址进行网络流量计量和故障定位的。

5. 网络互联设备

网络互联设备主要负责网间协议和功能转换。常用的网络互联设备主要有中继器、集线器、网桥、路由器、交换机和网关。

为了将两个物理网络连接在一起，需要采用特殊的网络互联设备。这些设备根据其作用和工作原理的不同而有不同的名称。

（1）中继器

中继器（Repeater）又称转发器，其主要作用是对电缆上传输的数据信号进行放大和再生，工作于 OSI 参考模型的物理层。使用中继器可以将两段或两段以上结构相同的局域网连接起来，扩大局域网的范围。

（2）集线器

集线器（Hub）也具有网络互联的功能，它与中继器一样都工作于 OSI 参考模型的物理层。集线器的主要功能是对接收到的信号进行再生整形放大，以扩大网络的传输距离，同时把所有结点集中在以它为中心的结点上。网络集线器有一个访问部件接口 AUI，通过它可以实现不同介质的以太网的互联。如双绞线以太网与光纤以太网的互联，同轴电缆以太网与双绞线或者光纤以太网的互联等。

（3）网桥

网桥（Bridge）是一种工作在 OSI 参考模型数据链路层的存储转发设备，用于连接两个同类型的网络，并对网络数据的流通进行管理。网桥不但能扩展网络的距离或范围，而且可提高网络的可靠性和安全性。它与中继器的不同之处在于它能够解析收发的数据，并决定是否向网络的其他段转发。网桥还可以用来互联不同物理介质的网络。例如，可以在网桥一端连接光缆，另一端连接同轴电缆。

（4）路由器

路由是指把信息从信息源通过网络传递到目的地的活动，它发生在 OSI 参考模型的网络层。在路由过程中，至少经过一个中间结点。

路由器（Router）是在网桥的基础上增加了路径选择功能的设备，可以在网络层实现多个网络间的互联。它主要用于实现不同拓扑结构的网络间的互联，如环型局域网和总线型局域网之间的互联。路由器不仅具有网桥的所有功能，还具有路径的选择功能，可以为不同网络之间的用户提供最佳的通信路径。用路由器连接起来的多个网络，仍然保持各自独立的实体地位不变。

（5）交换机

交换机是一种用于电信号转发的网络设备。它可以为接入交换机的任意两个网络结点提供独享的电信号通路。目前交换机已经逐步取代了集线器和网桥，并增强了路由选择功能。交换和路由的主要区别就是交换发生在 OSI 参考模型的数据链路层，而路由发生在网络层。交换机和集线器的本质区别就在于交换机为两点间提供“独享通路”，而集线器上连接的所有点“共享通路”。

（6）网关

网关（Gateway）是网络层以上的互联设备的总称，是最高级别的网络互联。网关用于连接不同体系结构的网络。网关不仅需要具有路由器的全部功能，而且要进行由于网络操作系统的差异而引起的不同协议之间的转换。网关能针对某一种特定的应用，实现不同网络协议之间的转换。网关通常是一台运行专门的网关软件的计算机系统。

2.2.4　网络软件系统

网络软件系统包括采用的通信协议、操作系统和应用软件。

1. 通信协议

通信协议用以支持计算机与相应的局域网相连，并与该局域网上的其他计算机按相应的协议进行通信。最初通信协议以独立软件的形式出现，现在常置于操作系统中。例如，Internet 广泛使用的 TCP/IP 协议，已成为 Unix 操作系统的基本组成部分。

2. 网络操作系统

网络操作系统在服务器上运行，是使网络上各计算机能方便且有效地共享网络资源，为网络用户提供所需的各种服务软件和有关规程的集合。网络操作系统不仅要具有普通操作系统的功能，还要具备网络通信、共享资源管理、提供网络服务、网络管理、互操作和提供网络接口等六大特征。

3. 应用软件

应用软件是建构在操作系统之上的应用程序，它扩展了网络操作系统的功能。不同的网络应用软件，可满足用户在不同情况下的需求。例如，网络数据库系统支持大容量数据检索和管理，网络邮件系统支持用户在网络内相互发送电子邮件，等等。每一种扩展的网络服务，都需要相应的网络应用程序支持。

2.2.5　网络拓扑结构

连接在网络上的各种计算机系统设备，如大、中、小型主机，微型机，大容量的磁盘、光盘存储矩阵，高速打印机等数据处理终端设备，以及连接计算机系统与通信线路的通信控制设备等，都可以看作是网络上的一个结点，而将连接这些结点的通信线路看作线段。由结点、线段抽象表示的计算机系统在网络上的连接形式称为网络的拓扑结构。常见的计算机网络拓扑结构有总线型、星型、环型、树型、网状以及混合型等多种结构。如图 2-5 所示。

1. 星型拓扑结构

星型拓扑结构是以某个结点为中心，辐射状地将外围各结点连接到该中心结点。中心结点通常充当整个网络的主控计算机，一方面作为星型结构的控制中心，一方面作为通用的数据处理设备。各结点之间的数据通信必须通过中心结点进行传递，如果中心结点出现故障，将影响整个网络的工作。如图 2-5（a）所示。

（1）星型拓扑结构的优点

①中心结点和中间接线盒都放在一个集中的场所，可方便地提供服务和重新配置。

②每个连接只接入一个设备，当连接点出现故障时不会影响整个网络。

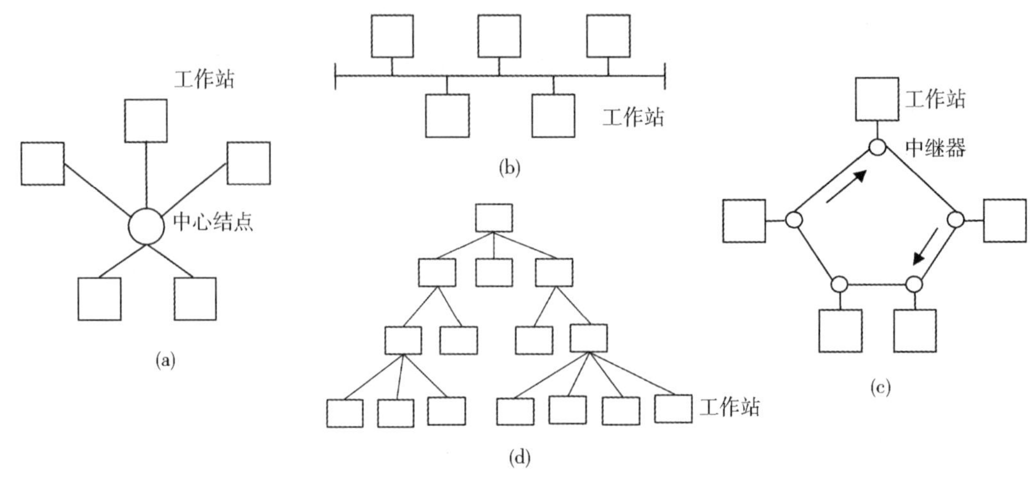

图 2-5　网络拓扑结构

③由于每个结点直接连接到中心结点，因此故障易于检测和隔离，可很方便地将有故障的结点从系统中删除。

④访问协议简单。

（2）星型拓扑结构的缺点

①由于每个结点直接和中心结点相连，因此需要大量的电缆、电缆沟，在电缆的安装和维护方面易出问题。

②过于依赖中心结点。当中心结点发生故障时，整个网络不能工作，所以对中心结点的可靠性要求较高。

2. 总线型拓扑结构

总线型拓扑结构使用一条开路、无源的双绞线或同轴电缆，通过接口将各结点连接在一条总线上，是一种共享通道的线路结构。它是早期局域网中应用最多的拓扑结构。总线型拓扑结构连接简单，扩充或删除结点都很容易；信道的利用率高，资源共享能力较强。但是，随着网络负荷的加重，发送和接收数据的速度迅速降低；并且若总线本身出现故障，将对整个系统的工作产生影响。如图 2-5（b）所示。

由于所有的结点共享一条公用的数据传输链路，所以在一个特定的时刻只能由一个设备传输。10BASE2（细缆）以太网、10BASE5（粗缆）以太网是使用总线型拓扑结构的实例。

（1）总线型拓扑结构的优点

①电缆长度短，易于布线。

因为所有的结点都连接到一条公用的数据传输链路上，因此只需较短的电缆，减少了安装费用，易于布线和维护。

②可靠性高。

总线型拓扑结构简单，传输介质又是无源元件，从硬件的角度看十分可靠。

③易于扩充。

增加新结点时，可以在总线的任何点将其接入，如需增加网段长度，可通过中继器加上一个附加段。

（2）总线型拓扑结构的缺点

①故障诊断和隔离困难。

因为总线型拓扑结构不是集中控制，故障检测需在网上各个结点进行。如果故障发生在结点，则需将该结点从总线上隔离；如果传输介质出现故障，则需要切断这段总线。

②终端必须是智能的。

因为接入的结点要有介质访问控制功能，因此结点必须是智能的，从而增加了结点的硬件和软件费用。

3. 环型拓扑结构

环型拓扑结构是一种闭合的总线结构。各结点通过中继器连接到闭环上，多个设备共享一个环路。任意两个结点间都要通过环路实现通信。环中各结点的地位和作用是相同的，因此易于实现分布式控制。但在一个环路上只能实现单向通信，要进行双向通信必须使用双环，如图 2-5（c）所示。每个中继器都与两条链路相连，它能够接收一条链路上的数据，并以同样的速度把该数据传送到另一条链路上。

（1）环型拓扑结构的优点

①电缆长度短。

环型拓扑结构所需电缆长度与总线型相近，比星型要短得多。

②不需要接线盒。

因为是点到点的连接，所以不需要像星型拓扑结构那样配置接线盒。

③适用于光缆传输。

光纤传输速率高，环型拓扑结构是单方向传输，适于使用光纤传输介质。环型网是点到点的连接，可以在网上使用多种传输介质。如校园网，在楼宇内使用双绞线，而在户外主干网采用光缆，解决传输速率和电磁干扰问题。FDDI 高速局域网采用的就是光纤环型网。

（2）环型拓扑结构的缺点

①灵活性小，增加新工作站困难。

②非集中式管理，诊断故障十分困难，需要对每一个结点进行检测。

4. 树型拓扑结构

树型拓扑结构是由总线拓扑结构演变而来。在这种拓扑结构中，有一个带分支的根，每个分支还可以延伸出子分支。树型拓扑结构又称层次结构，上下分层，其形如同一棵“根”在上的树。树型拓扑结构具有容易扩展、出现故障易于分隔的优点，多用于军事单位、政府机构等上下界限严格的部门。但如果根结点出现故障，整个系统就不能正常工作。如图 2-5（d）所示。通常采用同轴电缆作为传输介质，而且使用宽带传输技术。

树型拓扑结构与带有几个网段的总线型拓扑结构的主要区别在于根的存在。树型拓扑结构中，当结点发送报文信息时，根接收该信息，然后重新广播到全网。这种结构不需要中继器。

树型拓扑结构的优缺点大多和总线型拓扑结构的优缺点相同，但也有特殊之处，如这种拓扑结构易于扩展，因为其分支还可延伸出子分支，所以要加入新的结点或分支很容易；易于故障隔离，如果某一个分支上的结点发生故障，很容易将此分支和整个网络分离开来，这是总线型拓扑结构无法比拟的。树型拓扑结构的缺点是对根的依赖太大，如果根发生故障则整个网络不能正常工作。这种网络结构有和星型拓扑结构相似的可靠性问题。

5. 网状结构

网状结构又称为全互联结构。在这种结构中，每个结点都与网上的其他结点有直接的联系。因此，这种结构的复杂性随结点数目的增加而迅速地增加。

6. 混合型结构

将多种不同拓扑结构的局域网连接在一起即构成混合型结构。混合型的网络拓扑结构兼有各种不同拓扑结构的特点。例如，国际互联网 Internet 就是一个最大型、最复杂的混合型结构。

2.3 因特网

因特网（Internet）又称为国际互联网，是一个由各种类型不同、规模不等、独立运行和管理的计算机网络组成的世界范围的、巨大的计算机互联网络，是一个全球性的、开放的信息资源网络。Internet 是通过分层结构实现传输的，它包含了物理网、协议、应用软件、信息四大部分。其中物理网是 Internet 的物质基础，它是由世界上各个地方接入到 Internet 中来的大大小小的网络软硬件及网络拓扑结构各异的局域网、城域网和广域网通过成千上万的路由器或网关及各种通信线路连接而成的。Internet 网络互联采用的是 TCP/IP 网络协议。

Internet 的核心功能是全球信息共享，包括文本、图形、图像、音频和视频等多媒体信息共享。Internet 就像是一个包罗万象、无比庞大的图书馆，连接到其中的全球任何地方的一台计算机就像是开启的通往图书馆的一扇大门，不管何时何地你都可以进入图书馆。

2.3.1　因特网概述

1. 因特网的形成

Internet 的前身是美国国防部高级研究计划署在 1969 年建立的军事实验网络 ARPANET。ARPANET 建立的初期只有 4 台主机。1983 年初，美国国防部高级研究计划局要求所有与 ARPANET 相连的主机都采用 TCP/IP 协议。同年，ARPANET 分裂成民用网 ARPANET 和军用网 MILNET，这两个网并非独立无关而是可以相互通信和资源共享的。它们之间的连接被叫作 DARPA Internet，随后被简称为 Internet。

自 20 世纪 80 年代以来，由于 Internet 在美国获得迅速发展和巨大成功，世界多个国家都纷纷加入 Internet，使 Internet 成为全球性的国际网络。

2. 因特网在中国

早在 1987 年，中国科学院高能物理研究所就开始通过国际网络线路使用因特网，以后又建立了与因特网的专线连接。1994 年初，我国高能物理计算机网 IHEPnet 正式接入因特网。20 世纪 90 年代中期，我国的互联网建设工作全面展开。到 1997 年底，我国建成中国公用计算机互联网（ChinaNET）、中国教育和科研网（CERNET）、中国科学技术网（CSTNET）和中国金桥信息网（ChinaGBN）四大互联网，并与因特网建立了连接。目前，在北京、上海和广州都有连接到国外的线路，可为国内用户提供各种因特网服务。因特网已成为人们获取信息、学习新技术、休闲娱乐的重要途径之一。

3. 常用的因特网服务

电子邮件（E-mail）：电子邮件是一种利用电子手段实现信息交换的通信方式，它可以在几秒到几分钟之内将信件送往世界各地的邮件服务器中，供收件人随时取读。邮件的内容可以包括文字、声音、图像或图形信息。用户可以用电子邮件订阅各种电子新闻杂志，它们将被定时投到用户信箱中。电子邮件是因特网所有信息服务中用户最多、接触面最广的一类服务。

文件传输（FTP）：FTP 用来在计算机之间传输文件，它可以传输任何格式的数据．用 FTP 可以访问因特网的各种 FTP 服务器。访问 FTP 服务器有两种方式：一种是注册用户登录到服务器系统，另一种是用“匿名”（anonymous）进入服务器。

远程登录（Telnet）：因特网远程登录服务允许一个用户在一台联网的机器上登录到一个远程分时计算机系统中，该用户的键盘和显示器就好像与远程计算机直接相连一样。这种让网络用户能“直接”访问远程计算机系统资源的功能，正是远程登录的魅力所在。

万维网（WWW）：因特网提供了一种高级浏览服务，从而把超文本（Hypertext）的概念延伸到一个成员众多的计算机集合中，这种服务称为万维网（World Wide

Web，WWW），它是把存放于众多计算机上的信息链接在一起的信息查询机制。万维网上的信息是按页提供的，通常称为网页，网页结构复杂，并采用超文本语言进行信息描述，其中包含文本、图形、图像、声音和超级链接（Hyperlink）。在许多情况下，网页中每一个超链接都以某种特殊形式做出了标记（例如，显示为蓝色或加下划线，或两者都有），只要单击超链接就能够下载文件、显示图片、播放音乐或播放电影，可以迅速从一个网页跳转至另一个网页，可以从一个服务器进入另一个服务器。万维网已成为现在最为流行的因特网服务。

电子论坛（Electronic Forum）：在电子论坛内通过 E-mail 相互联系，一对一进行通信。当希望将自己的消息告诉尽可能多的人，或遇到问题希望向尽可能多的人请教时，可采用 Internet 提供的多对多的电子论坛（Mailing List，英文也用 Electronic Forum）通信方式。电子论坛从字面上说是一组成员的 E-mail 地址，一旦加入某个电子论坛，就可以收到其他成员发给电子论坛的邮件，同时自己也可以给论坛成员发送消息。

电子布告（BBS）：电子布告（Bulletin Board System）是发布通知和消息的布告栏，一般提供气象、法律、娱乐、校园信息、电子邮件等信息服务。目前，因特网上既有免费公共 BBS 站点，又有商业 BBS 站点。商业 BBS 站点的服务比较齐全，可以提供会议电视、生活咨询、电子游戏等服务。BBS 站点既有面对本地用户的独立服务，也有面对所有用户的公共服务。在公共 BBS 站点上用户可以拥有账号，该站点为用户接收邮件，用户也可以使用站点提供的网络信息查询工具。此外，BBS 站点上还存有许多公共程序和文件，用户可以获取这些文件，也可以将自己的文件放到 BBS 站点上供他人使用。

电子商务（Electronic Business）：电子商务所包含的内容十分广泛，除了网络上的商业交易外，还包含了政府提供的各项电子化服务、电子银行等。它是一套现代化管理方式，在满足企业和个人消费者对提高工作效率、提升服务质量、加快服务速度的需求的同时，满足其对降低费用的需求。电子商务的业务内容涵盖信息流、物流、资金流三部分。电子数据交换、信息交换、网上浏览完成信息流，售前售后服务、销售、商品配送完成物流，电子支付完成资金流。

2.3.2 TCP/IP 协议

因特网使用 TCP/IP 通信协议将各种局域网、广域网和国家主干网连接在一起。由于 TCP/IP 协议具有通用性和高效性，可以支持多种服务，因此成为到目前为止最为成功的网络体系结构和协议规范，并为因特网提供了最基本的通信功能。

1. 什么是 TCP/IP

TCP/IP 是因特网使用的通用协议。从名字看 TCP/IP 虽然只包括两个协议，但实际上是一组协议，它包括上百个各种功能的协议，如远程登录、文件传输、电子邮件等，而 TCP 协议和 IP 协议是保证数据完整传输的两个基本的重要协议。通常说的 TCP/IP 是指 Internet 所使用的 TCP/IP 协议族，而不单单是 TCP 和 IP 两个协议本身。

2. TCP/IP 协议族介绍

TCP/IP 协议族中包括上百个互为关联的协议，不同功能的协议分布在不同的协议层。下面介绍几个常用协议。

（1）远程终端访问

Telnet（Telecommunication network）协议提供一种非常广泛的、双向的、8 字节的通信功能。这个协议提供了一种与终端设备或终端进程交互的标准方法。该协议提供的最常用的功能是远程登录。远程登录就是通过网络进入和使用远距离的计算机系统，就像使用本地计算机一样。远程计算机可以在同一间屋子里或同一校园内，也可以在数千公里之外。

（2）文件传输协议 FTP

FTP（File Transfer Protocol）是 Internet 上最早使用的文件传输协议，支持用户登录到 Internet 的一台远程计算机，把其中的文件传送回自己的计算机系统，或者把本地计算机上的文件传送到远程计算机系统。

（3）简单邮件传送协议 SMTP

SMTP（Simple Mail Transfer Protocol）是一个简单的面向文本的协议，用来有效、可靠地传送邮件。作为应用层协议，SMTP 不关心下层采用什么样的传输服务，它通过 TCP 连接来传送邮件。

（4）域名服务协议 DNS

DNS（Domain Name Service）是一个域名服务的协议，它提供了域名到 IP 地址的转换。虽然 DNS 的最初目的是使邮件的发送方知道邮件接收主机及邮件发送主机的 IP 地址，但现在发现它的用途越来越广。

2.3.3 IP 地址

因特网的地址是指接入因特网的结点计算机的地址。因特网上的每台计算机、每个用户都有一个唯一的地址，从而实现相互的区别。IP 地址属于短缺资源，网络专家正在通过 IPV6、CIDR 和 NAT 等相关网络技术解决这一问题。

1. 定义

所谓 IP 地址，就是给每一个连接到网络上的主机分配的一个独一无二的 32 位地址，更准确地说，是赋予网络中的结点的一个 32 位地址。结点即为一个连接点，大多数计算机只有一个结点，但也有多个结点的情形，如服务器、路由器（都含有多个网卡）等，它们可以拥有多个 IP 地址。

主机的 IP 地址与街道地址有类似之处，如街道名和门牌号构成街道地址，而 IP 地址也是由两部分组成，即网络地址和主机地址。网络地址称为网络标识（NetID），即网络 ID；主机地址称为主机标识（HostID），即主机 ID。ID 是一种数字编号。同街道上的每一住户拥有相同的街道名、不同的门牌号一样，同一网络上的每台主机也使用相同的网络 ID、不同的主机 ID。

2. 结构

IP 地址由两部分组成，一部分是主机所在网络的网络地址（网络 ID），另一部分是该主机的主机地址（主机 ID），如图 2-6 所示。

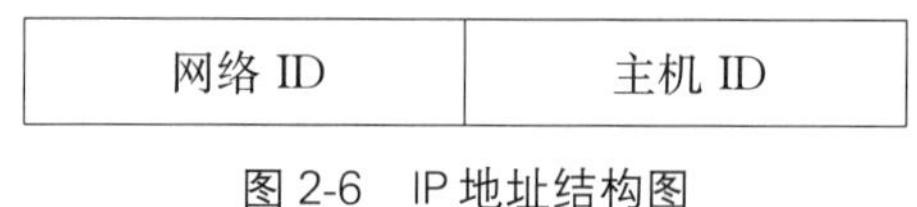

图 2-6　IP 地址结构图

3. 分类

为了便于对 IP 地址进行管理，将 IP 地址进行分类，分成五类，即 A 类、B 类、C 类、D 类和 E 类，其中常用的 A 类、B 类、C 类地址均由两部分组成，如图 2-7 所示。

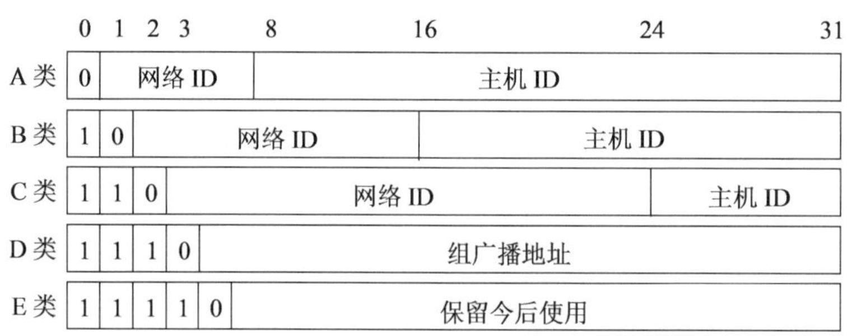

图 2-7　IP 地址编码

（1）网络 ID

A 类、B 类、C 类地址的网络 ID 分别占 1、2、3 个字节长度。在网络地址的最前面分别有 1～3 个固定位，其数值分别规定为 0、10 和 110。

（2）主机 ID

A 类、B 类、C 类地址的主机 ID 分别占 3、2、1 个字节长度。

下面分别介绍这五类 IP 地址。

A 类地址分配给规模特别大的网络使用，每个 A 类地址的网络有众多的主机。具体规定如下：32 位地址域中第一个 8 位为网络标识，其中首位为 0，表示 A 类地址，其余 24 位均作为接入网络主机的标识，由该网的管理者自行分配。因此，每个 A 类网络有 16 777 214 台主机，共有 126 个 A 类地址网络。

B 类地址分配给一般的大型网络使用，每个 B 类地址的网络有较多的主机。具体规定如下：32 位地址域中前两个 8 位为网络标识，其中前两位为 10，表示 B 类地址，其余 16 位均作为接入网络主机的标识，由该网的管理者自行分配。因此，每个 B 类网络有 65 534 台主机，共有 16 384 个 B 类地址网络。

C 类地址分配给小型网络使用，如大量的局域网和校园网，每个 C 类地址的网络只有少量的主机。具体规定如下：32 位地址域中前三个 8 位为网络标识，其中前三位为 110，表示 C 类地址，其余 8 位均作为接入网络主机的标识，由该网的管理者自行分配。因此，每个 C 类网络有 254 台主机，共有 2 097 151 个 C 类地址网络。

D 类地址是组广播地址，主要留给 Internet 体系结构委员会使用，总是以 1110 开头。这类地址可用于广播，当进行广播时，信息可有选择地发送给网络上的所有计算机的一个子集。

E 类地址保留以后使用，它是一个实验性网络地址，通常不用于实际的工作环境。E 类地址总是以 11110 开头。

4. IP 地址的表示

如果采用 32 位二进制位即 4 个字节表示 IP 地址，很难让人读懂和理解。将每一个字节的二进制数转换成对应的十进制数，用 4 组十进制数字来表示 IP 地址，每组数字取值范围为 0～255，组与组之间用“.”作为分隔符，这种标记方法称为“点分十进制”，这样的表示形式易于接受。

例如，用二进制数表示的 B 类 IP 地址 10000000 00001011 00000011 00011111，也可用点分十进制数表示为 128. 11. 3. 31。

2.3.4　域名系统

IP 地址虽然可以唯一地标识网上主机的地址，但用户记忆数以万计的用数字表示的主机地址十分困难。若能用代表一定含义的字符串来表示主机的地址，用户就比较容易记忆了。为此，因特网提供了一种域名系统 DNS（Domain Name System），为主机分配一个由多个部分组成的域名。

因特网采用层次树状结构的命名方法，使得任何一个连接在因特网上的主机或路由器都可以有一个唯一的层次结构的名字，即域名（Domain Name）。域名由若干部分组成，各部分之间用“.”作为分隔符。它的层次从左到右，逐级升高，其一般格式是：计算机名、组织机构名、二级域名、顶级域名。

1. 顶级域名

域名地址的最后一部分是顶级域名，也称为一级域名。顶级域名在因特网中是标准化的，并分为三种类型。

①国家顶级域名：如 cn 代表中国、jp 代表日本、us 代表美国。在域名中，美国国

别代码通常省略不写。

②国际顶级域名：国际性的组织可在 int 下注册。

③通用顶级域名：最早的通用顶级域名共 6 个。

com 表示公司、企业

net 表示网络服务机构

org 表示非营利性组织

edu 表示教育机构

gov 表示政府部门（美国专用）

mil 表示军事部门（美国专用）

随着因特网的迅速发展，用户急剧增加，又新增加了 7 个通用顶级域名：

firm 表示公司、企业

info 表示提供信息服务的单位

web 表示突出万维网活动的单位

arts 表示突出文化、娱乐活动的单位

rec 表示突出消遣、娱乐活动的单位

nom 表示个人

shop 表示销售公司和企业

2. 二级域名

在国家顶级域名下注册的二级域名均由该国自行确定。我国将二级域名划分为“类别域名”和“行政区域名”。其中“类别域名”有 6 个，分别为 ac 表示科研机构，com 表示工、商、金融等企业，edu 表示教育机构，gov 表示政府部门，net 表示互联网络、接入网络的信息中心和运行中心，org 表示各种非营利性的组织；“行政区域名” 34 个，适用于我国的各省、自治区、直辖市和特别行政区，如 bj 为北京市，sh 为上海市，tj 为天津市，cq 为重庆市，hk 为香港特别行政区，om 为澳门特别行政区，he 为河北省等。若在二级域名 edu 下申请注册三级域名，则由中国教育和科研网络中心 Cernet NIC 负责；若在二级域名 edu 之外的其他二级域名之下申请注册三级域名，则应向中国互联网网络信息中心 CNNIC 申请。

3. 组织机构名

域名的第三部分一般表示主机所属域或单位。例如，域名 cernet. edu. cn 中的 cernet 表示中国教育科研网，域名 tsinghua. edu. cn 中的 tsinghua 表示清华大学，pku. edu. cn 中的 pku 表示北京大学，等等。域名中的其他部分，网络管理员可以根据需要进行定义。

因特网名字空间的结构如图 2-8 所示，它的组织形式像一棵倒置的树。树根在最上面，没有名字，树根下面一级的结点就是最高一级的顶级域名结点，在顶级域名结点下面的是二级域名结点，最下面的叶结点就是单台计算机。

4. 域名与 IP 地址的关系

域名和 IP 地址存在对应关系，当用户要与因特网中某台计算机通信时，既可以使用这台计算机的 IP 地址，也可以使用域名。相对来说，域名易于记忆，使用更普遍。

由于网络通信只能标识 IP 地址，所以当使用主机域名时，域名服务器通过 DNS 域名服务协议会自动将登记注册的域名转换为对应的 IP 地址，从而找到这台计算机。

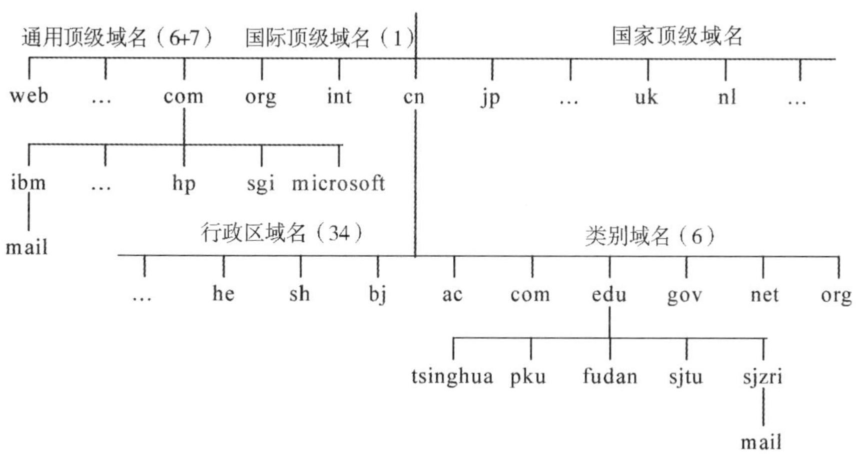

图 2-8　Internet 的名字空间示意图

2.3.5　Client/Server 计算模式

Client/Server（简称 C/S，客户机/服务器）计算模式是因特网最重要的应用技术之一。图 2-9 给出了因特网客户机/服务器间交互过程的示意图。

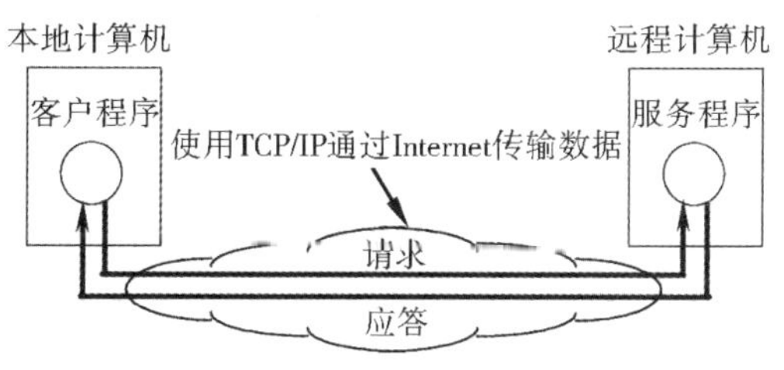

图 2-9　因特网的客户机/服务器

当用户通过客户机中的客户程序提供的界面向服务器中的服务程序发出服务请求时，服务程序对用户的请求做出响应，完成相应的操作，并返回处理结果予以应答，应答的结果再通过客户程序的交互界面以规定的形式展示给用户。

2.3.6 计算机接入因特网的方法

因特网提供端到端的网络连接，允许任意一台计算机与其他任何一台计算机进行通信。与因特网连接的基本方式有：仿真终端、SLIP/PPP（Serial Line Internet Protocol/Point-to-Point Protocol）连接和局域网连接等。

1. 仿真终端方式

因特网服务提供者 ISP（Internet Service Provider）建立了许多服务系统和服务结点，它们同 Internet 直接连接。用户用一台计算机和一个普通调制解调器或 ADSL Modem，经普通电话网与服务结点相连，通过拨号接入的方式登录到服务系统，实现同因特网的连接。

2. SLIP/PPP 方式

这种连接方式采用网络软件和 Modem 与 ISP 的系统连接，并使用户计算机成为因特网上一台具有独立有效 IP 地址的结点机。串行线路连接协议 SLIP 和点对点协议 PPP 都支持这种连接方式。串行线路连接协议 SLIP 现在基本上不再使用，点对点协议 PPP 的用户数也在下降。

3. 局域网接入方式

将一个局域网连接到网络主机有两种方法。第一种是通过局域网的服务器、一个高速调制解调器和电话线路，在 TCP/IP 软件支持下把局域网与因特网主机连接起来，局域网中所有计算机共享服务器的一个 IP 地址；第二种是通过路由器在 TCP/IP 软件支持下把局域网与因特网主机连接起来，局域网上的所有主机都有自己的 IP 地址。路由器与因特网主机可以通过 X. 25、DDN 专线、ADSL 或光纤等通信。

2.3.7 万维网（WWW）概述

WWW 是 Word Wide Web 的缩写，译为“万维网”或“全球信息网”，简称 Web。万维网是因特网最重要的一种应用，人们通过万维网进行信息浏览和查询。人们常常把万维网和因特网混为一谈，其实二者有区别。有人形象地把因特网比作纵横交错的公路网，而万维网则是成千上万在公路上跑的汽车。万维网中有无数的多媒体文件供用户访问，人们上因特网的最主要目的是访问文件。这些文件是用超文本标记语言 HTML（Hyper Text Markup Language）写成的，称为超文本文件。超文本文件是一种含有文本、图形、图像、声音、视频的多媒体文件，能实现与其他文件的非顺序网状链接，这种链接称为超链接（Hyper Link）。万维网中信息的传输基于超文本传输协议（HTTP）。

万维网的超文本服务的运作机制比较复杂，但它提供给用户的使用界面是简单而统一的。无论我们访问哪一类 Internet 资源，只要使用 WWW 浏览器就可以以超文本的形式选择链接，轻松自由地在全世界所有连接到 Internet 的计算机上随意浏览、查询自己需要的信息。

1. 万维网的特点

分布式的信息资源：万维网是一种基于超文本的信息服务网络。客户机通过超链接可以指向任何一台 Web 服务器，从而为用户提供了非线性的信息查询手段。

统一的用户界面：由于采用客户机/服务器模式，通过应用层网络协议（HTTP）进行信息交换，而且提供 CGI（通用网关接口），因此支持异构计算机系统以及各种信息服务。

支持多种媒体演播：万维网提供文本、图像、声音、动画和视频等多种媒体的信息服务。

用途广泛：可用于信息发布、电子报刊、电子商务、信息交流、网上娱乐、远程教学等。

2. 有关术语及概念

（1）网页

网页（Web Page 或 Web Document）又称 Web 页面，它是万维网信息的基本单位，Web 页之间通过超链接相关联，从而形成信息整体。每个 Web 页对应磁盘上一个单一的文件，可以存放文字、表格、图像、声音、视频、动画等。

（2）主页

在众多 Web 页中有一个被称为主页（Home Page）的 Web 页，该页位于所有 Web 页之首，它是用户使用 Web 浏览器查看 Web 站点时首先看到的 Web 页。所以主页实际上又相当于一个 URL 地址，用户从这里进入该 Web 站点，然后浏览各个网页。

（3）统一资源定位器 URL

统一资源定位器 URL（Uniform Resource Location）用来向 Web 浏览器表明网络资源的类型和资源所在的位置。

①URL 的格式。

URL 地址通常由资源类型、存放资源的主机域名或主机 IP 地址、资源存放路径和文件名三部分组成。例如，URL 地址为：http://www. cernet. edu. cn/introduction/home. html。

URL 的第一部分为 http：//，用于通知 Web 浏览器采用什么协议、访问哪一类资源。URL 的第二部分为 www. cernet. edu. cn，表明要访问的服务器的域名。URL 的第三部分是 introduction/home. html，表明资源在计算机中的路径和文件名。

②URL 的分类。

利用 Web 浏览器，不仅可以访问超媒体信息，还可以访问许多其他资源。WWW 服务通用性的关键在于 URL。下面我们介绍 Web 浏览器可以访问的主要资源和它们的 URL 格式。

http://www... 超文本链接 WWW，如 http://www. tsinghua. edu. cn/

ftp://ftp... 文件传输 FTP，如 ftp://ftp. pku. edu. cn/

gopher://gopher... 分布式文本检索 Gopher，如 gopher://gopher. cernet. edu. cn/

news://news... 新闻组 News，如 news://news. microsoft. com/

file://... 文件 File，如 file://lms/test. hml

(4) 超文本

超文本是指按照“超文本标记语言”的规范书写的文本文件，该文件具有规定的扩展名 html 或 htm。超文本标记语言英文缩写为 HTML（Hyper Text Markup Language)，是一套专门用来建立 Web 文件的语言，内容可以包含图像、声音、图形、动画等多媒体信息，并可以根据有关通信协议与相关资源相连接。WWW 浏览器作为超文本的解释工具，可以根据超文本中的命令规定的格式，将图、文、影、音等多媒体信息显示出来，并能按照超文本文件中提供的 URL 连接信息跳转到其他的网页。

(5) 超级链接

Web 页面之所以吸引人，根本原因在于它的超级链接能力。简单地说，超级链接使用户可以从某个信息结点跳转到另外一个信息结点。

(6) 超文本传输协议 HTTP

超文本传输协议 HTTP（Hyper Text Transfer Protocol）是 WWW 服务器与客户机间多媒体数据的应用层通信协议。

3. WWW 浏览器

Web 浏览器的主要功能是解释统一资源定位器和超文本文件，并为用户提供一个友好的界面。无论用户所需的信息在什么地方，浏览器为用户找到之后，就可以将这些信息（文字、图片、动画、声音等）“提取”到用户的计算机屏幕上。由于 Web 采用了超文本链接，只需轻轻单击鼠标右键，就可以很方便地从一个信息页转到另一个信息页。WWW 浏览器分为字符界面浏览器和图形界面浏览器两大类。随着计算机硬件和软件技术的发展，图形界面的浏览器产品盛行，现在大家使用的大多是图形界面的浏览器。

WWW 浏览器一般由六部分组成。

①标题栏：显示当前网页的标题。

②菜单栏：和 Windows 普通窗口内菜单栏功能相同。

③工具栏：显示上网时常用的工具。

④地址栏：用来输入需要访问的 URL 地址。

⑤网页显示区：显示当前网页中的内容。

⑥状态栏：显示当前操作的状态信息。

利用浏览器可将网页下载到本地机上。下载的网页只是静态格式，可以使用网页编辑器进行编辑。例如，要下载和保存百度主页，方法如下：

①使用浏览器打开百度的主页（www. baidu. com）。

②执行“文件”→“另存为”命令，在弹出的“网页保存”对话框的“保存在”下拉列表中选择保存路径，如“E:\web”。

③在“文件名”下拉列表框中输入要保存的网页名称，如“山财主页”。

④在“保存类型”下拉列表中选择文件类型，一般默认类型为“网页，全部（*.htm；*.html）”。

⑤在“编码”下拉列表中选择保存网页使用的编码，一般选择默认的“Unicode（UTF-8）”。

⑥单击“保存”按钮，将当前网页以指定的名称保存。

4. 信息搜索

网上有一些专门提供信息搜索服务的网站，如百度（www. baidu. com）、Google（www. google. com）、搜狐、新浪等网站。

信息搜索网站的搜索引擎是 Internet 上的一个 WWW 服务器，它使得用户在数以百万计的网站中快速查找信息成为可能。目前，因特网上的搜索引擎很多，都可以进行如下工作。

①能主动搜索因特网中其他 WWW 服务器的信息，并收集到搜索引擎服务器中。

②能对收集的信息分类整理，自动索引并建立大型搜索引擎数据库。

③能以浏览器界面的方式为用户提供信息查询服务。

以“百度搜索”为例，进行信息搜索的方法如下。

①打开浏览器，在地址栏里输入网址“http://www. baidu. com”。

②在百度网站搜索框内输入需要查询的内容，按回车键，或者单击搜索框右侧的搜索按钮，就可以得到最满足查询需求的网页内容。

注意：输入多个词语搜索（不同字词之间用一个空格隔开），可以获得更精确的搜索结果。

5. 超文本标记语言

超文本标记语言（HTML）是一种描述文档结构的标注语言。它使用一些约定的标记对 WWW 上的各种信息进行标注。当用户浏览 WWW 上的信息时，浏览器会自动解释这些标记的含义，并按照一定的格式在屏幕上显示这些被标记的文件。

HTML 文件是标准的 ASCII 码文件，其扩展名为 htm 或 html。HTML 文件看起来像是加入了许多被称为链接签的特殊字符串的普通文本文件。从结构上讲，HTML 文件由元素组成。组成 HTML 文件的元素有许多种，用于组织文件的内容和指导文件的输出格式。绝大多数元素是“容器”，即它有起始标记和结尾标记。元素的起始标记叫作起始链接签，元素的结束标记叫作结尾链接签，在起始链接签和结尾链接签中间的部分是元素体。每一个元素都有名称和可选择的属性，元素的名称和属性都在起始链接签内标明。

下面是一个 HTML 文件的内容，它在浏览器中显示的结果如图 2-10 所示。

```
<HTML>
<HEAD>
<TITLE>百度</TITLE>
</HEAD>
<BODY bgcolor="white">
<P>
这是一个 HTML 的测试文件!
</P>
</BODY>
</HTML>
```

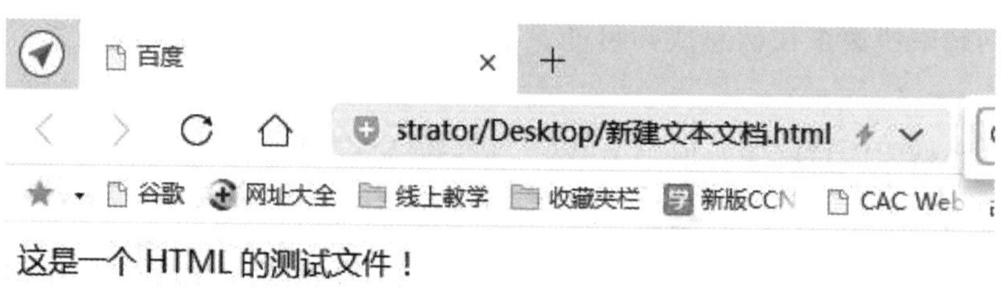

图 2-10 HTML 页面

HTML 文件的优点是具有跨平台性，即任何可以运行浏览器的计算机都能阅读并显示 HTML 文件，即使操作系统不同，其显示结果都相同。

2.3.8 电子邮件服务

1. 电子邮箱地址与账号设置

收发电子邮件的先决条件是有一个电子邮箱(Mail Box)。电子邮箱是由 Internet 服务提供商 ISP 为用户在其邮件服务器上建立的一个 E-mail 账户。E-mail 账户包括用户名(User Name)和用户密码(User Password)。

每一个电子邮箱都有唯一的邮箱地址，称为电子邮箱地址(E-mail Address)。完整的电子邮箱地址由两部分组成，其格式为：用户名@电子邮件服务器域名。第一部分为邮箱用户名，第二部分为邮件服务器计算机的网络域名，两部分用“@”分隔。电子邮件信息由 ASCII 文本组成，主要包括两个部分。第一部分是头部(header)，相当于信封，包括发送人、接收人的电子邮箱地址，以及内容主题、发送日期等信息。第二部分是正文(body)，为要发送的信件的具体内容。电子邮件还可在邮件本身之外携带若干个文件

(作为附件)一起发送给接收人。

2. 免费邮箱的申请

电子邮箱是由用户在提供邮件服务的网站上申请获得的。申请成功后,用户根据自己的电子邮箱的用户名和密码登录电子邮箱,并通过邮件服务器给其他用户发送邮件,也可以接收其他用户发给自己的邮件。

很多网站都提供免费电子邮箱服务。在 WWW 网页上申请电子邮箱的步骤如下。

①假如要在新浪网(网址是 www. sina. com) 申请一个免费邮箱，只要将网址中的“www” 替换为“mail” 就可以打开 mail. sina. com 页面，这是邮箱所在网站提供电子邮件服务的网页。其他网页大多相同，只要将 www 替换为 mail 就可进入相关邮箱页面。

②进入网站提供的电子邮件服务网页，会有“申请免费邮箱”一类的文字提示。单击相关按钮，进入邮箱注册页面。

③网站通常规定邮箱名包含 4～16 位字符，使用小写英文字母、数字、下划线等，不能全部是数字或下划线。用户按照此规定设定一个比较易记且不与电子邮件服务器上的其他用户冲突的名字，然后根据提示设置其他项目，提交注册申请信息后，一个免费的电子邮箱就申请成功了。

注意：为保障邮箱安全，不要将密码设置得过于简单。

2. 3. 9 其他 Internet 服务

1. 文件传输服务 FTP

文件传输服务 FTP 是广大用户获得丰富的 Internet 资源的重要渠道之一。FTP 的本意是文件传输协议。利用这个协议可以在两台计算机之间传输文件，并保证传输的可靠性。

FTP 采用客户机/服务器结构。用户在本地主机运行的是 FTP 客户程序，远程主机运行的则是 FTP 服务器程序。从本地主机向远程主机传输文件称为上传，由远程主机向本地主机传输文件称为下载。Internet 上的 FTP 服务主要有两种，一种是普通 FTP 服务，一种是匿名 FTP 服务。

使用普通 FTP 服务的用户必须登记注册一个用户账号，拥有合法的用户名和口令。在与远程 FTP 主机连接时，只有输入正确的用户名和口令，经审核确认后，才能建立起连接，允许进行 FTP 操作。普通 FTP 服务既允许下载文件，也允许上传文件。

使用普通 FTP 服务需要合法账号，连接时需要进行登录，使得 FTP 服务受到限制。为了使更多的用户不需要注册账号也能够使用 FTP 服务，Internet 还提供了一种特殊的 FTP 服务——匿名 FTP 服务。在与提供匿名 FTP 服务的远程主机连接时，用户只要以 anonymous 作为用户名，以一个 E-mail 地址作为口令，就可以进行登录，连接到该主机后可享受其提供的 FTP 服务，免费得到该主机所提供的一切资料文件。为了保证安全，匿名 FTP 服务通常只允许下载文件，不允许上传文件。

通常，要使用 FTP 服务，需要在浏览器中输入 FTP 地址进行访问，FTP 地址有两种格式。

①ftp://域名：FTP 命令端口/路径/文件名。

②ftp://用户名：密码@FTP 服务器 IP。

常用的 FTP 客户端程序有三种类型，分别为传统的 FTP 命令行、浏览器与 FTP 下载工具。

2. 远程登录

Telnet 的含义为“远程登录”，即从 Internet 中的一台计算机登录到另一台计算机上，并能运行其系统的一种应用程序。

Telnet 采用了客户机/服务器模式。在远程登录过程中，用户的实终端采用用户终端的格式与本地 Telnet 客户机程序通信；远程主机采用远程系统的格式与远程 Telnet 服务器进程通信。通过 TCP 连接，Telnet 客户机程序与 Telnet 服务器程序之间采用了网络虚拟终端 NVT 标准来进行通信。

若要使用 Telnet 功能，需要具备以下条件。

①用户的计算机要有 Telnet 应用软件。例如，Windows 系统提供的 Telnet 客户程序与 CSTelnet 软件。

②用户在远程计算机上有自己的用户账户，包括用户名和密码，或该远程计算机提供公开的用户账户。

在使用 Telnet 命令进行远程登录时，首先应在 Telnet 命令中给出对方计算机的主机名或 IP 地址，然后根据对方系统的询问，正确输入自己的用户名与密码。有时还要根据对方的要求，回答自己所使用的仿真终端的类型。Internet 有很多信息服务机构提供开放式的远程登录服务，登录到这样的终端时，不需要事先设置用户账户，使用公开的用户名就可以进入系统。

用户可以使用 Telnet 命令使自己的计算机暂时成为远程计算机的一个仿真终端。一旦用户成功实现了远程登录，用户计算机可以像远程计算机的本地终端一样进行工作，使用远程计算机对外开放的全部资源，如硬件、程序、操作系统、应用软件及信息资源。远程登录软件有很多，如 AbsoluteTelnet、RemotelyAnywhere Network Console、Erics Telnet 等。

2.4 计算机系统安全

计算机的信息系统安全是指保护计算机信息系统中的资源免受毁坏、替换、盗窃和丢失等，包括实体安全和信息安全两个方面。实体安全指保护计算机设备及其相关设施（包含网络）免受毁坏和丢失等。信息安全指确保信息的保密性、完整性、可用性和可控性。

目前，计算机系统面临的安全威胁主要有自然灾害的威胁、人为或偶然事故构成的威胁和计算机犯罪的威胁。对于前两种威胁可以通过加强管理和采取各种技术手段来防范，而对于计算机犯罪则需要进行综合防范。

2.4.1　计算机病毒简介

计算机病毒是对信息安全最具威胁的因素之一。《中华人民共和国计算机信息系统安全保护条例》中将计算机病毒定义为：编制或者在计算机程序中插入的破坏计算机功能或者数据，影响计算机使用并且能够自我复制的一组计算机指令或者程序代码。因其具有自我复制的能力，即传染性，类似于生物学上的病毒，而被称为计算机病毒。

1. 计算机病毒的特征

计算机病毒虽然也是一种程序或者代码，但与一般的程序比较，具有以下几个主要的特征。

①传染性：计算机病毒程序通过将自身不断复制到其他文件内，达到不断扩散的目的，尤其在网络时代更是通过 Internet 中的网页和电子邮件而迅速传播。

②破坏性：计算机病毒能破坏他人计算机或计算机中存放的重要数据和文件，在网络时代则通过计算机病毒阻塞网络，导致网络服务中断甚至整个网络系统瘫痪。

③隐蔽性：计算机病毒在进入系统并进行传播时，多数没有明显的外部表现，将自身附加在其他文件的内部或者隐藏在磁盘中较隐蔽处，有些病毒还会将自己的名字改为系统文件名以达到隐藏的目的。

④潜伏性和可触发性：计算机病毒进入系统后，一般不立即发作，在一段时间内不断自我复制，当触发条件满足时就开始进行破坏行为。例如，CIH 病毒在每月 26 日发作。

2. 计算机病毒的分类

对计算机病毒的分类方法多种多样，常用的是按传染方式进行分类，可以分为传统单机病毒和现代网络病毒两大类。

（1）传统单机病毒

①引导型病毒，出现在引导阶段，即系统启动时病毒用自身代替原磁盘的引导记录，使得系统首先运行病毒程序，然后才执行原来的引导记录。这样，只要系统启动，病毒就获得了控制权。

②文件型病毒，传染可执行文件，病毒“寄生”在程序“体内”，只要执行“感染”了病毒的程序，病毒就主动传染另一个未“感染”病毒的程序。

③复合型病毒，既传染磁盘引导区，又传染可执行文件。

④宏病毒，寄存于 Office 文档的宏代码中，一般用 Word Basic 语言书写。一旦打开带有宏病毒的文档就会激活宏病毒，病毒驻留在 Normal 模板上，所有自动保存的文档都会感染上这种病毒。

（2）现代网络病毒

随着网络的普及，计算机病毒一般利用操作系统的漏洞，通过电子邮件和恶意网页浏览等方式进行网络环境传播。常见的网络病毒可以分为如下两类。

①蠕虫病毒。它的传播机理是利用网络进行复制和传播，传播途径是网络和电子邮件。比如，冲击波/震荡波病毒、“尼姆达”病毒等都是比较著名的蠕虫病毒。

②木马病毒。与一般的病毒不同，它不会自我复制，也不会“刻意”地感染其他文件，它将自身伪装起来吸引用户下载执行，向施种木马者提供打开被种者计算机的门户，使施种者可以任意毁坏、窃取被种者的文件，甚至远程操控被种者的计算机。

3. 网络安全基础

网络安全是指网络系统的硬件、软件及其系统中的数据受到保护，不因偶然的或者恶意的原因而遭到破坏、更改、泄露，系统可以连续、可靠、正常地运行，网络服务不中断。网络安全一般可以分为网络设备安全和网络信息安全。前者是物理层面的安全问题，后者是信息层面的安全问题。网络安全应具备四个特征。

①保密性，指确保信息不泄露给非授权的用户、实体或过程。

②完整性，指数据未经授权不能进行改变。

③可用性，指得到授权的实体在需要时可访问数据。

④可控性，指对信息的传播及内容具有控制能力。

网络安全的主要威胁来自以下几个方面。

①非授权访问：没有预先经过同意就使用网络或计算机资源被看作非授权访问，主要表现形式有假冒、身份攻击、非法用户进入网络系统进行违法操作等。

②信息泄露：指重要数据在有意或无意中被泄露出去，通常包括信息在传输中泄露、在存储介质中泄露等。

③拒绝服务攻击：有不断对网络服务系统进行的干扰，使得系统难以或不可能继续执行所有任务。

应对网络安全威胁的关键技术主要有：主机安全技术、数据加密技术、身份认证技术、防火墙技术、安全管理技术等。

2.4.2 计算机病毒的传播

计算机病毒主要是通过 U 盘、硬盘、光盘及网络进行传播。

（1）U 盘传播

计算机病毒通过 U 盘的传播是最常见的，如复制文件到 U 盘的操作就有可能使病毒传染到 U 盘上，从而使另一台机器染上病毒。

（2）硬盘传播

由于大量的文件一般都存放于用户的硬盘中，使得硬盘成为病毒的一个重要载体，从而成为重要的传播媒介。

（3）光盘传播

部分软件承载在光盘上，盗版光盘很多时候都带有病毒，像特洛伊木马病毒、CIH 病毒等都可在盗版光盘中找到其存在的踪迹，且光盘只能读不能写，所以光盘中的病毒也不能被清除，危害更大。

（4）网络传播

网络已成为病毒最主要、最快速的传播途径，包括从网络上下载文件、使用聊天软件和传递电子邮件时被病毒感染。如果下载的软件中包含病毒，下载后执行该软件，病毒就会感染到本机上。使用聊天软件时，不法分子会通过发送带病毒的程序、链接或文件传播病毒。如果电子邮件中的附件携带病毒，执行携带病毒的附件就会使本机感染。甚至有的邮件只要一打开就可将病毒传染到本机，而根本不用执行其中的附件。

2.4.3 计算机病毒的防治

计算机病毒已成为信息系统安全的最大隐患，我们必须了解其防治方法和手段。

1. 计算机病毒的预防

对用户来讲，对待计算机病毒一般可采取如下预防措施。

①对系统软件和存有重要数据的磁盘要定期复制备份，并加写保护。

②不使用来历不明的软件及非法复制的软件。

③安装可实时监控的杀毒软件，定期更新病毒库，安装网络防火墙。

④经常运行操作系统升级程序，安装操作系统补丁程序。

⑤不随意打开来历不明的电子邮件及陌生人传来的页面链接。

2. 计算机病毒的检测和清除

若计算机出现系统不能启动、系统运行速度明显降低、打印机不能联机打印或打印不正常、磁盘无法打开等现象，有可能是计算机病毒造成的。

一旦出现上述现象，应使用专业的杀毒软件查杀病毒。这些杀毒软件一般都具有实时监控功能，一旦检测到计算机病毒，就能立即发出警报，并对病毒进行清除。如果杀毒软件暂时不能清除该病毒，也会将病毒隔离起来，待升级病毒库时会提醒用户将该病毒清除。

另外，还可以采用手动的方式清除病毒，即使用一些通用的软件工具找到感染病毒的文件，手动清除病毒代码。这种方式要求操作者具有一定的计算机专业知识。

2.4.4 数据加密与数字签名

1. 数据加密与解密

数据加密与解密技术是所有安全技术的基础。数据加密的目的是隐蔽和保护具有一定密级的信息，使其不被非授权方识别。数据解密则是指将被加密的信息还原。

（1）与数据加密、解密技术相关的概念

明文：指信息的原始形式。

密文：指明文经过变换加密后的形式。

加密：指将明文变为密文的过程，通常由加密算法实现。

解密：指将密文变成明文的过程，通常由解密算法实现。

密钥：为有效地实现加密和解密，在处理过程中要有通信双方掌握的专门信息参与，这种专门信息称为密钥。密钥就是变换过程中的参数，有加密密钥和解密密钥两种。

（2）密钥体制

现代数据加密、解密技术主要有秘密密钥体制和公开密钥体制两种。秘密密钥体制也称为对称加密体制，是指加密密钥与解密密钥相同的密码体制。公开密钥体制也称为不对称密钥体制，是指加密密钥与解密密钥不同的密码体制。

2. 数字签名

在计算机网络中，手迹签名是行不通的，必须使用数字签名。数字签名机制提供了一种鉴别方法，以解决伪造、抵赖、冒充等问题。

现有多种数字签名的方法中采用最多的是使用公开密钥体制的方法。通过对被签对象（明文）进行某种变换得到一个值，发送者使用自己的秘密密钥对该值进行加密运算，形成签名并附在明文之后传递给接受者；接受者使用发送者的公开密钥对签名进行解密运算，同时对明文实施相同的变换，如其值和解密结果一致则签名有效，证明本文确实由对应的发送者发送。

课后习题：

1. 什么是计算机网络？

2. 从逻辑功能上看，计算机网络可以划分为哪两个组成部分？它们的主要功能有哪些？

3. 计算机网络的主要功能是什么？

4. 计算机网络系统中的主要资源有哪些？简述它们的共享过程。

5. 传输介质如何分类？

6. 常用的网络互联设备有哪些？它们在网络中的主要功用是什么？

7. 计算机网络软件系统由几部分组成？各自的作用是什么？

8. 什么是计算机网络操作系统？其主要特征有哪些？
9. 因特网基本技术有哪些？
10. 什么是 TCP/IP 协议？
11. 什么是 IP 地址？其结构如何？怎样分类？如何表示？
12. 因特网中的主机为什么要使用域名？
13. 域名空间结构如何划分？顶级域名分几类？
14. 简述计算机病毒的特征。
15. 如何预防计算机病毒？
16. 网络安全的主要威胁来自哪些方面？

第3章　计算机新技术

本章能力目标

①了解物联网、云计算、大数据、区块链、人工智能、虚拟现实技术及增强现实技术的概念、相关技术及应用领域。

②了解人机交互的概念及人机交互方式。

③了解可穿戴技术及可穿戴设备的应用领域。

④了解物联网、大数据、云计算、人工智能和区块链之间的关系。

物联网、云计算、大数据、人工智能、区块链等是新一代信息技术与信息资源充分利用的全新业态，是信息技术发展的主要趋势。现今，各种物理设备、移动终端设备，如传感器、智能家电、可穿戴设备、智能手机等都可通过互联网快速接入网络，实现了以全面感知、信息可靠传送、智能处理为特征的人与人、人与物、物与物的互联互通，电子商城、在线支付、智能家居、虚拟现实已融入生活，互联网已经与我们的生活密不可分。

本章重点讲述人工智能、云计算、大数据、物联网、区块链、人机交互等计算机最新技术的进展，主要包括这些新技术的概念、产生的背景以及应用领域等内容。使大家快速了解这些技术对人类生活、工作的影响，引导大家在日常工作、学习和生活中更好地使用计算机新技术，并利用计算机新技术进行创新。

3.1　物联网

物联网简单来讲就是“物物相连的互联网”，是使用信息传感物理设备，按照约定的协议把物品与互联网连接起来进行信息交换的网络，用以实现物理环境的智能化识别、定位、跟踪、监控和管理。5G（第五代移动通信技术）、人工智能、大数据、云计算等技术的发展不断促进物联网感知层技术的更新换代，加速物联网新应用的普及。

物联网是未来数字经济得以发展的最底层信息基础设施，为数字经济的发展提供精准、实时的数据。当前，物联网基础设施尚未得到大规模部署和应用，导致数据的录入和采集由于人的参与而出现系统误差、人为错误、低时效等问题，源头数据的错误致使后续计算分析不能实际指导业务开展与生产规划。

物联网自诞生以来，已经引起巨大关注，被认为是继计算机、互联网、移动通信网之后的又一次信息产业浪潮，它将无处不在的末端设备和设施互联形成网络，实现“万物”的管、控、营一体化服务。本节主要介绍物联网的概念、体系架构、关键技术以及主要应用的领域。

3.1.1 什么是物联网

物联网是互联网、传统电信网等领域信息的承载体，是让所有能行使独立功能的普通物体实现互联互通的网络。它具有普通对象设备化、自治终端互联化和普适服务智能化三个重要特征，它把所有能行使独立功能的物品，通过信息传感设备与互联网连接起来，进行信息交换，以实现智能化识别和管理。

简单地说，物联网就是通过网络将物品连接起来，如通过智能家居系统可以远程操控家中的智能家电，使用户在上班的时候就可以打开或者关闭家里的电视和空调；又如，通过智慧交通系统可以将汽车实时数据发送到服务中心，政府可以据此管理交通等。

3.1.2 物联网体系架构

物联网涉及信息技术每一个层面，其体系架构一般自下而上分为感知层、网络层、应用层三个层面，如图 3-1 所示。

1. 感知层

感知层由数据采集子层、短距离通信技术和协同信息处理子层组成。数据采集子层通过各种类型的传感器获取物理世界中发生的物理事件和数据信息，如各种物理量、标识、音视频多媒体数据等。物联网的数据采集涉及传感器、射频识别（RFID)、多媒体信息采集等技术。短距离通信技术和协同信息处理子层将采集到的数据在局部范围内进行协同处理，以提高信息的精度，降低信息冗余度，并通过具有自组织能力的短距离传感网接入广域承载网络。

2. 网络层

网络层将来自感知层的各类信息通过基础承载网络传输到应用层，包括移动通信网、互联网、卫星网、广电网、行业专网等。根据应用需求，本层可作为透明传输的网络层，也可升级以满足未来不同内容传输的要求。经过多年的快速发展，移动通信、互联网等技术已经比较成熟，在物联网的早期阶段基本能够满足数据传输的需要。网络层主要关注来自感知层的、经过初步处理的数据经由各类网络的传输问题，这涉及智能路由器、不同网络传输协议的互通、自组织通信等多种网络技术。

3. 应用层

应用层主要包括服务支撑层和应用支撑层，服务支撑层的主要功能是根据底层采集的数据，形成与业务需求相适应、实时更新的动态数据资源库；应用支撑层面向各

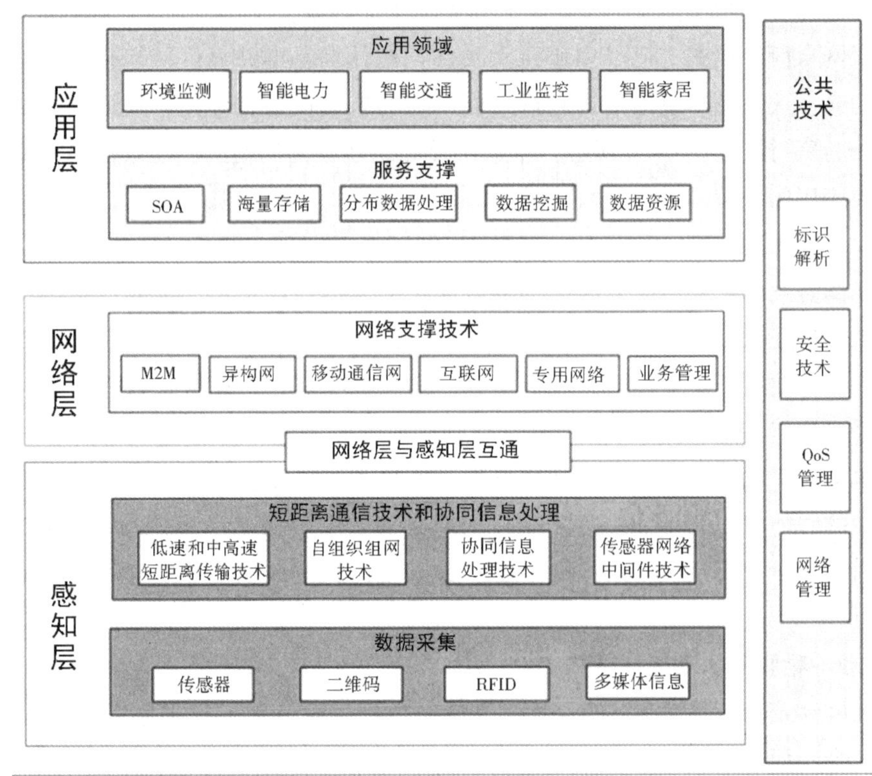

图 3-1 物联网体系架构

类使用数据的用户。

在物联网的体系结构中，感知层实现物联网全面感知的核心能力，关键在于具备更精确、更全面的感知能力，并解决低功耗、小型化和低成本问题。网络层主要以广泛覆盖的移动通信网络作为基础设施，是物联网中标准化程度最高、产业化能力最强、最成熟的部分，发展的关键在于对物联网的应用特征进行优化改造，形成系统感知的网络。应用层提供丰富的应用方案，将物联网技术与行业信息化需求相结合，实现广泛智能化的应用解决方案，关键在于行业融合、信息资源的开发利用、低成本高质量的解决方案、信息安全的保障及有效商业模式的开发等。

3.1.3 物联网相关技术

物联网是以感知为目的的物物互联系统，网中万物自动识别，按照人们预先制定的规范彼此“交流”，实现人类社会与物理系统的整合。其中涉及网络、通信、信息处理、传感器、RFID、服务技术、标识、定位、同步、数据挖掘、多网融合等众多技术领域。这里主要讲述感知层的几个相关技术。

1\. 射频识别技术

射频识别 RFID（Radio Frequency Identification）技术，也称电子标签或无线射频

识别技术，它融合了无线射频技术和嵌入式技术，无须识别系统和特定目标之间建立机械或光学接触，可通过无线电信号识别特定目标并读写相关数据。RFID 技术最早起源于英国，应用于第二次世界大战中辨别飞机身份，20 世纪 60 年代开始商用。经历几十年的发展，技术本身已经非常成熟，我们日常生活中用到的二代身份证、校园一卡通等都应用了 RFID 技术；商品防伪实际就是在普通的商品上加一个 RFID 电子标签，标签本身相当于一个商品的身份证，在商品生产、流通、使用等环节记录商品各项信息。一个典型的 RFID 系统由 RFID 标签、读写器和计算机系统组成。

其中，读写器微电子芯读取（有时还可以写入）标签信息；天线在标签和读写器间传递射频信号；电子标签保存有约定格式的电子数据。在实际应用中，电子标签附着在待识别物体的表面，读写器可无接触地读取并识别电子标签中所保存的电子数据，从而达到自动识别物体的目的。通常读写器与计算机相连，所读取的标签信息被传送到计算机中进行下一步处理。除以上基本配置之外，RFID 系统还包括相应的应用软件。RFID 技术的基本工作流程如下：

①RFID 读写器将一定频率的射频信号经过发射天线向外发射。

②当 RFID 电子标签进入发射天线的工作区域时，电子标签被激活并将自身信息的编码经天线发射出去。

③RFID 系统的接收天线接收电子标签发出的载波信号，信号经天线的调节器传输给 RFID 读写器，读写器对接收到的信号进行解调解码后送往后台的计算机控制系统。

④计算机控制系统通过逻辑运算判断该电子标签的合法性，并按照设定做出相应的处理和控制。

2. 传感器技术

传感器是一种能感受规定的被测量物，并按照一定的规律将感受到的信息转换成可用信号的器件或装置，通常由敏感元件和转换元件组成。传感器是计算机感知的关键器件，它必须将感知的模拟信号转换成数字信号，计算机才能处理。

传感器是获取自然和生产领域中信息的主要途径与手段，已渗透到诸如工业生产、宇宙开发、海洋探测、环境保护、资源调查、医学诊断、生物工程、文物保护等极其之泛的领域。可以说，从太空到海洋以至各种复杂的工程系统，几乎每一个现代化项目都离不开各种各样的传感器。市场上常见的传感器大部分都可以检测到被测物品的相关参数，包括压力、湿度或温度等。一些专业化、质量较高的传感器通常还可检测到重要的参数，包括浊度、溶解氧、pH 值等参数。

3. 嵌入式技术

嵌入式技术是综合了计算机软硬件、传感器技术、集成电路技术、电子应用技术为一体的复杂技术，所有的智能终端产品都是以嵌入式技术为基础的。

经过几十年的演变，以嵌入式系统为特征的智能终端产品随处可见，小到人们身边的智能手机，大到航空航天的卫星系统，嵌入式系统正在改变着人们的生活，推动着工业生产以及国防工业的发展。

4. 物联网通信技术

在物联网中，物品与人的无障碍交流离不开能够保证数据高速、可靠传输的无线通信网络。物联网的通信技术包括感知层的通信技术、网络层的通信技术及物联网的网络管理。

感知层的通信技术主要指短距离无线通信技术，包括无线局域网（WLAN）与IEEE 802.11标准族、蓝牙（Bluetooth）技术、紫蜂（ZigBee）技术和超宽带（UWB）技术。网络层的通信技术包括接入网技术、传送网技术、公众通信网技术及各种无线网技术。

5. M2M接入技术

M2M即机器对机器通信，主要是通过网络传递信息，从而实现机器对机器或人对机器的数据交换，也就是通过通信网络实现机器之间的互联互通。M2M重点在于机器对机器的无线通信，存在三种方式，即机器对机器、机器对移动电话（如用户远程监视）、移动电话对机器（如用户远程控制）。在M2M中，远距离连接技术主要有GSM/GPRS/UMTS，近距离连接技术主要有802.11b/g、BlueTooth、ZigBee、RFID和UWB。此外，还有一些其他技术，如XML（可扩展标记语言）和Corba（公共对象请求代理体系结构），以及基于定位系统、无线终端和网络的位置服务技术。

M2M终端不需要人工布线，可以提供移动性支撑，有利于节约成本，并可满足危险环境下的通信需求，是物联网在现阶段最普遍的应用形式。

3.1.4 物联网的应用

物联网应用非常广泛，遍及智能家居、智能交通、智能医疗、智能电网等生产生活诸多领域。

1. 智能家居

智能家居通过物联网技术将家中的各种设备如照明系统、窗帘控制设备、空调控制设备、安防系统、数字影院系统等连接到一起，实现家电控制、照明控制、室内外遥控、防盗报警、环境监测、暖通控制以及可编程定时控制等多种功能。与普通家居相比，智能家居不仅具有传统的功能，还兼备网络通信、信息家电、设备自动化功能，提供全方位的信息交互服务。

2. 智能交通

应用物联网技术的智能交通设备可以自动检测并报告公路、桥梁的“健康状况”，可以避免过载的车辆经过桥梁。在交通控制方面，应用物联网技术可以在道路拥堵或出现特殊情况时自动调配红绿灯，并可以向车主预告拥堵路段，推荐最佳行驶路线。

3. 智能医疗

以RFID为代表的自动识别技术可以帮助医院会诊病人、共享医疗记录，以及追踪医疗器械等，物联网将这种服务扩展至全世界范围。RFID技术与医院信息系统（HIS）及药品物流系统的融合是医疗信息化的必然趋势。

4. 智能电网

智能电网是建立在集成、高速、双向通信网络的基础上，通过先进的传感和测量技术、控制方法以及决策支持系统的应用，实现电网的可靠、安全、经济、高效、环境友好和使用安全的目标。

5. 智能物流

智能物流就是将条形码、射频识别技术、全球定位系统等先进的物联网技术，通过信息处理和网络通信技术平台广泛应用于物流业运输、仓储、配送、包装、装卸等基本活动环节，实现货物运输过程的自动化运作和高效率优化管理，提高物流行业的服务水平，降低成本，减少自然资源和社会资源消耗。

6. 智能安防

一个完整的智能化安防系统主要包括门禁、报警和监控三大部分。从产品的角度讲，应具备防盗报警系统、视频监控报警系统、出入口控制报警系统、保安人员巡更报警系统、GPS车辆报警管理系统和110报警联网传输系统等。

7. 智能农业

农业物联网一般是将大量的传感器节点构成监控网络，通过各种传感器采集信息，帮助农民及时发现问题，并准确地确定发生问题的位置，及时采取有效措施。

田间的各类传感器可对农作物生长过程中的环境因素如温度、相对湿度、光照强度、土壤养分、二氧化碳浓度等参数进行实时监测，并结合视频监测、定期的水源监测、土壤监测和农药残留监测数据形成一套完整的作物生长记录，传送到云监测平台，进行数据存储、预警和追溯。

8. 智慧城市

智慧城市就是运用信息技术手段感测、分析、整合城市运行核心系统的各项关键信息，从而对包括民生、环保、公共安全、城市服务、工商业活动在内的各种需求做出智能响应。其实质是利用先进的信息技术实现城市智慧式管理和运行，进而为城市中的人创造更美好的生活，促进城市的和谐、可持续发展。

3.2 云计算

大多数人已经有过云计算技术的使用经历。智能手机中的云相册、网站的网盘，都是利用的云计算的云存储功能。用户只需要一个账户和密码，就可通过服务提供商提供的云存储服务，以远远低于购买移动硬盘的价格，在任何有互联网的地方使用比移动硬盘更加快捷、方便的存储服务。云计算服务平台本质上是将具备一定规模的物理资源转化为服务的形式提供给用户，用户不需要见到物理机器，自然不需要考虑各种运行维护的事情，因为云厂商已经将这一层封装好了，用户只需要告诉云平台是需要一台具体配置的计算机，还是某个开发平台，或者就是一个具体的应用（如网盘）。

云平台还可以动态满足用户实时变化的需求。比如，用户上午想要 1 台计算机，下午还想要 10 台，云平台通过可计量的虚拟化资源能够及时满足用户所需。

云计算将计算任务分布在由大量计算机构成的资源池上，使用户能够按需获取计算力、存储空间和信息服务。云计算可以被理解成一个系统硬件，一个具有强大的计算能力、网络通信能力和存储能力的互联网数据处理中心。数据处理中心本质上是大量服务器的集合，其功能、规模是以服务器的数量来衡量的。与传统的资源平台相比，云计算主要具有超大规模、高可扩展性、按需服务、虚拟化、高可靠性等特点。

3.2.1 什么是云计算

2006 年 8 月 9 日，Google 首席执行官埃里克·施密特（Eric Schmidt）在 2006 年的搜索引擎大会上首次提出了“云计算”（Cloud Computing）的概念。云是网络、互联网的一种比喻说法，云计算是基于互联网提供的一种动态、易扩展、虚拟化资源的计算模式。

云计算简单来讲就是出售强大的计算能力，比如，准备用个人计算机计算一些数据，但是发现个人计算机计算能力不够，需要很长时间才能得出结果，而为这个任务买一台计算能力强的计算机很不划算，那么只要将计算公式和数据发送到云服务器（由多个计算能力强大的服务器组成）上，云服务器会在很短时间内反馈结果，用户只需支付少量的费用即可。

3.2.2 云计算服务的分类

在云计算领域，硬件和软件都被抽象为资源，并封装为向用户提供的服务。用户以互联网为主要接入方式，获取云提供的服务，虚拟化是云计算的关键技术之一。目前，代表性的云服务提供商有亚马逊（Amazon）、微软、IBM、阿里巴巴、腾讯、百度等。下面，从云计算提供的服务类型和服务方式两方面讲解云计算服务的分类。

1. 按照服务类型分类

所谓云计算的服务类型，是指云能为用户提供什么样的服务，通过这样的服务，用户可以获得什么样的资源，以及用户如何去使用这样的服务。目前业界普遍认为，以服务类型为指标，云计算可以分为软件即服务、平台即服务和基础设施即服务三类。三种服务模式如图 3-2 所示。

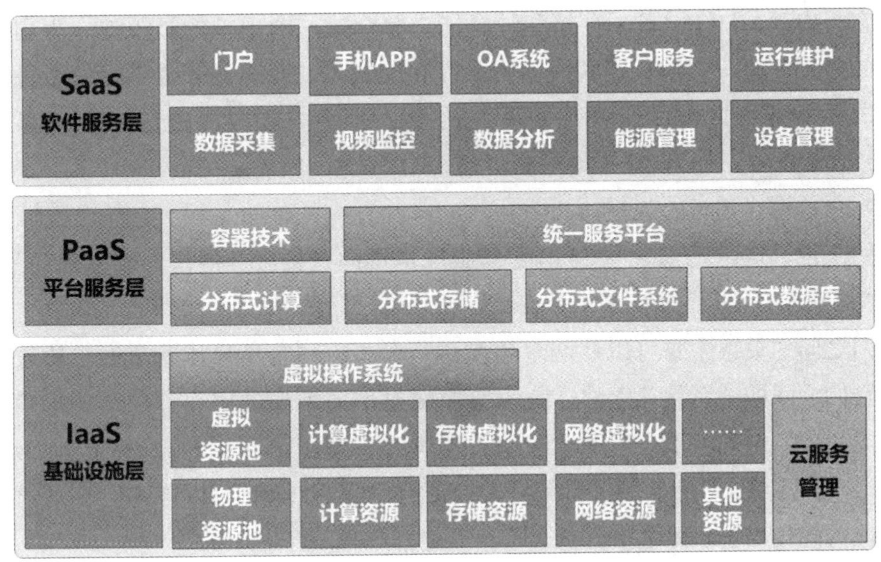

图 3-2　云计算的三种服务模式

（1）软件即服务

软件即服务（Software-as-a-Service，SaaS）是通过 Internet 提供软件的一种模式。这种模式下，用户无须购买软件，而是向提供商租用基于 Web 的软件平台。SaaS 处于三类服务的最上层，服务提供商将应用软件统一部署在自己的服务器上，用户根据需求通过互联网向厂商订购应用软件服务，服务提供商根据用户所定软件的数量、时间等因素收费，并通过浏览器向用户直接提供软件服务。典型的 SaaS 类应用有在线邮件服务、网络会议、网络传真、在线杀毒等工具，还有在线 CRM（客户关系管理）、在线 HR（人力资源管理）、在线进销存、在线项目管理等各种管理型服务。亚马逊、微软、谷歌等软件公司都推出了 SaaS 应用，如 Amazon 的 AWS（Amazon Web Services）、谷歌的 Google APPS 等，国内的用友、金蝶等软件公司也有自己的 SaaS 应用，如用友易代账、金蝶的“我家云”一体化物业管理等。

（2）平台即服务

平台即服务（Platform-as-a-Service，PaaS）是指将软件研发平台作为一种服务，以 SaaS 模式提供给用户。PaaS 是一种分布式平台服务。厂商提供开发环境、服务器平台、数据库等服务给用户，用户在其平台基础上定制开发自己的应用程序并通过其服务器和互联网传递给其他用户。目前 PaaS 的典型实例有微软的 Windows Azure 平台、Facebook 的开发平台等。

（3）基础设施即服务

基础设施即服务（Infrastructure-as-a-Service，IaaS），是指用户通过网络获得底层的、接近于直接操作硬件资源的接口服务。IaaS 是由多台服务器组成的“云端”基础设施，它将内存、I/O 设备、存储和计算能力整合成一个虚拟的资源池，为用户提供所需要的存储资源、计算资源和网络资源。目前微软、亚马逊等提供存储服务和虚拟服务器的提供商可以提供这种基于硬件的 IaaS 服务，如亚马逊的弹性计算云 EC2（Elastic Compute Cloud）和简单存储服务 S3（Simple Storage Service）。

（4）三种模式之间的关系

总的来说，IaaS、PaaS 和 SaaS 是云服务提供的三种服务层次，较基础的是 IaaS，中间的为 PaaS，直观呈现出来的是 SaaS。

它们之间的关系主要可以从两个角度进行分析，一是用户体验角度。从这个角度而言，它们之间的关系是独立的，因为它们面对不同类型的用户。二是技术角度。从这个角度而言，它们并不是简单的继承关系（SaaS 基于 PaaS，PaaS 基于 IaaS），首先 SaaS 可以是基于 PaaS 或者直接部署于 IaaS 之上，其次 PaaS 可以构建于 IaaS 之上，也可以直接构建在物理资源之上。

2. 按照服务方式分类

按照云计算提供者与使用者的所属关系，可把云计算分为三类，即公有云、私有云和混合云。如图 3-3 所示。

图 3-3 云计算按服务方式分类

（1）公有云

公有云是由若干企业和用户共享使用的云环境。在公有云中，用户所需的服务由一个独立的第三方云提供商提供，该云提供商也同时为其他用户服务，这些用户共享这个云提供商所拥有的资源。大部分互联网公司提供的云服务都属于公有云，如亚马逊的 AWS（Amazon Web Service）、谷歌的 Apps/App Engine 等。

（2）私有云

私有云是由某个企业独立构建和使用的云环境。私有云可由公司自己的信息技术机构构建，也可由云提供商进行构建，即采用“托管式专用”模式。公司既有对私有云资源极高的使用控制能力，同时还要有建立及运作该环境所需的知识和技术。在私有云中，用户是这个企业或组织的内部成员，这些成员共享云计算环境提供的所有资源，公司或组织以外的用户无法享受这个云计算环境提供的服务。

（3）混合云

混合云指公有云与私有云的混合。例如，亚马逊推出的VPC使用户可以将数据保存在企业内部并且维持原有的应用系统和应用模式，同时也可以将内部资源“云”化。当出现突发性需求时，可以通过一定的接口使用外部公有云的资源，从而满足企业对安全性、可扩展性和经济性的要求。

通俗来说，私有云是专门针对特定用户而设计的云平台，而公有云则是为所有用户搭建的云平台。公有云只要注册付费，所用人都能使用，但私有云却只属于特定用户。混合云综合了私有云和公有云的特点。一般来说，对安全性、可靠性及可监控性要求高的公司或组织，如金融机构、政府机关、大型企业等，是私有云的潜在用户，他们已经享受规模庞大的信息技术基础设施，只需进行少量的投资，将自己的信息技术系统升级，就可以获得云计算带来的灵活与高效服务，同时还能有效地避免使用公有云可能带来的负面影响。这些公司也可以选择混合云，将一些安全性和可靠性需求相对较低的应用部署在公有云上，来减轻自身信息技术基础设施的负担，而一般中小型企业和创业公司可选择公有云。

3.2.3 云计算相关技术

1. 虚拟化技术

虚拟化是指计算机元件在虚拟的基础上而不是真实的基础上运行。虚拟化技术可以扩大硬件的容量，简化软件的重新配置过程。CPU的虚拟化技术是用单CPU模拟多CPU并行，允许一个平台同时运行多个操作系统，并且应用程序都可以在相互独立的空间内运行而互不影响，从而显著提高计算机的工作效率。

虚拟化技术是云计算的关键技术。

2. 分布式存储技术

与目前常见的集中式存储技术不同，分布式存储技术并不是将数据存储在某个或多个特定的节点上，而是通过网络使用企业的每台计算机的磁盘空间，将这些分散的存储资源构成一个虚拟的存储设备，数据分散地存储在企业的各个角落。

3. 分布式与并行计算技术

分布式计算研究如何把一个需要非常大的计算能力才能解决的问题分成许多小的问题，然后把这些小问题分配给多台计算机进行处理，最后把这些计算结果综合起来得到最终的结果。

并行计算是指同时使用多种计算资源解决计算问题的过程。并行计算的主要目的是快速解决大型且复杂的计算问题。并行计算是相对于串行计算来说的，并行计算分为时间上的并行和空间上的并行。时间上的并行涉及流水线技术，而空间上的并行则是指用多个处理器并发地计算。

3.2.4 云计算的应用

云计算正以前所未有的方式改变着人们的生活和生产，以下是云计算比较典型的应用场景。

1. IDC 云

IDC 云是在 IDC 原有数据中心的基础上，加入更多云的技术，如系统虚拟化技术、自动化管理技术和智慧的能源监控技术等。通过 IDC 的云平台，用户能够使用虚拟机和存储资源。IDC 还可通过引入新的云技术来提供新的具有一定附加值的服务，如 PaaS 等。现在已成型的 IDC 云有 Linode 和 Rackspace 等。

2. 企业云

企业云适用于那些需要提升内部数据中心的运维水平和希望使信息技术服务更好围绕业务展开的大中型企业。相关的产品和解决方案有 IBM 的 WebSphere CloudBurst Appliance、Cisco 的 UCS 和 VMware 的 vSphere 等。

3. 云存储系统

云存储是一种新兴的网络存储技术，可将资源放到云上供用户存取。云存储通过集群应用、网络技术或分布式文件系统等将网络中大量不同类型的存储设备集合起来协同工作，共同对外提供数据存储和业务访问功能。云存储系统可以解决本地存储的管理缺失问题，降低数据的丢失率。它通过整合网络中多种存储设备来对外提供云存储服务，非常适合那些需要管理和存储海量数据的企业。

4. 虚拟桌面云

虚拟桌面云可以解决传统桌面系统高成本的问题。它利用了现在成熟的桌面虚拟化技术，更加稳定和灵活，而且系统管理员可以统一地管理用户在服务器端的桌面环境，该技术比较适合那些需要使用大量桌面系统的企业。

5. 开发测试云

开发测试云可以用于解决开发测试过程中的棘手问题。它通过友好的 Web 界面，可以预约、部署、管理和回收整个开发测试的环境，通过预先配置好（包括操作系统、中间件和开发测试软件）的虚拟镜像来快速地构建一个个异构的开发测试环境，通过快速备份/恢复等虚拟化技术来重现问题，并利用云的强大的计算能力对应用进行压力测试，比较适合那些需要开发和测试多种应用的组织和企业。

6. 大规模数据处理云

大规模数据处理云能对海量的数据进行大规模处理，可以帮助企业快速进行数据分析，发现可能存在的商机和存在的问题，从而做出更好、更快和更全面的决策。其工作过程是，大规模数据处理云通过将数据处理软件和服务运行在云计算平台上，利用云平台的计算能力和存储能力对海量的数据进行大规模的处理。

7. 协作云

协作云是云供应商在IDC云的基础上构建或者直接构建的一个专属云，在这个云中配置整套的协作软件，并将这些软件共享给用户。协作云非常适合需要协作工具，但不希望维护相关的软硬件和支付高昂的软件许可费用的企业与个人。

8. 游戏云

游戏云是一种以云计算技术为基础的在线游戏技术，云游戏模式中的所有游戏都在服务器端运行，并通过网络将渲染后的游戏画面压缩传送给用户。

游戏云技术主要包括云端完成游戏运行与画面渲染的云计算技术，以及用户终端与云端间的流媒体传输技术。对于游戏运营商而言，只需花费服务器升级的成本，而不需要不断投入巨额的新主机研发费用；对于游戏用户而言，用户的游戏终端无须拥有强大的图形运算与数据处理能力，只需拥有流媒体播放能力与获取玩家输入指令并发送给云端服务器的能力即可。

9. HPC云

HPC（高性能计算）云能够为用户提供完全定制的高性能计算环境，用户可以根据自己的需求来改变计算环境的操作系统、软件版本和节点规模，从而避免与其他用户的冲突。HPC云适合需要高性能计算服务，但资金投入少的普通企业和学校。

10. 教育云

教育云是为教育领域提供云服务的云计算技术。教育云是未来教育信息化的基础架构，包括了教育信息化所需的硬件资源，这些资源经虚拟化之后能够为教育机构、教育从业人员和学生提供一个良好的平台。长城教育云平台是专业的教育云平台，其核心目标是帮助学校构建更加稳定、弹性、动态、高效、自动化、低能耗的教学支撑平台，打造新一代数字校园。

11. 电子政务云

电子政务云（E-government cloud）属于政府云，它对政府管理和服务职能进行精简、优化、整合，并通过信息化手段支持各种业务流程办理和职能服务，为政府各级部门提供可靠的信息技术基础服务平台。电子政务云的统一标准不仅有利于各个政务云之间的互联互通，避免产生"信息孤岛"，也有利于避免重复建设，节约建设资金。电子政务云的服务对象主要是各级政府机关的内部机构，包括经济建设机构、经济管理机构、社会管理机构、党群政务机构和直属机构；服务内容包括基础设施共享服务、业务流程协同服务和信息资源共享服务。

12. 云医疗

在云计算等信息技术不断完善的今天，建立专门满足医疗行业安全性和可用性要求的医疗环境——"云医疗"应运而生。云医疗是信息技术不断发展的必然产物，也是今后医疗技术发展的必然方向。

13. 云安全

云安全是云计算技术的重要分支，在反病毒领域获得了广泛应用。应用云安全技术可以通过大量客户端对网络中软件的异常行为进行监测，获取互联网中木马和恶意程序的最新信息，自动分析和处理信息，并将解决方案发送到每一个客户端。应用云杀毒技术可以在云中安装附带庞大的病毒特征库的杀毒软件，当发现有嫌疑的数据时，杀毒软件可以将有嫌疑的数据上传至云中，并通过云中庞大的特征库和云强大的处理能力来分析这个数据是否含有病毒，这非常适合那些需要使用杀毒软件来捍卫其计算机安全的用户。

3.3 大数据技术

海量化和快增长的存储需求要求大数据技术底层硬件架构和文件系统在性价比上要远远高于传统技术，要有能够弹性扩张的存储空间，这种情况催生了数据组织技术。数据组织技术能够有效地将没有价值的数据剔除，同时将结构化数据、非结构化数据、业务系统实时采集数据等以分布式数据库、关系型数据库、非关系型数据库等形式进行分类存储与处理，使得数据研发计算与应用能够真正服务于企业内部决策与生产，支撑企业数字化转型。

3.3.1 什么是大数据

1. 大数据的定义

大数据是无法在一定时间范围内用常规软件工具进行捕捉、管理、处理的数据集合，对大数据进行分析不仅需要采用集群的方法获取强大的数据分析能力，还需研究面向大数据的新的数据分析算法。

大数据对于营销人员的影响最大，大数据可以精准地分析出人群的喜好和消费习惯，能将最合适的产品推送给最需要的人。

2. 大数据的特征

2001 年，Gartner 公司分析师道格·兰尼使用 3V 特性定义大数据，Volume（大量）、Velocity（高速）、Variety（多样）。后来有人对大数据在 3V 基础上又增加了 Value（价值）特性。2013 年 3 月，IBM 公司在北京发布了《分析：大数据在现实世界中的应用》，又对大数据提出了一个新特性 Veracity（真实），于是大数据的 4V 特性就变成了 5V 特性，如图 3-4 所示。

（1）数量大

数量大是大数据区分于传统数据最显著的特征。大数据时代，随着数据量和数据处理能力的提升，将从大量数据中挖掘出更多的数据价值。

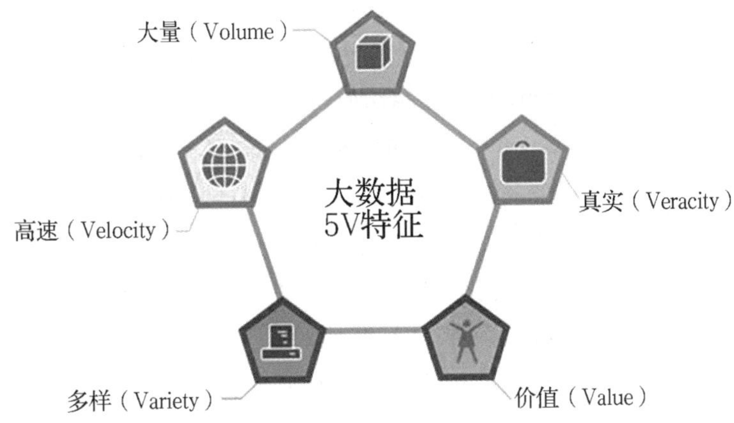

图 3-4　大数据 5V 特性

（2）高速率

数据产生的速度非常快，很可能刚建立起来的数据模型在下一刻就需改变。从数据处理的角度来看，在保证服务和质量的前提下，大数据应用要讲究时效性，因为很多数据的价值随着时间会消逝。

（3）多样化

多样化主要是大数据的结构属性，数据结构包括结构化、半结构化、“准”结构化和非结构化。

（4）价值性

大数据的价值性可以从两个方面进行理解，一是数据质量低及数据的价值密度低，二是数据的高价值性，单一的数据记录并不独立地形成概念。

（5）真实性

真实性指数据的质量。大数据来源于不同领域和用户，这些数据的有效性、真实性以及所提供数据的个人或单位的信誉都值得研究。

从技术上看，大数据与云计算的关系就像一枚硬币的正、反面一样密不可分。大数据必然无法用单台计算机进行处理，它的特色在于对海量数据进行分布式挖掘。因此，必须依托云计算的分布式处理、分布式数据库和云存储、虚拟化技术。

3.3.2　大数据相关技术

大数据技术的战略意义在于对有意义的数据进行专业化处理。如果把大数据比作一种产业，那么这种产业实现营利的关键在于提高对数据的“加工能力”，通过“加工”实现数据的“增值”。

大数据处理关键技术一般包括大数据采集、大数据预处理、大数据存储及管理、大数据分析及挖掘、大数据展现及应用。

1. 大数据采集技术

这里的数据是指RFID射频数据、传感器数据、社交网络交互数据及移动互联网数据等各种类型的结构化、半结构化及非结构化的海量数据。

大数据的采集是指，利用多个数据库接收来自客户端（Web、APP或传感器等）的数据。比如，电商使用传统的关系型数据库MySQL和Oracle存储每一笔事务数据。在大数据的采集过程中，因为有可能会有成千上万的用户同时进行访问和操作，它们并发的访问量在峰值时达到上百万，所以需要在采集端部署大量数据库，并且需要对这些数据库之间如何进行负载均衡和分片进行深入思考和设计。大数据采集结构一般分为大数据智能感知层和基础支撑层，大数据智能感知层主要包括数据传感体系、网络通信体系、传感适配体系、智能识别体系及软硬件资源接入系统，实现对结构化、半结构化、非结构化的海量数据的智能化识别、定位、跟踪、接入、传输、转换、监控、初步处理和管理等；基础支撑层提供大数据服务平台所需的虚拟服务器，结构化、半结构化及非结构化的数据库及物联网络资源等基础支撑环境。

2. 大数据预处理技术

大数据预处理技术主要用于对已接收数据进行辨析、抽取、清洗等操作。因获取的数据可能具有多种结构和类型，数据抽取过程可以帮助我们将这些复杂的数据转化为单一的或者便于处理的构型，以达到快速分析处理的目的。对于大数据，并不全是有价值的，有些数据并不是我们所关心的内容，而另一些数据则可能是完全错误的干扰项，因此要对数据过滤“去噪”从而提取出有效数据。

虽然采集端会有很多数据库，但是如果要对这些海量数据进行有效分析，需要将这些数据导入一个集中的大型分布式数据库或者分布式存储集群，并且可以在导入基础上做一些简单的清洗和预处理工作。也有一些用户在导入时使用来自Twitter的Storm系统对数据进行流式计算，来满足部分业务的实时计算需求。

3. 大数据存储及管理技术

大数据存储及管理是用存储器把采集到的数据存储起来，建立相应的数据库，并进行管理和调用。关键技术有能效优化的存储技术，异构数据的融合技术，大数据建模技术，大数据索引技术，大数据移动、备份、复制技术，大数据可视化技术，新型数据库技术，大数据安全技术，等等。

4. 大数据分析及挖掘技术

大数据分析及挖掘技术包括数据网络挖掘、特异群组挖掘、图挖掘等新型数据挖掘技术，基于对象的数据连接、相似性连接等大数据融合技术，用户兴趣分析、网络行为分析、情感语义分析等面向领域的大数据挖掘技术。

5. 大数据展现及应用技术

应用大数据技术能够将隐藏于海量数据中的信息挖掘出来，为社会经济活动提供依据，从而提高各个领域的运行效率。在我国，大数据重点应用于三大领域：商业智能、政府决策、公共服务。相关应用技术有：商业智能技术、政府决策技术、电信数据信息处理与挖掘技术、电网数据信息处理与挖掘技术、气象信息分析技术、环境监测技术、警务云应用系统、大规模基因序列分析比对技术、Web 信息挖掘技术、多媒体数据并行化处理技术、影视制作渲染技术及其他各种行业的云计算和海量数据处理应用技术等。

3.3.3 大数据的应用

大数据之大有静态之大、动态之大和运算之后叠加之大。所有的静态、动态数据被使用后就会有变化。数据计算后产生新的数据，数据就会在使用中不断叠加、增长。

大数据的核心应用就是预测，它通常被视为人工智能的一部分。

我们通过以下几个代表性案例说明大数据的应用。

①梅西百货的实时定价机制。根据需求和库存的情况，梅西百货公司应用大数据技术对多达 7 300 万种货品进行实时调价。

②快餐业的视频分析。快餐公司应用大数据技术分析视频中等候队列的长度，自动变换电子菜单显示的内容。如果队列较长，则显示可以快速供给的食物；如果队列较短，则显示那些利润较高但准备时间相对长的食品。

③百度大数据预测。大数据预测是基于大数据和预测模型，使数据分析从“面向已经发生的过去”转向“面向即将发生的未来”。2014 年 9 月，百度推出了大数据预测开放平台，提供平台化、公开化的预测服务。企业用户只需提供预测目标的基本信息，包括过去一段时间的历史数据、所属行业、预测目标地区及关键词等，平台就会利用自身的大数据收集和分析处理能力，从搜索指数、人流量分析、新闻热度等维度的数据中挖掘出有相关价值的数据，以此建立大数据预测模型，最终实现对目标未来一段时间发展趋势的预测。经过不同行业、企业用户的实践证明，百度预测开放平台在销量、订单量及话务量等方面的预测准确率在 80％以上。预测能力的背后，做支撑的是百度强大的数据挖掘技术和人工智能算法。

3.4 人工智能技术

1956 年，以麦卡赛、明斯基、罗切斯特和申农等为首的一批科学家共同研究和探讨了用机器模拟智能的一系列问题，并首次提出了“人工智能”的概念，这标志着“人工智能”这门新兴学科的正式诞生。

多年来，人工智能技术取得长足的发展，成为广泛的交叉和前沿科学。

人工智能技术涵盖很多学科，包括计算机视觉（模式识别、图像处理）、自然语言理解与交流（语音识别）、认知科学、机器人学（机械、控制、设计、运动规划、任务规划等)、机器学习。

人工智能在工业、金融、安防、医疗等领域发挥了巨大的作用。工业机器人代替人类完成焊接、铸造、装配、包装、搬运、分发货物等单调、重复、繁重的工作；在金融领域，人工智能创建高精度的风险控制模型，向金融机构提供投资建议；对于安防行业，以图像识别、人脸识别为代表的人工智能技术应用对提升安防水平、维护社会稳定、提高刑侦效率等都有重大意义；在医疗领域，人工智能帮助医生更快、更准确地诊断疾病，还能对医疗方案的疗效及风险进行评估，有效地弥补有些地区医疗资源不足的缺陷。

3.4.1 什么是人工智能

人工智能是利用计算机模拟人类智能行为的科学，它也是当前人类所面对的最为重要的技术变革。人工智能技术给予了机器（这里的机器不仅仅指机器人，还包括消费产品，如音箱、汽车等范围更广的物体）一定的视听、感知和思考能力。例如，智能音箱可以帮助我们通过语音控制的方式设置闹钟、播放音乐、回复信息，还可以与我们聊天。

3.4.2 人工智能研究领域

1. 专家系统

专家系统是依靠人类专家已有的知识建立起来的知识系统，目前专家系统是人工智能研究开展最早、成效最多的领域。

2. 机器学习

要使计算机具有知识，要么将知识以计算机可以接受的方式输入计算机，要么使计算机本身有学习知识的能力，并能够在实践中不断总结、完善，这种方式称为机器学习。

3. 模式识别

模式识别是研究如何使机器具有感知能力，主要研究视觉模式和听觉模式的识别。

4. 机器人学

机器人是一种能模拟人的行为的机械。机器人的发展经历了三代，第一代为程序控制机器人，第二代为自适应机器人，第三代为智能机器人。

3.4.3 人工智能相关技术

人工智能技术是最有可能带来新一次产业革命的技术，在爆炸式的数据积累、基于神经网络模型的新型算法与更加强大、成本更低的计算力的推动下，人工智能处于高速发展时期，人工智能技术的应用场景也在各个行业逐渐明朗，开始带来实际商业价值。

计算机视觉、机器学习、自然语言处理、机器人和语音识别是人工智能的五大核心技术，它们均能发展形成独立的人工智能子产业。

1. 计算机视觉

计算机视觉是指计算机从图像中识别出物体、场景和活动的能力。计算机视觉技术运用图像处理及其他技术，将图像分析任务分解为便于处理的小块任务。比如，一些技术能够从图像中检测到物体的边缘及纹理，用于识别物体。

计算机视觉有着广泛的应用，如在安防及监控领域被用来识别嫌疑人。

2. 机器学习

机器学习指的是计算机系统无须遵照显式的程序指令，而只依靠数据来提升自身性能的能力。其核心在于，机器学习是从数据中自动发现模式。比如，给予机器学习系统一个信用卡交易信息的数据库，系统就会学习得到可用来预测信用卡欺诈的模式。

机器学习的应用范围非常广泛，除了欺诈甄别之外，还可应用到销售预测、库存管理以及石油和天然气勘探等方面。

3. 自然语言处理

自然语言处理是指计算机拥有人类般的文本处理能力。比如，从文本中提取意义，甚至从那些可读的、风格自然、语法正确的文本中自主解读出含义。一个自然语言处理系统并不了解人类处理文本的方式，但是它却可以用非常复杂与成熟的手段巧妙处理文本。例如，它可以自动识别一份文档中所有被提及的人与地点；可以识别文档的核心议题；在一堆合同中，将各种条款与条件提取出来并制作成表。应用自然语言处理技术能够完成的以上这些任务，通过传统的文本处理软件根本不可能完成。

4. 机器人

将机器视觉、自动规划等认知技术整合至极小却高性能的传感器、制动器以及设计巧妙的硬件中，这就催生了新一代机器人。它有能力与人类一起工作，能在各种未知环境中灵活处理不同的任务。

5. 语音识别

语音识别主要是自动且准确地转录人类的语音技术。该技术必须面对一些与自然语言处理类似的问题，在不同口音、背景噪声、区分同音异形/异义词方面存在一些困难，同时还需要具有跟上正常语速的工作速度。语音识别系统使用一些与自然语言处理系统相同的技术，再辅以其他技术，如声学模型等。语音识别的主要应用包括医疗听写、语音书写、电话客服等。

上述技术的产业化，是人工智能产业化的要素。人工智能将会为我们带来一些全新且容量巨大的子产业，如机器人、智能传感器、可穿戴设备等，其中最令人期待的是机器人子产业。

同时，人工智能技术的发展还将使许多旧产业获得改头换面式的新生，其中最典型的是汽车产业。汽车产业已存在上百年，其间的变革也非常巨大。最近几年，机器或者说某种自动化的系统已经有望取代人来驾驶汽车，从而形成一个市场容量巨大的新产业，即无人驾驶汽车产业。这个产业还将与新能源产业叠加、融合在一起，形成“车联网＋能联网＋互联网＋电动汽车”的复合产业。

3.4.4 人工智能的应用

曾经人工智能只在一些科幻影片中出现，但伴随着科学的不断发展，人工智能技术已经开始得到不同程度的应用，如自动驾驶、智慧医疗等。下面我们介绍人工智能应用最多的几大场景。

1. 家居

智能家居主要是基于物联网技术，通过智能硬件、软件系统、云计算平台构成一套完整的家居生态圈。用户可以远程控制设备，设备间可以互联互通，并进行自我学习来整体优化家居环境的安全性、节能性、便捷性。值得一提的是，近两年随着语音识别技术的发展，智能音箱成为一个爆发点，不仅成功打开家居市场，也为未来更多的智能家居用品进入家庭培养了用户习惯。但目前家居市场智能产品种类繁杂，如何打通这些产品之间的沟通壁垒，以及建立安全可靠的智能家居服务环境，是该行业下一步的发力点。

2. 零售

人工智能在零售领域的应用已经十分广泛，如无人便利店、智慧供应链等。京东自主研发的无人仓采用大量智能物流机器人进行协同与配合，通过深度学习、图像智能识别、大数据等技术，让工业机器人可以进行自主的判断和操作，在商品分拣、运输、出库等环节实现自动化。图普科技则将人工智能技术应用于客流统计，通过人脸识别客流统计功能，为调整运营策略提供数据基础，帮助门店运营。

3. 交通

智能交通系统是通信、信息和控制技术在交通系统中集成应用的产物。目前，我国智能交通系统主要是通过对车辆流量、行车速度进行分析，对交通实施监控和调度，有效提高道路通行能力，简化交通管理，降低环境污染。

4. 医疗

智能医疗在辅助诊疗、疾病预测、医疗影像辅助诊断、药物开发等方面发挥了重要作用，但由于各医院之间医学影像数据、电子病历等不流通，使得技术发展与数据供给之间存在矛盾。

5. 教育

人工智能在教育方面的应用，如通过图像识别，机器可以批改试卷、识题答题等；通过语音识别，机器可以纠正发音，可以进行在线人机交互，等等。人工智能和教育的结合一定程度上可以改善教育行业师资分布不均衡等问题。

6. 物流

物流行业通过利用智能搜索、推理规划、计算机视觉以及智能机器人等技术在运输、仓储、配送装卸等流程已经进行了自动化改造，能够基本实现无人操作。比如，利用大数据对商品进行智能配送规划等。目前，物流行业大部分人力分布在“最后一公里”的配送环节，很多企业争先研发无人车、无人机，力求抢占相应市场。

3.4.5 人工智能大模型介绍

常见的人工智能大模型包括ChatGPT、百度文心一言、阿里通义千问、讯飞星火、Google Bard以及Microsoft Bing中的Copilot等。这些大模型在各自的领域和应用场景中发挥着重要作用，展现了人工智能技术的强大潜力和广泛应用价值。

1. ChatGPT

ChatGPT是一种基于Transformer结构的大型语言模型，具有强大的语言理解和生成能力。它能够与人类进行自然的对话，并根据上下文生成连贯的回复。ChatGPT在问答、文本生成、语言翻译等领域有着广泛的应用，为人工智能领域的发展带来了重要的突破。

2. 百度文心一言

百度文心一言是一种基于深度学习的大型语言模型，具有强大的语言理解和生成能力。它不仅可以回答各种问题，还可以完成文本分类、实体链接、语义匹配等多种自然语言处理任务。文心一言大模型在新闻报道、小说创作等领域具有广泛的应用，为内容创作提供了强大的支持。

3. 阿里通义千问

通义千问是阿里巴巴旗下的大型预训练语言模型，它具备跨领域的知识和语言理解能力，可以回答各种问题，满足用户在不同场景下的需求。通义千问的应用场景广泛，包括问答系统、智能客服等，为企业和个人提供了便捷的智能服务。

4. 讯飞星火

讯飞星火是科大讯飞发布的大型认知智能模型，具有文本生成、语言理解、知识问答、逻辑推理、数学能力、代码能力、多模交互等七大核心能力。讯飞星火在智能客服、教育、医疗等领域有着广泛的应用，为各行业提供了智能化的解决方案。

5. Google Bard

Bard是谷歌推出的大型语言模型，它基于Google的对话应用语言模型LaMDA的轻量级版本，能够提供自然、流畅的语言交互服务。Bard在智能助手、搜索引擎优化等领域具有广泛的应用前景，为用户提供了更加便捷、高效的服务体验。

6. Microsoft Bing中的Copilot

Copilot是Microsoft在Bing搜索引擎中引入的AI增强功能，它基于GPT-4等先进的大型语言模型技术，能够为用户提供更加智能、精准的搜索体验。Copilot可以理解用户的查询意图，提供相关的信息和建议，帮助用户更快地找到所需内容。

这些人工智能大模型各具特色，在各自的领域和应用场景中发挥着重要作用。随着技术的不断进步和应用场景的不断拓展，它们将为人类社会带来更多价值。同时，也需要关注大模型的隐私、安全等问题，确保技术的健康发展。

3.5 区块链

在信息化的进程中，在面临因中心化架构带来的各种弊端与问题时，提出了区块链技术。简单地说，区块链技术就是利用分布式网络和非对称加密算法将已经形成的信息有效地串联起来，保证信息符合人们的共识，并且不可修改。从应用上来说，区块链是一种分布式账本；从技术上来说，区块链是 P2P 组网、非对称加密技术以及数据库技术等多种技术的综合。

3.5.1 什么是区块链

区块链是分布式数据存储、点对点传输、共识机制、加密算法等计算机技术的新型应用模式。

区块链本质是一个去中心化的分布式账本数据库，这种分布式的特点就是买家和卖家直接交易不需要任何中介，对交易过程中的数据多人进行备份。区块链的去中心化数据库、人人参与的方式可以保护用户的隐私。

区块链构建的诚信网络使得人们可以在无信任基础的条件下开展商业活动、进行价值交换，促进了经济发展。

3.5.2 区块链的特点

1. 去中心化

区块链不依赖额外的第三方管理机构或硬件设施，没有中心管制，区块链本身通过分布式核算和存储使各个节点实现了信息自我验证、传递和管理。去中心化是区块链最突出、最本质的特征。

2. 开放性

除了交易各方的私有信息被加密外，区块链的数据对所有人开放，任何人都可以通过公开的接口查询区块链数据和开发相关应用，因此整个系统信息高度透明。

3. 独立性

基于协商一致的规范和协议，整个区块链系统不依赖其他第三方，所有节点能够在系统内自动安全地验证、交换数据，不需要任何人为的干预。

4. 安全性

只要不能掌控区块链 51％的数据节点，就无法操控修改相应网络数据，这使区块链本身变得相对安全，避免了主观人为的数据变更。

5. 匿名性

除非有法律规范要求，单从技术上来讲，各区块节点的身份信息不需要公开或验证，信息传递可以匿名进行。

3.5.3　区块链与新一代信息技术的关系

区块链技术和应用的发展需要云计算、大数据、物联网等新一代信息技术作为基础支撑，同时区块链技术和应用发展对推动新一代信息技术产业发展具有重要的促进作用。以下为区块链与几种新一代信息技术之间的关系。

1. 区块链与云计算

区块链技术的开发、研究与测试工作涉及多个系统，时间与资金成本等问题将阻碍区块链技术的突破，基于区块链技术的软件开发依然是一个高门槛的工作。

云计算服务具有资源弹性伸缩、快速调整、低成本、高可靠性的特质，能够帮助中小企业快速、低成本地进行区块链开发部署。两项技术融合，将加速区块链技术成熟，推动区块链从金融业向更多领域拓展。

2. 区块链与大数据

区块链是一种不可篡改的、全历史的数据库存储技术，巨大的区块数据集合包含着每一笔交易的全部历史数据。随着区块链应用的迅速发展，不同业务场景区块链的数据融合进一步扩大了区块链数据规模和丰富性。

区块链以其可信任性、安全性和不可篡改性，让更多数据被解放出来，推进数据的海量增长。区块链数据统计分析的能力较弱。大数据具备海量数据存储和灵活高效分析的技术，能够极大提升区块链数据的价值和使用空间。

区块链的可追溯特性使得数据从采集、交易、流通到计算分析的每一步记录都可以留存在区块链上，使得数据的质量获得前所未有的强信任背书，也保证了数据分析结果的正确性和数据挖掘的效果。区块链能够进一步规范数据的使用，精细化授权范围。“脱敏”后的数据交易流通，则有利于突破“信息孤岛”，建立数据横向流通机制，逐步推动形成基于全球化的数据交易场景。

3. 区块链与物联网

物联网作为互联网基础上延伸和扩展的网络，同样能满足区块链系统的部署和运营要求。另外，区块链系统网络具有分布式异构特征，而物联网天然具备分布式特征。

随着物联网中设备数量的增长，以传统的中心化网络模式进行管理，需要巨大的数据中心基础设施建设投入及维护投入。此外，基于中心化的网络模式也会存在安全隐患。区块链的去中心化特性为物联网的自我治理提供了方法，可以帮助物联网中的设备理解彼此，并让物联网中的设备知道不同设备之间的关系，实现对分布式物联网的去中心化控制。

4. 区块链与加密技术

现代信息社会对于信息安全的要求除了防篡改、抗抵赖、可信之外，还有隐私保护、身份认证等方面的安全要求。

将区块链技术应用于更多分布式的、多元身份参与的应用场景，现有的加密技术是否满足需求，还需要更多的应用验证，同时更需要深入整合密码学前沿技术，包括零知识证明、多方保密计算、群签名、基于格的密码体制、全同态密码学等方面的前沿技术。

新兴的区块链技术有助于推动信息化沟通模式从多对多沟通模式发展到物联网沟通模式，密码学需要不断创新才能满足趋于复杂的通信方式的安全需求，从某种程度上说，区块链技术也给现代密码学带来新的发展契机。

5. 区块链与人工智能

基于区块链的人工智能网络可以设定一致且有效的设备注册、授权机制，及完善的生命周期管理机制，有利于提高人工智能设备的用户体验性及安全性。

此外，若各种人工智能设备通过区块链实现互联互通，则有可能带来一种新型的经济模式，即人与人工智能、人工智能与人工智能之间进行信息的交互甚至是业务的往来，而统一的区块链基础协议则可让不同的人工智能设备在互动过程中不断积累学习经验，从而实现人工智能水平的进一步提升。

3.6 人机交互新技术

人机交互（Human-Computer Interaction，HCI）主要是研究人和计算机之间的信息交换。下面，主要讲述两种新的人机交互技术：虚拟现实技术和可穿戴技术。

3.6.1 什么是人机交互

人机交互主要包括人到计算机和计算机到人的信息交换两部分。人与计算机之间主要依靠交互设备进行信息交换，包括信息从人到计算机的交互设备，有键盘、鼠标、操纵杆、眼动跟踪器、位置跟踪器、压力笔等；信息从计算机到人的交互设备，有打印机、绘图仪、显示器、头盔式显示器、音箱等。

目前人机交互的方式有以下四种：

①语音：主要以语音识别技术为基础，但不强调很高的识别率。

②姿势：主要利用数据手套等装置或设备，对手和身体的运动进行跟踪。

③头部跟踪：主要利用电磁、超声波等对头部的运动进行定位。

④视觉跟踪：对眼睛运动过程进行定位。

3.6.2 虚拟现实技术

在虚拟现实情境中，虚实结合，使人感觉就像在真实的环境中一样。虚拟现实技术实现了人机互动，使人产生强烈的参与感、操纵感，人成为景中人，人机一体化使人与计算机的关系比以往任何时候更为密切和谐。

1. VR

VR (Visual Reality)，即虚拟现实。虚拟现实的出现是计算机图形学、人机接口技术、传感器技术以及人工智能技术等综合应用的结果，它改变了传统人机交互关系被动、枯燥、单一的特点，其最终目的在于探索自然和谐的人机关系，建立一个和谐的人机环境。它使人机界面从视觉为主发展到包括视觉、听觉、嗅觉、触觉等各种感觉通道感知，从以手动输入为主发展到包括语言、手势、姿势和视线等多种效应通道的输入，使人机关系发生了革命性的飞跃。虚拟现实主要应用于以下几方面。

(1) 教育教学

虚拟现实应用于教育是教育技术发展的一个飞跃。虚拟现实营造了“自主学习”的环境，由传统的“以教促学”的学习方式代之为学习者通过自身与信息环境的相互作用得到知识、技能的新型学习方式。虚拟现实技术能够为学生提供生动、逼真的学习环境，如构造人体模型、化合物分子结构显示等，提供虚拟体验情境，从而使学生巩固学习的知识。

(2) 娱乐

3D (三维) 显示环境使得虚拟现实技术成为理想的视频游戏工具。人们在娱乐方面对虚拟现实技术的真实感要求不高，故近些年虚拟现实技术在该方面发展最为迅猛。

(3) 虚拟旅游业

我国虚拟旅游的发展处在起步阶段，伴随着对虚拟旅游探究的逐渐深入，其概念范畴的界定划分愈来愈明确。有学者指出，虚拟旅游即通过互联网或者其他载体，将旅游景观动态展现出来，旅游者可以依照自己的想法选择观光路线、视点和速度，不必出门就可以观赏到千里之外的美景。

2. AR

AR (Augmented Reality)，即增强现实，它是一种将真实世界信息和虚拟世界信息“无缝”集成的新技术，是把原本在现实世界一定时间、空间范围内很难体验到的信息 (视觉、听觉、味觉、触觉等信息)，通过科学技术模拟仿真后再叠加，将虚拟的信息应用到真实世界，真实的环境和虚拟的物体实时地叠加到同一个画面或空间同时存在，从而给人带来超越现实的感官体验。

在视觉化的增强现实中，真实世界与电脑图形合成在一起，用户利用头盔显示器便可以看到“真实”的世界围绕着自己。如图 3-5 所示。

3.6.3 可穿戴技术

在许多科幻电影或漫画中，手表被演绎出多种功能，如地理定位、呼叫联络、测试血压、防身武器等，智能手表被人们赋予了无限的想象。2012 年因谷歌眼镜的亮相，被称作“智能可穿戴设备元年”。可穿戴计算设备成为继智能手机、平板电脑之后的又一个潮流。

图 3-5　增强现实的应用

1. 什么是可穿戴设备

可穿戴设备，确切地说是智能可穿戴计算机，是指采用独立操作系统，由人体佩戴的可实现持续交互的智能设备。

人们对可穿戴设备的要求包括操作时人可以自由移动，无须用手进行操作，有传感器，使用过程不干扰正常生活，永不掉线。也就是说，可穿戴设备是直接穿在身上，或是整合到用户的衣服等处的一种便携式智能设备。

可穿戴技术于 20 世纪 60 年代由美国麻省理工学院媒体实验室提出。加拿大科学家史蒂夫·曼恩在 20 世纪 70 年代就在使用可穿戴计算机帮助低视力者看得更清楚，他因此被誉为“可穿戴计算机之父”。

可穿戴设备不仅具有某些硬件设备功能，还可通过软件实现更多强大的功能，可穿戴设备给我们的生活带来很大的变革。

2. 可穿戴设备的类型

目前，可穿戴设备的形式越来越多，如眼镜、手表、衣服、鞋子等。视觉对信息的接收最为直观，用看的方式连接虚拟和现实也最为直接和自然，所以眼镜是研究的重要方向。根据目前各大公司对穿戴设备的研发，实际上可穿戴设备可分为两大类，一类是一种通用性设备，其应用是对智能手机的替代，它可以满足人的多种需求。另一类是针对人群某个需求的设备，如智能手环，它能让人了解自己的睡眠情况、运动情况；又比如智能鞋子，它能记录人的运动情况，甚至可以导航。可穿戴设备能让用户“更清晰地看清自己和世界”。

目前，可穿戴设备多以具备部分计算功能及可连接手机和各类终端的便携式配件形式存在，主流产品形态主要包括以手腕为支撑的手表、戒指、腕带等产品，以头颈为支撑的眼镜、头盔、头饰、领带、耳机等产品，以脚部为支撑的鞋、袜、脚链等产品，以腰部为支撑的皮带、腰带等产品。此外，非主流的功能性产品还有拐杖、轮椅、绷带、书包、服装等。

3. 可穿戴设备的应用

可穿戴设备发展迅速，在医疗、运动、娱乐、家居、环境监测等方面有许多应用，下面仅列举两个代表性应用。

（1）医疗

据预测，到 2050 年我国老龄人口总量超过 4 亿人，人口老龄化水平达到 30%。移动医疗存在的重要意义在于能够连续地对于患者或者老年人做出身体健康各项指标的监测，通过大量的数据分析患者或者老年人的身体状况，从而达到及时防范和治疗的目的。将手环、测压仪等形态的可穿戴设备与智能手机 APP 连接，可以监测并显示血压、心率等指数。如图 3-6 所示。

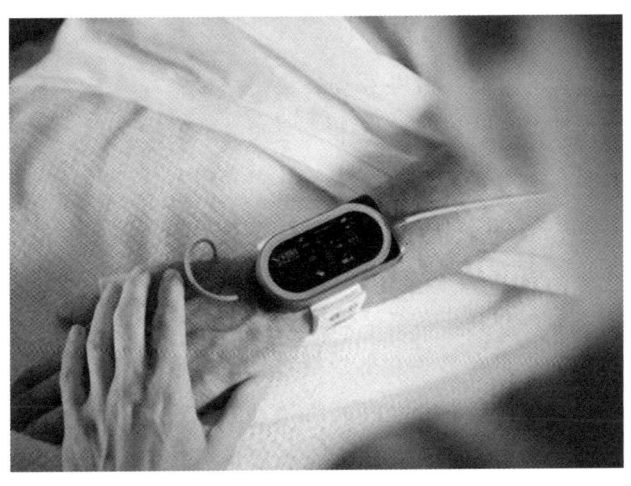

图 3-6　医疗领域的可穿戴设备

（2）运动

在运动领域，可穿戴设备应用在身体健康管理方面以及专业运动方面，包括滑雪、游泳、登山、跑步等运动。

近年来，智能鞋崛起的苗头初显，包括互联网巨头、传统鞋企，甚至大型跨国企业纷纷试水智能鞋领域。智能鞋是一个跨领域的产品，它的基础是鞋，但又承载了智能科技产品的特性。但纵观市场上几十种智能鞋产品，基本都停留在“智能概念”方面，在产品方面存在各种各样的问题。消费者对于智能鞋，既希望其舒适、美观、时尚，又希望它在智能化方面能实现计步、定位、保健、医疗甚至更加强大的延展性功能。运动领域的可穿戴设备如图 3-7 所示。

图 3-7　运动领域的可穿戴设备

课后习题：

1. 什么是云计算？其有哪些服务分类及应用领域？
2. 什么是物联网？其有哪些关键技术及应用领域？
3. 什么是大数据？其有哪些关键技术及应用领域？
4. 什么是人工智能技术？其有哪些关键技术及应用领域？
5. 简述区块链的概念、特点及与新一代技术的关系。
6. 什么是人机交互？有哪些人机交互方式？
7. 什么是虚拟现实？其有哪些应用领域？什么是增强现实？
8. 什么是可穿戴技术？列举你熟悉的几种可穿戴设备。
9. 物联网、大数据、云计算、人工智能和区块链之间的关系是怎样的？

第4章　管理计算机

本章能力目标

①能够利用控制面板查看计算机的软硬件资源。

②熟练使用文件资源管理器管理计算机的文件资源。

③掌握将计算机接入网络的方法。

④掌握使用浏览器访问网络资源、分享网络资源的方法。

操作系统是计算机软件和硬件资源的管理者，是进行计算机管理的基础平台。了解并熟练地使用操作系统是高效管理计算机的前提。Windows 10 是由美国微软公司开发的操作系统，相对之前的 Windows 版本，Windows 10 操作系统将 Windows 和 Windows Phone 两大平台进行了整合，在易用性和安全性方面有了极大的提升，除了对云服务、智能移动设备、自然人机交互等新技术进行融合外，还对固态硬盘、高分辨率屏幕等硬件进行了优化完善，极大地提升了系统功能和用户体验感。

本章将以 Windows 10 操作系统为例，讲述如何对计算机的软硬件资源进行管理，并在此基础上介绍计算机接入网络的方法。

4.1　设置 Windows 10 工作环境

1. 任务目标

①了解 Windows 10 的桌面和“开始”菜单的新特性。

②了解你所使用的计算机的硬件基本配置。

③掌握将计算机接入网络的两种方法：有线网络接入和无线网络接入。

④掌握在 Windows 10 环境进行应用软件安装与卸载的方法。

⑤掌握常用的计算机设置方法，如输入法设置、个性化设置等。

2. 任务提出

当我们获得一台新的计算机，不论是用于学习，还是工作，都需要先通过操作系统了解机器的性能，将计算机接入工作或家庭网络，安装所需的应用软件，将其设置成符合个人使用习惯的风格。下面我们就用 Windows 10 操作系统所提供的功能完成上述任务。

3. 任务分析

在 Windows 10 桌面上显示传统桌面图标。Windows 10 操作系统安装完成之后，默认桌面上只显示回收站图标，其他图标都被隐藏。如何显示 Windows 传统桌面上的“此电脑”“网络”等图标呢？

4. 任务实现

(1) Windows 10 桌面设置

操作步骤：

①在桌面上单击鼠标右键，选择“个性化”选项，如图 4-1 所示。

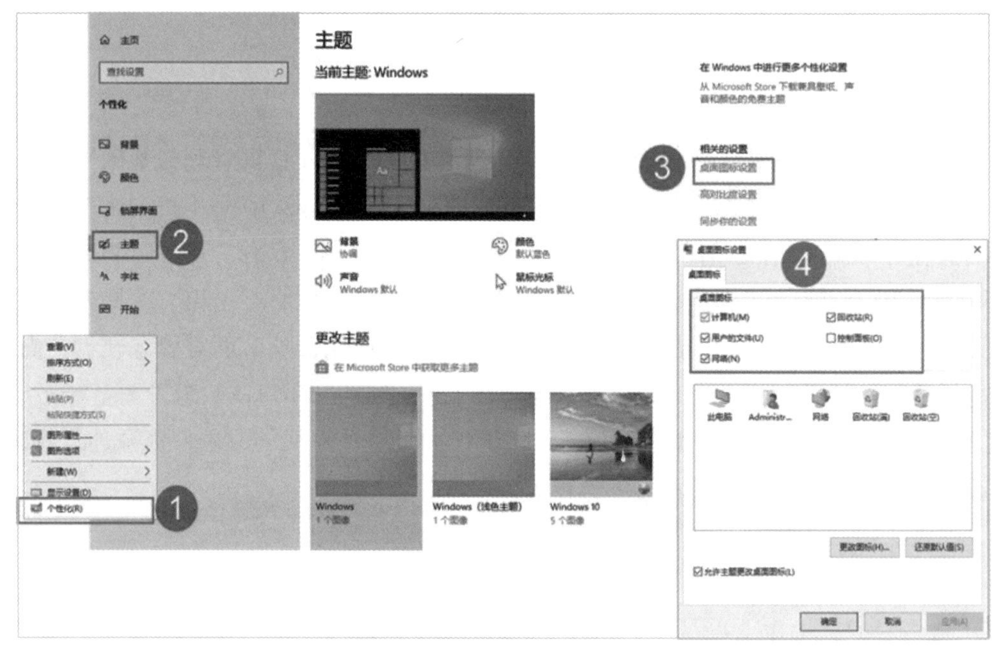

图 4-1 桌面图标设置步骤

②在打开的“设置”窗口中，选择“主题”分类，然后选择右侧的“桌面图标设置”选项。

③在打开的“桌面图标设置”对话框中，勾选需要在桌面上显示的图标，最后单击“确定”按钮即可。

(2) 设置 Windows 10 “开始”菜单

Windows 10 “开始”菜单综合了 Windows 8 “开始”屏幕和 Windows 7 “开始”菜单两者的优点，不论是从哪个平台升级的用户都能设置适合自己的风格，如图 4-2、图 4-3 所示。下面分别就两种风格进行设置。

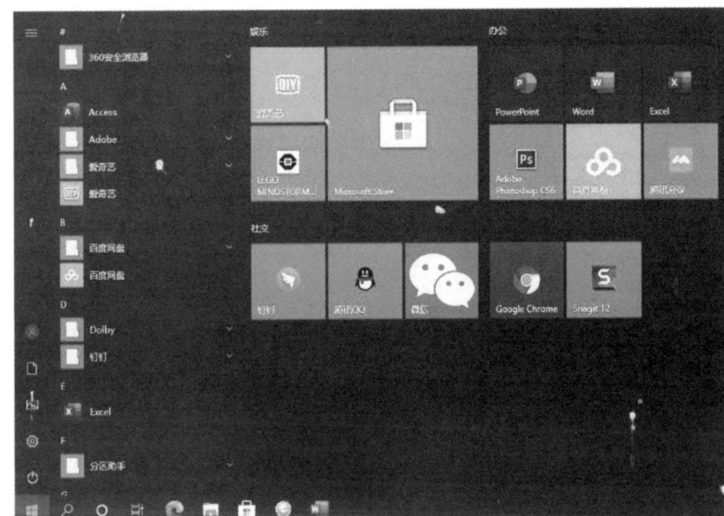

图 4-2　Windows 8 风格

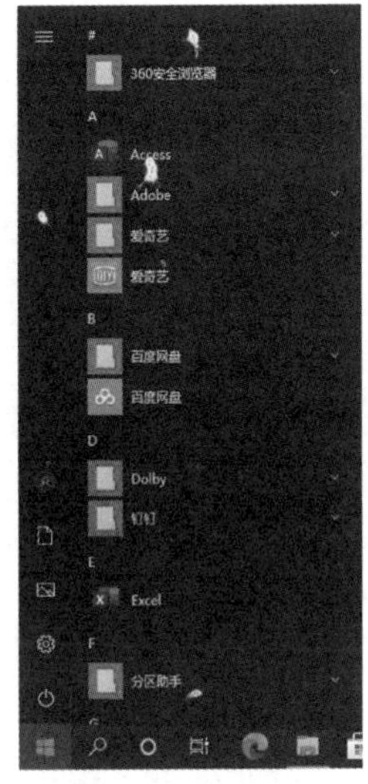

图 4-3　Windows 7 风格

Windows 8 经典风格：用户可以将常用应用作为磁贴放在“开始”菜单右侧的磁贴区域，无须在列表中上下滚动查找，如图 4-2 所示。操作步骤如下：

①在“开始”菜单列表中找到要作为磁贴显示的应用，单击鼠标右键，选择“固定到‘开始’屏幕”选项，则该应用作为磁贴添加到“开始”菜单右侧的磁贴区域，如图 4-4 所示。

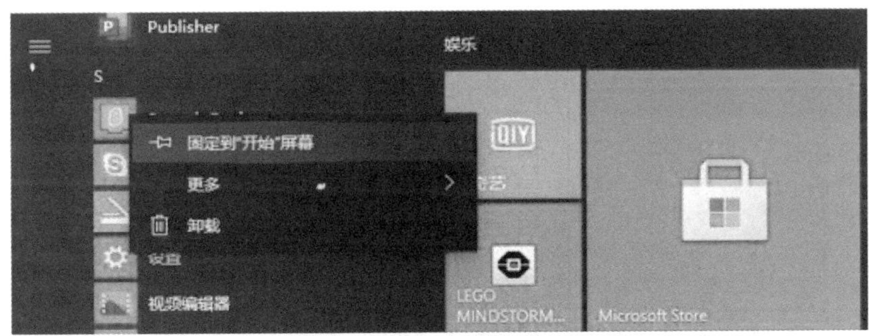

图 4-4　添加“开始”菜单应用到磁贴区域

②如果要将“开始”菜单变成 Windows 8 的开始屏幕，则需要在任务栏空白处单击鼠标右键，选择“设置”选项。

③在打开的“设置”窗口中，选择“开始”分类，如图 4-5 所示，然后将右侧的“使用全屏‘开始’屏幕”开关设置为“开”即可。

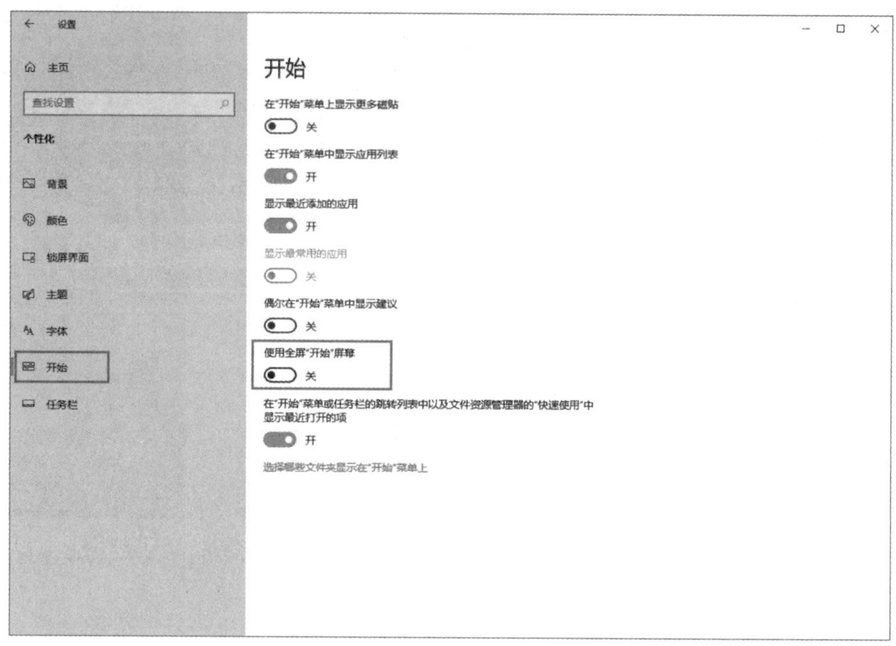

图 4-5 设置全屏“开始”屏幕

Windows 7 经典风格：取消磁贴区域，简化“开始”菜单。操作步骤如下：

①在“开始”菜单的磁贴区域中，选择要取消的应用图标，单击鼠标右键，选择“从‘开始’屏幕取消固定”选项，如图 4-6 所示。

图 4-6 从磁贴区域取消屏幕固定

②当所有磁贴都被取消后，“开始”菜单的磁贴区域消失，变成 Windows 7 经典风格。

（3）查看计算机的基本配置

当我们觉得计算机不好用，去请教别人如何调整时，经常被问到“你的电脑什么配置？”“内存有多大？”“你用的是什么版本的 Windows？”这时，可以从系统里查看相关信息后再告诉对方，方便对方为你解决问题。操作步骤如下：

①在桌面的“此电脑”图标上，单击鼠标右键，选择“属性”选项。

②在打开的“系统”窗口中，可以看到计算机软硬件的基本信息，如图 4-7 所示。

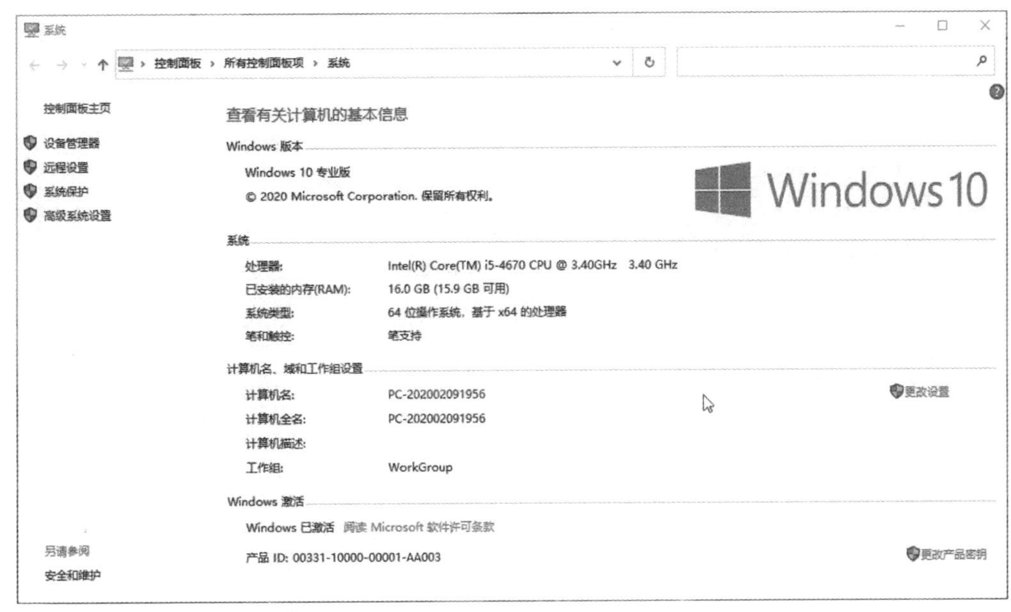

图 4-7　查看计算机的基本信息

③单击“设备管理器”按钮，可以查看计算机所连接的所有硬件，如图 4-8 所示。

说明：如果在设备列表中有带叹号或问号的设备，说明有设备不能识别或未能正常安装驱动程序，可以通过网络查找解决办法或咨询专业人员解决。

（4）将计算机接入网络

Windows 10 系统接入网络主要有两种常用方式：有线接入和无线接入。台式机一般采用有线接入方式，接入设置如图 4-9 所示。操作步骤如下：

①单击任务栏右侧网络图标，在弹出的菜单中选择“网络和 Internet 设置”选项。

②在打开的“设置”窗口中，选择“状态”类别中的“更改适配器选项”选项。

③在“网络连接”窗口中，选择“以太网”

图 4-8　查看系统硬件列表

图标，在窗口上方的“组织”栏中，单击“更改此连接的设置”按钮。

④在“以太网属性”对话框中，选择列表中的“Internet 协议版本 4（TCP/IPv4）”选项，单击“属性”按钮。

⑤在“Internet 协议版本 4（TCP/IPv4）属性”对话框的“常规”选项卡中，有两种设置方式：自动分配和手动设置。

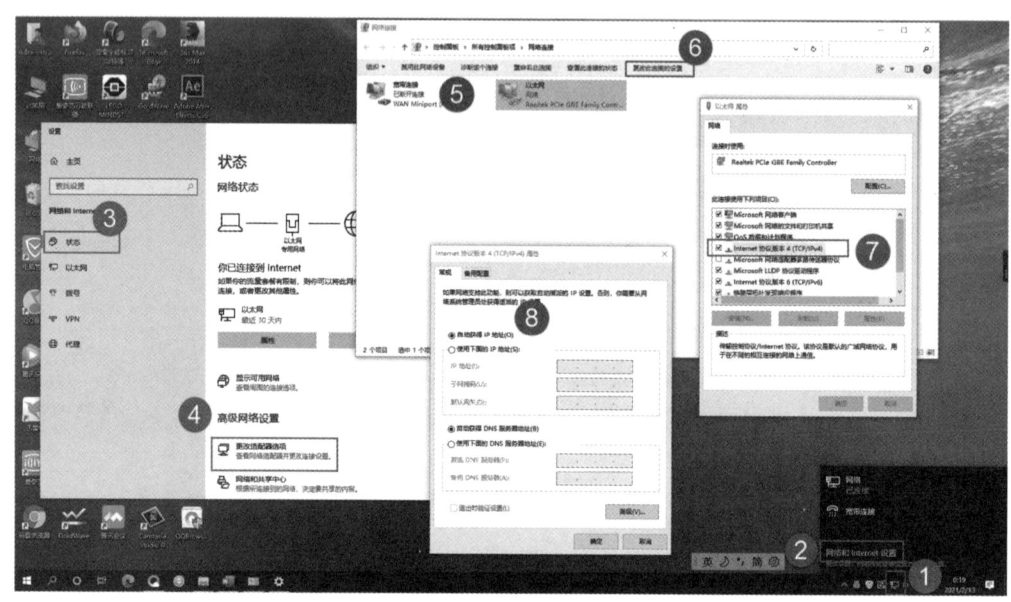

图 4-9　有线网络接入设置

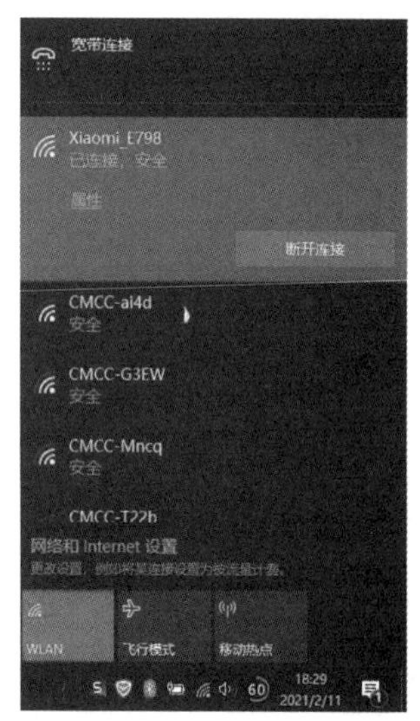

图 4-10　无线网络接入设置

如果计算机是通过宽带路由器接入网络，选择“自动获得 IP 地址”和“自动获得 DNS 服务器地址”选项即可。

如果计算机是通过交换机接入网络，则选中“使用下面的 IP 地址”选项，手动输入“IP 地址”“子网掩码”“默认网关”信息，选中“使用下面的 DNS 服务器地址”选项，手动输入“首选 DNS 服务器”和“备用 DNS 服务器”地址。具体地址需询问网络管理员。

笔记本电脑一般采用无线接入方式，设置步骤如下：

①单击任务栏右侧的 Wi-Fi 图标，打开 Wi-Fi 列表，如图 4-10 所示。

②在列表中选择要接入的无线网络，输入密码即可连接。

（5）从 Microsoft 应用商店安装应用软件（使用前需要注册 Microsoft 账户）

①打开“开始”菜单，从列表中选择“Microsoft Store”选项，如图 4-11（a）所示。

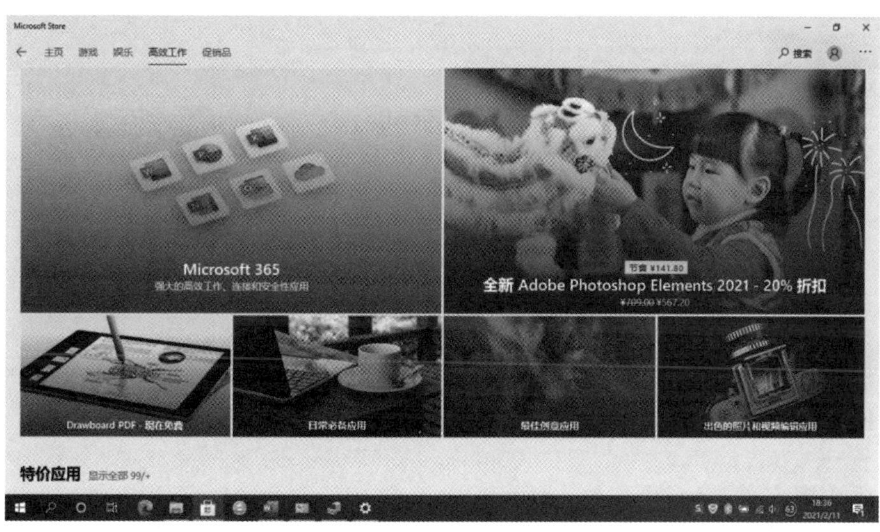

图 4-11（a）　利用 Microsoft Store 安装应用软件一

②在搜索栏中输入“zip”，然后单击“搜索”按钮，在搜索到的应用列表中选择“7-Zip”选项，如图 4-11（b）所示。

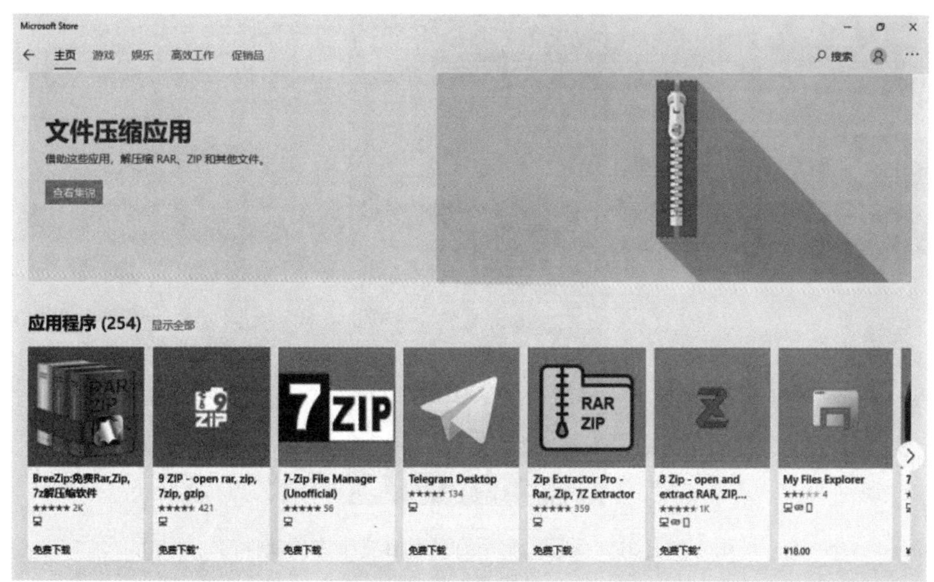

图 4-11（b）　利用 Microsoft Store 安装应用软件二

③单击“7-Zip”图标，打开应用软件的简介窗口，单击“获取”按钮即可下载安装，如图 4-11（c）所示。

图 4-11（c） 利用 Microsoft Store 安装应用软件三

④安装完毕后，应用软件会出现在“开始”菜单列表中，如图 4-11（d）所示。

图 4-11（d） 利用 Microsoft Store 安装应用软件四

（6）查看和卸载计算机中安装的应用软件

①打开“开始”菜单，单击左侧的“设置”图标，在打开的“Windows 设置”窗口中选择“应用”选项，如图 4-12 所示。

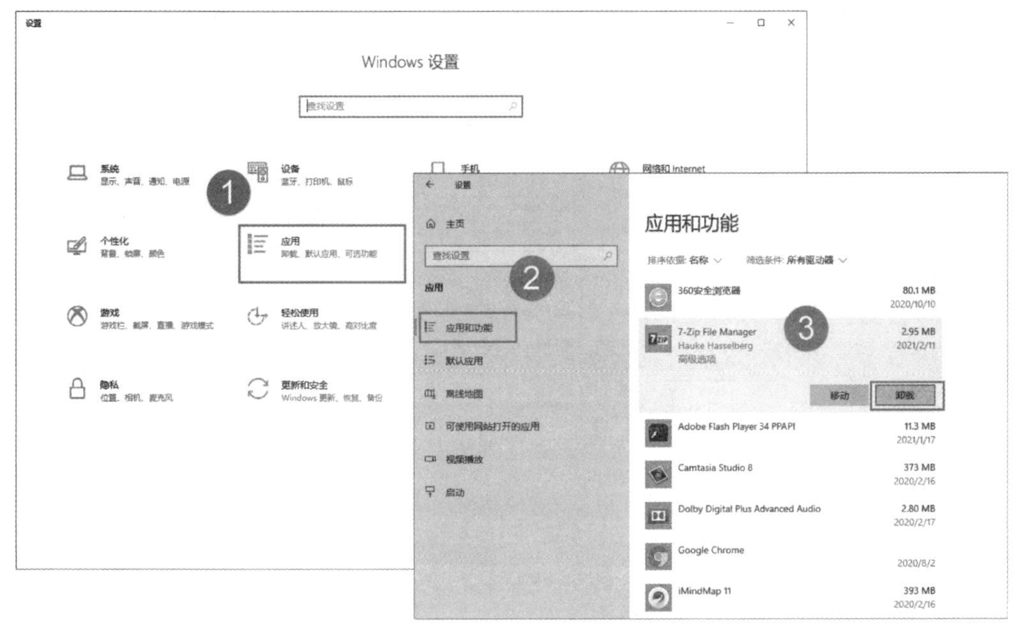

图 4-12　卸载应用软件步骤

②在打开的“设置”对话框左侧选择“应用和功能”分类，在右侧可以看到计算机中已经安装的应用列表，如图 4-12 所示。

③选择已经安装的应用软件，单击“卸载”按钮从计算机中卸载，如图 4-12 所示。

（7）将自己熟悉的中文输入法设置为默认输入法

①打开“开始”菜单，单击左侧的“设置”图标，在打开的“Windows 设置”窗口中选择“时间和语言”选项，如图 4-13 所示。

②在打开的“设置”窗口左侧选择“语言”分类，单击右侧下方的“选择始终默认使用的输入法”选项，如图 4-13 所示。

③在“高级键盘设置”窗口中，在“替代默认输入法”列表选择熟悉的输入法，本例选择“搜狗拼音输入法”，如图 4-13 所示。

注：使用窗口键＋空格键可以直接打开输入法列表，按空格键可切换选择输入法。

图 4-13 设置默认输入法步骤

5. 相关知识

(1) Windows 10 桌面

Windows 10 的桌面从 Windows 8 的“开始”桌面重新回归到包含“开始”菜单的经典桌面。Windows 经典桌面由“图标桌面”和“任务栏”两部分组成。其中“任务栏”上放置的图标按钮可以进行快捷操作，如图 4-14 所示。下面对几个常用的图标做简单介绍。

图 4-14 Windows 10 任务栏

①搜索。

Windows 10 提供包括应用、文档、邮件、网页、文件夹、视频等多种对象的搜索功能，用户可以快速定位要查找的对象。如图 4-15 所示。

②任务视图。

任务视图可以将已打开的任务以缩略图的形式平铺在桌面上，同时在下方列出最近几天的使用记录，用户可以在任务视图中快速切换任务及查看历史记录，如图 4-16

所示。如果打开的窗口太多，可以新建桌面，这样可以在不同的桌面上运行不同的任务，使桌面变得简洁。如果不同用户使用同一台计算机，可以在不同的桌面上运行各自的任务，互不干扰。

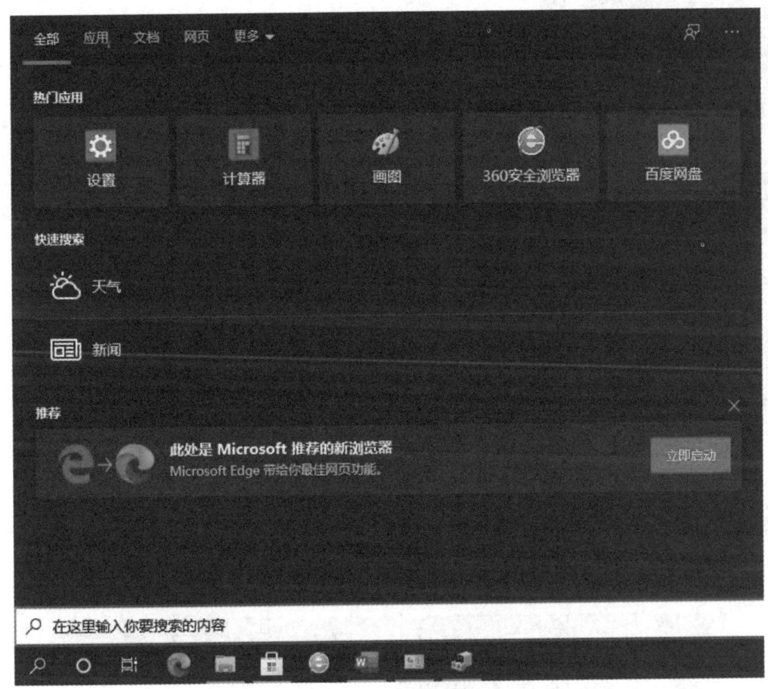

图 4-15　Windows 10“搜索”窗口

图 4-16　Windows 10 任务视图

图 4-17 Windows 10 操作中心

③操作中心。

Windows 10 引入了全新的操作中心，集中显示操作系统通知、邮件通知等信息以及快捷操作选项，如图 4-17 所示。

④显示桌面。

任务栏最右侧的区域为“显示桌面”按钮，单击该按钮回到桌面，所有窗口都最小化，再次单击该按钮可恢复。

注：在 Windows 10 操作系统中可以把桌面常用图标放到“开始”屏幕中，这样可以在不影响其他已打开窗口的基础上启动新的应用。

（2）Windows 10“开始”菜单

Windows 10 的“开始”菜单经过了全新设计，便利性大大增强。在桌面环境中单击左下角的 Windows 图标或者按下键盘上的 Windows 徽标键即可打开“开始”菜单，如图 4-18 所示。

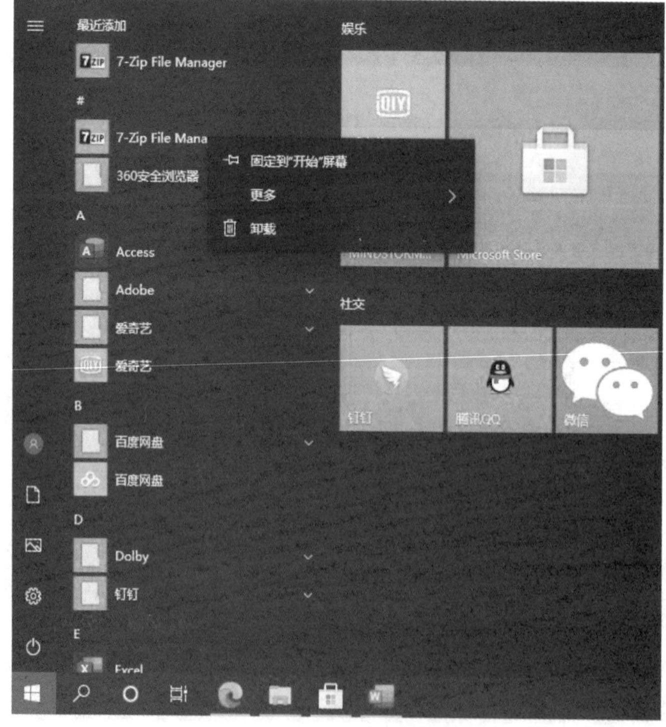

图 4-18 Windows 10“开始”菜单

Windows 10 的“开始”菜单左侧依次为常用的应用程序列表以及按照字母顺序排序的应用列表，左下角为用户账户头像以及开关机快捷选项，右侧为“开始”屏幕，应用程序以磁贴的形式固定其中。在“开始”菜单中，在应用程序图标上单击鼠标右键即可打开跳转列表以及常用功能选项，如“卸载”等选项，如图 4-18 所示。

（3）Windows 10 设置

Windows 10 设置界面代替了原来版本的控制面板。在“开始”菜单中单击齿轮图标即可打开设置界面，如图 4-19 所示。Windows 10 设置界面分类更加合理，选项更加简洁易懂。除此之外，它还提供了强大的搜索功能，用户可以使用关键词快速查找需要设置的项目。

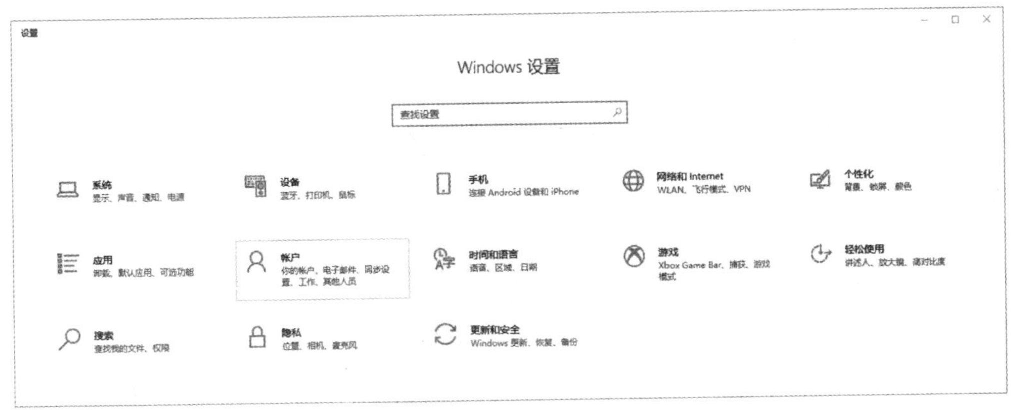

图 4-19　Windows 设置界面

（4）Microsoft 账户

Windows 10 操作系统提供两种类型的账户用以登录操作系统，分别是本地账户和 Microsoft 账户。在操作系统安装设置阶段会提示使用账户登录计算机，默认使用 Microsoft 账户登录，同时系统也提供注册 Microsoft 账户链接，当然前提是计算机已连接互联网。在无网络连接情况下只能使用本地账户来登录操作系统。

在 Microsoft 账户可以统一管理用户的个性化设置，无论用户在哪里用 Microsoft 账户登录，都可以使用微软提供的云服务实现桌面主题、应用密码、浏览器收藏夹、历史记录的漫游。实现漫游功能只需在 Windows 账户设置中打开“同步设置”即可，如图 4-20 所示。如果用户经常在不同地点的不同计算机上工作，建议采用 Microsoft 账户登录，这样可以保持所用系统风格一致，不用重复设置。

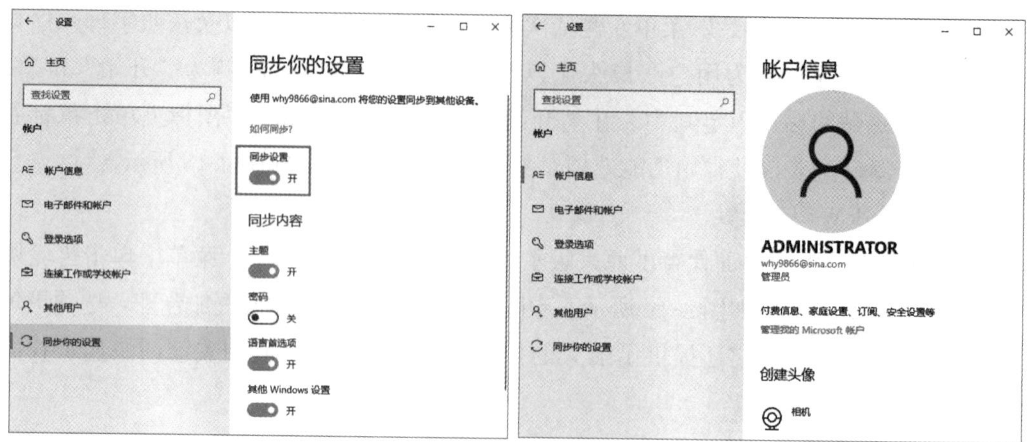

图 4-20 Microsoft 账户设置

4.2 利用 Windows 10 实现文件的高效管理

1. 任务目标

①了解 Windows 10 窗口界面的新特性。

②掌握利用 Windows 10 快速查找文件的方法。

③掌握利用 Windows 10 管理文件的基本方法：新建文件，复制和移动文件，删除文件，以及查看文件属性。

④掌握利用 Windows 10 进行文件压缩的方法。

2. 任务提出

大学时期我们会把大量资料以电子档案的形式存在计算机中，如何对存储的文件高效管理显得尤为重要。Windows 10 操作系统针对文件管理提供了更为便捷的操作方式，下面我们就以管理个人文件为例演示如何用 Windows 10 操作系统所提供的功能完成相关任务。

3. 任务分析

Windows 10 的窗口界面取消了传统的级联菜单，全面改为在 Office 2007 以后开始使用的 Ribbon 界面，如图 4-21 所示。Ribbon 界面把命令组织成不同的面板，每个面板包含同类型的命令，所有的命令都放在功能区中。这样，不仅可以减少单击鼠标的次数，还可以有效解决由于菜单级联深度太大，用户无法快速找到相应命令的问题。

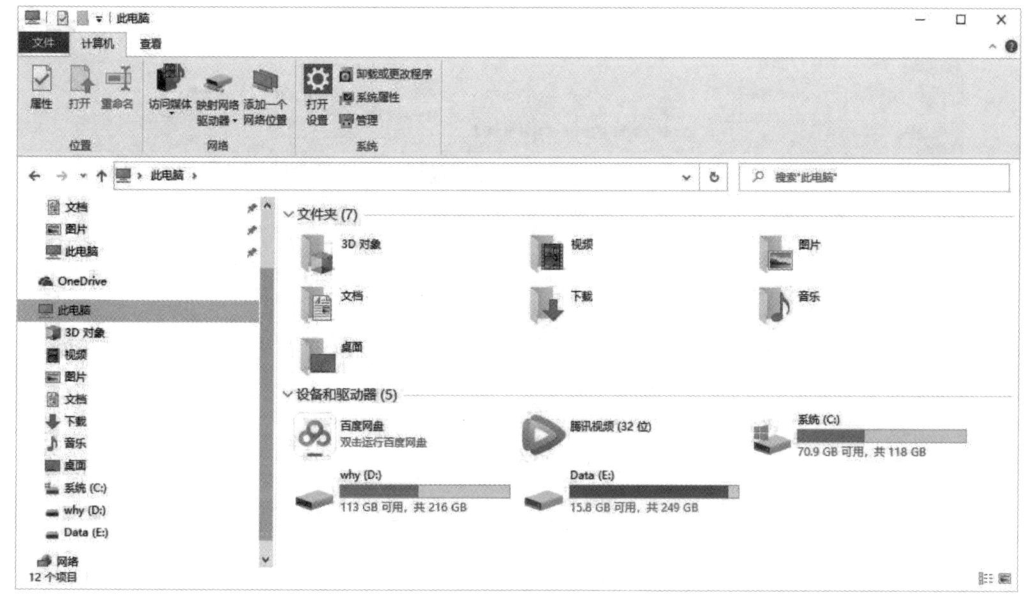

图 4-21　Windows 资源管理器窗口

4. 任务实现

（1）按结构创建文件夹

在 C 盘创建“学号＋姓名”的文件夹，如“1234567890 张三”文件夹，并在其中按图 4-22 所示的结构创建文件夹。操作步骤如下：

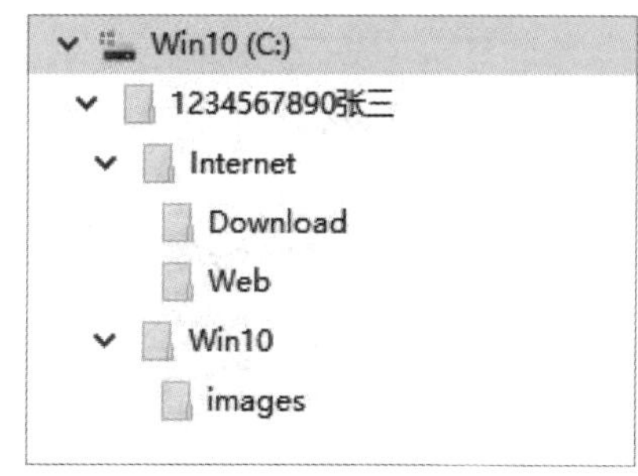

图 4-22　文件夹结构

①双击桌面上的“此电脑”图标，打开资源管理器窗口，在窗口左侧的列表中，选择“此电脑”下的“Win 10（C:）”选项，如图 4-23 所示。

②在“主页”面板中，单击“新建文件夹”按钮，按图 4-22 所示的文件夹结构依次创建相应的文件夹。

（2）创建快捷方式

在桌面上创建用户文件夹（1234567890 张三）的快捷方式，操作步骤如图 4-24 所示。

①在资源管理器窗口中选择 C 盘下的“1234567890 张三”文件夹，单击“主页”面板上的“复制”按钮。

②在左侧窗格选择“桌面”选项，单击“主页”面板上的“粘贴快捷方式”按钮即可。

（3）查找文件

在 C:\Windows 文件夹下查找文件名包含“img”且扩展名为 jpg 的图片文件，将查找到的结果以“img. jpg 搜索结果”为文件名保存到“C:\1234567890 张三\Win10”

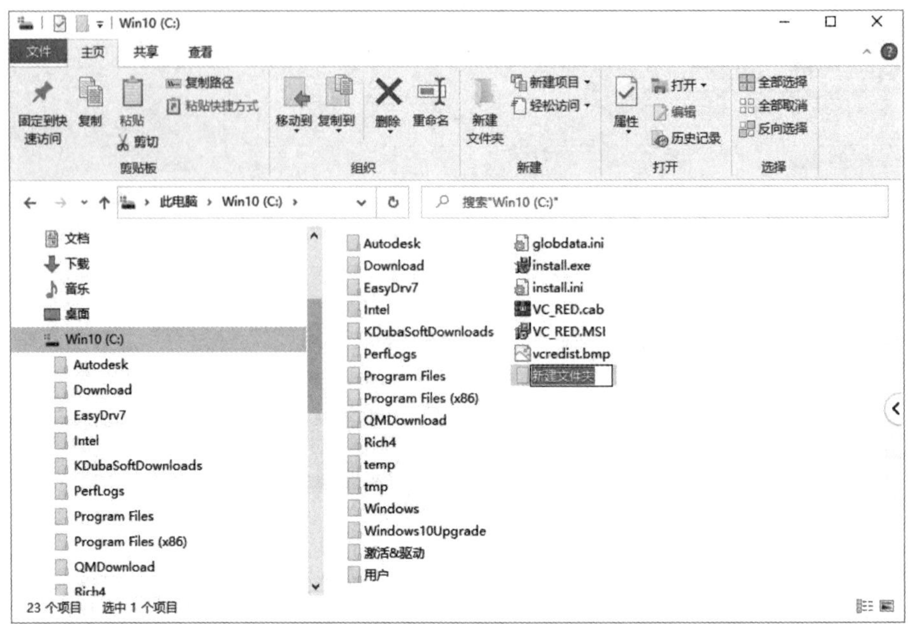

图 4-23 新建文件夹

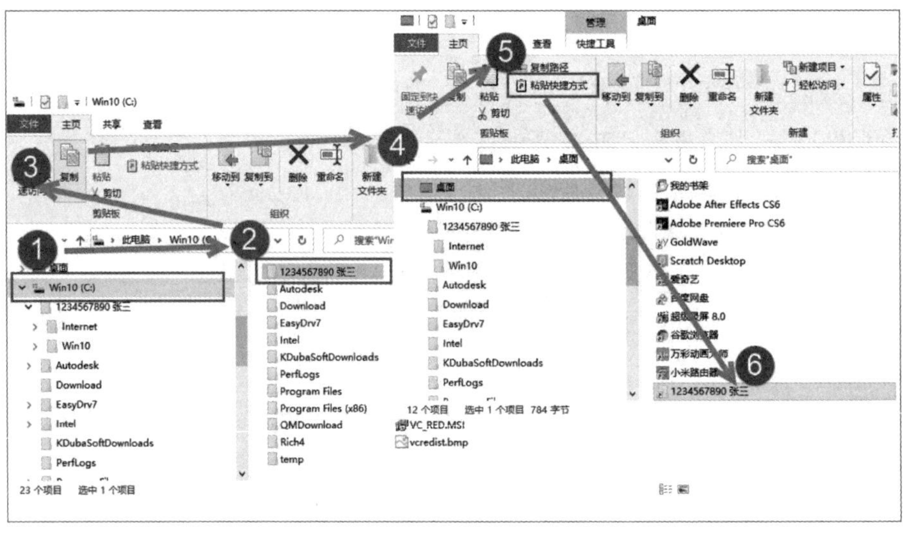

图 4-24 创建快捷方式步骤

文件夹下，将查找到的文件复制到“C:\1234567890 张三\Win10\Images”文件夹下。操作步骤如下：

①打开资源管理器窗口，选择 C 盘下的“Windows”文件夹，在文件夹右侧的搜索框中输入“img.jpg”后按回车键，系统开始查找，查找到的结果显示在“文件”窗口中，如图 4-25 所示。

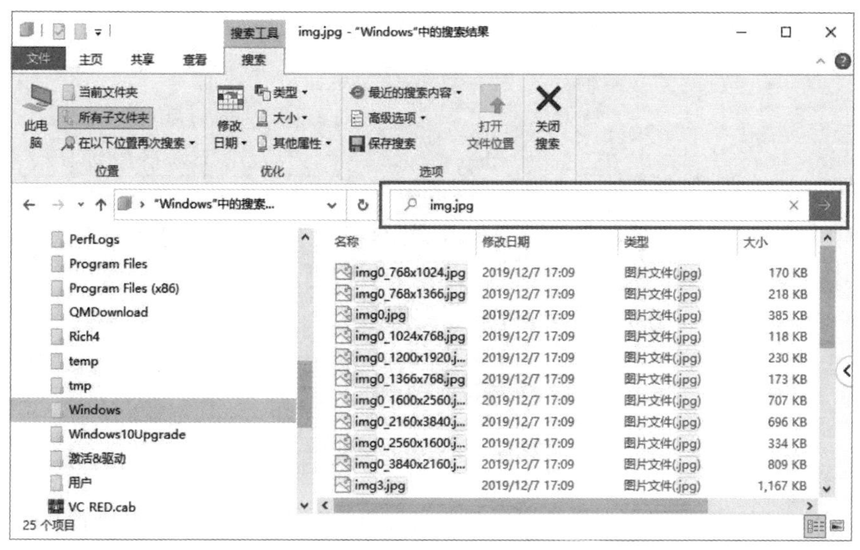

图 4-25　文件搜索结果

②单击“搜索”面板上的“保存搜索”按钮，将当前的搜索结果以“img. jpg 搜索结果”文件名保存在“C:\1234567890 张三\Win10”文件夹下，如图 4-26 所示。

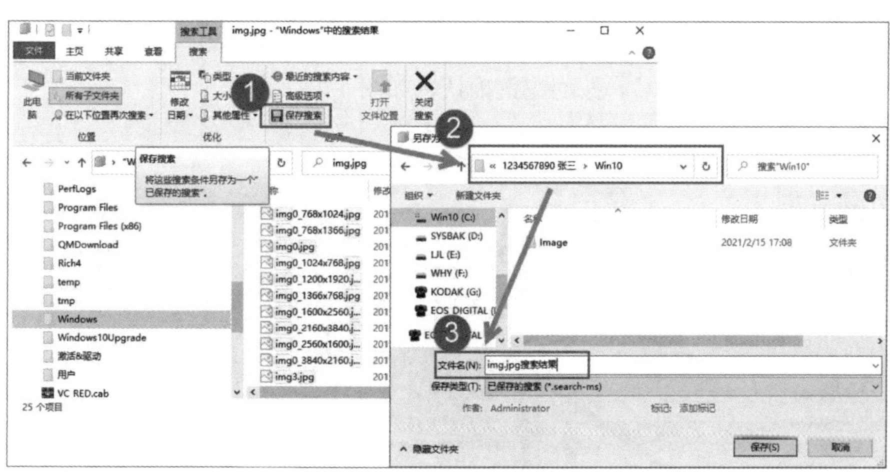

图 4-26　复制搜索结果

③在搜索结果窗口按 Ctrl＋A 组合键选择所有文件，单击“主页”面板中的“复制到”下拉列表中的“选择位置”选项。

④在“复制项目”对话框中选择“C:\1234567890 张三\Win10\Images”文件夹，单击“确定”按钮完成文件复制。如图 4-27 所示。

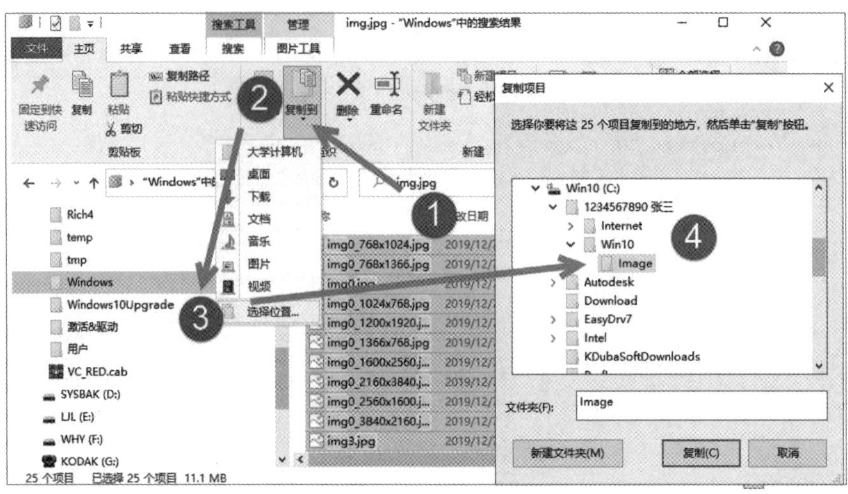

图 4-27　复制搜索结果到指定文件夹步骤

（4）文本文件操作

在“Win10”文件夹下，新建一个文本文件，文件名为“个人信息”，输入自己的信息，如“信息工程学院物联网工程专业张三”，保存后设置文件属性为“只读”。操作步骤如下：

①在资源管理器窗口中选择“Win10”文件夹，单击“主页”面板上的“新建项目”按钮，在下拉列表中选择“文本文档”选项，出现“新建文本文件.txt”图标，将文件名改为“个人信息.txt”，按回车键确认，如图 4-28 所示。

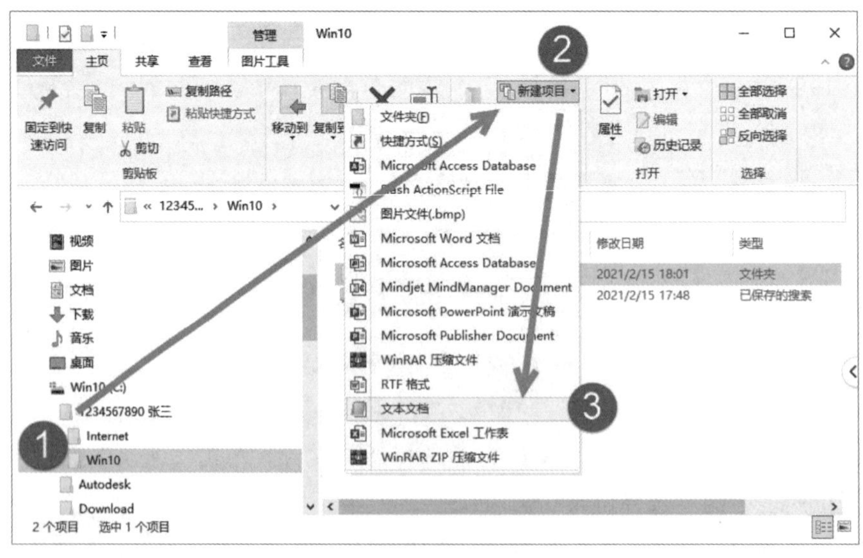

图 4-28　新建文本文档步骤

②双击文件，打开记事本进行编辑，如图 4-29 所示，输入相关信息后保存，退出记事本。

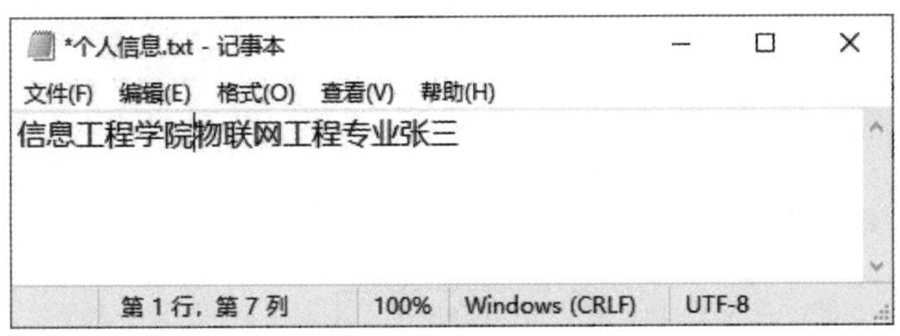

图 4-29　编辑“个人信息.txt”记事本

③选中文件，单击“主页”面板上的“属性”按钮，弹出属性对话框。

④在对话框中选择“常规”选项卡，勾选下面的“只读”选项，单击“确定”按钮，如图 4-30 所示。

（5）压缩文件夹

将自己名字的文件夹制作成一个压缩文件，文件名不变，保存在桌面上。操作步骤如下：

①选中自己名字的文件夹，单击“共享”面板中的“压缩”按钮，如图 4-31 所示。

②压缩后的结果如图 4-32 所示。

图 4-30　设置文件“只读”属性

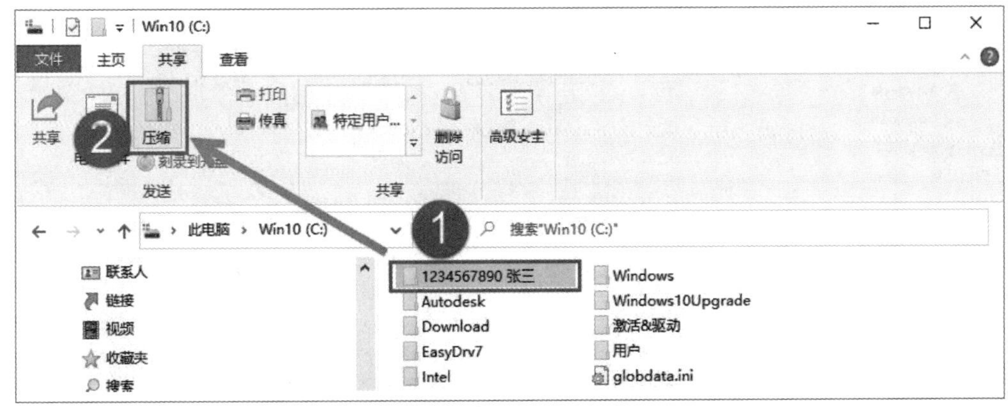

图 4-31　压缩文件夹步骤

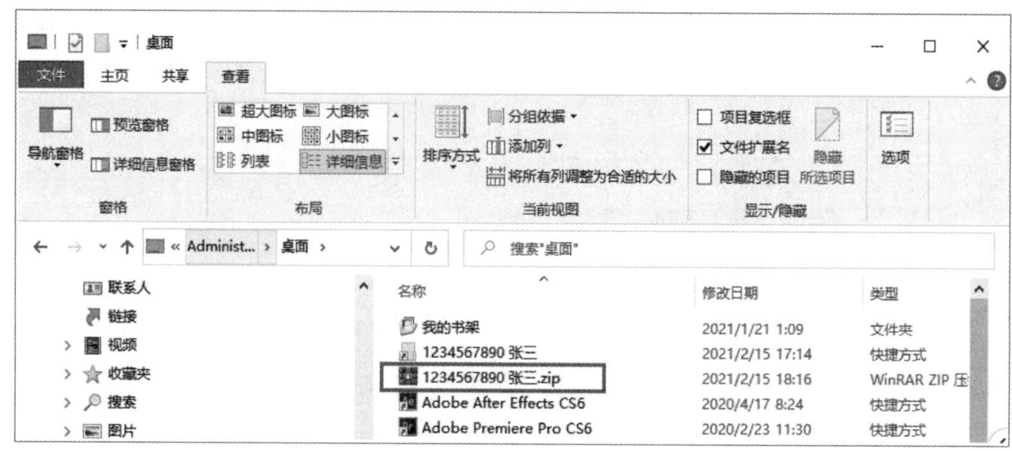

图 4-32　文件夹压缩结果

（6）删除、还原文件夹

删除自己名字的文件夹，然后从回收站中还原。操作步骤如下：

①选择自己名字的文件夹，单击“主页”面板中的“删除”按钮，如图 4-33 所示，文件被删除到回收站。

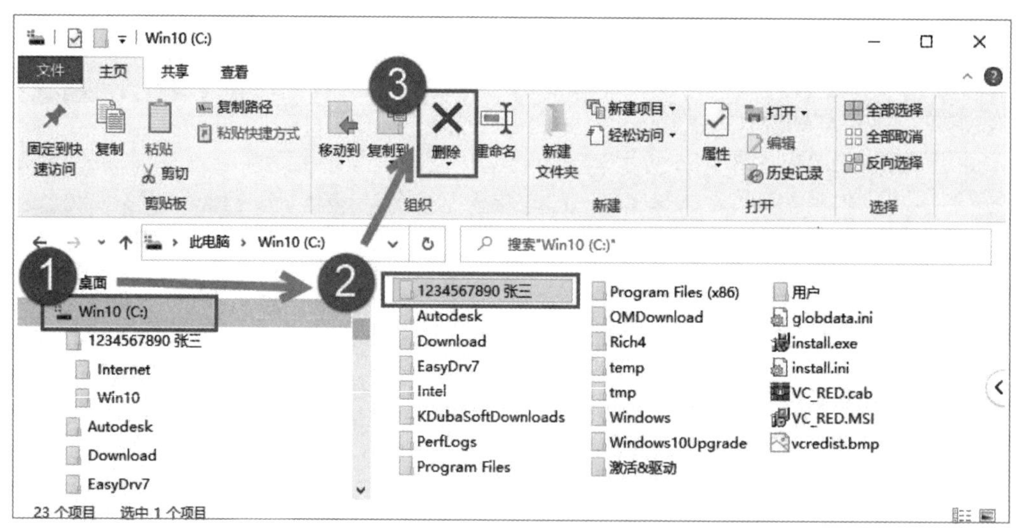

图 4-33　删除文件夹步骤

②打开桌面上的“回收站”，找到刚刚被删除的文件夹，选中要还原的文件夹，单击“回收站工具”面板中的“还原所选定的项目”按钮，如图 4-34 所示，即可将文件夹还原到原始位置。

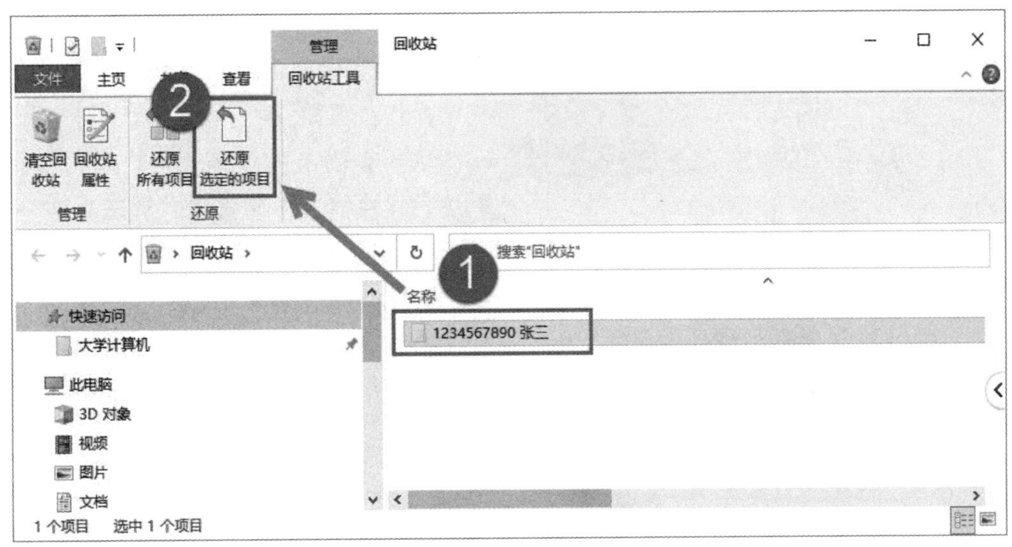

图 4-34　从“回收站”恢复被删除的文件步骤

彻底删除文件夹的操作步骤：选择自己名字的文件夹，单击“主页”面板中的“删除”按钮下方的下拉列表箭头，在弹出的列表中选择“永久删除”选项，如图 4-35 所示，系统弹出“删除文件夹”对话框，如图 4-36 所示，单击“确定”按钮完成彻底删除。

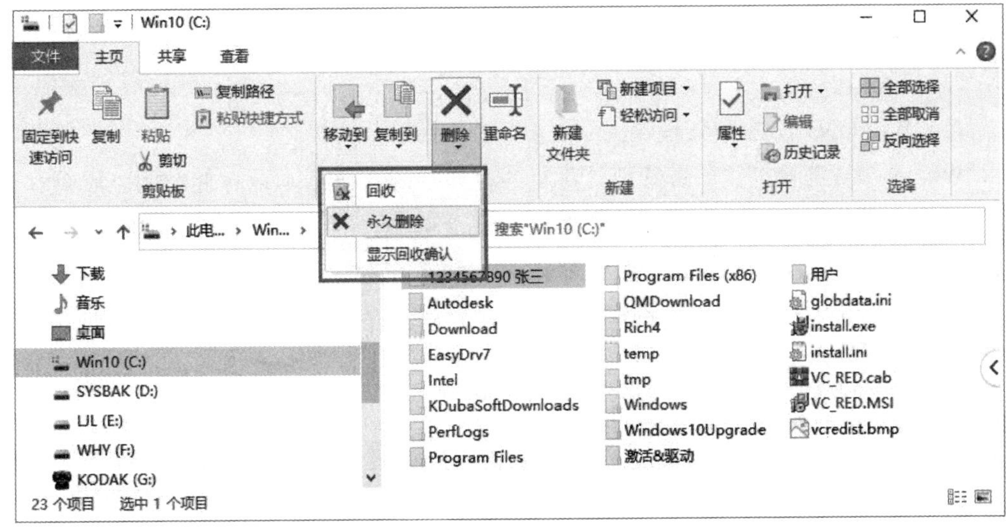

图 4-35　永久删除文件夹

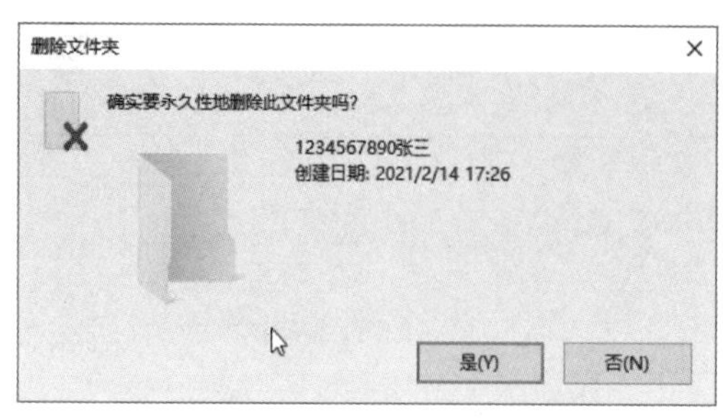

图 4-36 “删除文件夹”对话框

（7）通过压缩文件恢复文件夹

通过压缩文件恢复自己名字的文件夹。操作步骤如下：

选择桌面上的压缩文件，单击鼠标右键，在快捷菜单中选择“解压文件…”选项，如图 4-37 所示，选择“C:\”路径，解压缩完成即恢复文件夹。

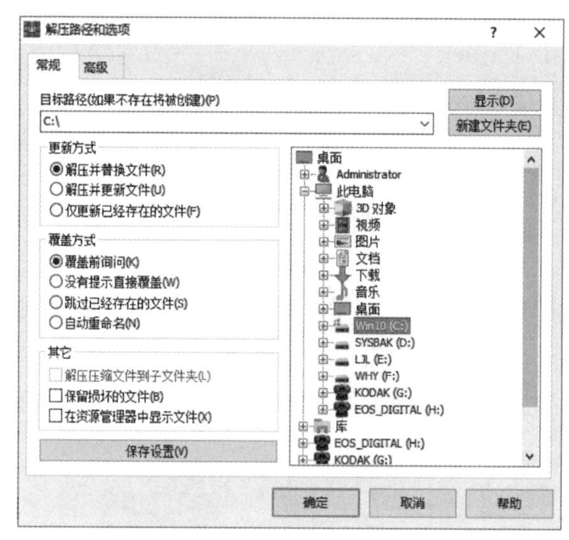

图 4-37 通过压缩文件恢复文件夹

5. 相关知识

（1）Windows 10 资源管理器

Windows 资源管理器负责管理计算机的存储空间，包括本地存储空间（硬盘、光盘、移动存储）和网络存储空间（网盘）。Windows 的文件管理主要通过 Windows 资源管理器窗口完成，Windows 资源管理器窗口由多个窗格组成。

资源管理器窗口左侧是导航窗格，以分层的方式显示可以访问的存储位置，右侧是文件窗格，显示指定位置上包含的文件夹和文件。通过资源管理器窗口就可以浏览计算机中的所有文件夹和文件，如图 4-38 所示。

Windows 资源管理器管理的三类存储空间：

此电脑：代表本地存储空间，包括在硬盘上划分的 C 盘、D 盘等，和一些专用的存储位置。为了方便用户快速访问而放置在显要位置，它们的实际关系并不是并列关系。如表 4-1 所示。

图 4-38　Windows 10 资源管理器窗口

表 4-1　特定文件夹的存储位置表

名称	存储位置
桌面	C:\Users\Administrator\Desktop
视频	C:\Users\Administrator\Videos
图片	C:\Users\Administrator\Pictures
文档	C:\Users\Administrator\Documents
下载	C:\Users\Administrator\Downloads
音乐	C:\Users\Administrator\Music

网络：代表网络中的存储位置，一般是局域网内的其他计算机中共享的存储空间。

OneDrive：特指微软为注册用户提供的云存储空间。

①打开资源管理器。

打开 Windows 资源管理器的方法有很多种，常用的方法有以下三种：

“开始”菜单：在任务栏的“开始”按钮上单击右键打开快捷菜单，选择“文件资源管理器”选项。

桌面图标：双击桌面上的“此电脑”图标。

快捷键：按住键盘上的窗口键+E 键。

②资源管理器功能面板。

Windows 10 将所有文件操作命令都显示在资源管理器的功能面板中，每个功能面板可完成一类功能操作，用户可以快速地找到相应命令按钮实现特定操作。选择不同的对象（驱动器、文件夹、文件），窗口上方的面板名称和内容也有不同，如图 4-39 所示，用户根据需要选择相应的功能按钮操作即可。

主页：主要完成对文件和文件夹的各类操作，如复制、移动、删除等。

查看：主要设置资源管理器窗口的布局和窗格内文件的呈现方式等。

计算机：选择“此电脑”对象时才会出现，包括应用程序管理和设备管理等功能。

驱动器工具：选择“磁盘”对象时才会出现，包括磁盘加密、格式化等功能。

共享：主要控制用户对共享信息的访问，以及压缩和分享文件。

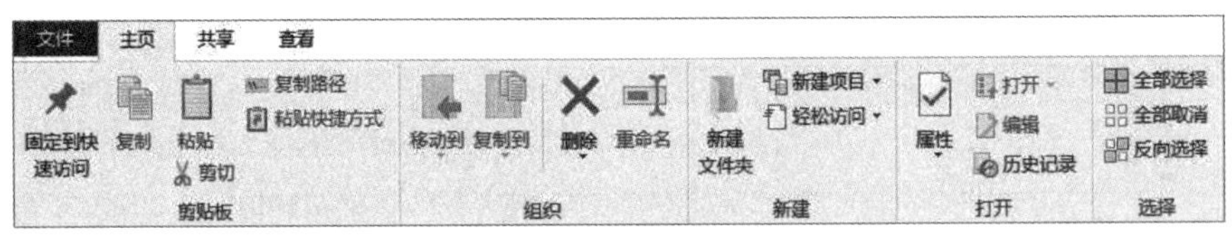

(a)“主页”面板

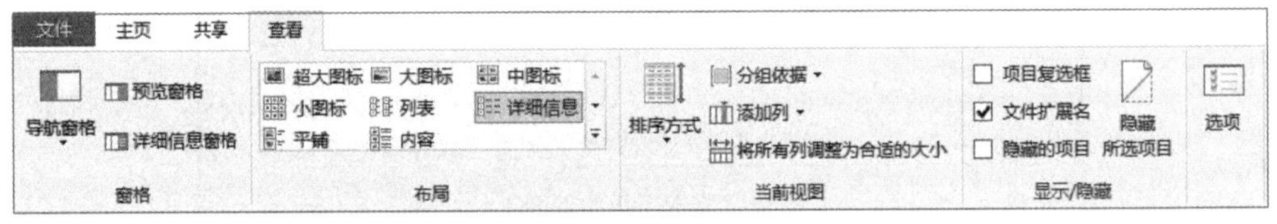

(b)“查看”面板

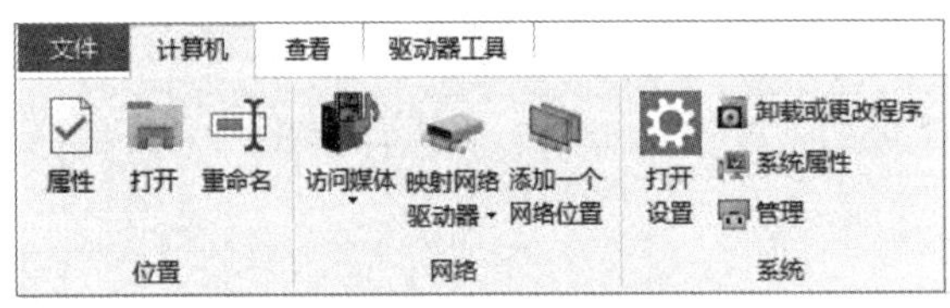

(c)“计算机”面板

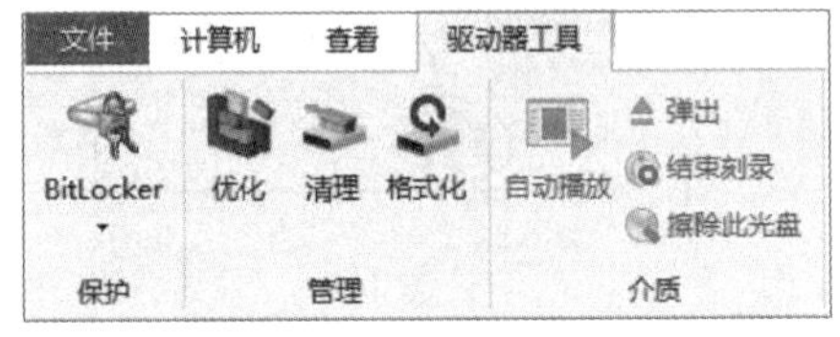

(d)“驱动器工具”面板

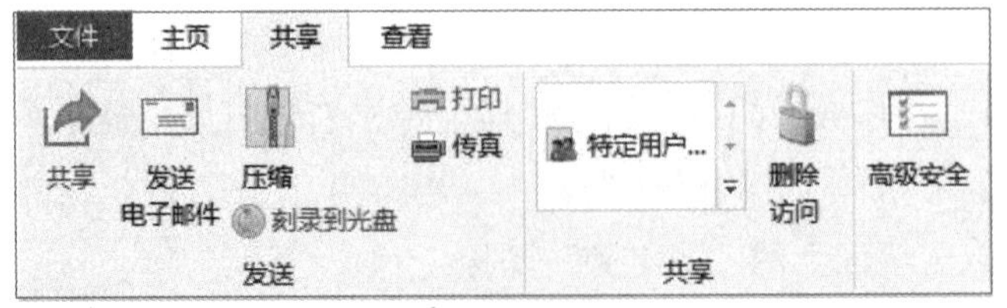

(e)“共享”面板

图 4-39 资源管理器功能面板

（2）常用术语

①快捷方式。

快捷方式顾名思义就是为了方便用户快捷访问文件或文件夹而建立的一种特殊文件，它记录文件或文件夹的位置信息，当双击文件的快捷方式时，会自动打开相应文件或启动相应的应用程序。快捷方式一般放置在桌面上或菜单中，出现在 Windows“开始”菜单的应用程序列表项就是应用程序的快捷方式，桌面上带箭头的图标文件也是应用程序的快捷方式。但是，系统创建的快捷方式图标一般没有左下角的箭头。

注：删除快捷方式不会影响其指向的应用程序或文件。

②剪贴板。

剪贴板是在内存中开辟的临时存放信息的存储空间，记录的是最后一次执行“剪切”或“复制”操作的内容，在未关闭计算机之前信息一直保存，关机后剪贴板的内容丢失。

③回收站。

Windows 系统中的回收站是在硬盘上开辟的一块存储空间，用于存放被用户删除的文件。如果用户不小心误删除了某个文件，可以打开回收站找到被删除的文件，进行还原操作后就可以把文件恢复到删除之前的位置。回收站的内容在关机后也不会丢失。

回收站既然是硬盘上的一个区域，自然要占用一定的硬盘空间，这个比例一般是硬盘空间的 5%～10%，用户可以根据需要调整回收站的大小，每个分区都可以单独设置，甚至可以取消回收站的功能，文件直接删除而不进回收站。操作步骤为：

• 打开回收站，单击“回收站工具”面板中的“回收站属性”按钮。

• 在“回收站属性”对话框中设置即可，设置示例如图 4-40 所示。

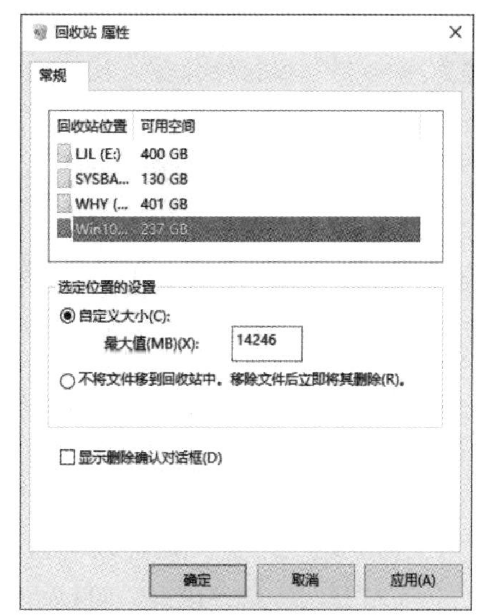

图 4-40　回收站设置

（3）Windows 10 环境中文件基本操作

在资源管理器的介绍中我们已经提到，文件操作都可以通过功能面板实现，在此就不再赘述，这里只介绍文件操作的一些基本技巧。

①选择文件。

准确地选择文件是对文件进行各种操作的前提，选择文件的方法主要有以下几种：

选择一个文件：单击该文件。

选择多个文件：按住 Ctrl 键单击要选择的每个文件。

选择连续多个文件：单击第一个文件，按 Shift 键后单击最后一个文件。

选择当前文件夹下的所有文件：按 Ctrl＋A 组合键。

选择同类型文件：先按文件类型排序，再进行连续选择。

注：连续文件的选择也可以通过拖动鼠标框选方式来完成。

②创建快捷方式。

创建快捷方式可以让用户快速地启动应用程序或打开常用的文件（文件夹），操作步骤为：

• 在资源管理器窗口中选择要创建快捷方式的应用程序或文件（文件夹）。

• 单击“主页”面板上的“复制”按钮。

• 打开放置快捷方式的文件夹（一般为桌面），单击“主页”面板上的“粘贴快捷方式”按钮，创建快捷方式。

③文件复制和移动。

文件复制就是为文件创建一个副本，实现文件复制一般包含两个过程：

• 选择文件，剪切文件到剪贴板。对应的操作为“复制”。

• 选择位置，将文件从剪贴板粘贴到新的位置。对应的操作为“粘贴”。

文件移动就是将文件从一个位置移动到一个新位置，文件数量没有增加。实现文件移动同样是两个步骤：

• 选择文件，剪切文件到剪贴板。对应的操作为“剪切”。

• 选择位置，将文件从剪贴板粘贴到新的位置。对应的操作为“粘贴”。

注：如果需要将不同位置的多个文件复制或移动到同一个位置，建议通过“主页”面板上的“固定到快速访问”按钮进行设置，然后使用“主页”面板上的“复制到”或“移动到”按钮操作会比较快捷。

④文件删除与恢复。

文件的删除有两种方式：删除到回收站和永久删除。操作步骤为：

• 在资源管理器窗口选择要删除的文件或文件夹。

• 单击“主页”面板上的“删除”按钮下方的下拉按钮，在下拉列表中选择删除方式，如果删除到回收站，则选择“回收”选项；如果要永久删除，则选择“永久删除”选项。

注：如果设置回收站的大小为零，即使选择“回收”也是彻底删除。

如果要把回收站中的所有文件都删除，也就等同于把废纸篓倒掉，可以直接执行“清空回收站”命令。操作步骤为：

• 打开回收站，单击“回收站工具”面板中的“清空回收站”按钮。

• 在弹出的“删除多个项目”对话框中，单击“是”按钮即可完成。

文件恢复就如同把丢进废纸篓的文件再捡回来，操作步骤为：

• 打开回收站，找到要恢复的文件，单击“回收站工具”面板上的“还原所选项目”按钮即可。

⑤文件搜索

要对计算机中的文件进行操作，需要先找到要操作的文件。计算机中存储的文件数以万计，如果不知道文件的具体位置就如同大海捞针一般，这就需要掌握 Windows 10 的文件搜索方法。

Windows 10 的文件搜索与以往版本不同，在默认情况下是模糊搜索，也就是说用户只需要提供关键字信息即可，通配符基本不起作用。但是，模糊搜索找到的文件数目会比较多，再从搜索结果中筛选也比较麻烦。如果能提供更多关于搜索文件的信息，如文件名包含的字符、文件大小、文件类型、文件日期信息等，就可以大大缩小范围。

例如，查找指定文件夹下，文件名包含“计算机”，扩展名为“pdf”，文件大小大于 2 MB，最近访问过的文件，则可以在资源管理器窗口的搜索框中输入“计算机. pdf 大小：>2MB 修改日期：今天”即可，搜索结果如图 4-41 所示。

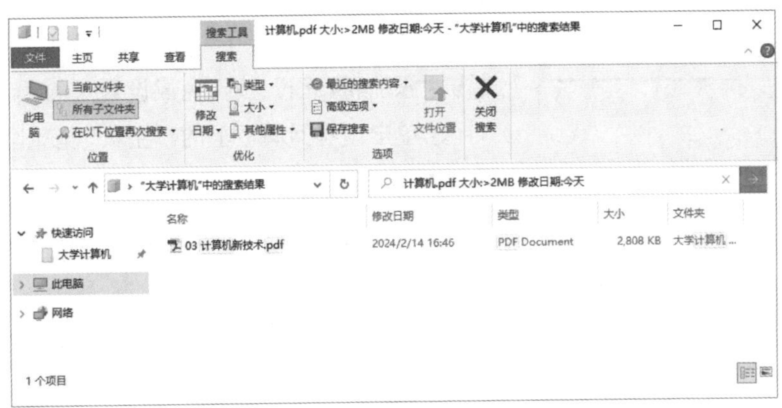

图 4-41　组合条件搜索

4.3　使用浏览器访问网络资源

1. 任务目标

①了解 Microsoft Edge 浏览器的基本功能。

②掌握搜索和保存网络资源的方法。

③掌握利用百度网盘分享网络资源的方法。

2. 任务提出

随着互联网的普及，人们更多地通过网络平台进行信息的发布和资源的分享。快速地找到自己所需的信息和资源，并加以有效地利用是大学生应该具备的基本技能。

图 4-42 浏览器菜单

3. 任务分析

使用浏览器登录网络平台，并利用搜索引擎进行资源的搜索。

4. 任务实现

（1）启动 Microsoft Edge 浏览器，设置百度（http://www.baidu.com）为浏览器主页

操作步骤如下：

①双击桌面上的 Microsoft Edge 浏览器图标，启动浏览器。

②单击右上角的菜单图标，打开浏览器菜单，选择“设置”选项，打开“设置”窗口，如图 4-42 所示。

③在“设置”窗口左侧，选择“启动时”选项，在右侧单击“打开新标签页”按钮，在弹出的对话框中输入“http://www.baidu.com”，如图 4-43 所示，单击“添加新页面”按钮完成设置。

④单击浏览器面板上的“主页”按钮测试是否设置成功。

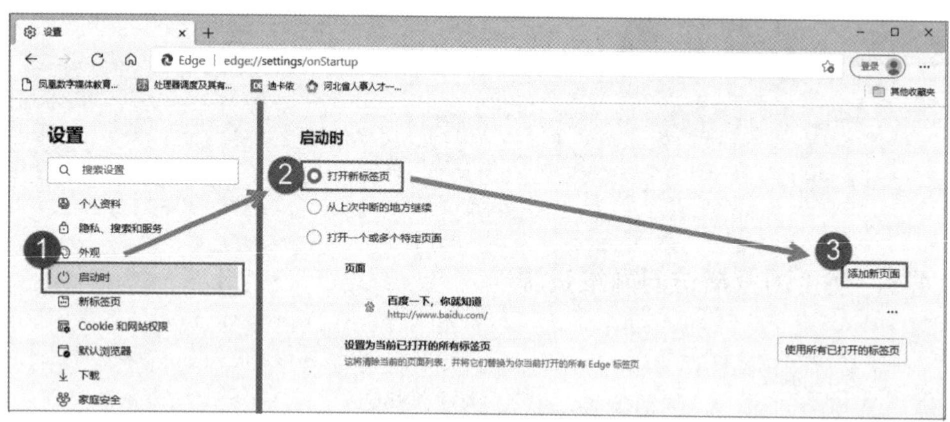

图 4-43 设置浏览器起始页

（2）设置“C:\1234567890 张三\internet\download”文件夹为浏览器默认的下载位置，并将网页上的默认字号设置为“大”

操作步骤如下：

①打开浏览器菜单，选择“设置”选项，在“设置”窗口左侧选择“下载”选项，在右侧单击“更改”按钮，在“位置”对话框中选择下载位置，如图 4-44 所示。

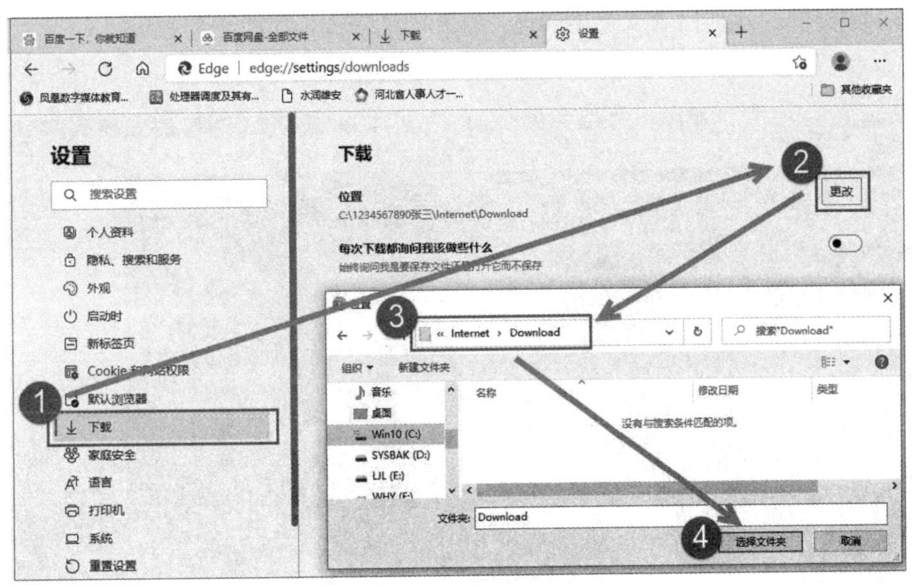

图 4-44　设置浏览器默认下载位置步骤

②在“设置”窗口左侧选择“外观”选项，在右侧“字体”位置设置字体大小为“大”，如图 4-45 所示。

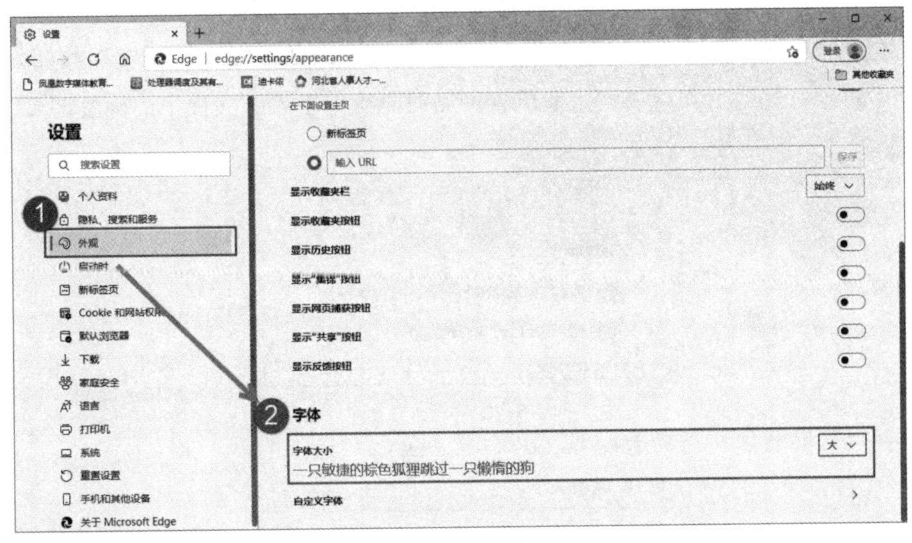

图 4-45　设置浏览器字体大小步骤

（3）利用 Microsoft Edge 浏览器访问“水润雄安”网站，网址为：http://www.xanculture.com，将网站保存到收藏夹

操作步骤如下：

①在浏览器的地址栏输入上述网址，打开网站首页，如图 4-46 所示。

图 4-46 “水润雄安”网站首页

②打开浏览器菜单，选择“收藏夹”选项，如图 4-46 所示。

③在“收藏夹”窗口中，单击上方的“将当前标签页添加到收藏夹”按钮，如图 4-47 所示，添加完成后，再访问水润雄安网站时直接单击收藏夹栏中的标签即可。

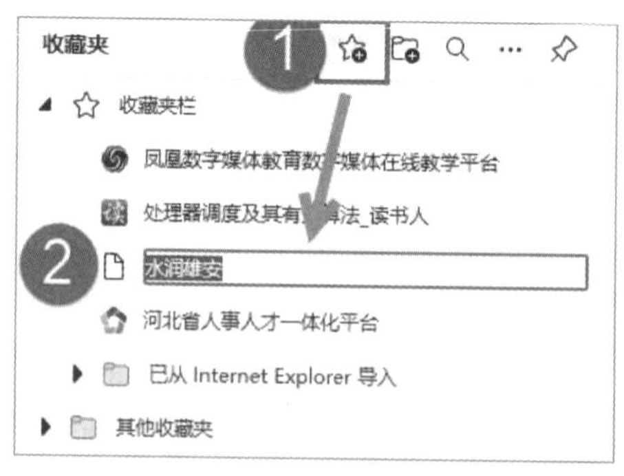

图 4-47 将“水润雄安”网站添加到收藏夹

(4) 将整个网页以图片方式保存，并将保存的文件重命名为“水润雄安网站.jpg”

操作步骤如下：

①打开浏览器菜单，选择“网页捕获”选项，如图 4-48 所示。

②选择“整页”选项，弹出“网页捕获”窗口。

图 4-48　“网页捕获”窗口

③单击窗口右上角的“保存”按钮，图片保存到指定位置。

④打开浏览器下载存储文件夹，重命名刚刚保存的文件为“水润雄安网站.jpg”。

(5) 将网页上方的图片以“雄安水乡图片.jpg”为文件名，保存到“Download”文件夹中

操作步骤如下：

①在网页上方的图片上单击鼠标右键，在弹出的快捷菜单中选择“将图像另存为”选项，如图 4-49 所示。

②在“另存为”对话框中选择存放位置，输入文件名后，单击“保存”按钮。

图 4-49　快捷菜单

(6) 在网站上搜索有关孙犁的网页，并将搜索结果以“水润雄安-孙犁.html”为文件名保存在“web”文件夹中

操作步骤如下：

①在网页右上角的“搜索”文本框中输入关键字“孙犁”，单击“搜索”按钮，如图 4-50 所示。

图 4-50 在网页搜索栏输入关键字

②打开浏览器菜单，选择“更多工具”中的“将页面另存为”选项，在“另存为”对话框中选择保存位置，输入文件名称后单击“保存”按钮，如图 4-51 所示。

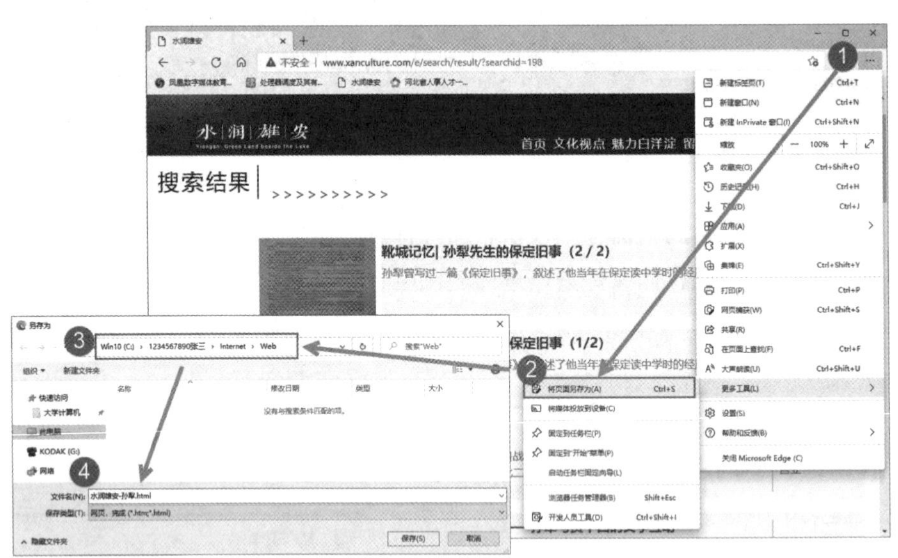

图 4-51 保存网页到指定位置

（7）在百度（http://www.baidu.com）网页上搜索关键字为“水润雄安”和“保定学院”的网站，将搜索结果的前三条截图，并在搜索结果处画线标注后保存，重命名文件为“百度搜索截图.jpg”

操作步骤如下：

①在浏览器地址栏中输入“http://www.baidu.com”，打开百度首页。

②在搜索栏内输入“水润雄安”＋“保定学院”，单击“百度一下”按钮。

③利用“网页捕获”功能，选择搜索结果的前三条后，单击“添加笔记”按钮。

④在“网页捕获”窗口中，选择“绘制”工具，在图片上进行标注，如图 4-52 所示，标注完毕单击“保存”按钮。

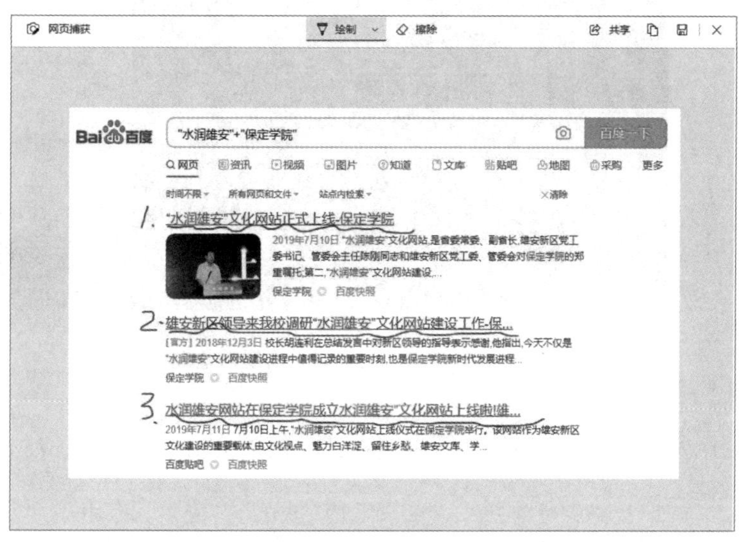

图 4-52　在“网页捕获”窗口标注百度搜索结果

⑤打开“download”文件夹，将截图文件重命名为“百度搜索截图.jpg”。

（8）注册百度网盘（已注册过百度网盘的用户可略过）

①打开百度首页，在网页上方的链接中选择“更多”选项，在弹出的页面选择“网盘”，如图 4-53 所示。

图 4-53　访问百度网盘步骤

②在打开的登录页面中，单击下方的“立即注册”链接，进入“用户注册”页面，按系统提示填写信息注册即可；也可以在登录页面中使用 QQ、微信或新浪账号直接授权登录，如图 4-54 所示。

图 4-54　百度网盘登录页面

③注册完成后即打开百度网盘，新用户可用空间为 100 G，如图 4-55 所示。

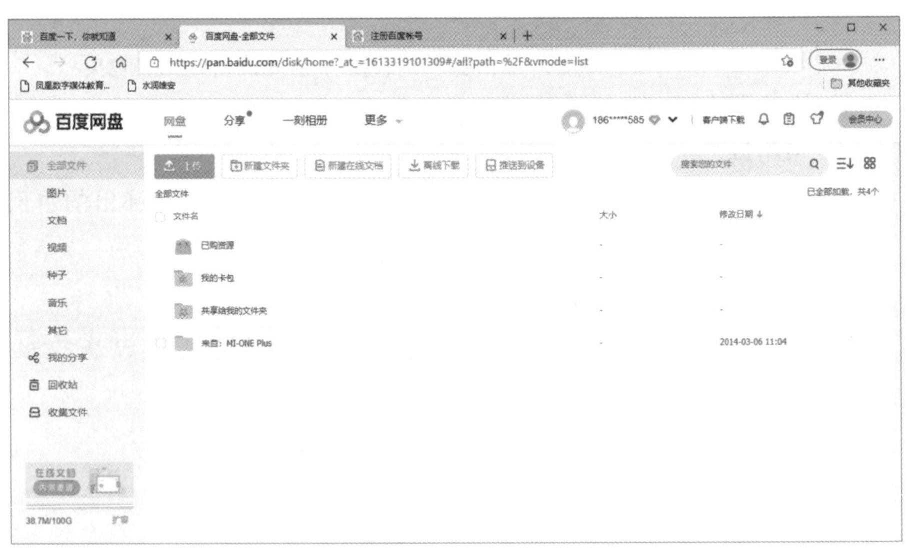

图 4-55　百度网盘窗口页面

（9）登录百度网盘，建立“水润雄安网站资料”文件夹，将“download”文件夹中的内容上传到该文件夹中，并通过私密链接方式进行分享，将分享链接截图保存，文件名为“水润雄安网站资料.jpg”

操作步骤如下：

①在百度网盘窗口，单击“新建文件夹”按钮创建名为“水润雄安网站资料”的文件夹，如图 4-56 所示。

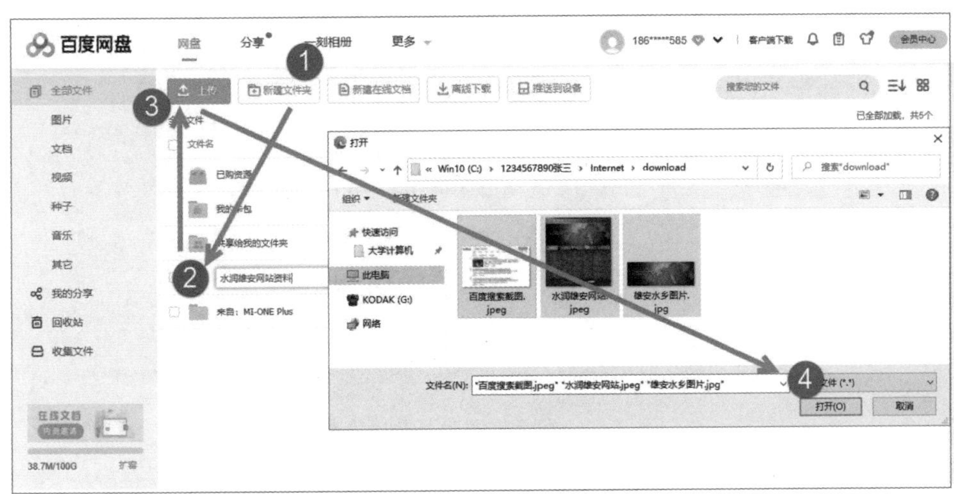

图 4-56　上传资料到百度网盘步骤

②打开“水润雄安网站资料”文件夹，将鼠标移动到“上传”按钮时弹出列表项，选择“上传文件”选项。

③在“打开”对话框中，选择“download”文件夹下的所有文件，单击“打开”按钮，开始上传。

④上传资料完毕后的网盘页面如图 4-57 所示。

图 4-57　上传资料完毕的百度网盘页面

⑤返回上一级目录，单击“水润雄安网站资料”文件夹名称右侧的“分享”按钮，打开“分享文件（夹）：水润雄安网站资料”对话框，在“有效期”列表中选择“永久有效”选项，单击“创建链接”按钮，如图 4-58 所示。创建分享链接后，分享页面如图 4-59 所示。

⑥打开“分享文件（夹）：水润雄安网站资料”窗口，利用“网页捕获”功能将窗口保存为图片，文件名为“水润雄安网站资料.jpg”。

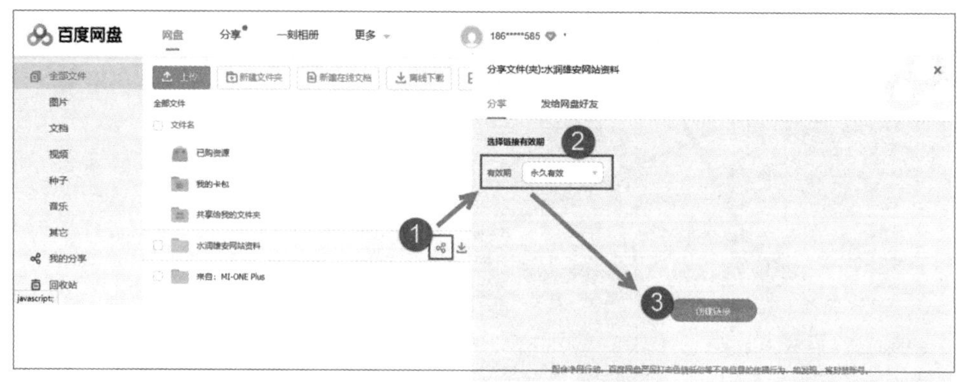

图 4-58 创建网盘分享链接步骤

图 4-59 分享链接页面

(10) 将分享链接发送给分享对象（通过微信、QQ、邮件等均可）

操作步骤如下：

①单击“复制链接及提取码”按钮，链接和提取码将会被复制到剪贴板。

②通过微信、QQ 或邮件将“水润雄安网站资料.jpg”文件发送给分享对象，或者直接把复制的链接粘贴给分享对象。

5. 相关知识

(1) Microsoft Edge 浏览器

Microsoft Edge 是伴随着 Windows 10 系统推出的新一代 Windows 浏览器。相对于 IE 浏览器，Microsoft Edge 浏览器在兼容性、便利性和安全性上都有了较大的提升。

下面简要介绍 Microsoft Edge 浏览器的几个常用的新功能。

①InPrivate 浏览模式。

上网最担心的事情就是个人隐私的泄露，Microsoft Edge 浏览器提供了 InPrivate 浏览模式。用户使用此模式浏览网页后，退出浏览器的同时会自动删除用户的浏览信息，不保存浏览记录。

操作步骤：

• 在 Microsoft Edge 浏览器窗口中，单击右上角的“菜单”按钮，在列表中选择“新建 InPrivate 窗口”选项，如图 4-60 所示。

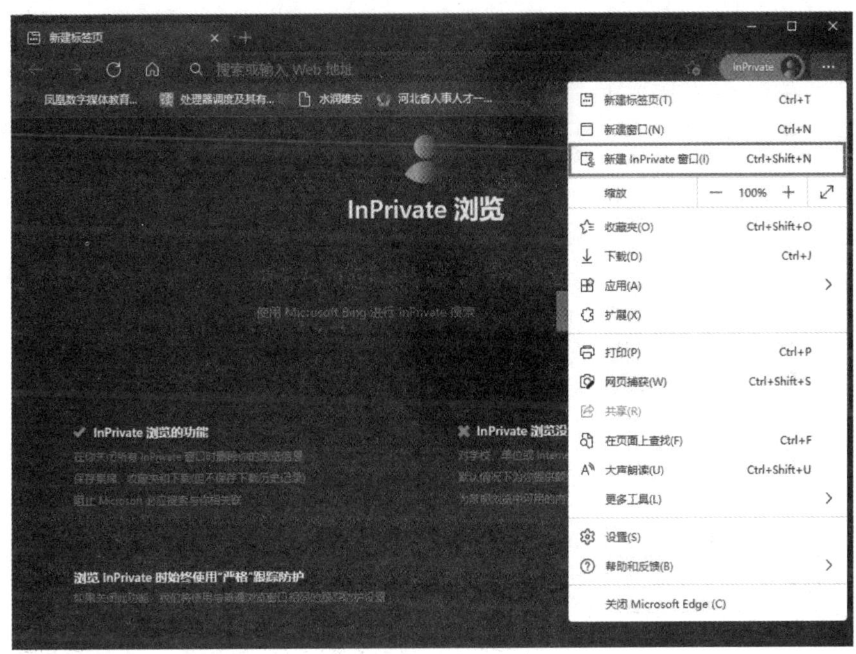

图 4-60　设置 InPrivate 浏览模式

• 浏览器自动打开“InPrivate 浏览”窗口，用户在此窗口中浏览网页即可。

②朗读网页。

Microsoft Edge 提供了网页朗读功能，可以让我们在进行多任务工作的同时，边工作边听网页上的文章，这样也可以避免长时间看屏幕，减少视疲劳。

操作步骤：

• 打开需要阅读的网页，单击浏览器“菜单”按钮，在列表中选择“大声朗读”选项。

• 朗读时网页上方会出现朗读栏，单击右侧的“语音选项”按钮可以根据个人喜好调整阅读速度，实现快速阅读或慢速阅读，如图 4-61 所示。

③分享网页。

精彩的内容一定要与朋友分享，利用 Microsoft Edge 的分享功能可以很便捷地把网页发送给好友。

操作步骤：

• 打开要分享的网页，单击浏览器“菜单”按钮，在列表中选择“共享”选项。

• 在“共享”对话框中，选择分享方式，如图 4-62 所示。

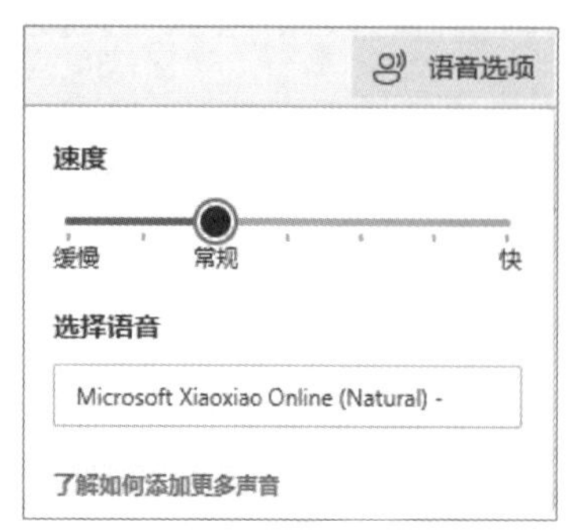

图 4-61 调节阅读速度

(2) 搜索引擎

搜索引擎是指，根据一定的策略，运用特定的计算机程序从互联网上采集信息，在对信息进行组织和处理后，为用户提供检索服务，将检索的相关信息展示给用户的系统。如百度等都是目前主流的搜索引擎。

搜索引擎根据应用场合不同采用不同的搜索方式，大致可分为四种：全文搜索引擎、元搜索引擎、垂直搜索引擎和目录搜索引擎。

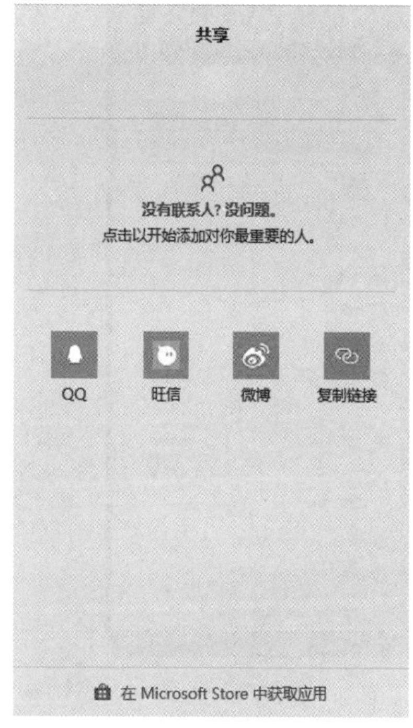

图 4-62 “共享”对话框

• 全文搜索引擎是利用爬虫程序抓取互联网上所有相关文章予以索引的搜索方式。对于一般网络用户，全文搜索引擎较为适用。这种搜索方式方便、简捷，并容易获得所有相关信息。但搜索到的信息过于庞杂，因此用户需要逐一浏览并甄别出所需信息。但在用户没有明确检索意图情况下，这种搜索方式非常有效。

• 元搜索引擎提供的是基于多个搜索引擎结果并对其整合处理的二次搜索方式。元搜索引擎适用于广泛、准确地搜集信息。不同的全文搜索引擎由于其性能和信息反馈能力差异导致各有利弊。元搜索引擎的出现恰恰解决了这个问题，能够使各基本搜索引擎优势互补，其搜索方式有利于对基本搜索方式进行全局控制，持续改善全文搜索引擎的搜索效果。

• 垂直搜索引擎是对某一特定行业内数据进行快速检索的一种专业搜索工具。垂直搜索引擎适用于在有明确搜索意图情况下的检索。例如，用户购买机票、火车票、汽车票时，或想要浏览网络视频资源时，都可以直接选用行业内专用搜索引擎，以准确、迅速获得相关信息。

• 目录搜索引擎是依赖人工收集处理数据并置于分类目录链接的搜索方式。目录搜索引擎是网站内部常用的检索工具。目录搜索引擎对网站内信息整合处理后分目录呈现给用户，其缺点是用户需预先了解本网站的内容，并熟悉其主要模块构成。

①关键字搜索。

关键字搜索指根据用户提供的一个或多个关键字进行匹配检索的方式。其中关键字的使用有一定的技巧，下面列举常用的几种关键字书写格式。

• 引号：当关键字用引号括起来时，搜索时会将关键字作为一个整体进行匹配，否则搜索引擎会把关键字进行拆分，扩大搜索范围。例如，搜索关键字为保定学院，如果未加引号，则搜索结果中不仅包含保定学院相关的网页信息，还包含保定职业技术学院、保定理工学院的网页信息。

• 加号：在多个关键字之间加上加号，表示搜索结果中必须包含这些关键字，如果各关键字之间仅以空格分隔，则搜索结果包含任意一个关键字即可。例如，保定学院＋信息工程学院，则表示搜索结果要同时包含两个关键字的信息才满足要求。

• 减号：在多关键字中，在某个关键字前加上减号表示在搜索结果中要排除含有这个关键字的网页。例如，长城汽车－皮卡，则表示搜索长城汽车的网页，但不包括皮卡相关信息。

②图片搜索。

图片搜索就是搜索引擎根据用户提供的图片，利用算法提取特征信息，从图片库中查找特征匹配的图片。例如，我们看到一种植物但不知道叫什么名字，可以将它拍摄下来，提交给搜索引擎进行识别。或者我们看到某件喜欢的商品，想了解购物网站上该产品或类似产品的价格，也可以拍下来提交给购物网站的搜索引擎，系统会将相同或相近的商品全部展示出来。

以百度为例，我们拍摄一株植物的花，让搜索引擎进行识别，操作步骤如下：

• 打开百度首页，单击搜索栏右侧的“相机”图标，如图 4-63 所示。

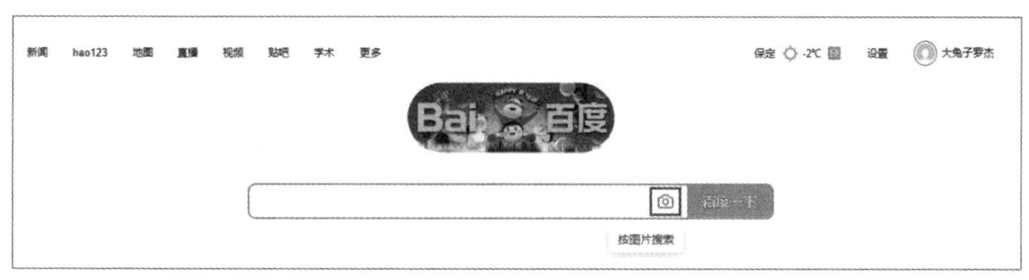

图 4-63　百度图片搜索

• 单击“选择文件”按钮，选择准备好的图片文件，或将图片文件拖到拖拽区，如图 4-64 所示。

图 4-64　粘贴要搜索的图片

• 搜索结果如图 4-65 所示，在搜索结果中单击图片，在链接的页面中可以看到识别结果，如图 4-66 所示。

图 4-65　图片搜索结果页面

图 4-66　搜索结果中的链接页面

第 5 章　文字编辑与排版

本章能力目标

①了解 Word 基本功能和编辑排版环境。

②掌握文字编辑和排版的基本方法，能够用 Word 制作各类常用文档。

③掌握 Word 页面布局的基本方法，能够根据内容调整页面布局。

④了解表格的构成，掌握制作复杂表格的方法。

⑤了解样式的作用，掌握利用样式自动生成文档目录的方法。

⑥了解审阅的作用，掌握为文档进行批注的方法。

文字编辑与排版是将文字和图片信息按照一定的格式和版式呈现出来，达到预期的视觉传达效果。熟练地进行文字编辑与排版是大学生必须掌握的基本技能之一。目前，常用的文字编辑与排版软件主要有美国微软的 Office 办公软件和我国金山公司的 WPS 办公软件，两者功能基本相同，操作方式也基本一致。Word 是由微软公司开发的 Office 办公组件之一，主要用于文字处理工作，如文本编辑，使用图形、图像、表格、图示、图表等美化文档，以及可以文字排版并将编辑完成的文档输出。

本章将以 Word 2016 为例，通过实例讲述 Word 的基本功能和常用操作，使大家能够快速掌握 Word 的编辑方法与应用技巧。

5.1　熟悉 Word 的编辑环境

1. 任务目标

①了解 Word 的编辑窗口常用设置：纸张大小、页边距等。

②了解 Word 不同视图模式的特点。

③掌握 Word 文件基本操作方法：新建文件、打开文件和保存文件。

2. 任务提出

熟悉编辑环境、了解文档编辑的基本方法、掌握文件的建立与保存的方法是做好编辑排版工作的基础。本节通过一个示例让大家对 Word 编辑环境有一个简单的认识。

任务内容：打开文件名为“黄山四季.docx”的文档；依次设置文档视图为阅读视图、Web 视图和页面视图，并将文档的缩放比例设置为 150%；在页面视图模式下显示标尺和导航窗格，通过导航窗格选择要查看的内容；查看当前文档的纸张大小和页边距情况，并将纸张大小设置为 A4，页边距为上下左右均为 2 厘米，装订线在左侧；查看当前文档的页数和字数，将文档编辑者名改为自己的名字；最后，将文档以“Word 练习一.docx”文件名保存。

3. 任务分析

本节通过一个示例让大家对 Word 编辑环境有一个简单的认识，包括文档视图设置、查看文档属性、页面基本设置等操作内容。

4. 任务实现

(1) 启动 Word 2016，打开“黄山四季”文档

操作步骤如下：

①打开 Windows“开始”菜单，在应用列表中单击“Word”按钮，启动界面如图 5-1 所示。

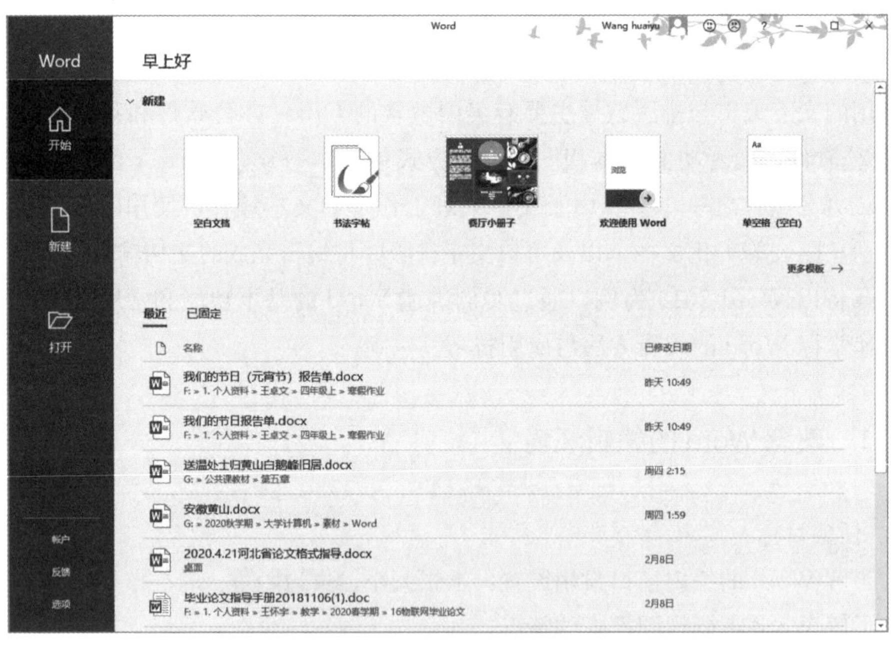

图 5-1 Word 启动界面

②选择左侧的“打开”选项，单击“打开”窗格中的“浏览”按钮。在弹出的“打开”窗口中选择“桌面”的“黄山四季.docx”文件，如图 5-2 所示。

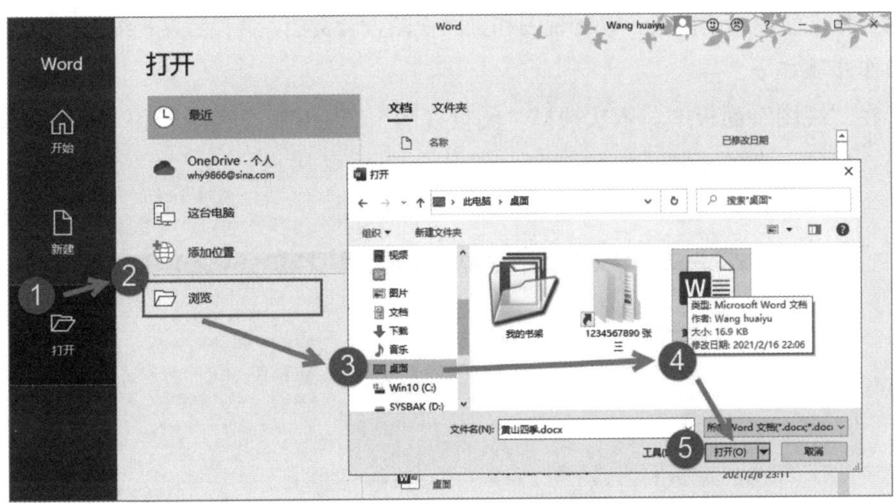

图 5-2　打开 Word 文档步骤

③文档打开后即进入 Word 编辑窗口，同其他编辑类应用软件类似，窗口上方是命令面板，中间是编辑区，下方是状态栏，如图 5-3 所示。

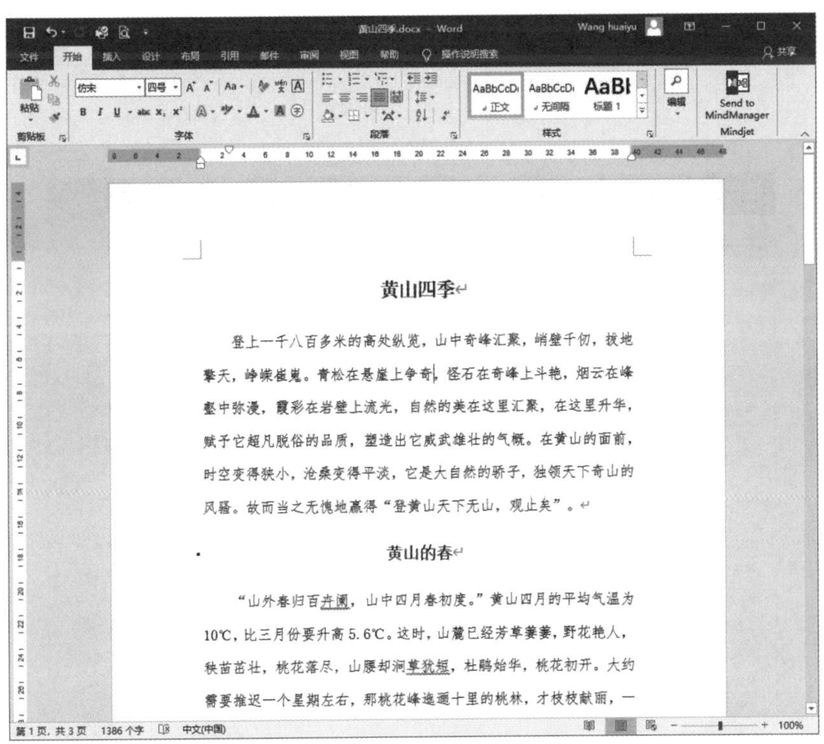

图 5-3　Word 编辑窗口

（2）依次使用阅读视图、Web 视图和页面视图查看文档，并设置文档缩放比例为 150%

操作步骤如下：

①在“视图”面板中，依次选择“阅读视图”“Web 版式视图”和“页面视图”浏览文档，比较三者的不同，如图 5-4 所示。

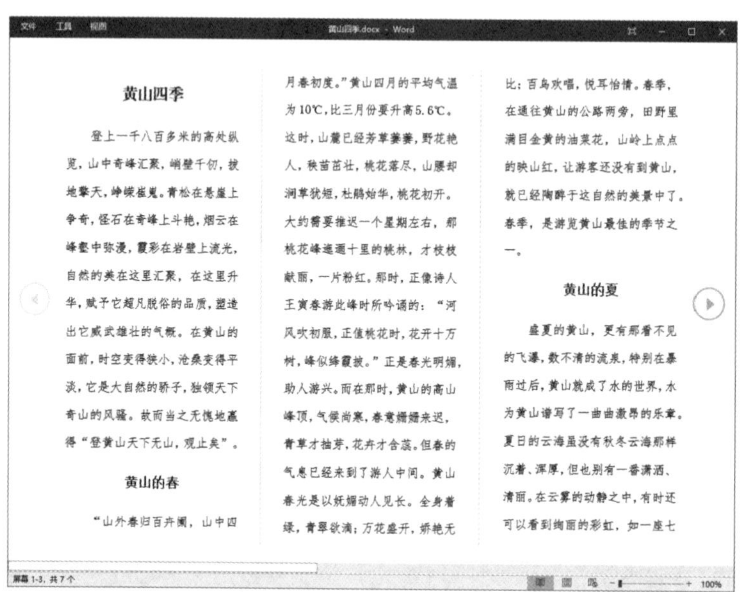

图 5-4（a） 阅读视图

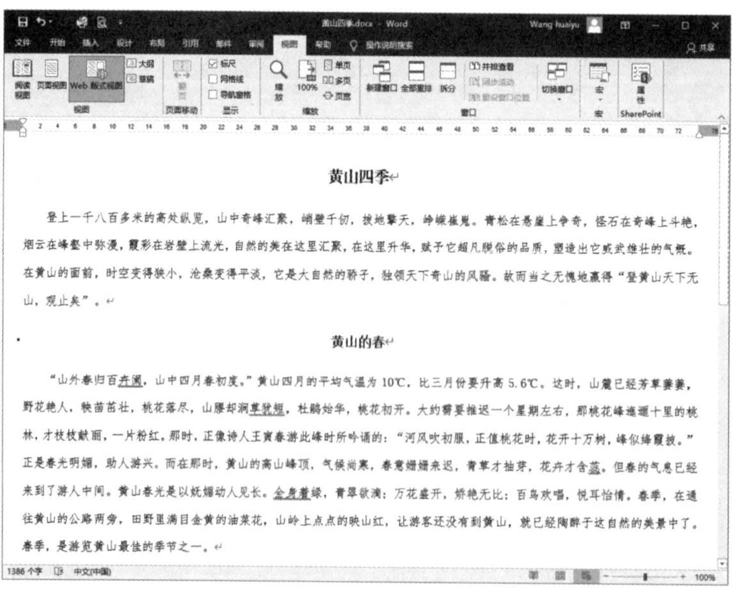

图 5-4（b） Web 版式视图

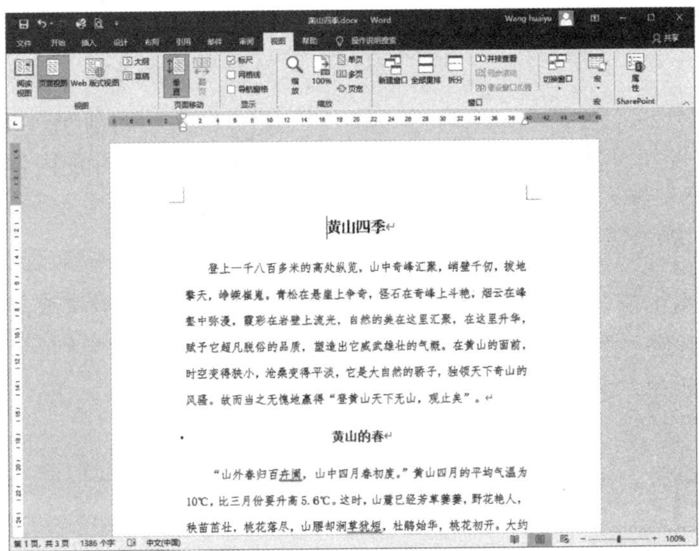

图 5-4（c）　页面视图

注：阅读视图主要是利用最大的屏幕空间来查看文档，工具栏会隐藏；Web 视图主要以网页形式查看文档，文本自动换行适应窗口；页面视图主要是按照纸张大小查看文档，页面效果与打印效果保持一致。

②在“视图”面板中，单击“缩放”按钮，在弹出的“缩放”对话框中设置百分比为 150%，设置步骤如图 5-5 所示。

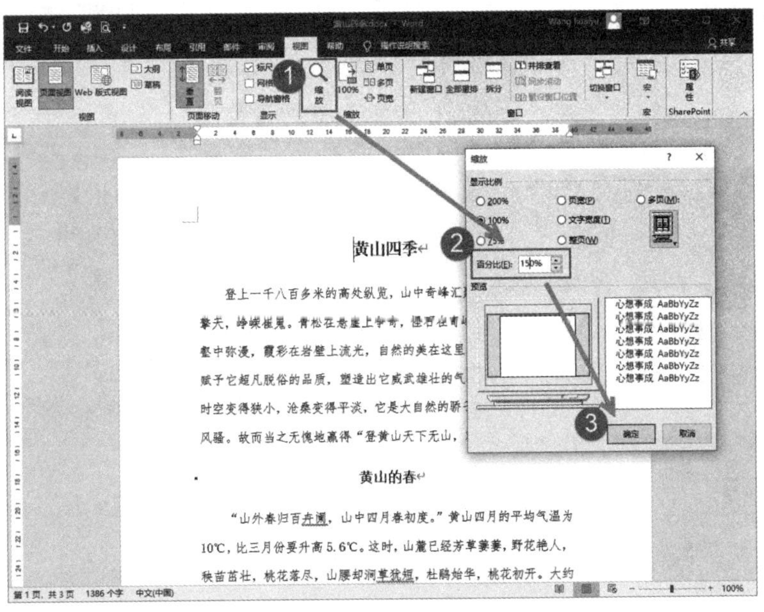

图 5-5　文档缩放

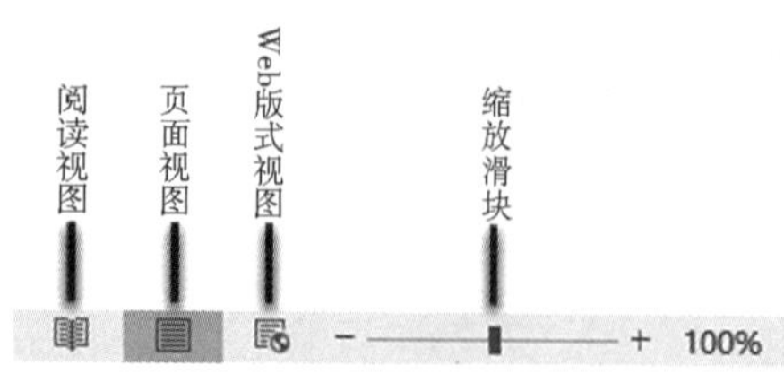

图 5-6　状态栏上的视图按钮和缩放滑块

注：上述操作可以通过窗口右下角的视图按钮和缩放滑块快速完成，如图 5-6 所示。

（3）在页面视图中显示标尺和导航窗格，通过导航窗格选择要查看的内容

操作步骤如下：

①在“视图”面板中勾选“标尺”选项，显示标尺。标尺有水平标尺和垂直标尺，拖动水平标尺相应的滑块或分隔线可以调整纸张的左、右边距和段落的缩进方式，通过垂直标尺可以调整纸张的上、下边距。如图 5-7 所示。

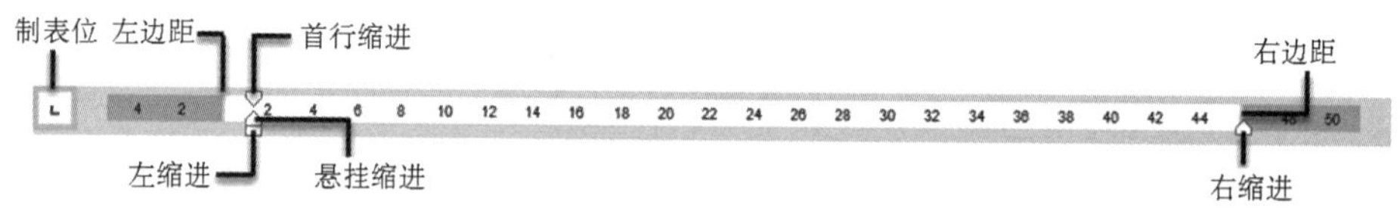

图 5-7　水平标尺

②在“视图”面板中，勾选“导航窗格”选项，在编辑窗口左侧显示“导航”窗格，通过单击“导航”窗格中的导航项可以实现文档内部的快速跳转，如图 5-8 所示。

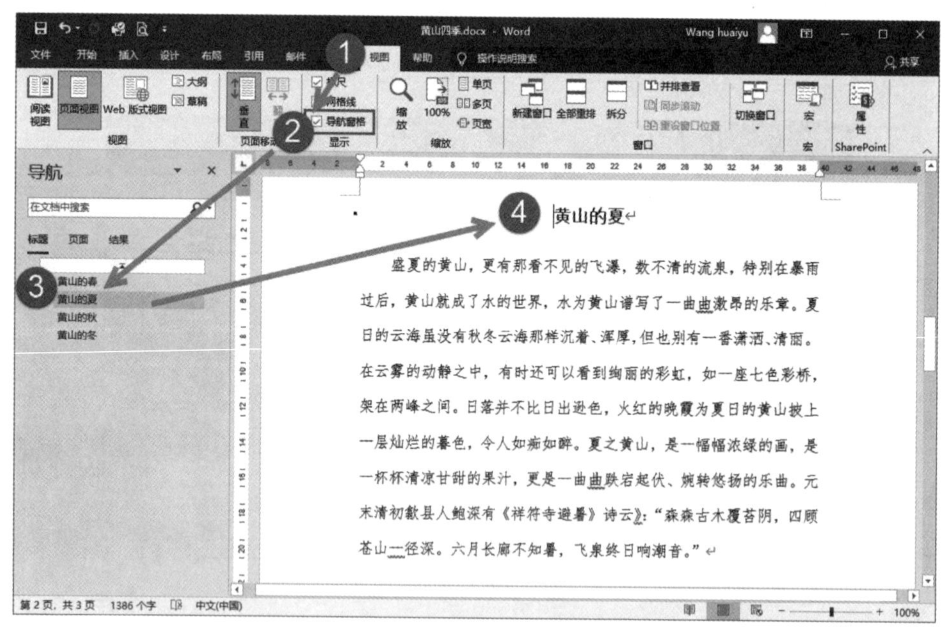

图 5-8　导航窗格的使用

注：只有在文档中设置了样式，才会在导航窗格中出现相应的标题。

（4）查看当前文档的纸张大小和页边距情况，并将纸张大小设置为 A4，页边距为上下左右均为 2 厘米，装订线在左侧

操作步骤如下：

①在“布局”面板上，单击“纸张大小”按钮，在展开的列表中可以看到当前文档所使用的纸张大小为 B5，如图 5-9（a）所示。

②在“纸张大小”列表中，选择“A4”选项即将纸张大小设置为 A4。

③在“布局”面板上，单击“页边距”按钮，在展开的列表中可以看到当前文档的页边距为“常规”，如图 5-9（b）所示。

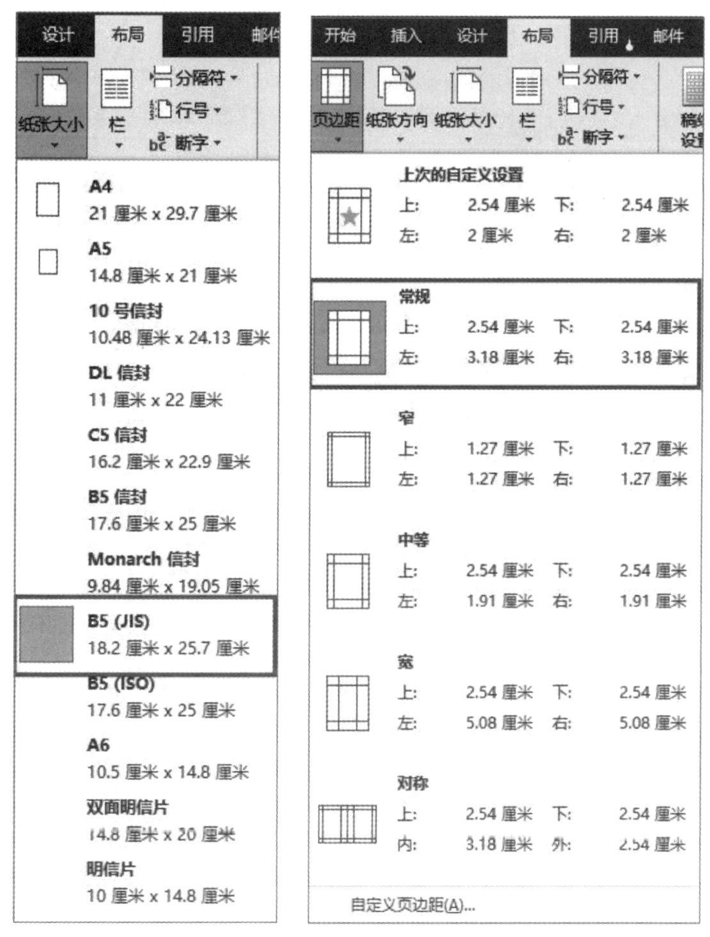

（a）纸张大小列表　　（b）页边距列表

图 5-9　页面设置

④选择“页边距”列表最下方的“自定义页边距”选项，打开“页面设置”对话框，在“页边距”选项卡中设置页边距和装订线位置，如图 5-10 所示。

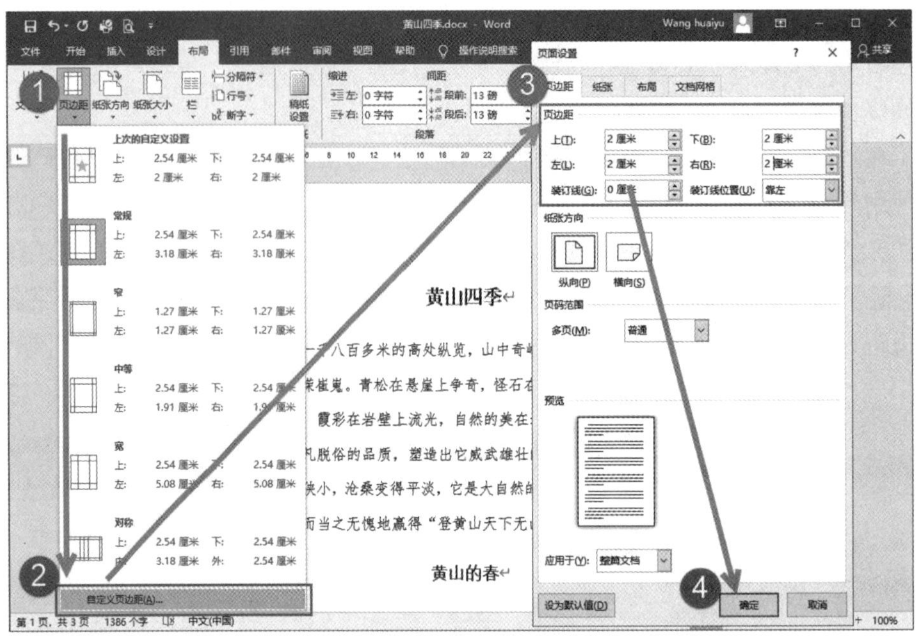

图 5-10　设置页边距和装订线

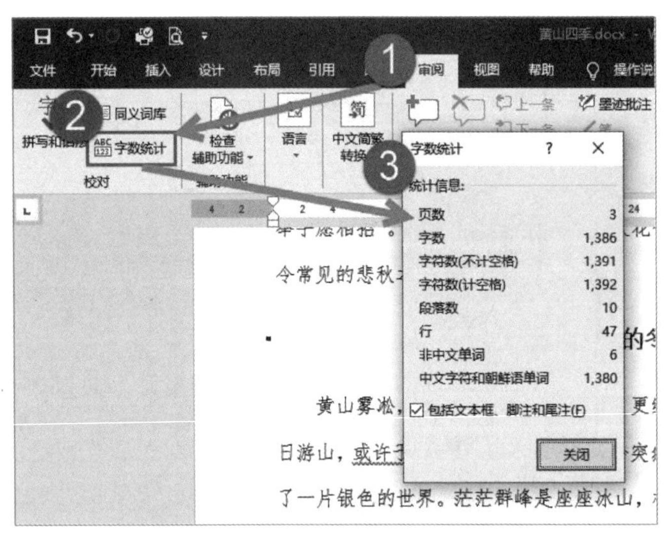

图 5-11　查看文档的统计信息

（5）查看当前文档的页数和字数，将文档编辑者名改为自己的名字

①在“审阅”面板中，单击“字数统计”按钮，如图 5-11 所示，可查看文档的页数和字数。

②选择“文件”面板，执行“文件”→“选项”命令，在弹出的“Word 选项”对话框左侧列表中选择“常规”选项，如图 5-12 所示，将用户名更改为自己的名字，单击“确定”按钮即可。这样，其他用户在查看此文档时就可以知晓谁是文档的创建者。

（6）将文档以“Word 练习一. docx”文件名保存

①在“文件”面板中选择“另存为”选项，打开“另存为”界面，如图 5-13 所示。

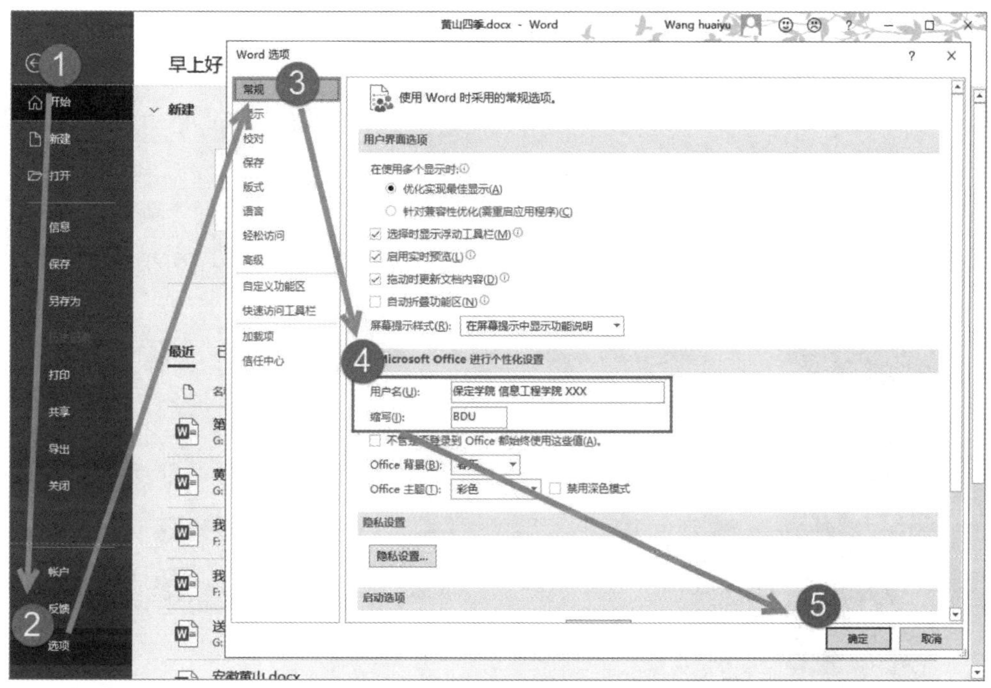

图 5-12　设置编辑文档的用户名

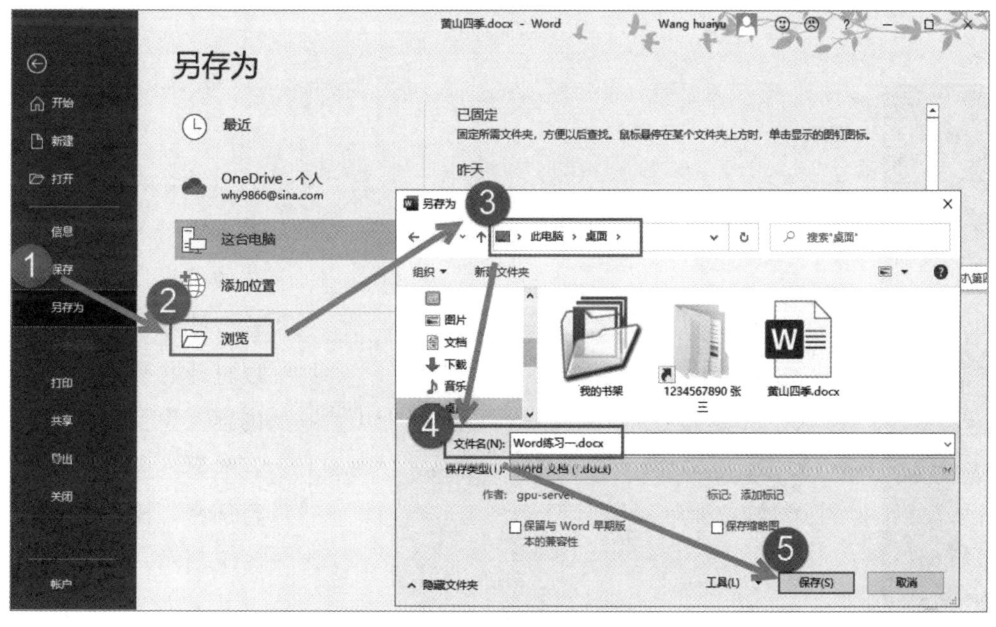

图 5-13　保存文档

②单击“浏览”按钮，在弹出的“另存为”对话框中选择保存位置为“桌面”，输入文件名“Word 练习一”，单击“保存”按钮。

5. 相关知识

(1) 新建 Word 文档

①启动时创建：第一次启动 Word 时，在 Word 的启动界面上，单击“空白文档”图标即可创建一个名称为“文档 1”的空白文档。

②使用中创建：在 Word 编辑窗口中，打开“文件”面板，执行“新建”命令后，在右侧单击“空白文档”图标同样可以完成新文档的创建。如图 5-14 所示。

图 5-14 创建新文档

(2) Word 文档加密

①文档加密。

使用 Word 完成文档的编辑后，其他使用这台计算机的用户也可以打开并查看相应文件内容。为了防止重要内容泄露，可以对文档进行加密，操作步骤如图 5-15 所示。

• 打开要加密的 Word 文档。

• 打开“文件”面板，在左侧的列表中选择“信息”选项。

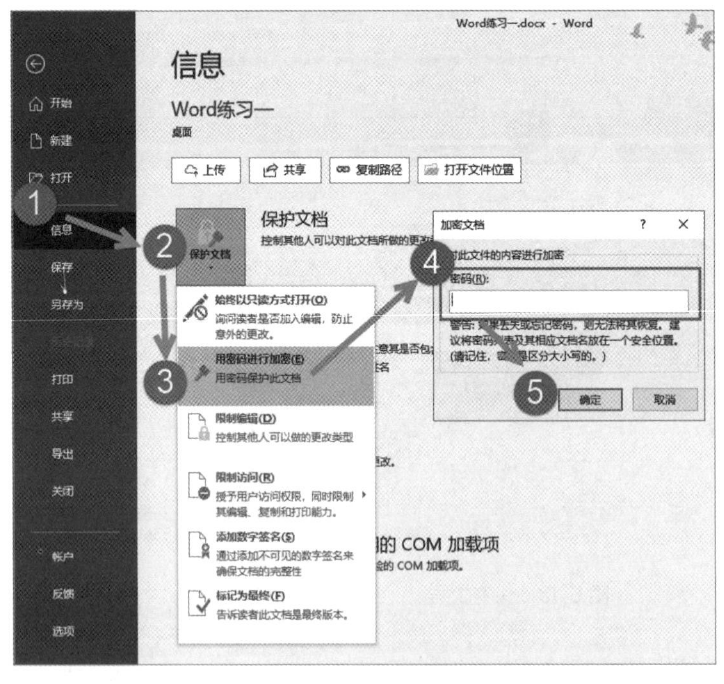

图 5-15 文档加密

• 单击“保护文档”按钮，在展开的列表中选择“用密码进行加密”选项，弹出“加密文档”对话框，在对话框中输入两次密码后，单击“确定”按钮即可完成。

注：文档加密后，如果忘记密码，则无法恢复，建议将密码妥善保存。

②取消加密。

重复加密的步骤，在输入密码时清空文本框内容后保存文档，即可取消加密。

5.2　文档编辑与格式设置

1. 任务目标

①掌握输入中、英文文本的基本方法。

②掌握文档中插入特殊符号的方法。

③掌握字体与段落格式的设置方法。

④掌握项目符号与编号的使用方法。

⑤掌握插入脚注和尾注的方法。

⑥掌握在文档中查找和替换文本的方法。

2. 任务提出

文本是文档的主要组成部分，如何高效地输入和编辑文本，并按照一定的要求设置文本格式，是文字排版的基础。本节通过示例向大家介绍文本编辑的相关操作与技巧，编辑完成后的文档如图 5-16 所示。

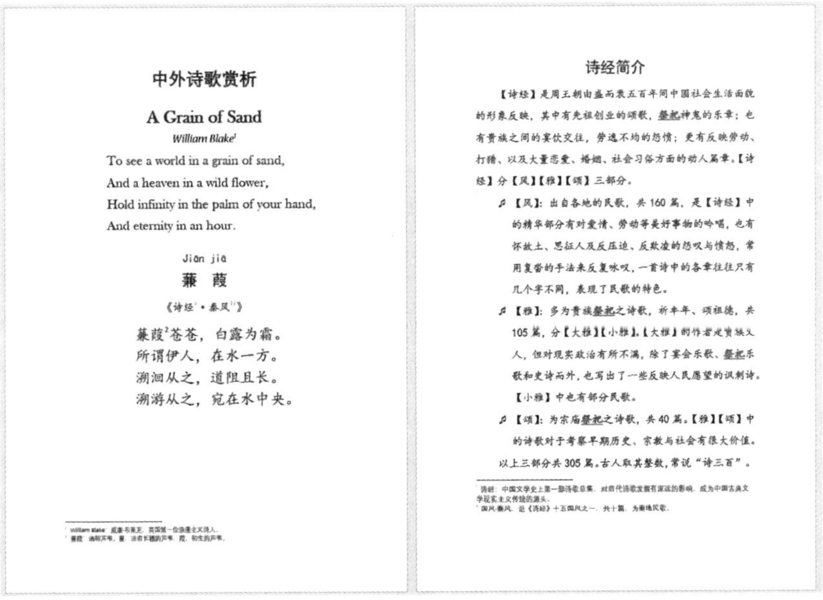

图 5-16　文本编辑练习示例

3. 任务实现

(1) 新建 Word 文档，并以“Word 练习二. docx”为文件名，保存于桌面

操作步骤略。

(2) 选择合适的输入法，在文档中分别输入如下内容，包括英文文本和中文文本（特殊字符除外）

中外诗歌赏析

A Grain of Sand

William Blake

To see a world in a grain of sand,
And a heaven in a wild flower,
Hold infinity in the palm of your hand,
And eternity in an hour.

jiānjiā

蒹葭

《诗经·秦风》

蒹葭苍苍，白露为霜。
所谓伊人，在水一方。
溯洄从之，道阻且长。
溯游从之，宛在水中央。

操作步骤如下：

①按 Ctrl+Shift 组合键切换中文输入法（本例以 QQ 输入法为例），按 Shift 键切换到英文状态，如图 5-17（a）所示，输入英文文本。

②切换输入法为中文状态，如图 5-17（b）所示，输入中文文本。

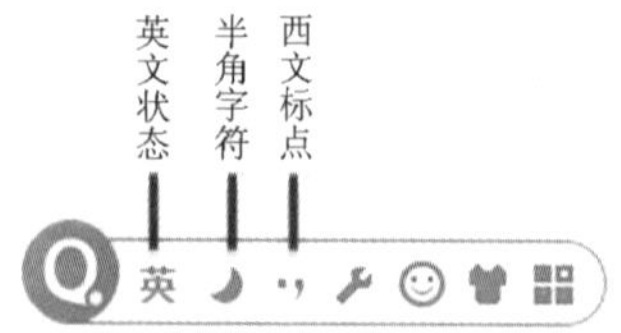

(a) 英文输入状态

(b) 中文输入状态

图 5-17　输入法设置

（3）输入特殊字符（汉语拼音注音“ɑ̄”和诗经与秦风之间的间隔号“·”）

操作步骤如下：

①将光标移动到要插入的位置。

②单击输入法工具栏右侧的“工具箱”按钮，在弹出的快捷菜单中选择“软键盘”级联菜单中的“拼音”选项，如图 5-18 所示。

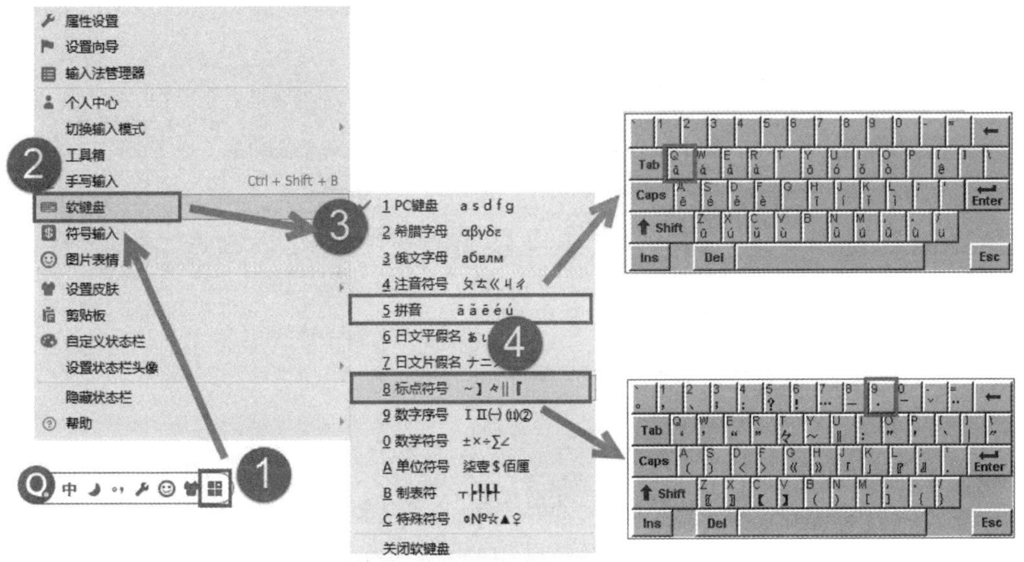

图 5-18　利用软键盘输入特殊字符

③在“拼音键盘”中选择“ɑ̄”后，即插入注音字符到光标位置。

④同样的方法选择软键盘中的“标点符号”键盘，输入间隔号“·”。

⑤输入完毕，在“软键盘”上单击鼠标右键，选择“关闭软键盘”。

（4）打开“诗经. txt”文件，将全部内容复制到“Word 练习二. docx”的最后

操作步骤如下：

①使用“记事本”打开“诗经. txt”文件，按 Ctrl＋A 组合键选中所有文本，再按 Ctrl＋C 组合键将文本复制到剪贴板。

②将光标定位到“Word 练习二. docx”最后，另起一行，按 Ctrl＋V 组合键将剪贴板上的信息粘贴到当前位置，结果如图 5-19 所示。

中外诗歌赏析
A Grain of Sand
William Blake
To see a world in a grain of sand,
And a heaven in a wild flower,
Hold infinity in the palm of your hand,
And eternity in an hour.
jiān jiā
蒹 葭
《诗经·秦风》
蒹葭苍苍，白露为霜。
所谓伊人，在水一方。
溯洄从之，道阻且长。
溯游从之，宛在水中央。

诗经简介
《诗经》是周王朝由盛而衰五百年间中国社会生活面貌的形象反映，其中有先祖创业的颂歌，祭祀神鬼的乐章；也有贵族之间的宴饮交往，劳逸不均的怨愤；更有反映劳动、打猎、以及大量恋爱、婚姻、社会习俗方面的动人篇章。《诗经》分《风》《雅》《颂》三部分。
《风》：出自各地的民歌，共160篇，是《诗经》中的精华部分有对爱情、劳动等美好事物的吟唱，也有怀故土、思征人及反压迫、反欺凌的怨叹与愤怒，常用复沓的手法来反复咏叹，一首诗中的各章往往只有几个字不同，表现了民歌的特色。
《雅》：多为贵族祭祀之诗歌，祈丰年、颂祖德，共105篇，分《大雅》《小雅》。《大雅》的作者是贵族文人，但对现实政治有所不满，除了宴会乐歌、祭祀乐歌和史诗而外，也写出了一些反映人民愿望的讽刺诗。《小雅》中也有部分民歌。
《颂》：为宗庙祭祀之诗歌，共40篇。《雅》《颂》中的诗歌对于考察早期历史、宗教与社会有很大价值。
以上三部分共305篇。古人取其整数，常说"诗三百"。

图 5-19 Word 练习二文本内容

（5）设置英文部分格式

具体要求如图 5-20 所示，操作步骤如下：

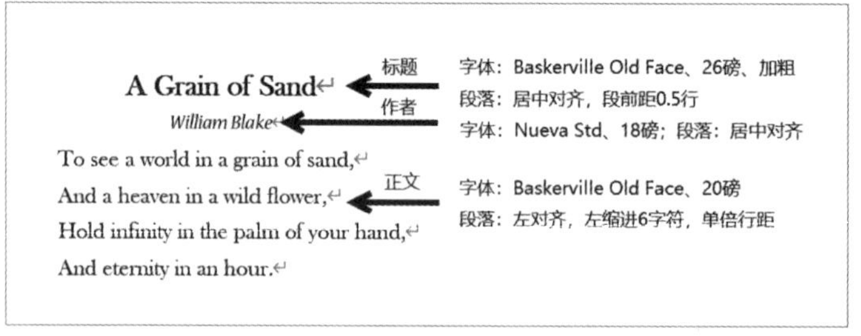

图 5-20 英文部分格式设置

①拖动鼠标选择要设置的文本。

②在“开始”面板的“字体”功能区设置合适的字体。如图 5-21 所示。

③拖动鼠标选择要设置段落格式的段落。

④单击“段落”功能区右下角的“段落设置”按钮，在弹出的“段落”对话框中设置段落对齐方式和缩进方式。如图 5-22、图 5-23 所示。

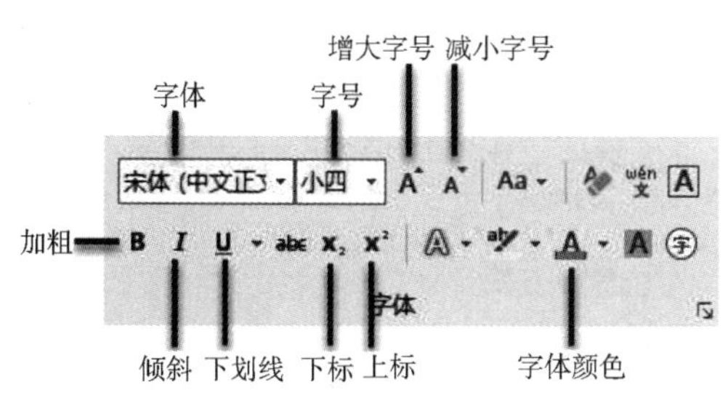

图 5-21　字体设置面板

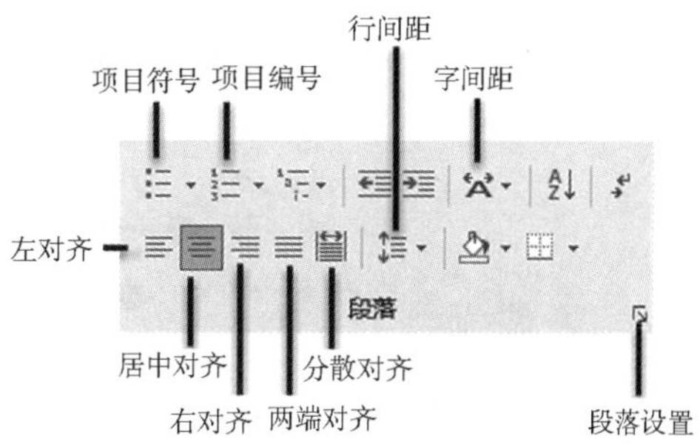

图 5-22　段落设置面板

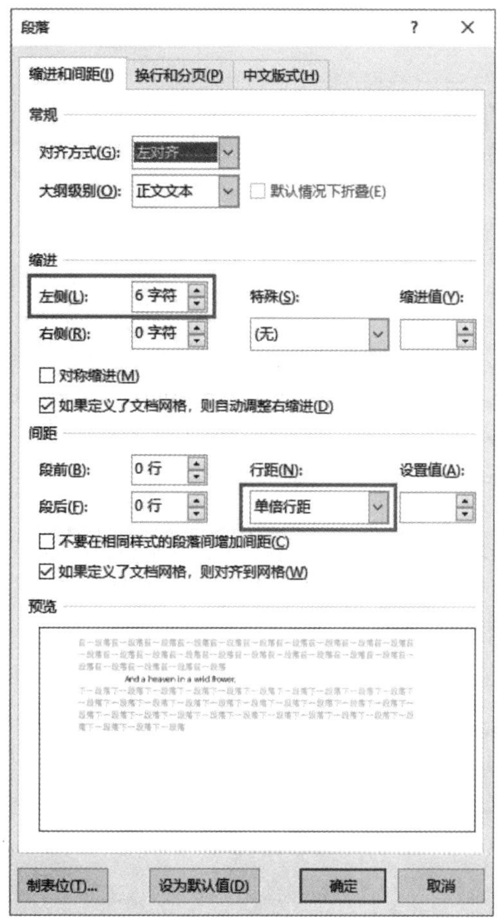

图 5-23　“段落”对话框

（6）设置中文部分格式

具体要求如图 5-24（a）、5-24（b）所示，操作步骤同英文设置方法，项目符号的设置方法见后文。

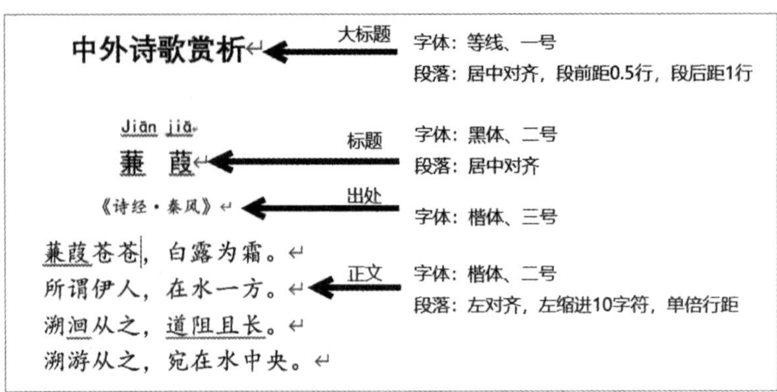

图 5-24（a） 中文部分格式设置一

诗经简介

《诗经》是周王朝由盛而衰五百年间中国社会生活面貌的形象反映，其中有先祖创业的颂歌，祭祀神鬼的乐章；也有贵族之间的宴饮交往，劳逸不均的怨愤；更有反映劳动、打猎、以及大量恋爱、婚姻、社会习俗方面的动人篇章。

《诗经》现存305篇(此外有目无诗的6篇，共311篇)，分《风》《雅》《颂》三部分。

- ♫ 《风》：出自各地的民歌，是《诗经》中的精华部分有对爱情、劳动等美好事物的吟唱，也有怀故土、思征人及反压迫、反欺凌的怨叹与愤怒，常用复沓的手法来反复咏叹，一首诗中的各章往往只有几个字不同，表现了民歌的特色。
- ♫ 《雅》：分《大雅》《小雅》，多为贵族祭祀之诗歌，祈丰年、颂祖德。《大雅》的作者是贵族文人，但对现实政治有所不满，除了宴会乐歌、祭祀乐歌和史诗而外，也写出了一些反映人民愿望的讽刺诗。《小雅》中也有部分民歌。
- ♫ 《颂》：为宗庙祭祀之诗歌。《雅》《颂》中的诗歌对于考察早期历史、宗教与社会有很大价值。

以上三部分，《颂》有40篇，《雅》有105篇(《小雅》中有6篇有目无诗，不计算在内)，《风》的数量最多，共160篇，合起来是305篇。古人取其整数，常说“诗三百”。

标题：

字体：黑体、二号

段落：居中对齐，段前距0.5行，段后距0.5行

正文：

字体：楷体、三号

段落：两端对齐，首行缩进2字符，单倍行距

其中，《风》《雅》《颂》三段以项目符号列表方式显示，项目符号为音符符号♫。

图 5-24（b） 中文部分格式设置二

（7）设置项目符号

操作步骤如下：

①选择要设置项目符号的段落，单击“开始”面板中“段落”功能区的“项目符

号”按钮，系统会添加默认的项目符号。

②单击“项目符号”右侧的下拉按钮，在显示的列表中选择“定义新项目符号”选项，打开“定义新项目符号”对话框，单击对话框中的“符号”按钮，弹出“符号”对话框。

③在“符号”对话框中打开“字体”列表，选择“Webdings”选项。

④在符号列表中选择“♫”后，单击“确定”按钮完成设置。步骤如图 5-25 所示。

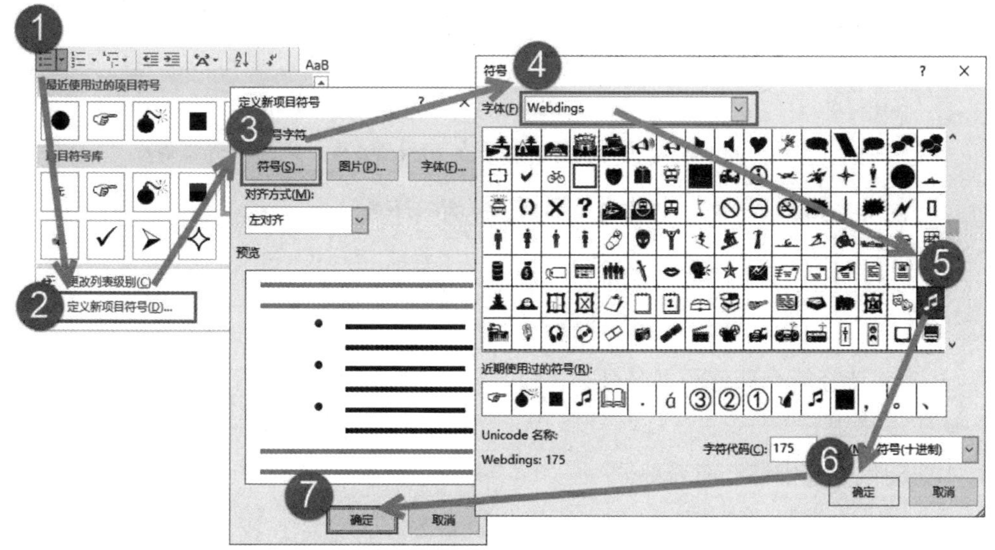

图 5-25　设置自定义项目符号步骤

（8）插入脚注

操作步骤如下：

①拖动鼠标选中英文诗歌的作者名“William Blake”。

②在“引用”面板中单击“插入脚注”按钮，如图 5-26 所示，在页面底端的脚注编号后面输入注释内容：“William Blake：威廉 · 布莱克，英国第一位浪漫主义诗人。”

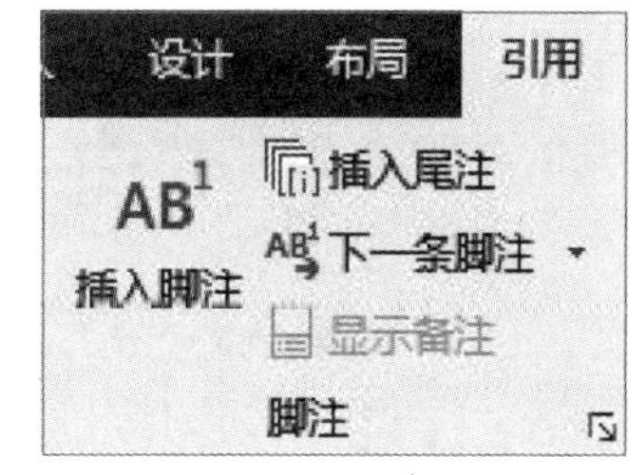

图 5-26　“引用”面板

③以同样的方法为中文诗歌的“蒹葭”添加脚注：“蒹葭：通称芦苇。蒹，没有长穗的芦苇，葭，初生的芦苇。”结果如图 5-27 所示。

（9）插入尾注

操作步骤如下：

①拖动鼠标选中中文诗歌标题下方的“诗经”。

[1] William Blake：威廉·布莱克，英国第一位浪漫主义诗人。
[2] 蒹葭：通称芦苇。蒹，没有长穗的芦苇，葭，初生的芦苇。

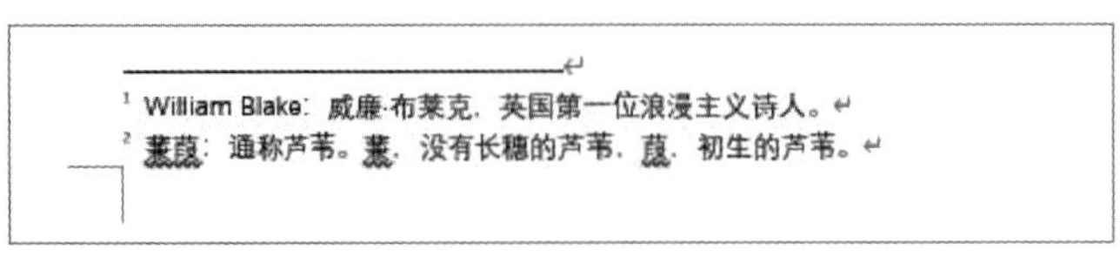

图 5-27 脚注示例

②在“引用”面板中单击“插入尾注”按钮，在文档最后出现尾注编号“i”，在其后输入注释内容：“诗经：中国文学史上第一部诗歌总集，对后代诗歌发展有深远的影响，成为中国古典文学现实主义传统的源头。”

③以同样的方法为“秦风”添加尾注：“国风·秦风，是《诗经》十五国风之一，共十篇，为秦地民歌。”效果如图 5-28 所示。

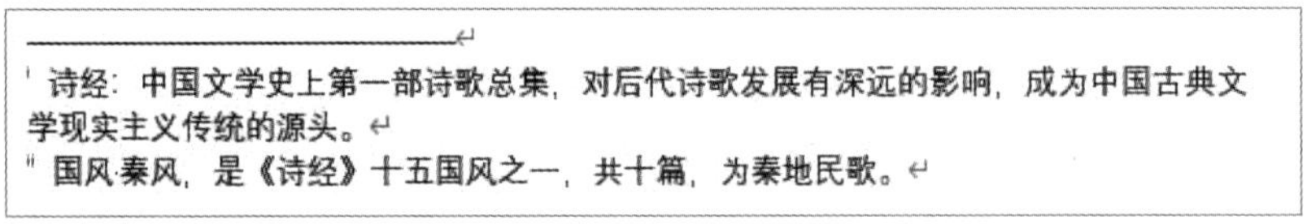

[i] 诗经：中国文学史上第一部诗歌总集，对后代诗歌发展有深远的影响，成为中国古典文学现实主义传统的源头。
[ii] 国风·秦风，是《诗经》十五国风之一，共十篇，为秦地民歌。

图 5-28 尾注示例

（10）将诗经简介部分的书名号“《”“》”替换成“【”“】”

操作步骤如下：

①拖动鼠标选中诗经简介部分。

②在“开始”面板中单击“替换”按钮 替换，打开“查找和替换”对话框。在“查找内容”和“替换为”文本框中分别输入“《”和“【”，如图 5-29 所示，单击“全部替换”按钮完成替换。

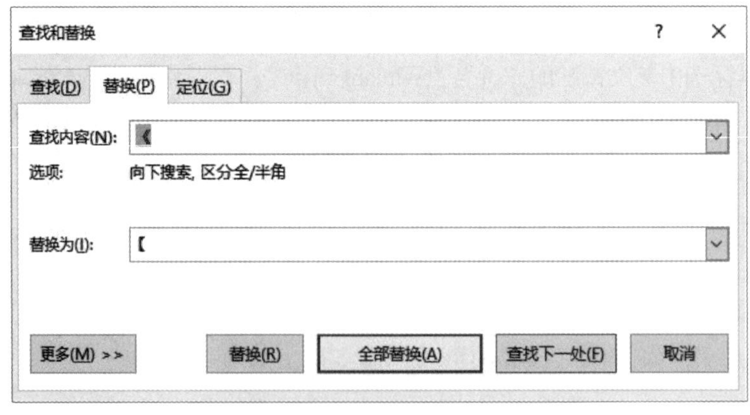

图 5-29 “查找和替换”对话框

③以同样的方法完成“》”的替换。

(11) 将诗经中“祭祀”两字用红色表示，加粗并添加下划线

操作步骤如下：

①同上，打开“查找和替换”对话框，在“查找内容”和“替换为”文本框中输入同样的内容“祭祀”，将光标定位在“替换为”文本框，单击“更多”按钮，展开对话框。

②单击下方的“格式”按钮，在展开的列表中选择“字体”选项，弹出“替换字体”对话框。按题目要求设置字体，如图 5-30 所示，单击“确定”。

③在“查找和替换”对话框中单击“全部替换”按钮完成设置。

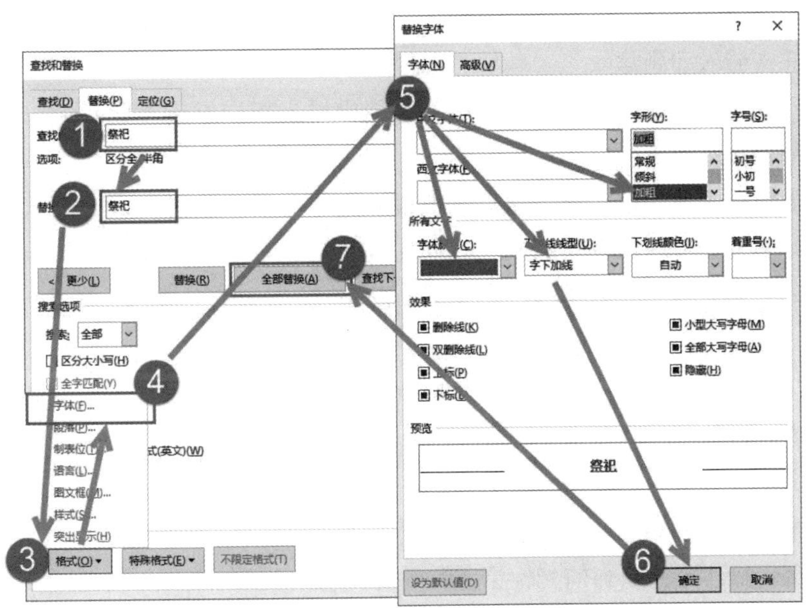

图 5-30　带格式替换操作步骤

4. 相关知识

(1) 选择文本

选择合适的文本是实现快速编辑的基础，常用的快速选择方法如表 5-1 所示。

表 5-1　选择文本的常用方法

选择方式	操作方法
选择连续文本	拖动鼠标；或者在一端单击鼠标，按住 Shift 键在另一端再单击鼠标
选择不连续文本	按住 Ctrl 键拖动鼠标
选择光标右侧文本	Shift 键+→键

续表

选择方式	操作方法
选择光标左侧文本	Shift 键+←键
向上选择一行文本	Shift 键+↑键
向下选择一行文本	Shift 键+↓键
选择一行	在页边距的行首位置，鼠标指针变成向右上方的箭头时单击鼠标
选择一段	在页边距的行首位置，鼠标指针变成向右上方的箭头时双击鼠标
选择全文	在页边距的行首位置，鼠标指针变成向右上方的箭头时三击鼠标

注：Ctrl 和 Shift 键配合选择行的操作可以实现选择连续多行或选择不连续行。

（2）文本插入和删除

在文档编辑过程中，经常需要在已有文档中插入新文本或者删除无用的文本，这时要注意编辑状态和光标位置。

文档编辑有两种状态：插入状态和改写状态。在插入状态下，在光标位置输入的文本会把原来位置上的内容挤到右侧；而在改写状态下，新输入的文本会替换掉原有光标位置的内容，致使原来的内容丢失，在光标位置粘贴大量文本的时候尤其需要注意。

按键盘上的 Insert 键，实现插入和改写状态之间的切换。

①文本替换。

当有文本被选中时，新输入的文本会替换掉选中的文本。

②文本删除。

删除文本操作要注意当前光标位置和按键的选择。

Delete 键：删除光标后面的文本。

Backspace 键：删除光标前面的文本

注：如果文本被选中，无论按 Delete 键还是按 Backspace 键都是删除选中文本。

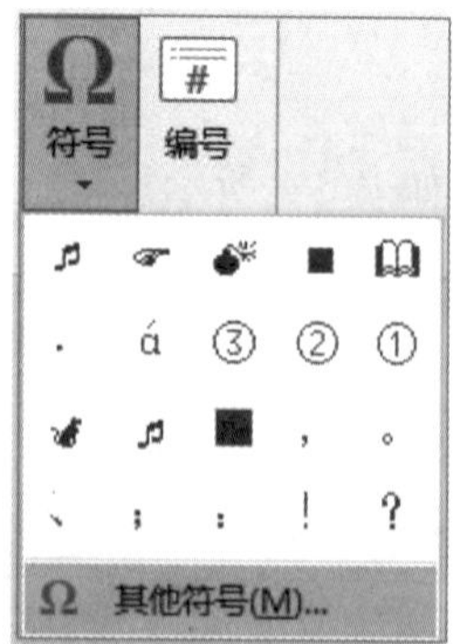

图 5-31　插入符号列表

（3）输入特殊符号和生僻字

在文档中难免需要输入一些有特定意义的符号，或者生僻字，解决的方法有两种：一种是使用前面实例中用到的输入法中提供的软键盘，但其提供的特殊字符有限；另一种则是利用 Word 提供的插入符号功能。

操作步骤为：

①在“插入”面板中选择“符号”列表中的“其他符号”选项，如图 5-31 所示，打开“符号”对话框。

②在“字体”列表中选择合适的字体，如“等线”，在“子

集”列表中选择字库，如“CJK 统一汉字扩充”，就可以看到我们平时见不到的一些生僻字，如图 5-32 所示。

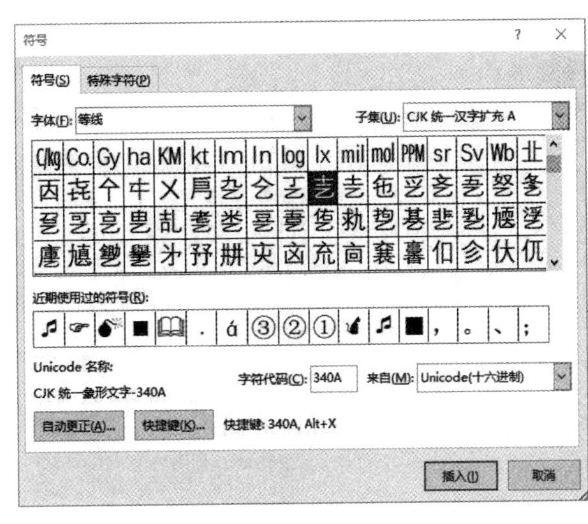

图 5-32　“符号”对话框

（4）格式刷

利用格式刷可以将已有的字体和段落格式应用到其他的文本上，减少重复设置，提高排版效率。操作步骤为：

①选择已经设置好格式的文本。

②单击“开始”面板上的“格式刷”按钮，鼠标指针变成格式刷样式。

③用格式刷选择要应用格式的文本即可。

注：上面的方法仅能刷一次，使用完后鼠标指针即变回原来样式。如果要重复为不同的文本或段落“刷”格式，需要双击“格式刷”按钮，这样鼠标指针一直保持为格式刷样式，可以反复使用，直到再次单击“格式刷”按钮取消为止。

（5）插入数学公式

数学公式是一类特殊的文本，虽然都是字母和符号组合，但是因为字符位置的特殊性而不能直接输入。Word 提供的公式编辑器内置了常见的公式样式，使得数学公式的编辑变得非常便利。下面以输入一元二次方程的根为例，介绍公式编辑器的使用方法。

①在“插入”面板中，单击“公式”按钮，在展开的列表中选择“二次公式”选项，如图 5-33 所示，公式即插入到指定位置。

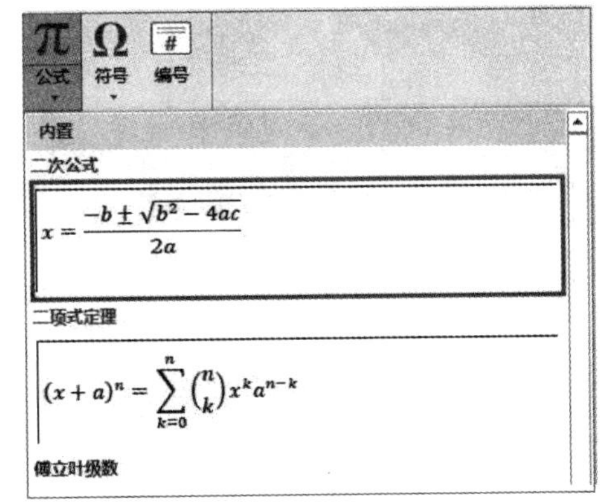

图 5-33　插入二次公式

②选择插入的公式，单击“公式工具”面板中的“设计”子面板对公式进行编辑，如图 5-34 所示。

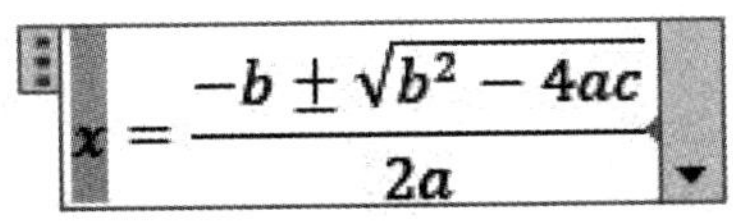

图 5-34　编辑公式

③选中 x，在“设计”面板中选择“上下标”中的“下标”选项，如图 5-35 所示，修改 x 为 x_1。

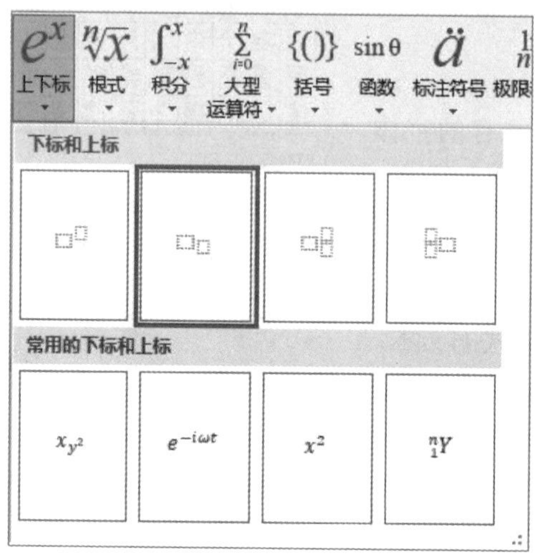

图 5-35 “上下标”列表

④选中公式中的“±”，在“符号”功能区的“基础数学”列表中选择“+”，如图 5-36 所示，结果如图 5-37（a）所示。

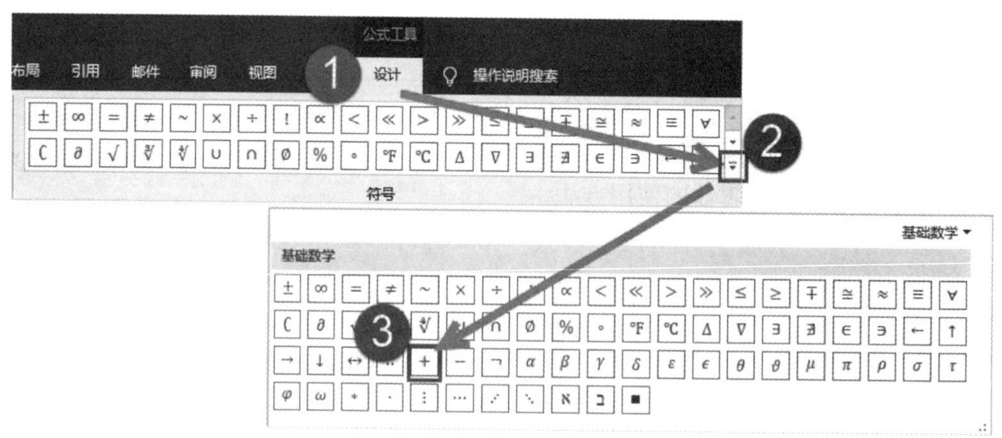

图 5-36 修改公式中的符号

⑤同样方法编辑 x_2，结果如图 5-37（b）所示。

$$x_1=\frac{-b+\sqrt{b^2-4ac}}{2a} \qquad x_2=\frac{-b-\sqrt{b^2-4ac}}{2a}$$

(a)　　　　(b)

图 5-37　一元二次方程的两个不等根

注：如果不使用 Word 提供的公式样式，完全自己编辑，需要在“插入”面板的“公式”列表中选择“插入新公式”选项，就可以在“公式工具”面板提供的“结构”功能区自由组合编辑公式，如图 5-38 所示。

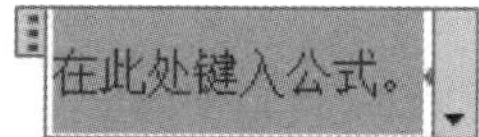

图 5-38　编辑公式

5.3　文档美化与图文混排

1. 任务目标

①掌握常用 Word 对象（图形、图像、文本框、艺术字）的使用方法。

②掌握多个对象的编辑方法：选择、对齐、排列与组合。

③掌握图文混排的基本方式。

2. 任务提出

一篇赏心悦目的文档，除了内容丰富精彩，表现形式也要多样化、形象化，这就需要对文档内容进行编辑和排版，通过插入合适的对象更好地提高文档的美观性和可读性。本节通过示例为大家讲解图文混排所用到的方法与技巧，示例效果如图 5-39 所示。

黄山四季

登上一千八百多米的高处纵览，山中奇峰汇聚，峭壁千仞，拔地擎天，峥嵘巍峨。青松在悬崖上争奇，怪石在奇峰上斗艳，烟云在峰壑中弥漫，霞彩在岩壁上流光，自然的美在这里汇聚，在这里升华，赋予它超凡脱俗的品质，塑造出它威武雄壮的气概。在黄山的面前，时空变得狭小，沧桑变得平淡，它是大自然的骄子，独领天下奇山的风骚，故而当之无愧地赢得“登黄山天下无山，观止矣”。

黄山的春

“山外春归百卉阑，山中四月春初度。”黄山四月的平均气温为10℃，比三月份要升高5.6℃。这时，山麓已经芳草萋萋，野花艳人，秧苗茁壮，桃花落尽，山腰却[illegible]寒犹烈，杜鹃始华，桃花初开。大约需要推迟一个星期左右，那桃花峰逶迤十里的桃林，才枝枝献丽，一片粉红。那时，正像诗人王寅春游北峰时所吟诵的：“河风吹初暖，正值桃花时，花开十万树，峰似绛霞披。”正是春光明媚，助人游兴。而在那时，黄山的高山峰顶，气候尚寒，春意姗姗来迟，青草才抽芽，花卉才含蕊。但春的气息已经来到了游人中间。黄山春光是以妩媚动人见长，全身着绿，青翠欲滴；万花盛开，娇艳无比；百鸟欢唱，悦耳怡情。春季，在通往黄山的公路两旁，田野里满目金黄的油菜花，山岭上点点的映山红，让游客还没有到黄山，就已经陶醉于这自然的美景中了。春季，是游览黄山最佳的季节之一。

黄山的夏

盛夏的黄山，更有那看不见的飞瀑，数不清的流泉，特别在暴雨过后，黄山就成了水的世界，水为黄山谱写了一曲曲激昂的乐章。夏日的云海虽没有秋冬云海那样沉着、浑厚，但也别有一番潇洒、清丽，在云雾的动静之中，有时还可以看到绚丽的彩虹，如一座七色彩桥，架在两峰之间。日落并不比日出逊色，火红的晚霞为夏日的黄山披上一层灿烂的暮色，令人如痴如醉。

夏之黄山，是一幅幅浓绿的画，是一杯杯清凉甘甜的果汁，更是一曲曲跌宕起伏、婉转悠扬的乐曲。元末清初歙县人鲍溁有诗云：

祥符寺避暑

森森古木覆苔阴，
四顾苍山一径深。
六月长廊不知暑，
飞泉终日响潮音。

(a)　　　　(b)

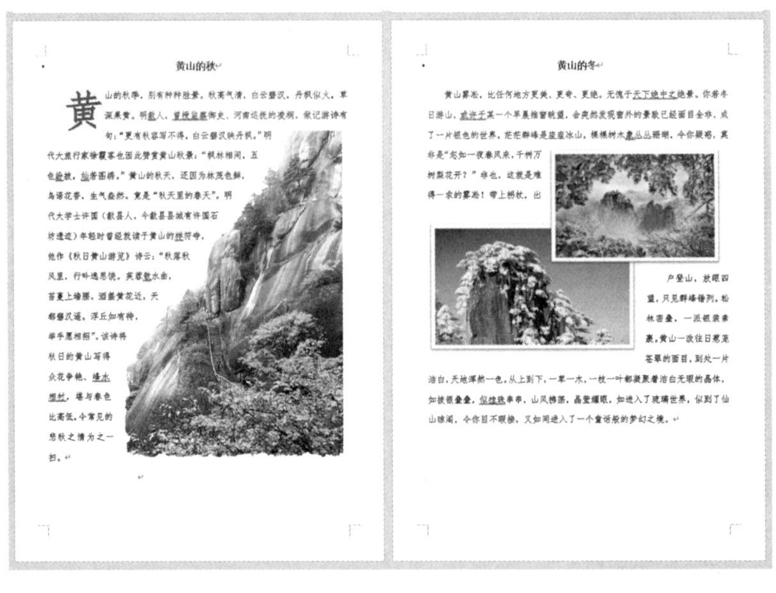

黄山的秋

黄山的秋季，别有种种胜景。秋高气清，白云飘汉，丹枫似火，草深果黄。明歙人，曾授监察御史、河南巡抚的凌楣，做记游诗有句："更有秋容写不得，白云飘汉映丹枫。"明代大旅行家徐霞客也因此赞赏黄山秋景："枫林相间，五色纷披，灿若图绣。"黄山的秋天，还因为林茂色鲜，鸟语花香，生气盎然，竟是"秋天里的春天"。明代大学士许国（歙县人，今歙县县城有许国石坊遗迹）年轻时曾经就读于黄山的祥符寺，他作《秋日黄山游览》诗云："秋落秋风里，行吟逸思饶，芙蓉飘水曲，苔夏上峰腰，酒盏黄花近，天都飘汉遥，浮丘如有待，举手愿相招"。该诗将秋日的黄山写得众花争艳、峰水相衬，堪与春色比高低，令常见的悲秋之情为之一扫。

黄山的冬

黄山雾凇，比任何地方更美、更奇、更绝，无愧于天下绝中之绝景。你若冬日游山，或许于某一个早晨推窗眺望，会突然发现窗外的景致已经面目全非，成了一片银色的世界，茫茫群峰是座座冰山，棵棵树木是丛丛珊瑚，令你疑惑，莫非是"忽如一夜春风来，千树万树梨花开？"非也，这就是难得一求的雾凇！带上拐杖，出户登山，放眼四望，只见群峰错列，松林密叠，一派银装素裹，黄山一改往日葱茏苍翠的面目，到处一片洁白，天地浑然一色。从上到下，一草一木，一枝一叶都凝聚着洁白无瑕的晶体，如披银叠叠，似缀珠串串，山风拂荡，晶莹耀眼，如进入了琉璃世界，似到了仙山琼阁，令你目不暇接，又如同进入了一个童话般的梦幻之境。

(c)　　　　　　　　(d)

图 5-39　图文混排示例

3. 任务分析

本节主要学习图文混排操作，包括图片和艺术字的格式设置、组合与叠放次序、环绕方式等操作。

4. 任务实现

（1）打开"Word 练习一. docx"文档，将文件另存为"Word 练习三. docx"

操作步骤略。

（2）将标题文字样式改为艺术字

操作步骤如下：

①拖动鼠标选中标题"黄山四季"。

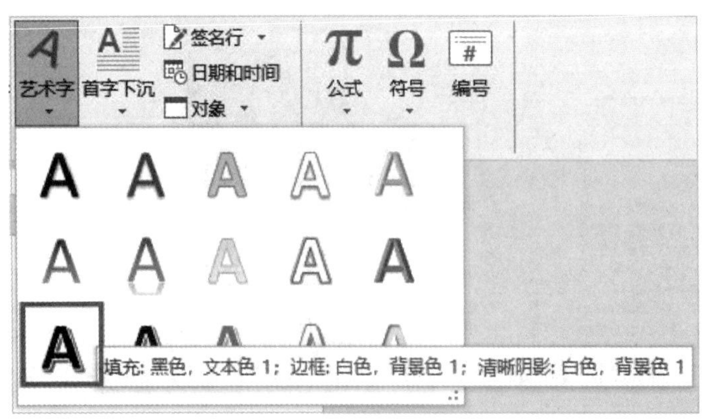

图 5-40　艺术字列表

②在"插入"面板中，单击"艺术字"按钮，在列表中选择左下角的艺术字样式，如图 5-40 所示。

③设置艺术字效果后的标题会转换成文本框对象，并和下面的文字绕排。

④在文本框选中的状态下，右侧会出现"布局"按

钮，单击后弹出“布局选项”列表。在“文字环绕”样式中选择“上下型”选项。如图 5-41 所示。

⑤这时文本框对象与第一段文字上下排列。拖动文本框右侧的控制点，将文本框的宽度扩大到和下面的段落相同，标题设置完毕，如图 5-42 所示。

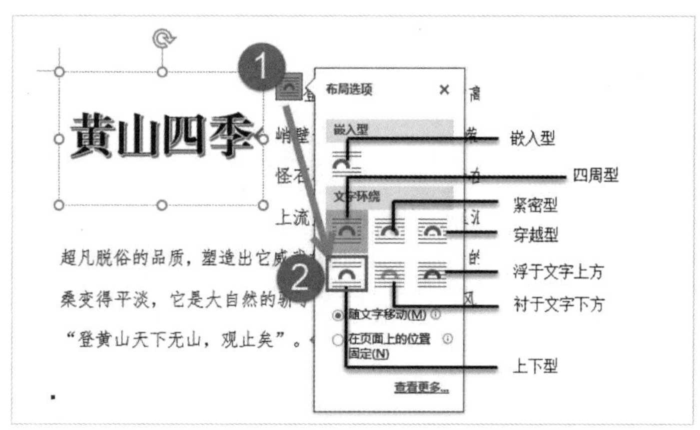

图 5-41　设置艺术字的环绕方式

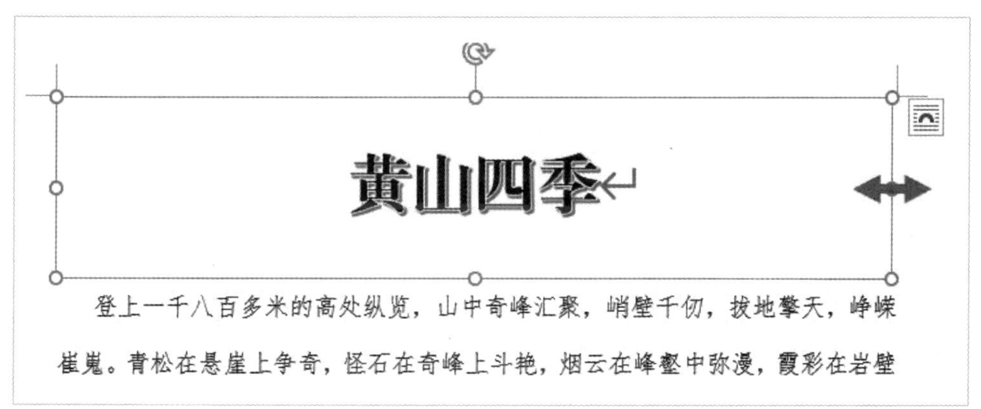

图 5-42　调整标题文本框大小

（3）参照示例在“黄山的春”段落插入图片，并设置绕排方式

操作步骤如下：

①将光标定位在“黄山的春”段落中。

②在“插入”面板中，单击“图片”按钮，选择列表中的“此设备”选项，在弹出的“插入图片”对话框中选择要插入的图片后，单击“插入”按钮，如图 5-43 所示。

③插入的图片默认采用的环绕方式为“嵌入型”，即图片和文字在一行中，图片的高度会使当前行的行高得到扩展，如图 5-44 所示。

④单击图片右侧的“布局”按钮，在列表中选择“四周型”选项，这时文字会环绕图片排列，拖动图片到合适的位置即可，如图 5-45 所示。

图 5-43 在文档中插入图片

图 5-44 "嵌入型"环绕方式

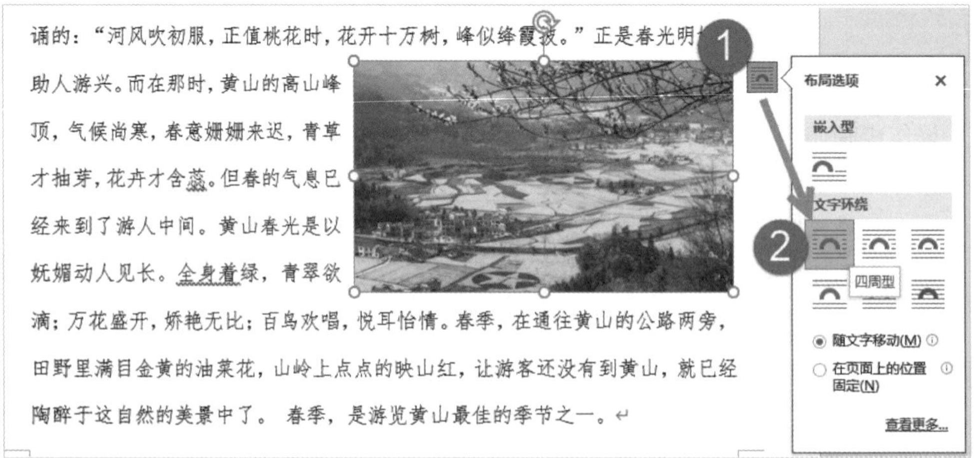

图 5-45 "四周型"环绕方式

（4）运用同样的方法在“黄山的夏”部分插入图片，设置文字环绕方式为“上下型”，并为图片设置边框效果

①插入图片过程同上，环绕效果如图 5-46 所示。

图 5-46　“上下型”环绕方式

②选中图片，在“格式”面板中选择“图片样式”列表中的“柔化边缘”选项，如图 5-47 所示，完成设置。

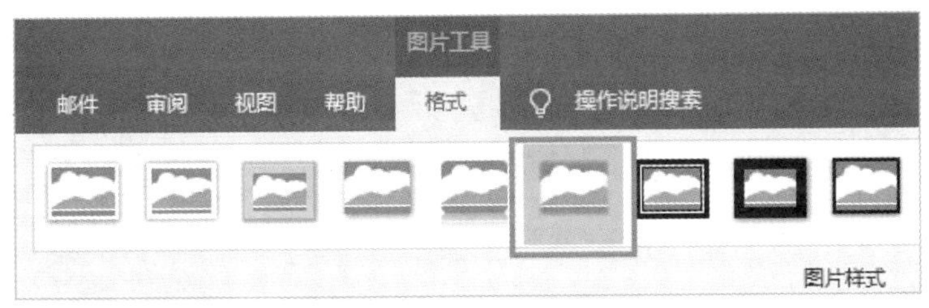

图 5-47　设置图片样式

（5）运用同样的方法在“黄山的秋”部分插入图片，设置文字环绕方式为“紧密型”，并去除图像背景，调整图片环绕点位置，使文字与山峰边界紧密环绕

操作步骤如下：

①插入图片到文档指定位置，设置文本环绕方式为“紧密型”，如图 5-48 所示。

②选中图片，在“格式”面板中，单击“删除背景”按钮，出现“背景消除”面板，选择“标记要保留的区域”选项，在图片上拖动选择框，直到满足要求，单击“保留更改”按钮，如图 5-49 所示。

图 5-48 “紧密型”环绕方式

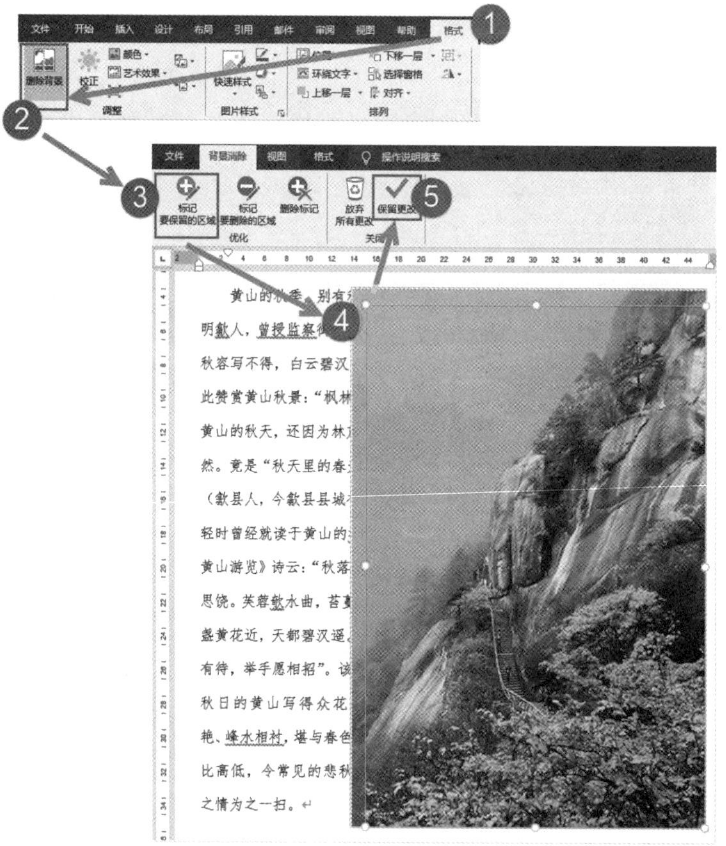

图 5-49 删除图像背景

③删除背景后，文字沿图片不规则的一侧进行环绕。调整图片大小，让“黄山的秋”部分单独占一页，效果如图 5-50 所示。

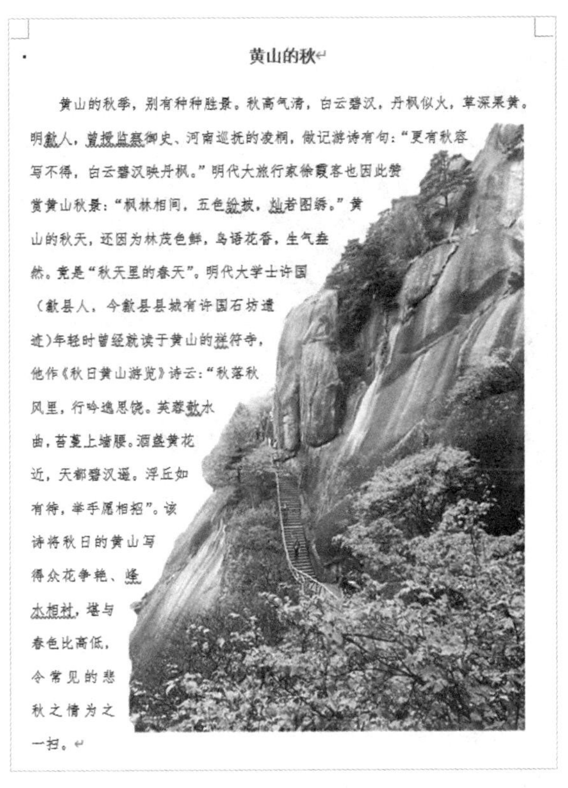

黄山的秋

黄山的秋季，别有种种胜景。秋高气清，白云碧汉，丹枫似火，草深果黄。明歙人，曾授监察御史、河南巡抚的凌桐，做记游诗有句：“更有秋容写不得，白云碧汉映丹枫。”明代大旅行家徐霞客也因此赞赏黄山秋景：“枫林相间，五色纷披，灿若图绣。”黄山的秋天，还因为林茂色鲜，鸟语花香，生气盎然。竟是“秋天里的春天”。明代大学士许国（歙县人，今歙县县城有许国石坊遗迹）年轻时曾经就读于黄山的祥符寺，他作《秋日黄山游览》诗云：“秋落秋风里，行吟逸思饶。芙蓉敷水曲，苔蔓上墙腰。酒盏黄花近，天都碧汉遥。浮丘如有待，举手屡相招”。该诗将秋日的黄山写得众花争艳、峰木相衬，堪与春色比高低，令常见的悲秋之情为之一扫。

图 5-50　设置效果

（6）在“黄山的冬”部分插入图片，设置文本环绕方式为“紧密型”

操作步骤如下：

①在文档最后插入两幅图片，调整图片大小，参照前面掌握的方法为两幅图片设置“简单框架”边框，如图 5-51 所示，设置图片的文本环绕方式均为“浮于文字上方”，此时图片如果在文字区会遮挡住文字。

图 5-51　设置图片边框

②选中图片，在“格式”面板的“排列”功能区，单击

“上移一层”或“下移一层”按钮调整图片层次，如图 5-52 所示。

图 5-52　调整图片层次

③按住 Shift 键，依次单击图片，将两幅图片都选中，单击“排列”功能区的“组合”按钮，在列表中选择“组合”选项将两幅图片组合成一个对象，如图 5-53 所示。

图 5-53　图片组合

④设置组合对象的文本环绕方式为“紧密型”，拖动组合对象到“黄山的冬”部分，查看效果，如图 5-54 所示。

图 5-54　组合对象的“紧密型”环绕效果

（7）保存文档

操作步骤略。

5．相关知识

（1）Word 对象

在编辑文档时，凡是能够独立于文本部分的内容都属于 Word 对象，如上面示例中使用的图片、艺术字，及上一节中用公式编辑器编辑的公式。除此之外，常用的 Word 对象还有自选图形、文本框、SmartArt 等。无论是哪一种 Word 对象，都能够像图片一样实现与文本部分的绕排效果，如图 5-55 所示，这里就不再赘述。

图 5-55　文本框与图片混排

但是，不同的对象有不同的格式，下面以文本框为例介绍格式设置的基本内容。方法：在文本框上单击右键，在弹出的快捷菜单中选择“设置形状格式”选项，在编辑区右侧出现“设置形状格式”面板，如图 5-56 所示。

注：在快捷菜单上方有 3 个按钮，可以快速设置“样式”“填充”和“边框”。

从格式面板可以看到，文本框的格式设置分为两部分内容：“形状选项”和“文本选项”，字体加粗的为当前选择的内容。其中“形状选项”又包括三部分：“填充与线条”“效果”和“布局属性”，如图 5-57 所示；“文本选项”又包括“文本填充与轮廓”“文本效果”和“布局属性”，与“形状选项”的组成一一对应。

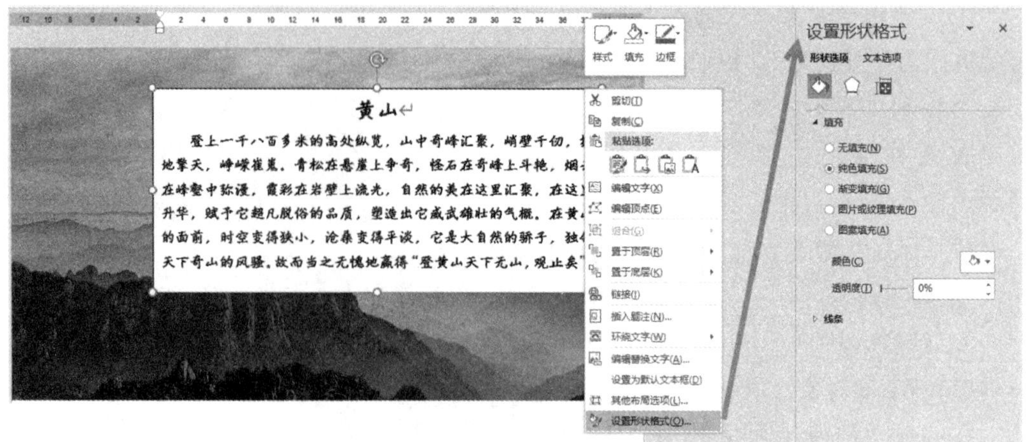

图 5-56 设置文本框格式

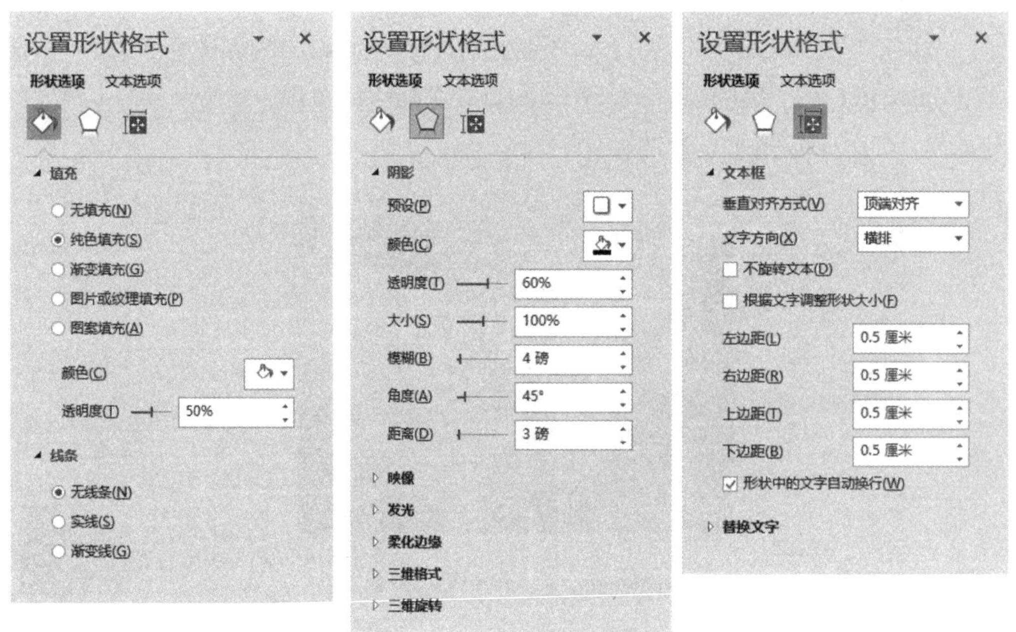

图 5-57 “设置形状格式”面板

例如，对图 5-56 中的文本框设置如下属性。

形状选项：填充背景为黑色，透明度 50%，无线条色。

文本选项：文本框上下左右边距均为 0.5 厘米。

设置后的效果如图 5-58 所示。

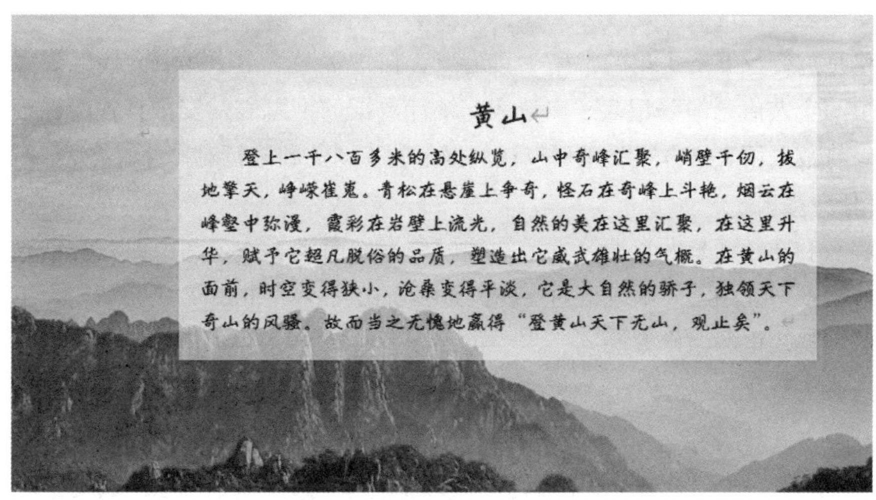

图 5-58　文本框设置效果

(2) 多个对象的操作

Word 中的每个对象除了可以单独设置之外，还可以将对象分组设置，如对多个对象对齐操作、层次调整、组合操作等。多对象操作的前提是要选中多个对象，需要注意的是，只有在环绕方式不为“嵌入式”时，多个对象才能被同时选中。选中多个对象后，直接通过“图片工具”面板的“排列”功能区选择合适的操作即可，如图 5-59 所示。

图 5-59　选中多个对象时的操作选项

5.4　利用表格实现数据格式化

1. 任务目标

①了解表格的作用和表格的组成。

②掌握快速制作和调整表格的方法。

③掌握表格外观的设置方法。

表格是进行数据格式化的常用工具之一，在日常生活中，我们会接触到大量的表格，如填写个人信息的登记表、申请表，统计数据的汇总表，安排日程的课程表、值班表等，将数据用表格方式呈现可以让数据更利于浏览和进行对比分析。

2. 任务提出

课程表和准考证是大学学习生活中接触最多的两类表格，其中课程表是典型的规则表格，而准考证是不规则表格的代表，如图 5-60（a）、图 5-60（b）所示，下面我们分别讲解两类表格的制作方法。

2021 级 物联网工程 专业 秋 季课程表

星期 节次	星期一	星期二	星期三	星期四	星期五
1-2	高等数学	大学计算机	大学英语	物联网导论	高等数学
3-4	大学英语	数字电路	高等数学		大学计算机
5-6		思政		数字电路	
7-8	大学体育				
9-10					

图 5-60（a） 课程表

准考证

姓名	张三	性别	男	
准考证号	211228010110			
身份证号	13060420030606xxxx			
考场号	01	座位号	10	
考试科目	大学计算机			
考试地点	J-C-401			
考试时间	2021 年 12 月 28 日 8:20-10:00			

图 5-60（b） 准考证

3. 任务分析

本节主要学习表格的绘制和格式设置，包括页面设置、表格的插入、行列的插入和合并删除等操作。

4. 任务实现

(1) 新建 Word 文档并保存到计算机桌面上，文件名为“Word 表格练习 1-课程表.docx”

操作步骤略。

(2) 页面设置

在“布局”面板的“页面设置”功能区中设置纸张大小为“A4”，方向为“横向”，如图 5-61 所示。

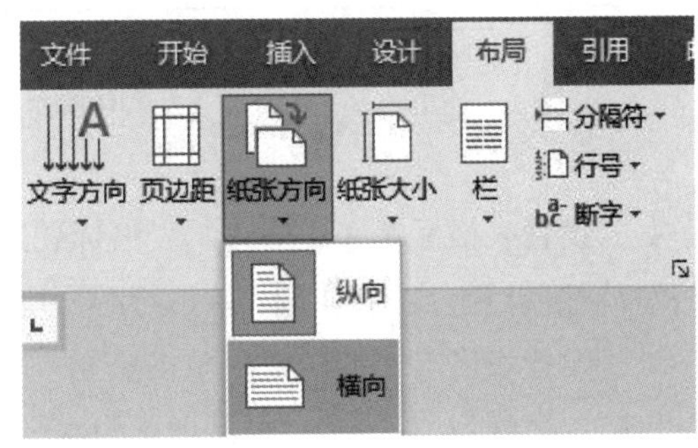

图 5-61　设置纸张方向

(3) 输入标题

在第一行输入文本“________级____________专业____季课程表”，参见示例图 5-60 (a)。

(4) 制作表格

通过示例可以看到表格有 6 行 6 列，第一行、第一列设置灰色底纹，表格外边框为粗线 (1.5 磅)，上午 (1～4 节)、下午 (5～8 节)、晚上 (9～10 节) 的课程之间的分隔线为双线 (0.5 磅)，其余框线为单线 (0.5 磅)。操作步骤为：

①将光标另起一行，在“插入”面板中打开“表格”列表，如图 5-62 所示，插入 6×6 的表格。

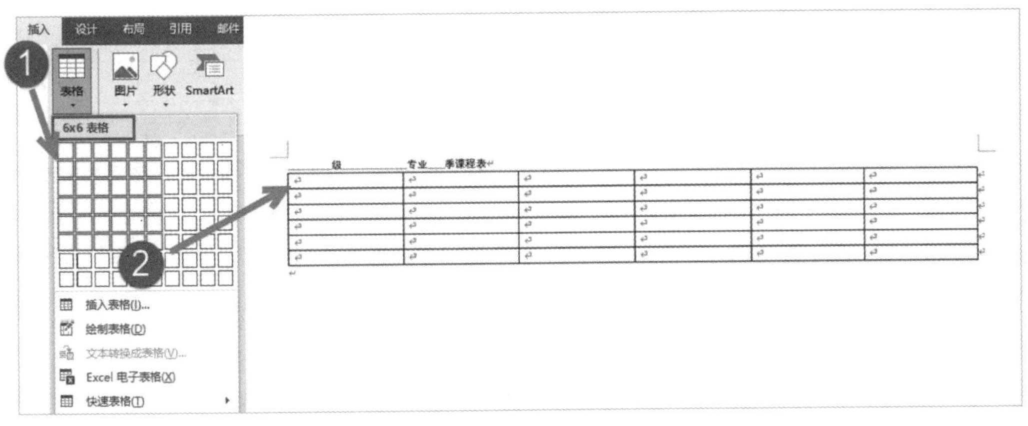

图 5-62　插入 6 行 6 列表格

②在单元格中添加文本信息，如图 5-63 所示。

______级__________专业____季课程表

星期 节次	星期一	星期二	星期三	星期四	星期五
1-2 节	高等数学	大学计算机	大学英语	物联网导论	高等数学
3-4 节	大学英语	数字电路	高等数学		大学计算机
5-6 节		思政		数字电路	
7-8 节	大学体育				
9-10 节					

图 5-63　添加文本

③设置表格标题文本格式。表格标题字体设置为“微软雅黑”，加粗，字号为“小一”，段落设置为居中对齐，单倍行距，段前距、段后距均为 0.5 行。

④设置表格内文本格式。单击表格左上角的选择标志选中整个表格，设置字体为“楷体”，字号为“三号”，段落设置为水平居中，单倍行距。依次拖动鼠标选中行标题单元格和列标题单元格，分别设置行、列标题字体加粗。设置“星期”所在段落“右对齐”，“节次”所在段落为“左对齐”，如图 5-64 所示。

选择表格按钮

______级__________专业____季课程表

星期 节次	星期一	星期二	星期三	星期四	星期五
1-2 节	高等数学	大学计算机	大学英语	物联网导论	高等数学
3-4 节	大学英语	数字电路	高等数学		大学计算机
5-6 节		思政		数字电路	
7-8 节	大学体育				
9-10 节					

图 5-64　设置文本格式

⑤设置表格外边框线。单击选择表格按钮选中表格，打开“表格工具”面板的“设计”子面板，如图 5-65 所示，先在“笔样式”列表中选择“外粗内细”的样式，再在“边框”列表中进行设置。

⑥设置表格行标题下方、列标题右侧的粗边框线。拖动鼠标选中第一行单元格，参照上一步的设置方法，依次设置“笔样式”为“单线”，“笔画粗细”为 1.5 磅，“边框”为“下框线”；拖动鼠标选中第一列单元格，直接在“边框”列表中选择“右框线”选项完成设置。

注： 选择的行、列位置不同，设置时选择的“边框”列表中的选项也有所区别。如选择的是第二列，那么在“边框”列表中就要选择“左框线”选项。

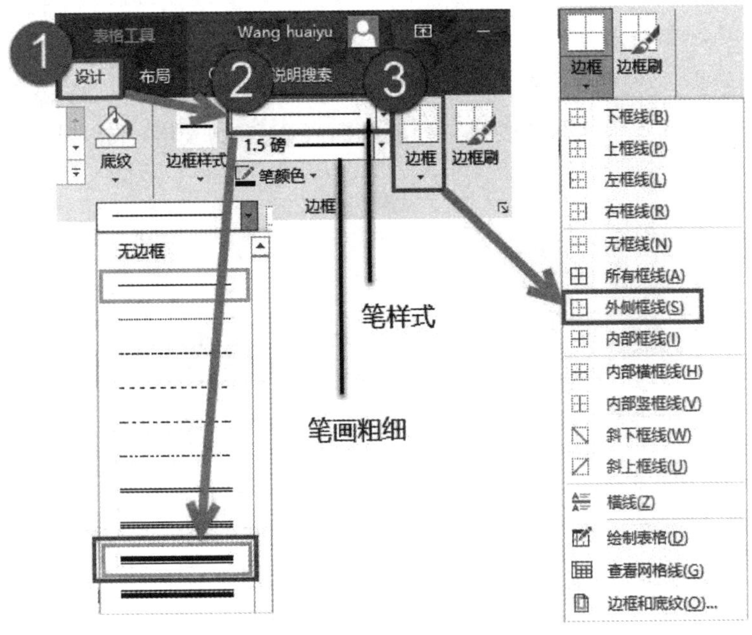

图 5-65　设置边框线格式

⑦设置表格中的分隔双线。拖动鼠标选中第 4、第 5 行，设置“笔样式”为“双线”，分别选择“边框”列表中的“上框线”和“下框线”选项，设置上方和下方的分隔线。

⑧设置斜线表头。选中第 1 行第 1 列单元格，设置“笔样式”为“单线”，选择“边框”列表中的“斜下框线”选项完成设置。

（5）保存文档

操作步骤略。

（6）新建 Word 文档并保存到计算机桌面上，文件名为“Word 表格练习 1-准考证. docx”

操作步骤略。

（7）页面设置

在“布局”面板的“页面设置”功能区中设置纸张大小为“A6”，纸张方向为“纵向”，页边距分别为：上、下边距 1 厘米，左、右边距 0.9 厘米。

（8）输入标题文字“准考证”

操作步骤略。

（9）制作表格

从样表可以看出，表格为 7 行，但不同行列数不相同，最少的 2 列，最多的 5 列。

如果按最少列制表，后续会有很多的拆分操作；如果按最多列制表，后续会有很多合并操作，具体情况要具体分析，没有唯一答案。本例按照 7 行 3 列制作，这样拆分和合并操作相对较少。具体操作步骤如下：

①在“插入”面板中打开“表格”列表，插入 7×3 的表格，如图 5-66 所示。

准考证↵

↵	↵	↵
↵	↵	↵
↵	↵	↵
↵	↵	↵
↵	↵	↵
↵	↵	↵
↵	↵	↵

图 5-66　插入 7×3 的表格

②合并单元格。拖动鼠标选择第 3 列的前三行，在“表格工具”面板的“布局”子面板中，单击“合并单元格”按钮进行单元格合并，如图 5-67 所示；同样的方法，分别选择倒数三行的后两列，进行两列的合并，合并结果如图 5-68 所示。

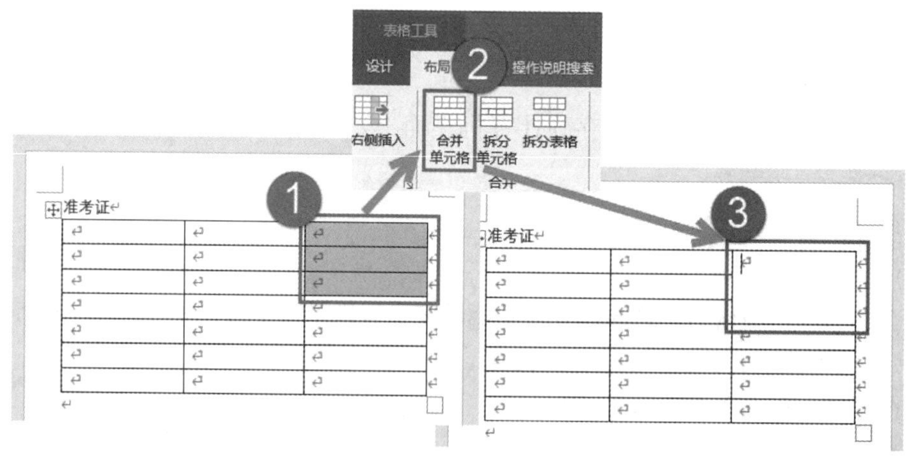

图 5-67　单元格合并步骤

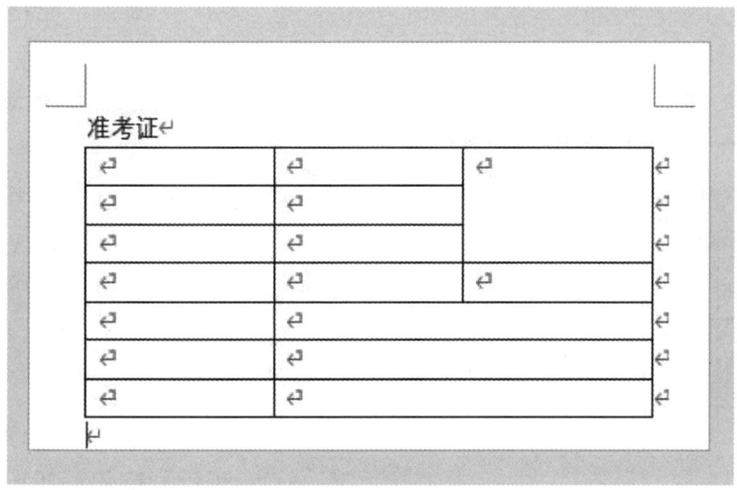

图 5-68　单元格合并结果

③拆分单元格。选择第 1 行第 2 列的单元格，在“表格工具”面板的“布局”子面板中，单击“拆分单元格”按钮，弹出“拆分单元格”对话框，如图 5-69 所示，选择拆分为 1 行 3 列，单击“确定”按钮；同样的方法，将第 4 行第 3 列拆分为两列，拆分结果如图 5-70 所示。

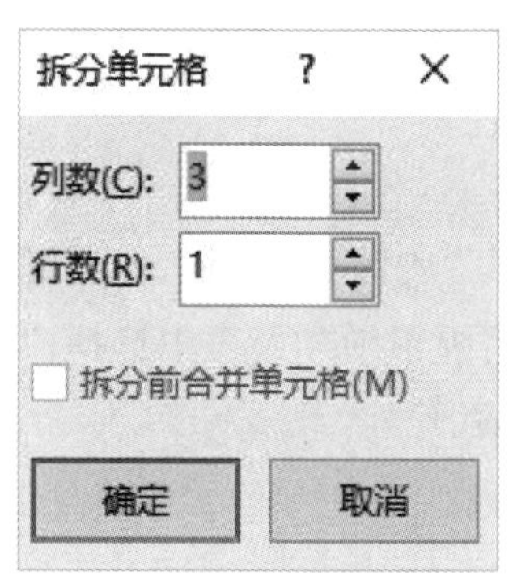

图 5-69　“拆分单元格”对话框

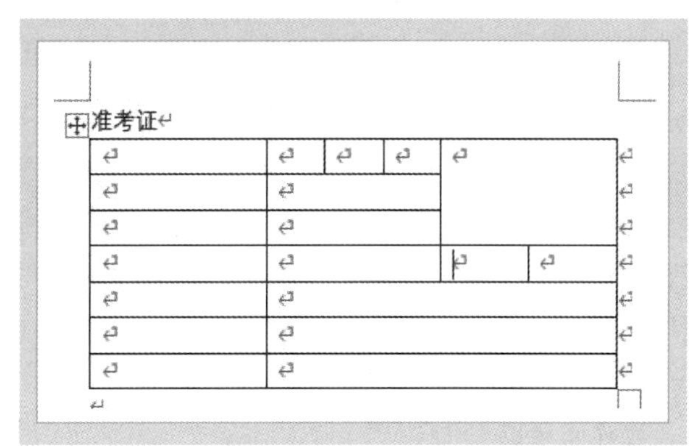

图 5-70　单元格拆分结果

④添加表格文本。参照示例在表格中录入相应内容。

⑤设置标题文本格式。选中标题文本，设置标题文本为黑体、二号字，水平居中。

⑥设置表格文本格式。单击左上角的表格选择按钮，设置文本为宋体、小四号字，水平居中，单倍行距。

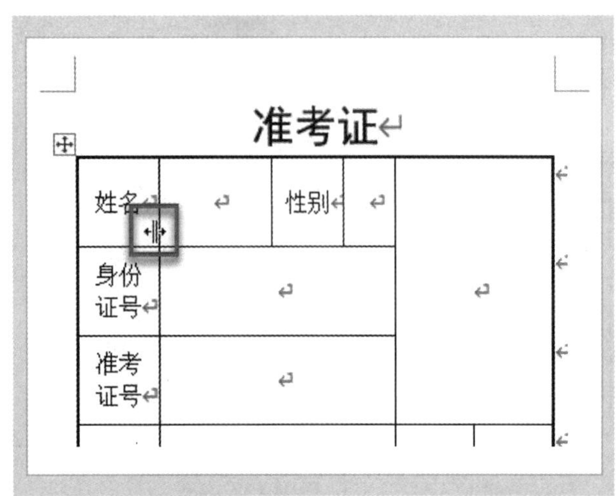

图 5-71 拖动鼠标调整列宽

⑦调整单元格大小。参照示例将鼠标指针放到表格线上，当出现双向箭头时，拖动鼠标调整行列高度或宽度，如图 5-71 所示。本例中由于各行高度一致，可以采取平均分布的方法。首先，拖动最下方的表格线到边距适当位置；然后，选择所有行，在“表格工具”的“布局”面板中，单击“分布行”按钮，如图 5-72 所示，即可快速调整。

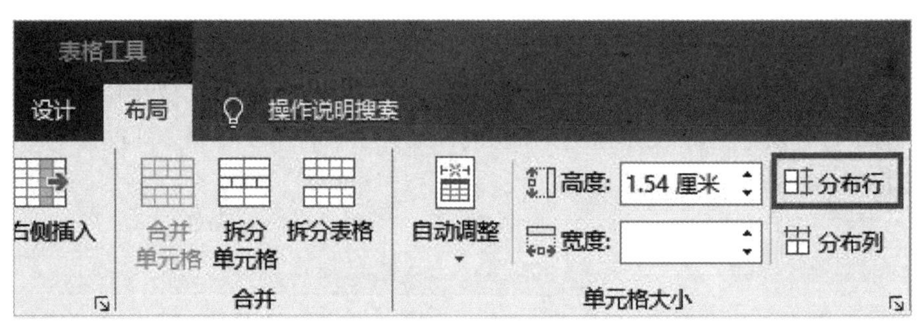

图 5-72 “分布行”按钮

⑧设置表格外边框线为 1.5 磅单线。选中表格，打开“表格工具”的“设计”面板，先在“笔样式”列表中选择“单线”样式，再在“笔画粗细”列表中选择“1.5 磅”选项，最后在“边框”列表中选择“外框线”进行设置。

(10) 保存文档，完成“准考证”的制作

操作步骤略。

5. 相关知识

(1)“表格工具”面板

“表格工具”面板由“设计”和“布局”两部分组成，集成了表格的所有设计工具，通过“设计”面板可以对表格样式进行设置，如边框线和底纹设置，如图 5-73 所示；通过“布局”面板可以对表格形态和内容进行调整，如插入、删除、合并、拆分、调整等设置，如图 5-74 所示。

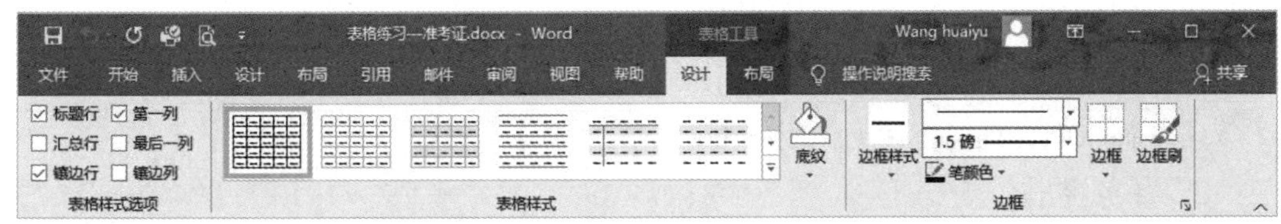

图 5-73　“表格工具”的“设计”面板

图 5-74　“表格工具”的“布局”面板

（2）表格的操作

同其他 Word 对象一样，操作之前需要选择被操作的部分，对于表格而言，可操作的部分主要有三类：表格、行或列、单元格。

选择的方法有两种：

方法一：直接拖动鼠标选择操作对象。

方法二：定位光标到指定位置，然后在“布局”面板单击“选择”按钮，从列表中选择操作对象，如图 5-75 所示。

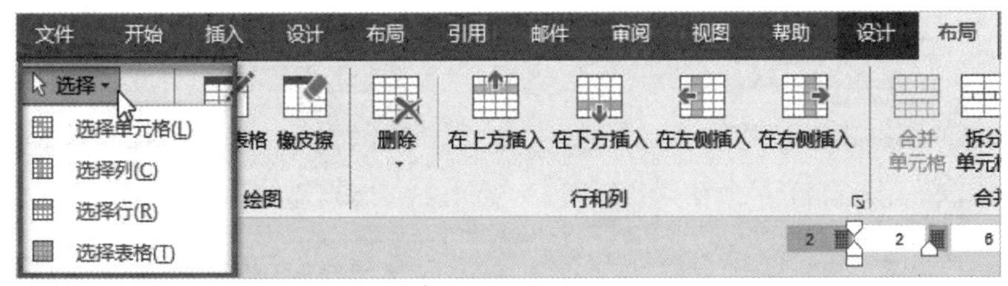

图 5-75　表格对象选择列表

选择好操作对象后，直接在“表格工具”面板上点选要做的操作即可。

注：表格的删除操作需要在面板或快捷菜单中才能实现，按 Delete 或 Backspace 键只能删除表格内容，不能删除表格本身。

5.5　长文档排版

1. 任务目标

①了解长文档的基本概念和编辑方法。

②掌握标题样式的设置与编辑方法。

③掌握在文档中插入目录的方法。

④掌握审阅文档时批注的使用方法。

2. 任务提出

除了前几节介绍的日常使用文档外，还有一种相对而言层次结构较多、篇幅较长的文档，如毕业论文、书稿、说明书、协议等，我们称之为长文档。长文档一般会由相对独立的若干部分构成，每部分会有独立的设置方式，包括页眉页脚、字体格式、版式等，为了便于快速定位到相应的内容，还要建立可跳转的目录结构。因此，长文档的编辑需要从整体上进行设计，确定好各部分的格式设置后，再开始排版工作，否则就会在编辑过程中出现格式冲突或遗漏的问题。下面以毕业论文排版为例进行讲解。

对毕业论文文字稿按学位论文格式进行排版，具体要求如下：

①每一部分都要单独成页，其中摘要、目录要统一编制页码，在页面底端居中显示，编码格式为罗马数字，页眉分别为“摘要”和“目录”；正文部分设置页眉为“保定学院××××届毕业论文”，页码在页面底端居中显示，编码格式为阿拉伯数字。所有页眉位置都有一条下框线。如图 5-76 所示。

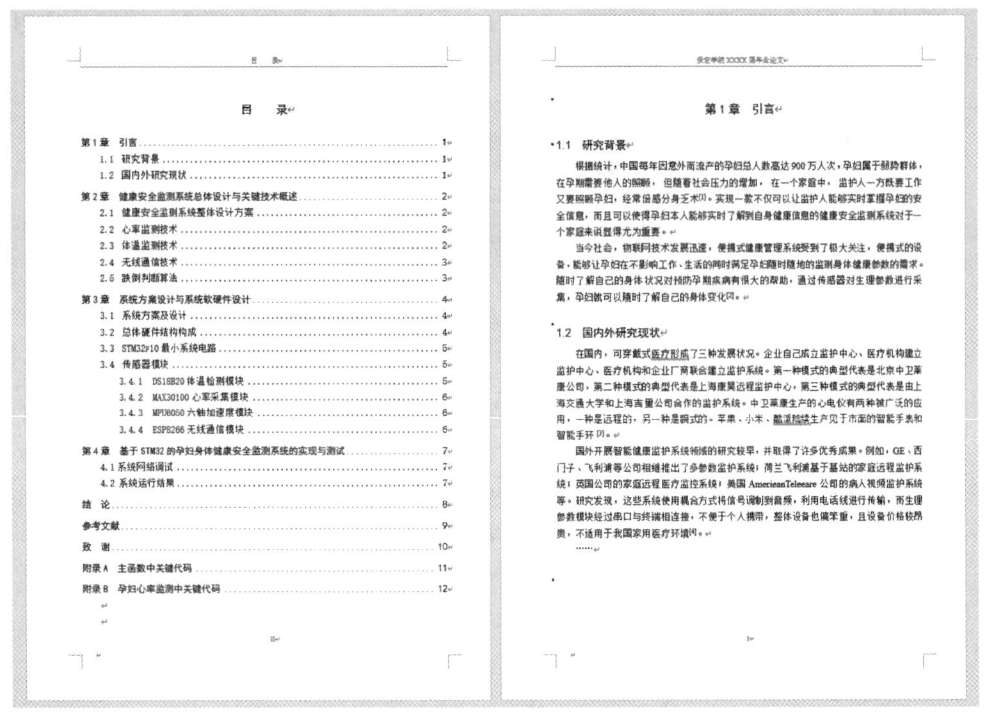

目　录

目　录

II

保定学院 XXXX 届毕业论文

第 1 章　引言

1.1　研究背景

根据统计，中国每年因意外而流产的孕妇总人数高达 900 万人次，孕妇属于弱势群体，在孕期需要他人的照顾，但随着社会压力的增加，在一个家庭中，监护人一方既要工作又要照顾孕妇，经常倍感分身乏术[1]。实现一款不仅可以让监护人能够实时掌握孕妇的安全信息，而且可以使得孕妇本人能够实时了解到自身健康信息的健康安全监测系统对于一个家庭来说显得尤为重要。

当今社会，物联网技术发展迅速，便携式健康管理系统受到了极大关注，便携式的设备，能够让孕妇在不影响工作、生活的同时满足孕妇随时随地的监测身体健康参数的需求。随时了解自己的身体状况对预防孕期疾病有很大的帮助，通过传感器对生理参数进行采集，孕妇就可以随时了解自己的身体变化[2]。

1.2　国内外研究现状

在国内，可穿戴式医疗形成了三种发展状况。企业自己成立监护中心、医疗机构建立监护中心、医疗机构和企业厂商联合建立监护系统。第一种模式的典型代表是北京中卫莱康公司，第二种模式的典型代表是上海康昊远程监护中心，第三种模式的典型代表是由上海交通大学和上海吉量公司合作的监护系统。中卫莱康生产的心电仪有两种被广泛的应用，一种是远程的，另一种是腕式的。苹果、小米、酷派陆续生产见于市面的智能手表和智能手环[3]。

国外开展智能健康监护系统领域的研究较早，并取得了许多优秀成果。例如，GE、西门子、飞利浦等公司相继推出了多参数监护系统；荷兰飞利浦基于基站的家庭远程监护系统；英国公司的家庭远程医疗监控系统；美国 AmerieanTeleeare 公司的病人视频监护系统等。研究发现，这些系统使用耦合方式将信号调制到音频，利用电话线进行传输，而生理参数模块经过串口与终端相连接，不便于个人携带，整体设备也偏笨重，且设备价格较昂贵，不适用于我国家用医疗环境[4]。

……

1

图 5-76　论文排版示例

②设置正文中各级标题样式，格式如图 5-77 所示。

第 1 章□×××
一级标题序号采用黑体小三号字，居中书写，段前40 pt，段后20 pt，行距20 pt。论文的摘要、目录、参考文献、致谢、声明、附录等部分的标题与章标题属于同一等级，也使用上述格式。
1.1□×××
标题采用黑体四号字，字居左书写，行距为固定值 20 pt，段前空 24 pt，段后空 6 pt。
1.1.1□×××
采用黑体 13 pt，字居左书写，行距为固定值 20 pt，段前空 12 pt，段后空 6 pt。

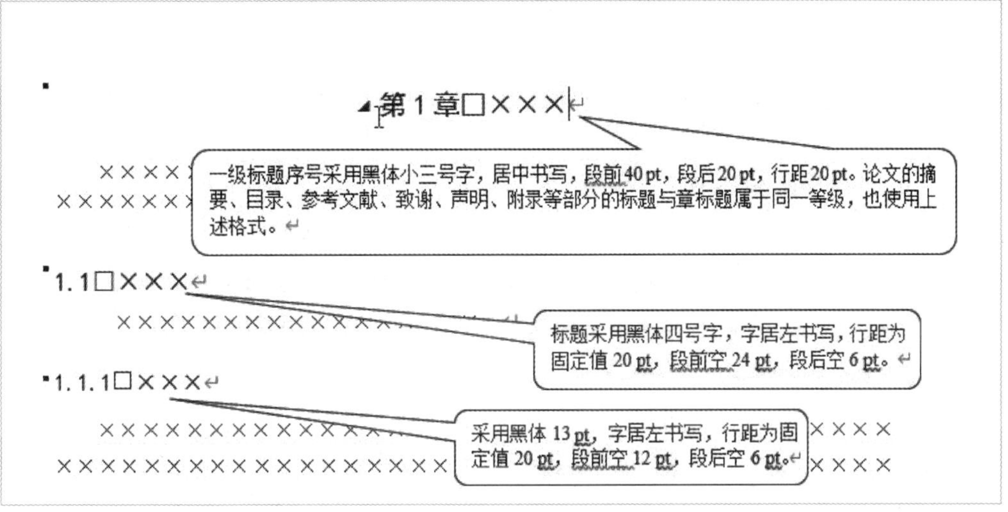

图 5-77　三级标题格式

③在目录页插入论文目录，格式如图 5-78 所示。

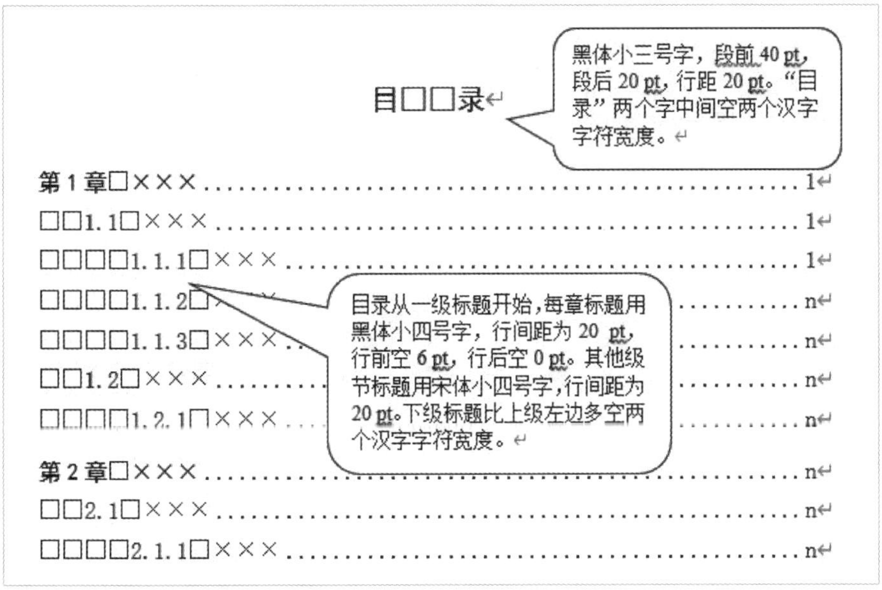

黑体小三号字，段前 40 pt，段后 20 pt，行距 20 pt。“目录”两个字中间空两个汉字字符宽度。
目□□录
第 1 章□××× 1
□□1.1□××× 1
□□□□1.1.1□××× 1
□□□□1.1.2□××× .... n
□□□□1.1.3□××× .... n
□□1.2□××× .... n
□□□□1.2.1□××× .... n
目录从一级标题开始，每章标题用黑体小四号字，行间距为 20 pt，行前空 6 pt，行后空 0 pt。其他级节标题用宋体小四号字，行间距为 20 pt。下级标题比上级左边多空两个汉字字符宽度。
第 2 章□××× .... n
□□2.1□××× .... n
□□□□2.1.1□××× .... n

图 5-78　论文目录格式

3. 任务分析

本实例只涉及长文档排版所需的相关操作，不涉及具体内容的编辑和格式的设置（如图、表等），相关格式的详细设置请参看学位论文格式要求。

4. 任务实现

（1）打开“论文示例.docx”，以文件名“Word 练习四.docx”保存到桌面上

操作步骤略。

（2）毕业论文结构分析

毕业论文一般由封面、摘要、目录、正文、参考文献等部分组成。其中，除封面外，每一部分都需要有独立的页眉和页码，这就要求每一部分要单独设置为一节，每章之间要分页。另外，为了方便目录的建立，需要将各级标题设置成不同的样式。

（3）插入分节符

①将光标定位到摘要前面。

②在“布局”面板上单击“分隔符”按钮，选择“分节符”栏的“下一页”选项，如图 5-79 所示。双击页眉页脚区域可以查看效果，如图 5-80 所示。

③以同样的方法在正文（第一章或引言）、参考文献、致谢、附录前添加分节符。

注：如果正文和参考文献、致谢等部分的页眉页脚设置相同，页码连续，也可以只分页，不分节。

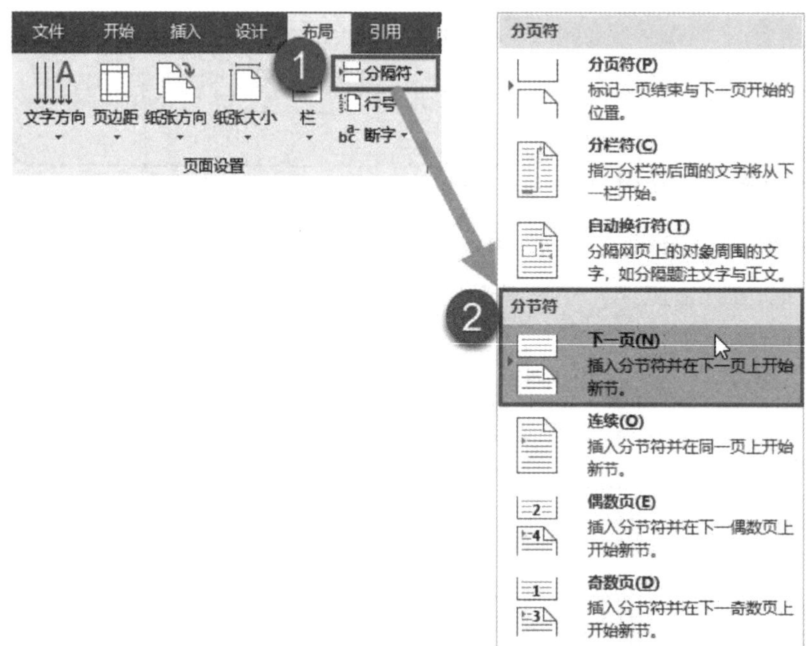

图 5-79 插入分节符

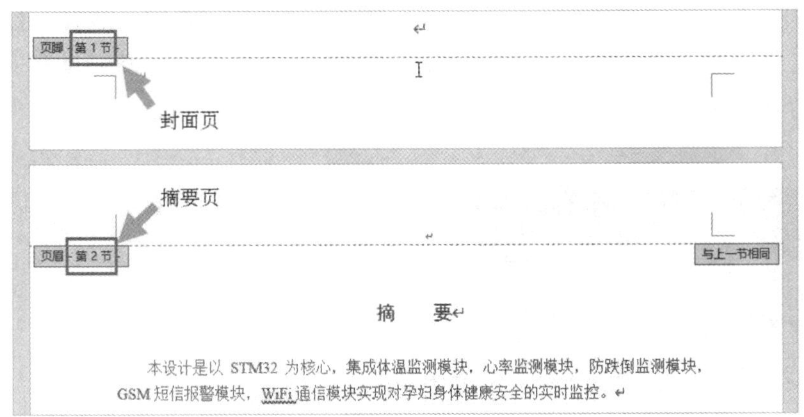

图 5-80　查看分节效果

（4）插入分页符（如果每一章使用分节符分隔，本步骤可跳过）

①将光标定位到每一章的开始。

②在“插入”面板，直接单击“分页”按钮，如图 5-81 所示。也可在“布局”面板上单击“分隔符”按钮，选择“分页符”栏的“分页符”选项，如图 5-79 所示。

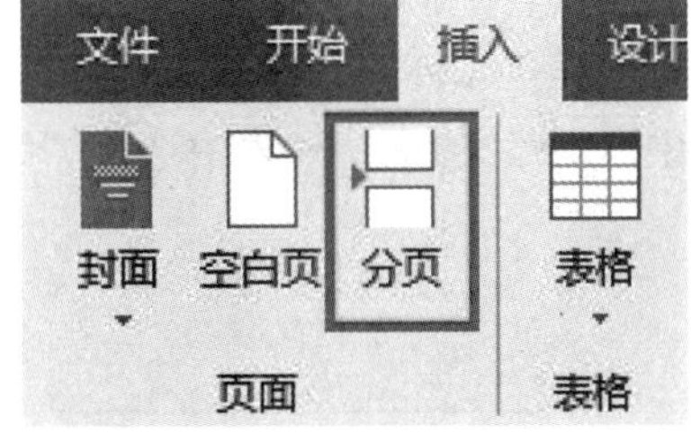

图 5-81　插入分页符

（5）添加页眉

①将光标移动到摘要页面，双击页眉位置，进入页眉编辑状态。

注：在页眉区域右侧会显示“与上一节相同”字样，如图 5-82 所示，即新加入的节在默认情况下页眉页脚内容与上一节是一样的。而如果上一节是封面，没有设置页眉页脚，这时如果在第二节添加了页眉页脚。第一节也就添加了相同的页眉页脚。因此，这时要修改页眉属性。

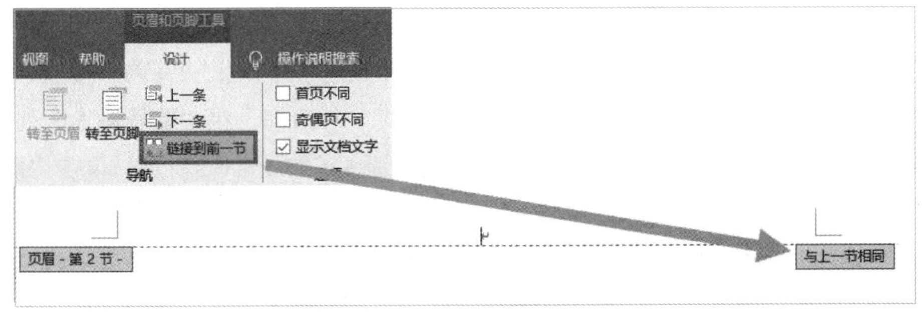

图 5-82　选中“链接到前一节”

②打开“页眉和页脚工具”的“设计”面板，可以在“导航”功能区看到“链接到前一节”的选项是选中状态，单击取消选中，如图 5-83 所示，这时设置页眉不再会对前面的节有影响。

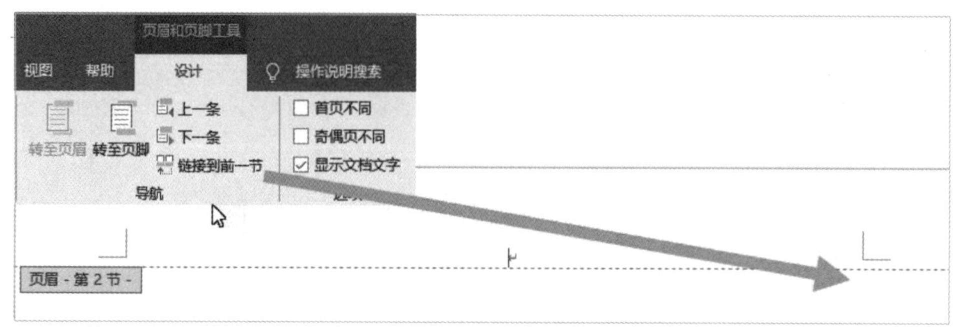

图 5-83 取消“链接到前一节”

③在光标处输入“摘要”，在“开始”面板的“段落”功能区选择对齐方式为“居中”，在“边框”列表中选择“下边框”选项，效果如图 5-84 所示。

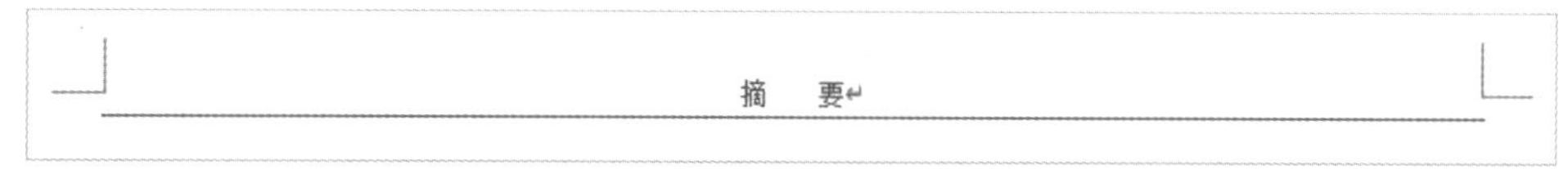

图 5-84 设置页眉

④同样的方法为文档的其他节添加页眉。

（6）添加页脚

①返回摘要页面，在页脚位置双击进入编辑状态，并取消“链接到前一节”选项，方法同页眉设置。

②在“页眉页脚工具”的“设计”面板中选择“页码”选项，依次从列表中选择“页面底端”和“普通数字 2”选项，页码插入完成，如图 5-85 所示。

③选中页码，在“页眉和页脚工具”的“设计”面板中单击“页码”按钮，在列表中选择“设置页码格式”选项，打开“页码格式”对话框，在“编号格式”列表中选择罗马数字“Ⅰ，Ⅱ，Ⅲ，…”，设置起始页码为 1，如图 5-86 所示，单击“确定”按钮设置完成。

注：如果本节页码编号需要接着上一节，则选择“页码编号”选项区中的“续前节”选项；如果本节需要重新编号，则在“页码编号”选项区的“起始页码”文本框中选择编号。

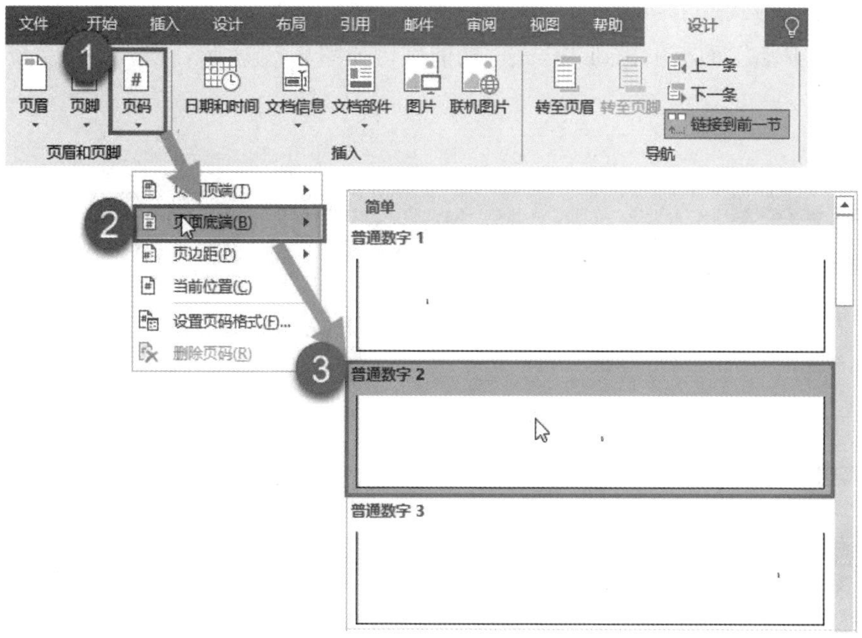

图 5-85　在页脚位置插入页码

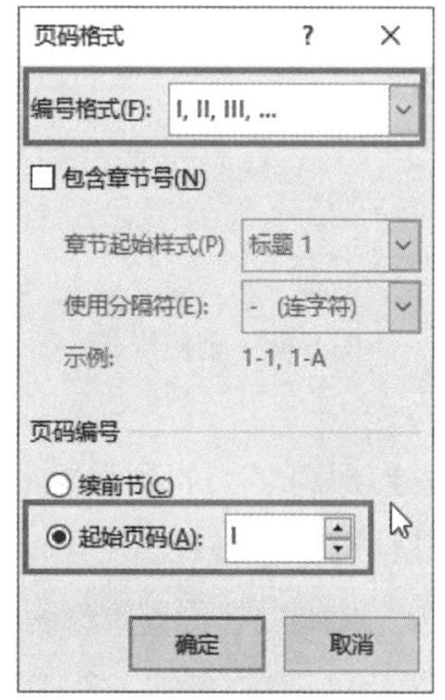

图 5-86　“页码格式”对话框

④同样的方法为正文部分设置页码。

⑤设置完毕后，双击正文区域返回或在“页眉和页脚设置工具”的“格式”面板中单击“关闭页眉和页脚”按钮返回正文。

（7）创建标题样式

论文每级标题格式都不相同，Word 提供的样式也不完全符合论文格式要求，因此需要根据论文格式要求创建新样式。操作步骤如下：

①在“开始”面板中找到“样式”功能区，如图 5-87 所示，列表中是系统定义好的常用样式。

图 5-87 样式列表

②回到正文部分，选中第一章标题，按要求设置字体和段落格式。

③选中标题，在“样式”列表中选择“创建样式”选项，如图 5-88 所示。

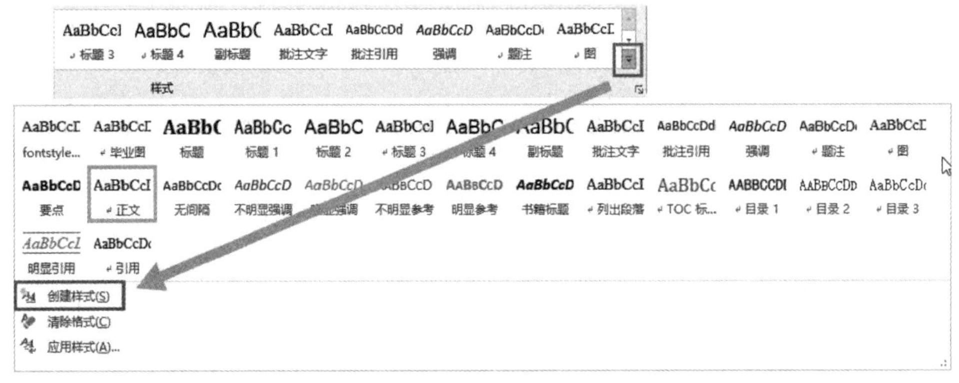

图 5-88 创建样式

④在打开的“根据格式化创建新样式”对话框中，在名称文本框中输入“毕业论文标题 1”，如图 5-89 所示，单击“修改”按钮。

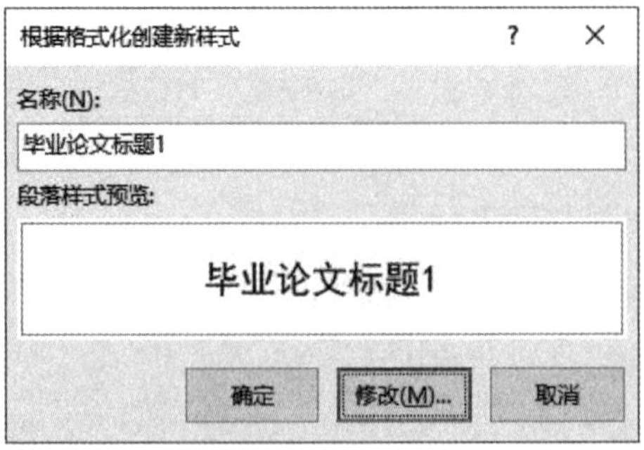

根据格式化创建新样式
名称(N):
毕业论文标题1
段落样式预览:
毕业论文标题1
确定 修改(M)... 取消

图 5-89 “根据格式化创建新样式”对话框

⑤在对话框中，打开“样式基准”列表，选择“标题 1”，如图 5-90 所示，单击“确定”按钮完成设置。

注：如果步骤②没有设置字体和段落格式，可以在此对话框中设置。

⑥以同样的方法设置“毕业论文标题 2”“毕业论文标题 3”的样式。

（8）应用标题样式

将设置好的标题样式应用到论文的各级标题。

①选择论文标题，在“样式”列表中选择合适的标题样式即可，如图 5-91 所示。

②以同样的方法为“参考文献”“致谢”“附录”应用“毕业论文标题 1”样式。

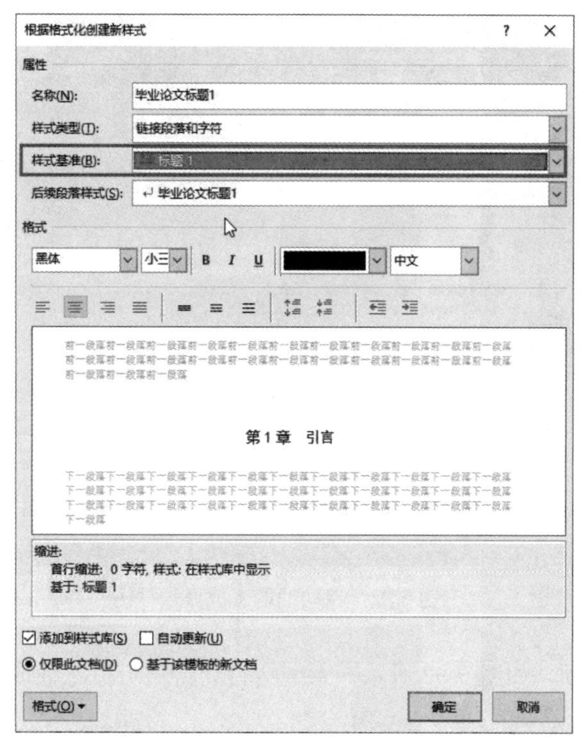

图 5-90　“样式基准”列表设置

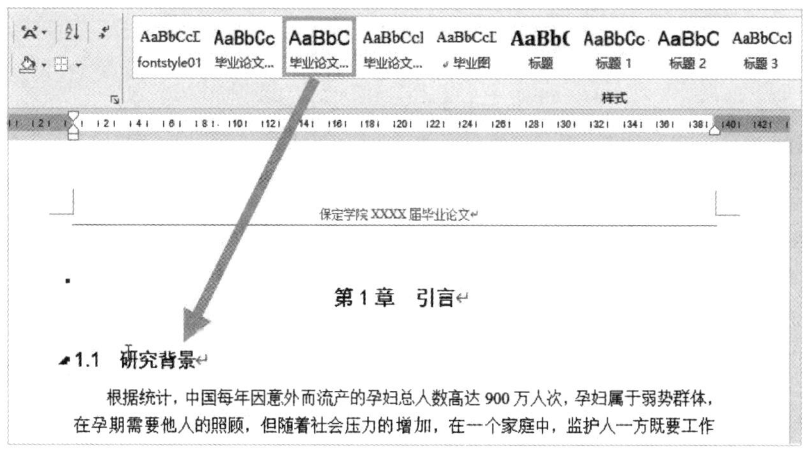

图 5-91　应用样式

（9）创建目录

目录是根据论文的标题样式自动抽取生成的，只有在设置完标题样式后才能自动

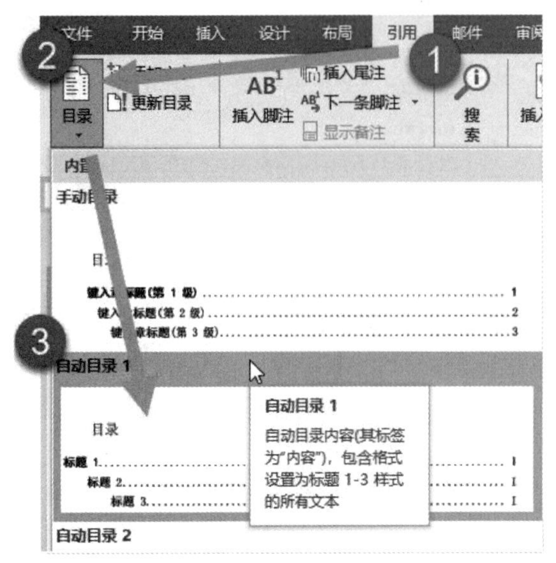

图 5-92　自动抽取生成目录

生成。操作步骤如下：

①将光标定位在摘要页的最后。

②打开“布局”面板，单击“分隔符”按钮，在列表中选择“分节符”栏中的“下一页”选项，插入新的一节。

③双击页眉区域进行编辑，在“页眉和页脚工具”的“格式”面板中，取消页眉“链接到前一节”选项，设置页眉文字为“目录”；切换到页脚编辑区，设置页脚的页码编号为“续前节”。

④将光标定位到本页起始位置，打开“引用”面板，单击“目录”按钮，在列表中选择“自动目录 1”选项，如图 5-92 所示，系统会自动将三级标题抽取成目录，结果如图 5-93 所示。

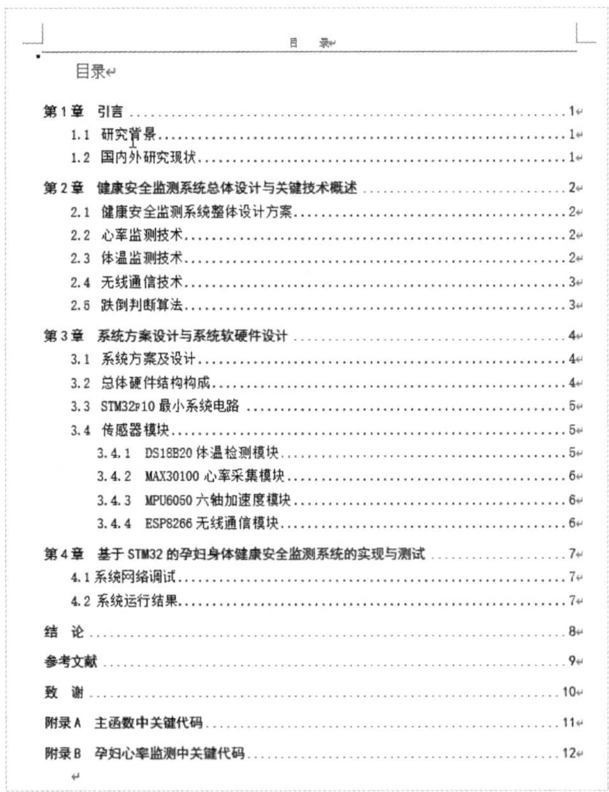
目　录

目录

图 5-93　自动生成目录示例

⑤用格式刷把“摘要”标题的格式应用到“目录”标题上。

注：“目录”标题不要应用样式，否则在更新目录时会把目录页作为一级标题也放到目录列表中。

（10）保存文档

操作步骤略。

5. 相关知识

（1）分页与分节

节是 Word 文档中一个相对独立的部分，在每一节中都可以设置单独的布局，包括纸张方向、纸张大小、页边距、页眉、页脚、页码。如果在竖排的页面中插入一部分横排的内容，就需要分节处理。当多人合作完成一个长文档时，每个人可以独立编辑，不会相互影响，因此，分节利于对文档的编辑和管理。

页是 Word 文档的基本编辑单位，也是基本输出单位。同一节的每一页设置都是相同的，只是从空间上把内容分隔成了几部分，对页眉页脚的内容没有影响，只是页码连续变化。

（2）样式

应用样式是实现快速排版的一个重要途径。Word 将一些常用的文本格式定义成样式，尤其是标准文书格式，方便用户选用。但是，不同的文体，格式要求千差万别，这就需要自己定义相应的样式，如果在学习和工作中经常编辑同类文档，建议自定义一些常用样式，并详细命名，如“项目书章标题”“项目书图例”等，这样在编辑文档时就不需要每次重复设置，可以提高工作效率。

样式的另一个优点是便于修改，当样式调整后，所有应用此样式的文档会同步修改，比使用格式刷更加方便快捷。

（3）目录

利用 Word 自动生成目录的最大优势就是，当增加或删除部分文档内容后，可以利用“更新目录”功能快速修改目录，如图 5-94 所示，避免手动制作目录时产生页码重新计算或标题调整之类的错误。

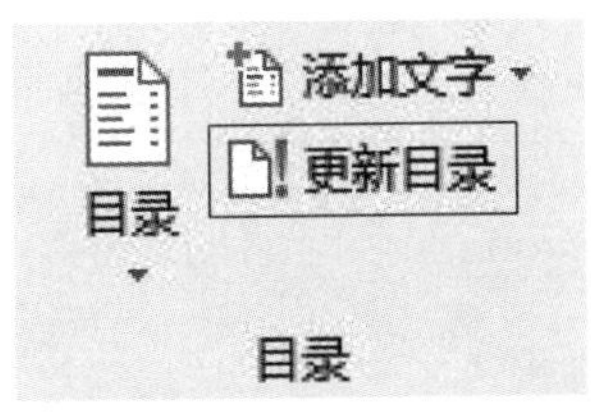

图 5-94　“更新目录”按钮

和标题一样，目录也有样式，自动生成的目录采用系统默认的样式，有时候与论文目录要求不一致，主要体现在缩进字符数上。同样，通过创建新的目录样式或修改现有目录格式就可以快速调整。

注：不建议在生成的目录上修改格式，因为如果对目录进行更新，还需要重新设置；最好还是在目录样式里修改，修改方法同标题样式修改方法。

第6章　演示文稿的制作与优化

本章能力目标

①能够创建、编辑和保存演示文稿。

②能够在幻灯片中插入图片、自选图形，并对其进行编辑操作。

③能够熟练使用幻灯片模板、版式、配色方案。

④能够为幻灯片设置动画效果、切换效果、超链接、动作、放映方式等。

⑤能够对演示文稿进行打包发布。

⑥掌握演示文稿的优化技巧。

6.1　制作“自我介绍”演示文稿

1. 任务目标

①了解 PowerPoint 2016 基本功能和工作界面。

②掌握 PowerPoint 2016 基本操作方法，以及常见媒体对象的使用和设置方法。

③掌握幻灯片的背景、配色方案等格式设置方法。

④掌握演示文稿主题样式的应用和修改方法。

2. 任务提出

自我介绍是别人快速了解你的捷径，作为大学新生，融入一个新的集体时，自我介绍是必不可少的。辅导员要求大家制作“自我介绍”演示文稿，在班级迎新会上分享展示，示例如图 6-1 所示。

3. 任务分析

PowerPoint 是微软公司的一款演示文稿应用软件，可以将文字、图片、音视频等素材融为一体，能使阐述的内容更加清晰明了。PowerPoint 已成为人们工作、生活的重要组成部分，在工作汇报、企业宣传、产品推介、婚礼庆典、项目竞标、管理咨询、教育培训等领域被广泛应用。

4. 效果展示

示例如图 6-1 所示。

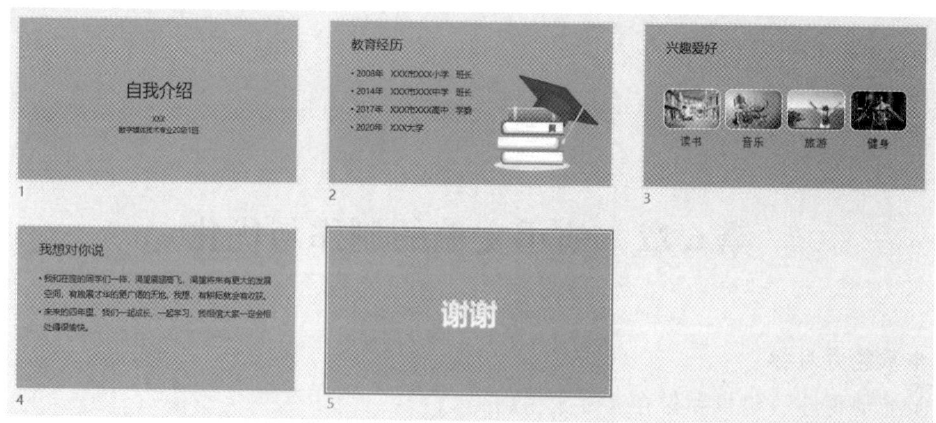

图 6-1 “自我介绍”演示文稿示例

5. 相关知识

(1) PowerPoint 2016 工作界面

启动 PowerPoint 2016 后进入工作界面，与 Word 界面相似，PowerPoint 由标题栏、菜单栏、面板、功能区、幻灯片/大纲视图窗格、幻灯片编辑区、备注区和状态栏等部分组成，如图 6-2 所示。

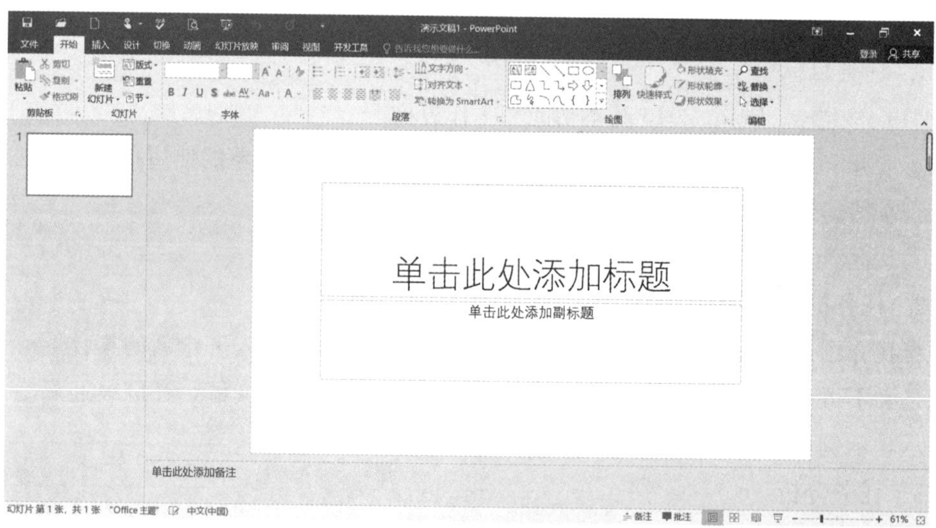

图 6-2 PowerPoint 工作界面

(2) 新建演示文稿

利用 PowerPoint 制作的整个文档叫演示文稿，PowerPoint 2016 演示文稿的扩展名是“.pptx”。

可以通过以下两种方式新建演示文稿：

①新建空白演示文稿。

执行“文件”→“新建”命令，在弹出的窗口中选择“空白演示文稿”选项，如图 6-3 所示，即可创建一个空白演示文稿。

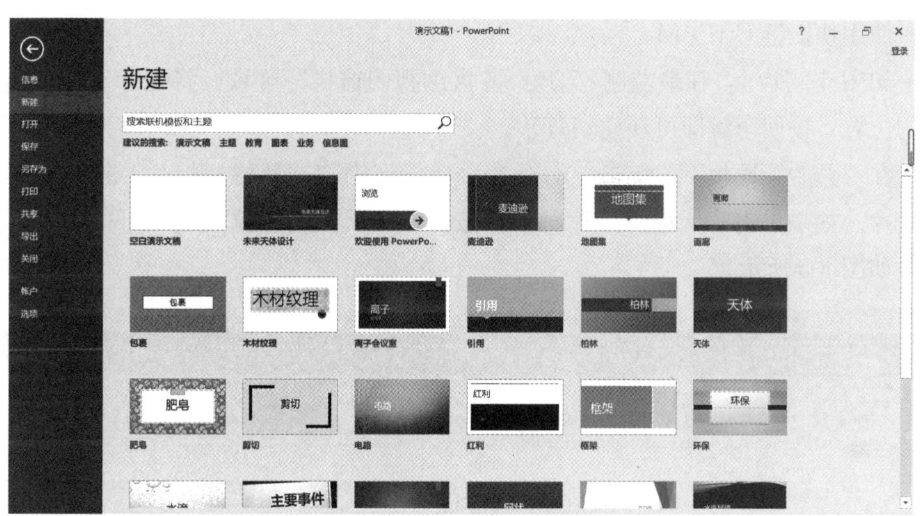

图 6-3　新建演示文稿

②从模板建立演示文稿。

在 PowerPoint 工作界面中，右侧窗格中有可供选择的模板，可以根据主题来选择合适的模板，生成带有该主题的演示文稿，如图 6-4 所示。

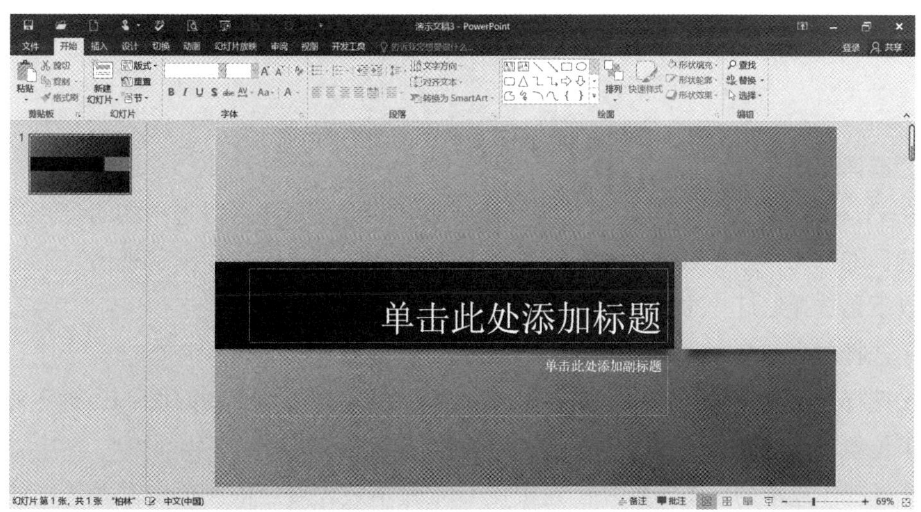

图 6-4　从模板建立演示文稿

(3) 编辑幻灯片

演示文稿中的每一页称为幻灯片，每张幻灯片都是演示文稿中既相互独立又相互联系的内容。

①新建幻灯片。

新建幻灯片的常用方法有三种：

• 使用快捷键 Ctrl+M。

• 如图 6-2 所示，在最左侧“幻灯片/大纲视图窗格”区域，将光标定位在插入幻灯片的位置，按回车键即可新建幻灯片。

• 在“开始”面板下，单击“幻灯片”功能区中的“新建幻灯片”按钮，即可新建幻灯片。如果单击“新建幻灯片”下拉按钮，在展开的下拉列表中可以选择不同的版式，如图 6-5 所示。

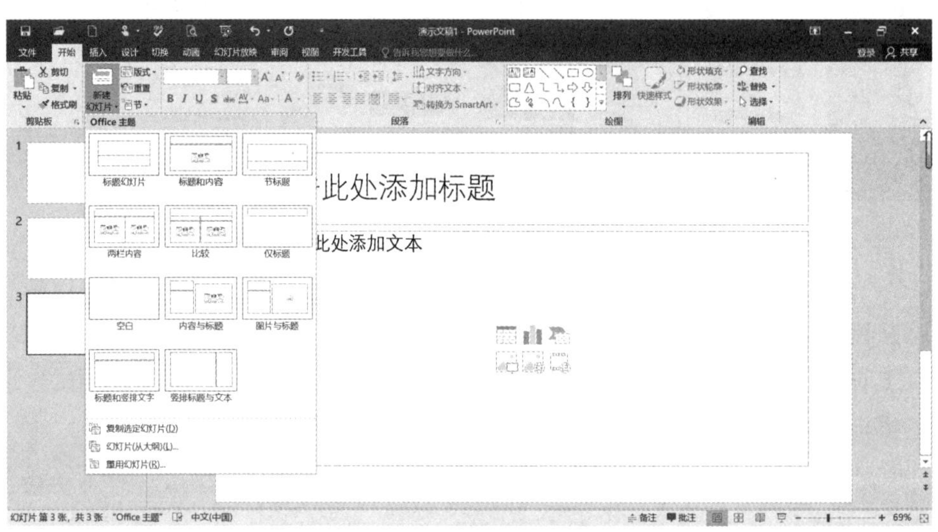

图 6-5　新建幻灯片

②选择幻灯片。

在 PowerPoint 中，用户可以选择一张或多张幻灯片，然后对选中的幻灯片进行操作。选择幻灯片一般在幻灯片“普通视图”左侧窗格或“幻灯片浏览视图”下进行操作，以下是选择幻灯片的常用方法：

• 选择单张幻灯片：单击需要的幻灯片。

• 选择连续的多张幻灯片：先单击起始位置的幻灯片，然后按住 Shift 键不放，单击结束位置的幻灯片。

• 选择不连续的多张幻灯片：先按住 Ctrl 键不放，然后依次单击需要选择的每张幻灯片，如图 6-6 所示。

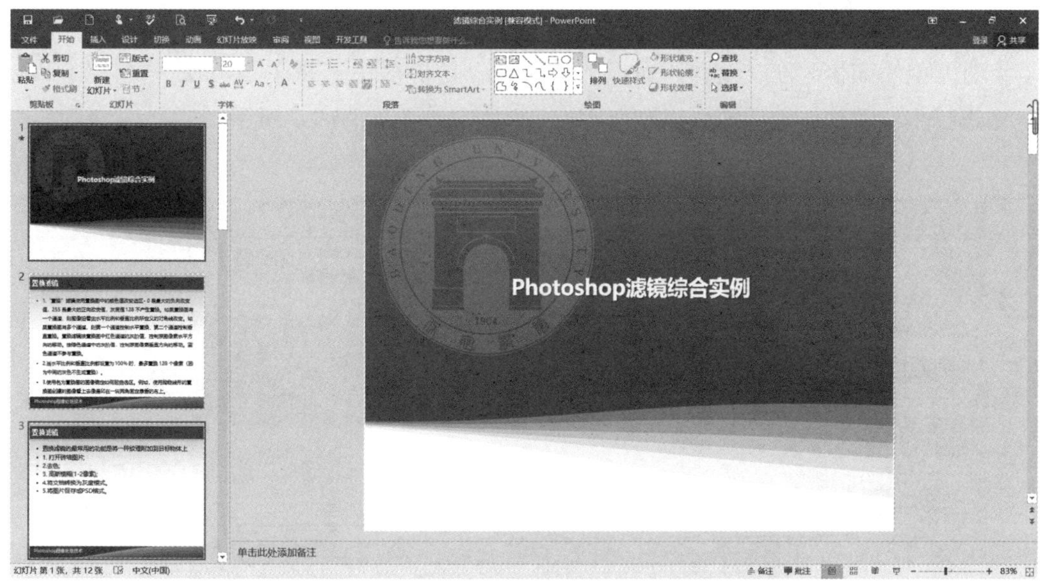

图6-6　选择幻灯片

③复制幻灯片。

选中需要复制的幻灯片，在“开始”面板的“剪贴板”功能区中单击“复制”按钮。将光标定位在需要插入幻灯片的位置，然后单击“粘贴”按钮。

④移动幻灯片。

在制作演示文稿时，如果需要重新排列幻灯片的顺序，可通过移动幻灯片位置来完成。移动幻灯片在“普通视图”左侧窗格或“幻灯片浏览视图”下进行操作，有两种方法：拖动鼠标移动幻灯片；使用“剪切”和“粘贴”按钮移动。

⑤删除幻灯片。

选中要删除的幻灯片，在“开始”面板的“剪贴板”功能区中单击“删除”按钮；或者使用Delet键。

（4）保存演示文稿

对于新建的演示文稿或编辑完成的演示文稿要及时保存，防止计算机出现意外导致演示文稿丢失。保存演示文稿的常用方法：

①使用快捷键Ctrl+S。

②单击窗口左上角的“保存”按钮。

③执行“文件”→“保存”命令。

（5）设置演示文稿的背景

演示文稿的背景对于整个演示文稿来说是非常重要的，如果用户只希望更改背景以强调演示文稿的某些部分，除可更改颜色外，还可添加底纹、图案、纹理或图片。

①使用主题设置背景。

打开演示文稿，在“设计”面板的“主题”功能区中选择主题，在“变体”功能区中选择不同的变体选项即可更改所有幻灯片的背景，如图 6-7 所示。

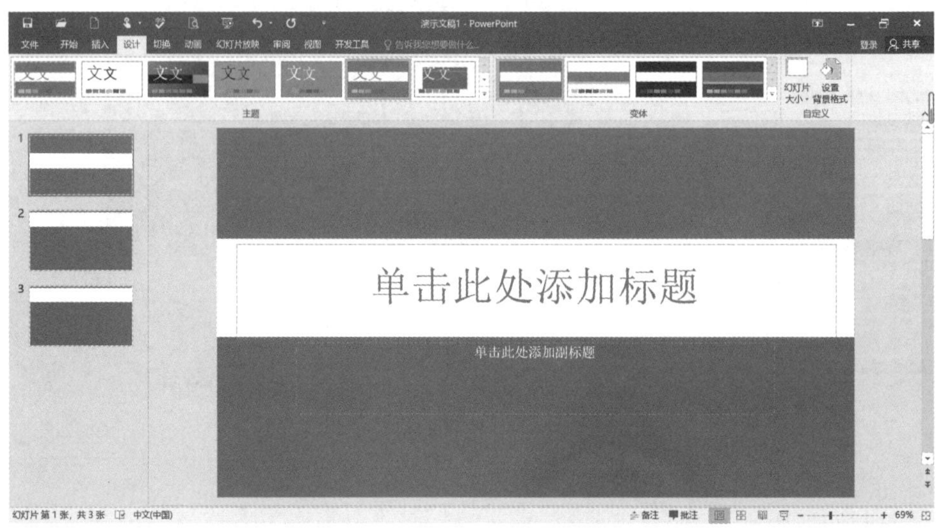

图 6-7　更改背景

单击“变体”功能区的下拉按钮，在打开的列表中单击“背景样式”下拉按钮，在展开的样式列表中选择所需的背景，如图 6-8 所示。演示文稿主题样式的设置也类似这样的操作方法。

图 6-8　设置背景样式

②自定义设置背景格式。

右键单击需要更改背景的幻灯片，在弹出的快捷菜单中选择“设置背景格式”选项，窗口右侧出现“设置背景格式”窗格，可以在此窗格内设置背景参数。如图 6-9 所示，可以使用纯色填充、渐变填充、图片或纹理填充、图案填充等方式改变背景。

设置好参数后即可改变当前所选择的幻灯片的背景，如果需要所有幻灯片都使用这种背景风格，可以单击下方的“全部应用”按钮。

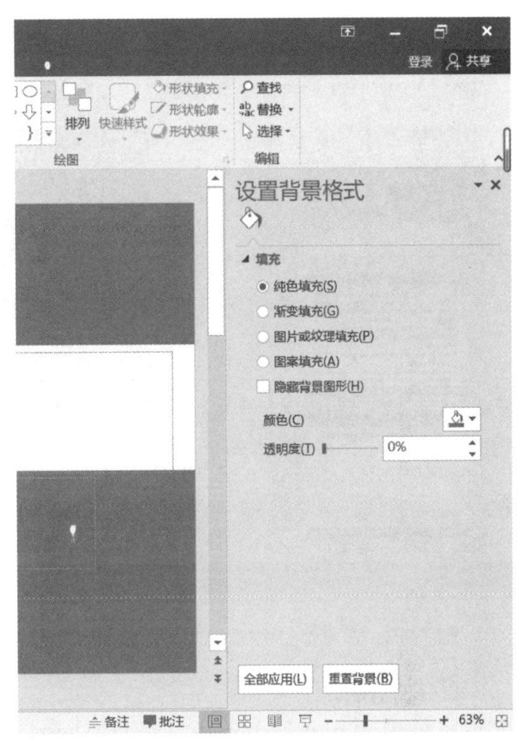

图 6-9　设置背景格式

(6) 选择视图模式

PowerPoint 2016 演示文稿视图有 5 种，如图 6-10 所示，分别为普通视图、大纲视图、幻灯片浏览视图、备注页视图和阅读视图，用户可根据自己的阅读需要选择不同的视图模式。

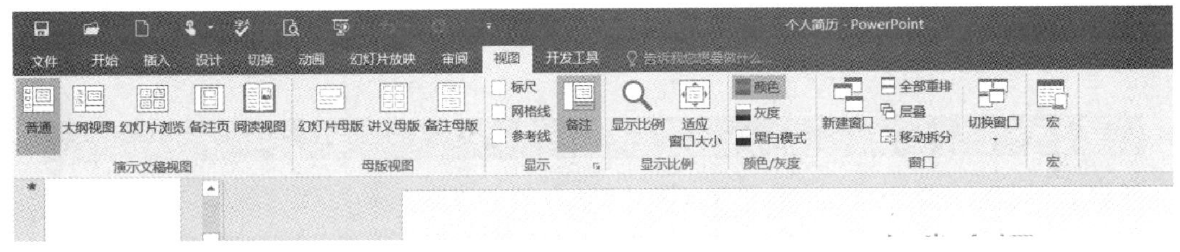

图 6-10　PowerPoint 视图面板

①普通视图。

普通视图是 PowerPoint 2016 的默认视图模式，共包含大纲窗格、幻灯片窗格和备注窗格三种窗格。这些窗格让用户可以在同一位置设置演示文稿的各种参数。拖动窗格边框可调整窗格的大小。

其中，在大纲窗格可以输入演示文稿中的所有文本，然后重新排列项目、段落和幻灯片；在幻灯片窗格中，可以查看每张幻灯片中的文本外观，还可以在单张幻灯片中添加图形、影片和声音，并创建超级链接以及向其中添加动画；而备注窗格使得用户可以添加与观众共享的演说者备注或信息。普通视图状态如图 6-11 所示。

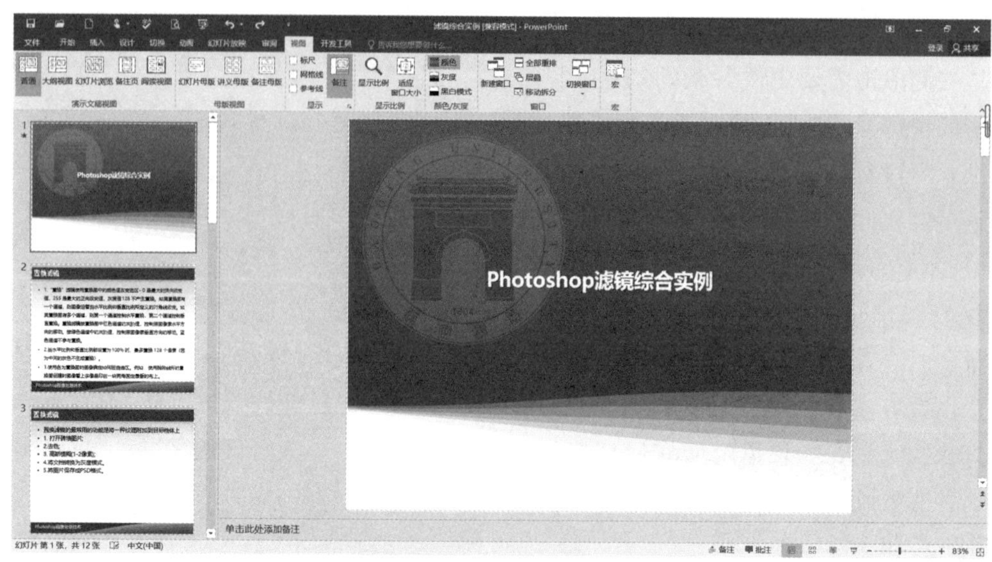

图 6-11　普通视图

②大纲视图。

大纲视图含有大纲窗格、幻灯片缩图窗格和幻灯片备注页窗格。在大纲窗格中显示演示文稿的文本内容和组织结构，不显示图形、图像、图表等对象。

在大纲视图下编辑演示文稿，可以调整各幻灯片的前后顺序，可以在一张幻灯片内调整标题的层次级别和前后次序，可以将某张幻灯片的文本复制或移动到其他幻灯片中。大纲视图状态如图 6-12 所示。

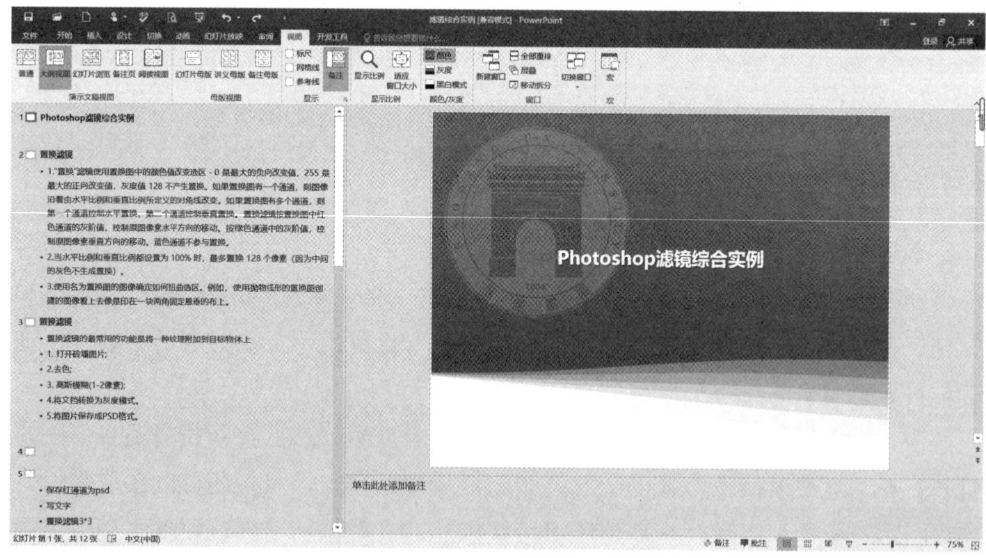

图 6-12　大纲视图

③幻灯片浏览视图。

在幻灯片浏览视图状态，可以在屏幕上同时看到演示文稿中的所有幻灯片，这些幻灯片是以缩略图方式整齐地显示在同一窗口中。

在该视图状态可以看到改变幻灯片的背景设计、配色方案或更换模板后文稿发生的整体变化，可以检查幻灯片是否前后协调，图标的位置是否合适等问题；同时在该视图状态也可以很容易地在幻灯片之间添加、删除幻灯片，或移动幻灯片的前后顺序以及设置幻灯片之间的动画切换方式。幻灯片浏览视图状态如图 6-13 所示。

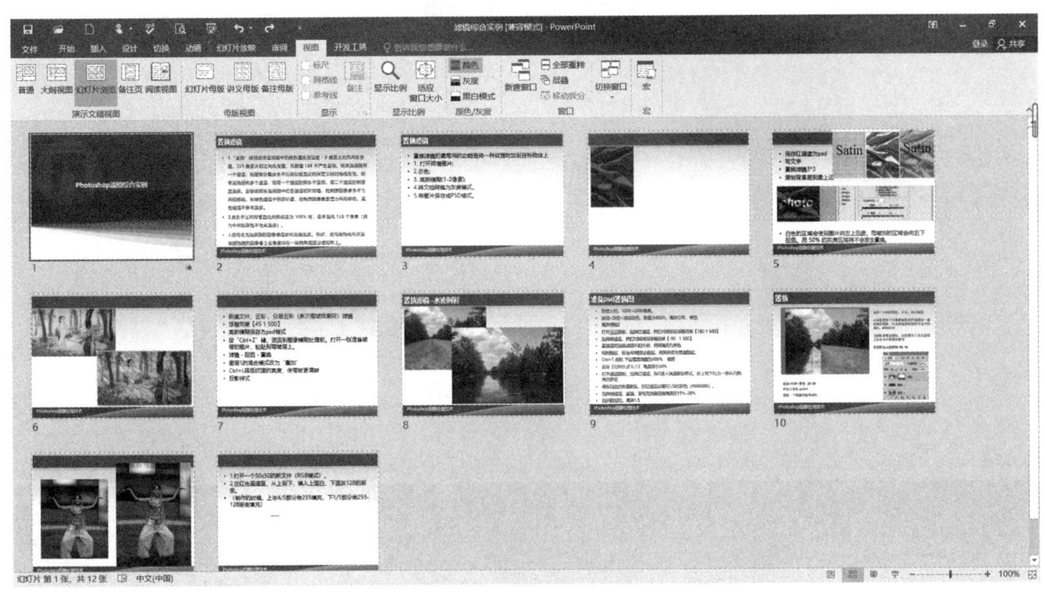

图 6-13　幻灯片浏览视图

④备注页视图。

备注页视图主要用于为演示文稿中的幻灯片添加备注内容或对备注内容进行编辑修改，在该视图模式下无法对幻灯片的内容进行编辑。

切换到备注页视图状态后，页面上方显示当前幻灯片的内容缩览图，下方显示备注内容占位符。单击该占位符，向占位符中输入内容，即可为幻灯片添加备注内容，如图 6-14 所示。

⑤阅读视图。

在制作演示文稿的任何时候，用户都可以通过单击“幻灯片放映”按钮启动幻灯片放映和预览演示文稿。

使用阅读视图时，幻灯片放映中并不是显示单个的静止画面，而是以动态的形式显示演示文稿中各张幻灯片。阅读视图展示演示文稿的效果，所以当演示文稿创建到一个阶段时，可以利用该视图来检查，从而可以对不满意的地方进行及时修改。阅读视图状态如图 6-15 所示。

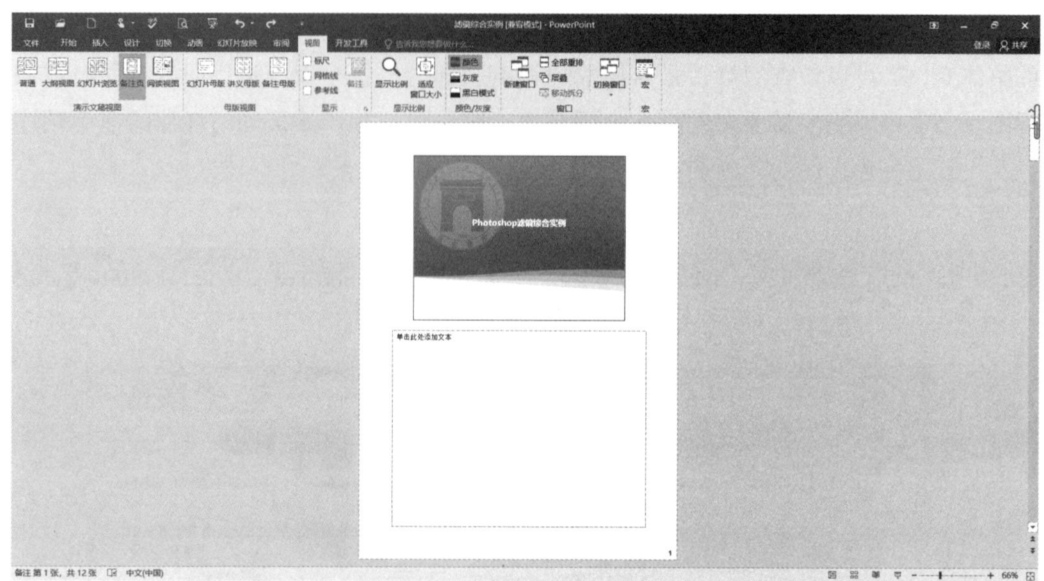

图 6-14　备注页视图

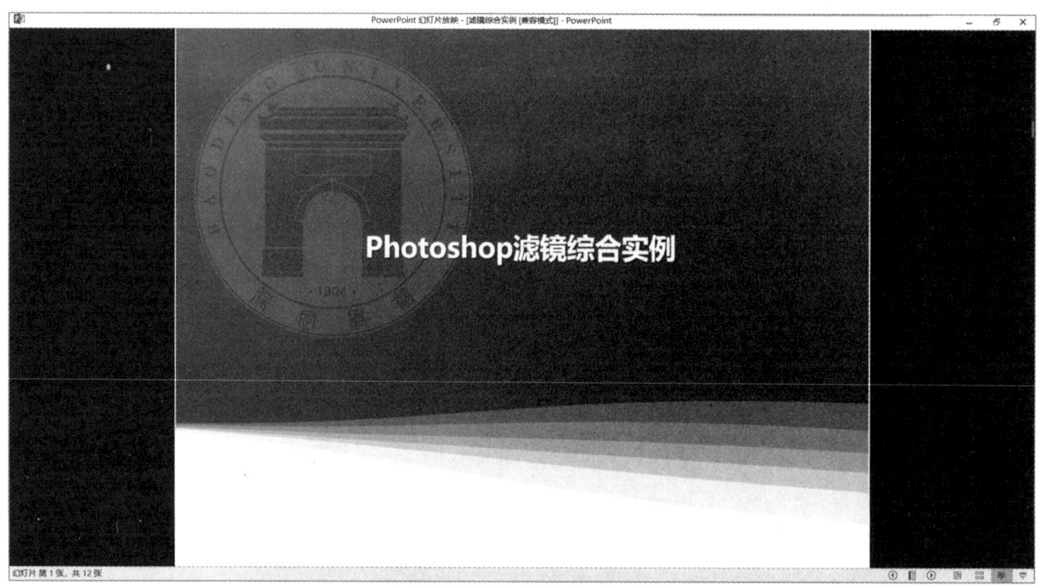

图 6-15　阅读视图

（7）输入和编辑文本

①在普通视图状态输入和编辑文本。

新建幻灯片时，在幻灯片编辑窗格中都能看到占位符。它是带有虚线标记的边框，用来插入标题、文本、图片、图表、图形等对象。

占位符存在编辑状态与选定状态两种模式。

当用户单击占位符区域的内部时，显示的就是编辑状态，如图 6-16 所示，可以在该区域输入文本，并可对文本进行编辑。选中某个占位符后，其虚线框的四周就有尺寸手柄，用于调整占位符的大小。

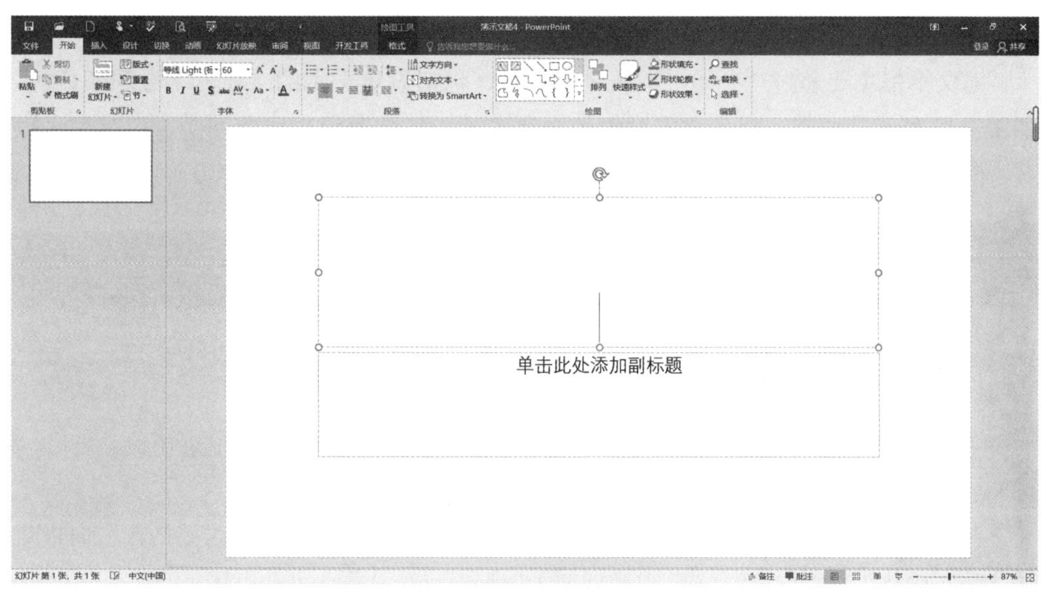

图 6-16　文本框的编辑状态

当用户单击占位符的边框时，显示的就是选定状态。此时可以对占位符进行剪切、复制、移动、删除等操作，也可对其进行形状格式的设置。

②在大纲视图窗格中输入文本。

输入标题：将鼠标光标定位在要输入标题的幻灯片上，输入标题后按回车键即可输入下一张幻灯片的标题。

输入正文：如果输入标题后需要输入幻灯片的正文内容，可按组合键 Ctrl+Enter，即可输入正文内容。

③使用文本框输入文本。

在演示文稿中选择需要插入文本框的幻灯片，然后在“插入”面板单击“文本”功能区中的“文本框”按钮，然后在幻灯片中单击插入一个文本框。可以单击“文本框”下的下拉按钮，选择下拉列表中的“横排文本框”或者“竖排文本框”插入一个设置了文字方向的文本框，此处选择“横排文本框”，如图 6-17 所示。

图 6-17　插入文本框

④文本框的修饰。

对文本框主要通过“开始”面板进行设置，包括设置文本的字体、字号和颜色等，如图 6-18 所示。同时，对于文本框中的文字段落，还需要设置段落间距、段落缩进以及行间距等。这些设置与 Word 中文本及段落的设置方法相同。

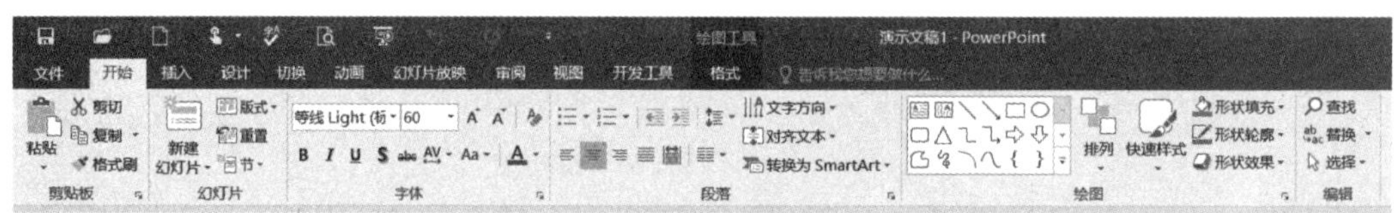

图 6-18　“开始”面板

对文本框样式的设置主要通过“格式”面板完成，如图 6-19 所示。“格式”面板包括“插入形状”“形状样式”“艺术字样式”“排列”“大小”5 个功能区。

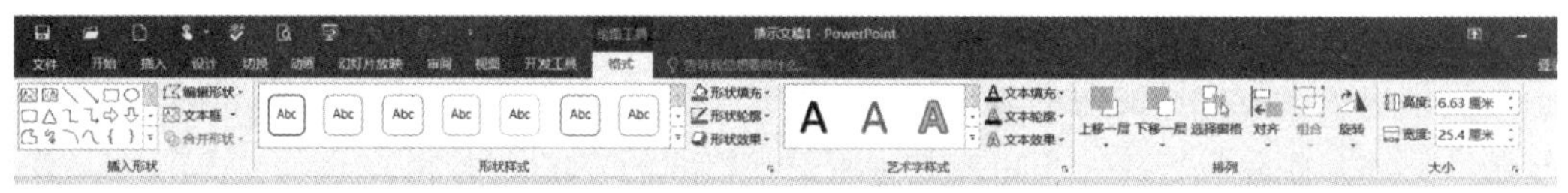

图 6-19　“格式”面板

在幻灯片中选择文本框，在“格式”面板的“形状样式”功能区中单击下拉按钮，然后在下拉列表中选择样式，将其应用到文本框，如图 6-20 所示。

在“格式”面板的“插入形状”功能区中单击“编辑形状”按钮，然后在下拉列表中选择“更改形状”选项，在下级列表中选择文本框的形状，如图 6-21 所示。

在“艺术字样式”功能区中单击下拉按钮，然后在下拉列表中选择一款艺术字样式，将其应用到文本框中的文字，如图 6-22 所示。

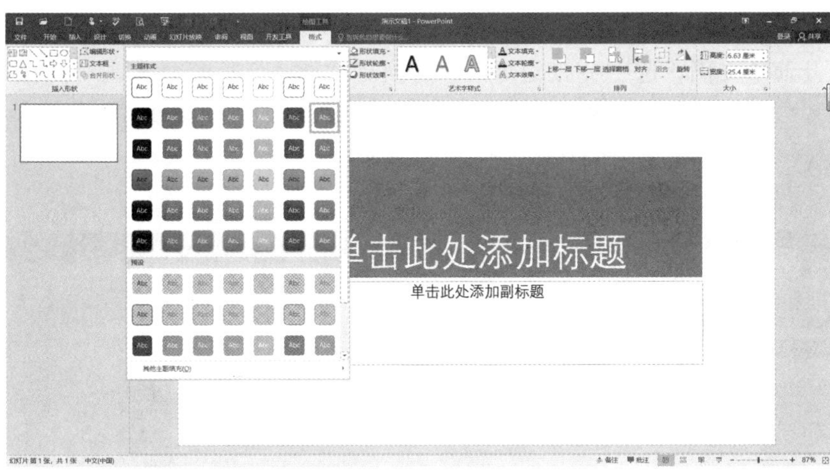

图 6-20　形状样式设置

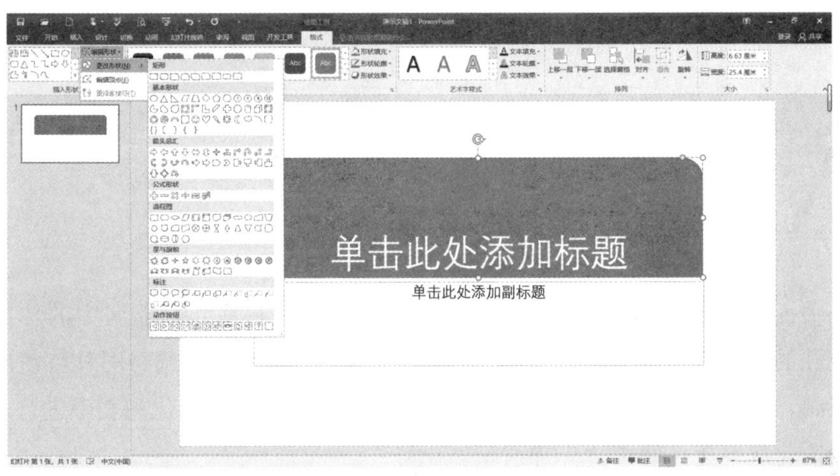

图 6-21　更改形状设置

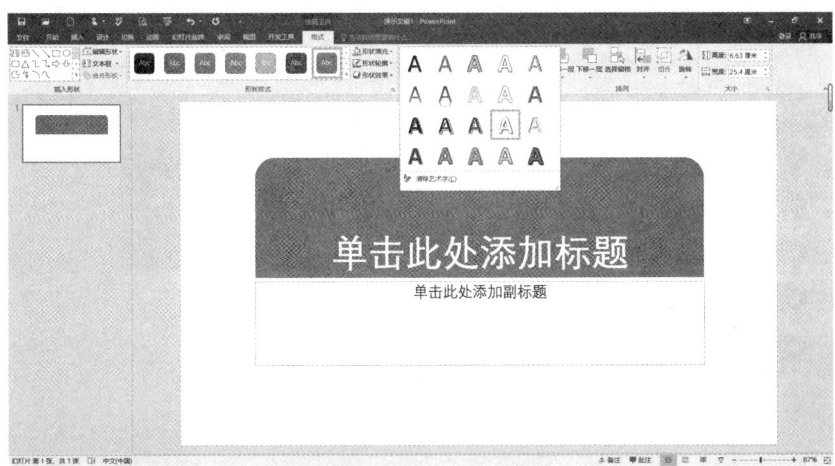

图 6-22　艺术字样式设置

（8）图片的插入和调整

①打开演示文稿，选中一张幻灯片，切换到“插入”面板，单击“图像”功能区中的“图片”按钮，弹出“插入图片”对话框，如图 6-23 所示。找到要插入的图片后，单击“插入”按钮即可插入图片。

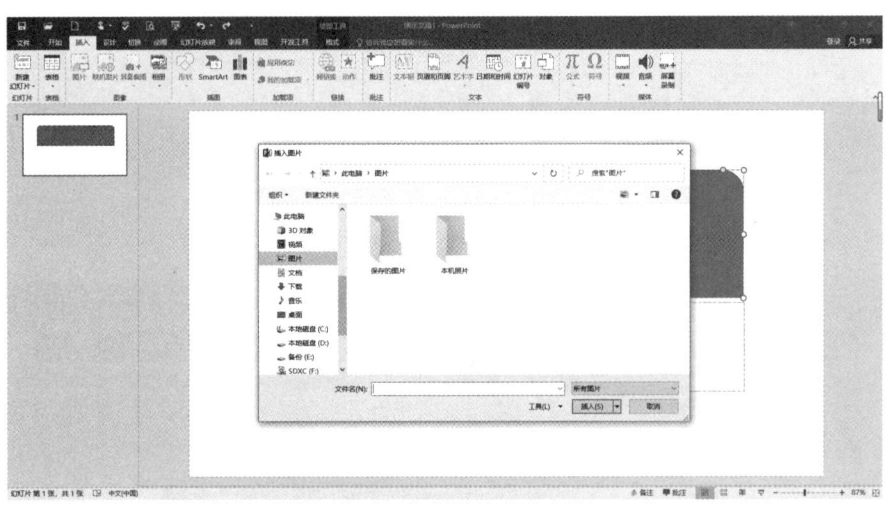

图 6-23 插入图片

②选中插入的图片，切换到“格式”面板，单击“调整”功能区中的“更正”按钮，在展开的“亮度/对比度”列表中选择合适的亮度和对比度调整图片，使图片中的颜色更亮丽，使颜色的对比更明显，如图 6-24 所示。在锐化/柔化列表中进行选择来对图片进行锐化或柔化，使图片更加清晰。

图 6-24 图片“更正”设置

③单击“调整”功能区中的“颜色”按钮，在“颜色饱和度”列表中选择合适的饱和度，在“色调”列表中选择合适的色调，也可以在“重新着色”列表中对图片重新着色，如图 6-25 所示。

图 6-25　图片颜色调整

④单击“调整”功能区中的“艺术效果”按钮，可以在展开的下拉列表中选择需要的艺术效果，如图 6-26 所示。

图 6-26　图片艺术效果调整

⑤单击“图片样式”功能区中的下拉按钮，在展开的图片样式列表中选择需要的样式，如图 6-27 所示。

图 6-27　图片样式调整

（9）SmartArt 图形的创建和编辑

SmartArt 图形是信息和观点的视觉表示形式，能够快速、轻松、有效地传达信息。PowerPoint 2016 共提供了 8 种 SmartArt 图形，虽然种类多样，但操作方法大同小异。

①打开需要创建 SmartArt 图形的幻灯片，在“插入”面板中单击“插图”功能区中的 SmartArt 按钮，打开“选择 SmartArt 图形”对话框，在对话框中选择需要使用的 SmartArt 图形后单击“确定”按钮，如图 6-28 所示。

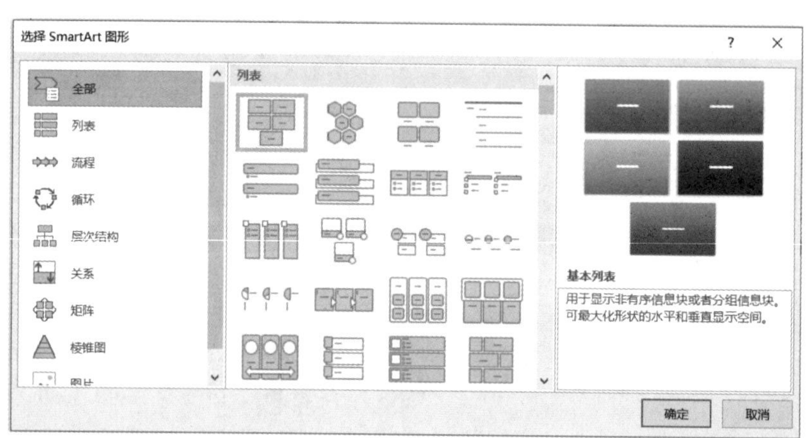

图 6-28　插入 SmartArt 图形

②在幻灯片中插入 SmartArt 图形，将插入点光标放置在 SmartArt 图形的文本框中输入文字，或者单击“文本窗格”按钮，在文本窗格列表中输入文字（SmartArt 图

形对应的文本框中也将添加文字)，如图 6-29 所示。完成文字输入后单击文本窗格右上角的“关闭”按钮。

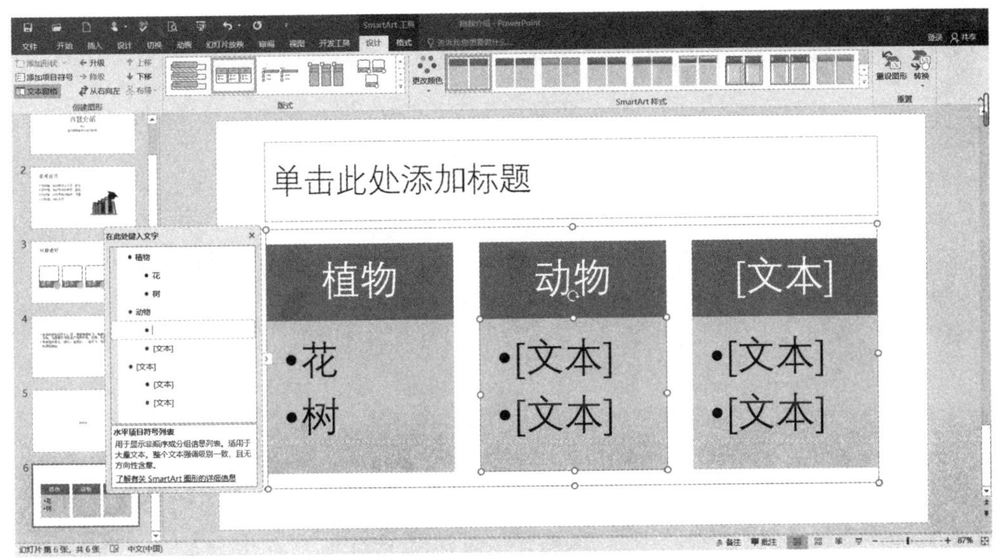

图 6-29　SmartArt 图形的编辑

③选择 SmartArt 图形，在“设计”面板的“版式”功能区中单击下拉按钮，在下拉列表中选择一款 SmartArt 图形样式后可以将当前 SmartArt 图形布局更改为该布局样式，如图 6-30 所示。

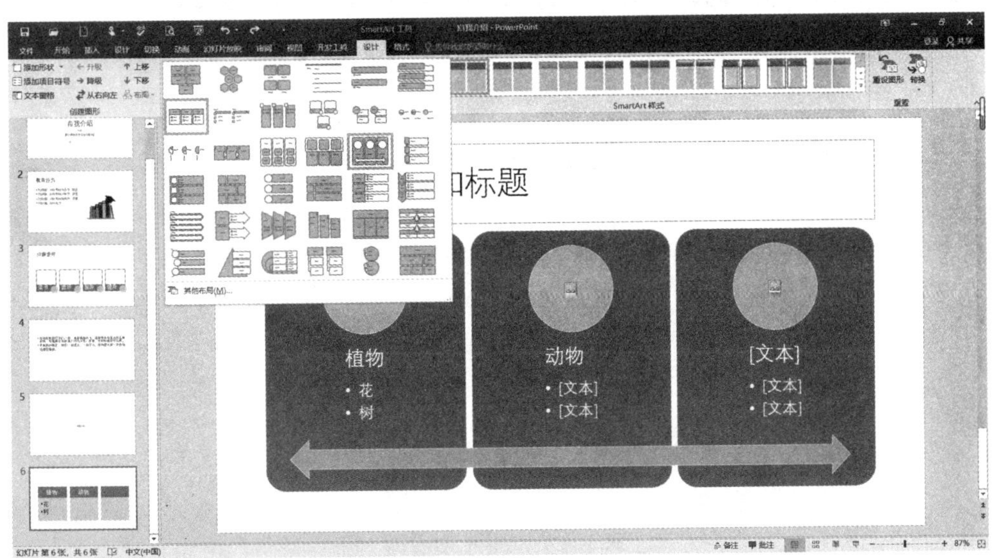

图 6-30　修改 SmartArt 图形布局

④在“设计”面板的“SmartArt 样式”功能区中单击“更改颜色”按钮，在下拉列表中选择一款颜色将其应用到 SmartArt 图形中，如图 6-31 所示。

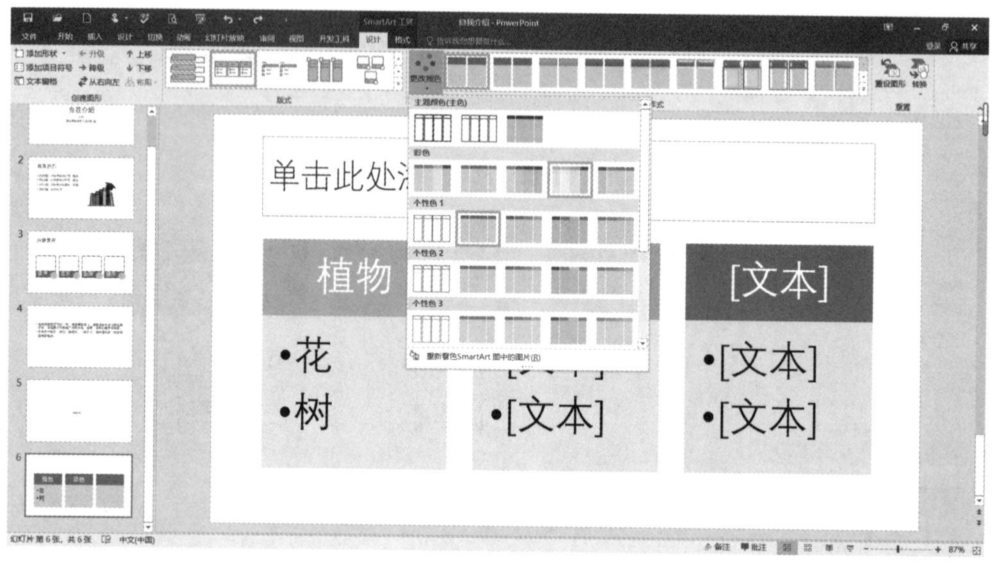

图 6-31　更改 SmartArt 图形颜色

6. 任务实现

①启动 PowerPoint，新建空白演示文稿输入标题和副标题，如图 6-32 所示。

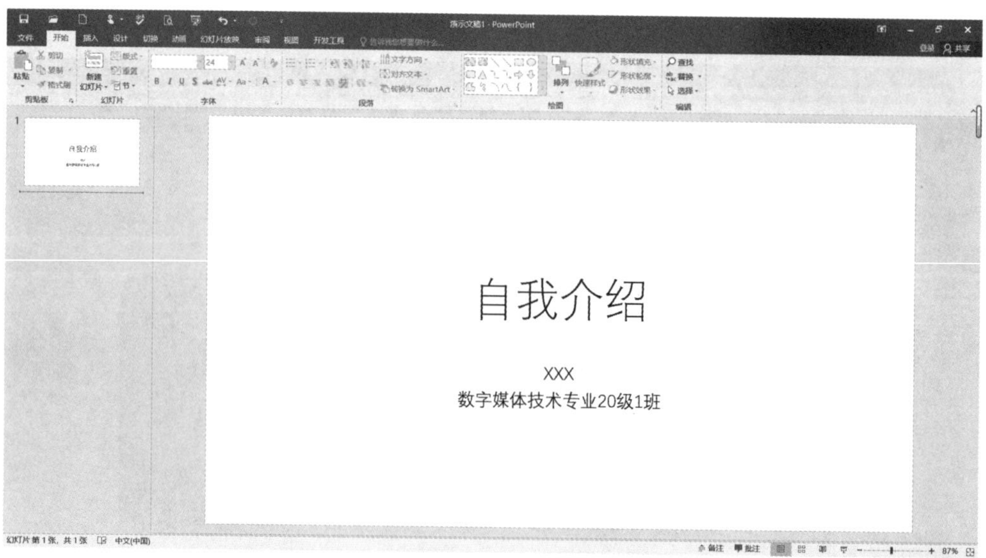

图 6-32　演示文稿封面

②在左侧幻灯片/大纲视图窗格，将光标定位在第一张幻灯片的后面，按回车键新建一张幻灯片。输入标题和文本，并插入一张图片，调整图片大小和位置，如图 6-33 所示。

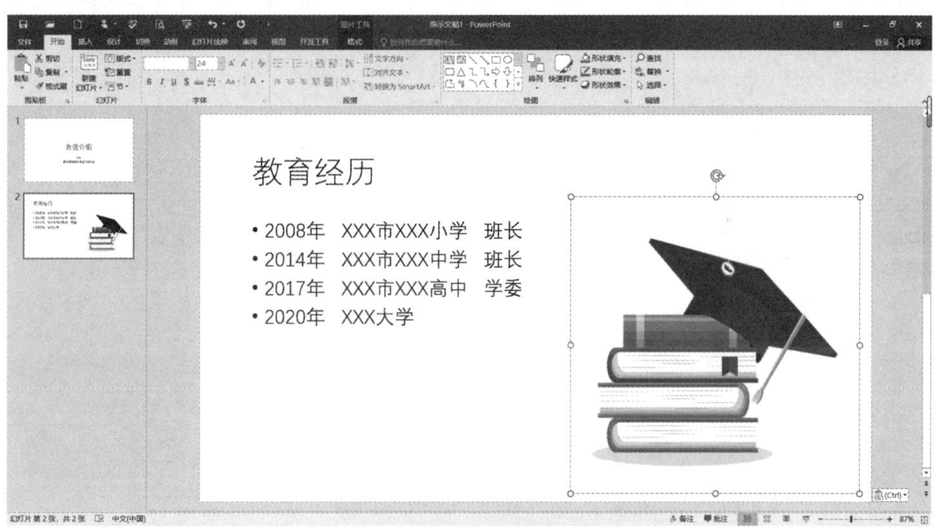

图 6-33　教育经历页面效果

③插入一张新幻灯片，输入标题“兴趣爱好”，在“插入”面板中单击“插图”功能区中的 SmartArt 按钮，打开“选择 SmartArt 图形”对话框，在对话框中选择“图片”类里面的“图片题注列表”选项，单击“确定”按钮，如图 6-34 所示。

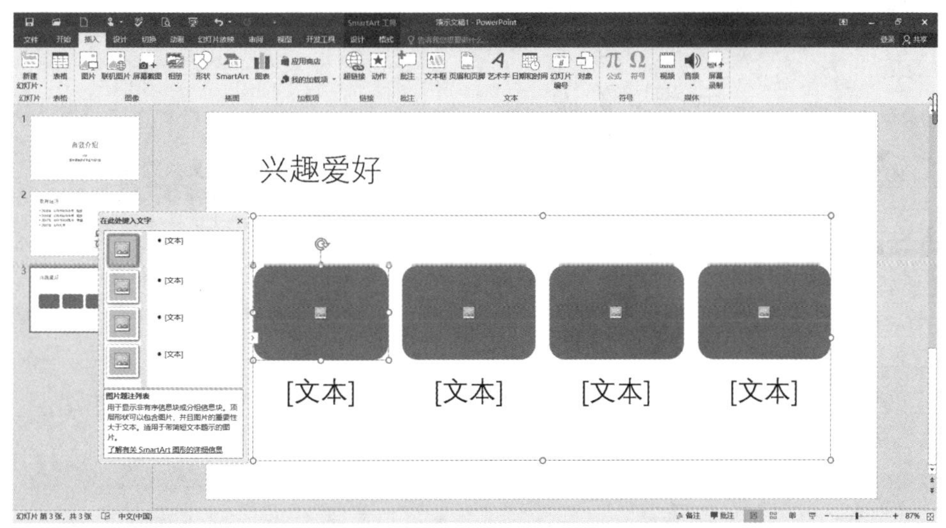

图 6-34　插入 SmartArt 图形

④依次输入文本“读书”“音乐”“旅游”“健身”。单击每一处文本上方的图片按钮，在弹出的“插入图片”对话框中选择素材图片，依次插入素材图，如图 6-35 所示。

图 6-35　编辑 SmartArt 图形

⑤插入一张新幻灯片，输入标题“我想对你说”，文本内容如图 6-36 所示。

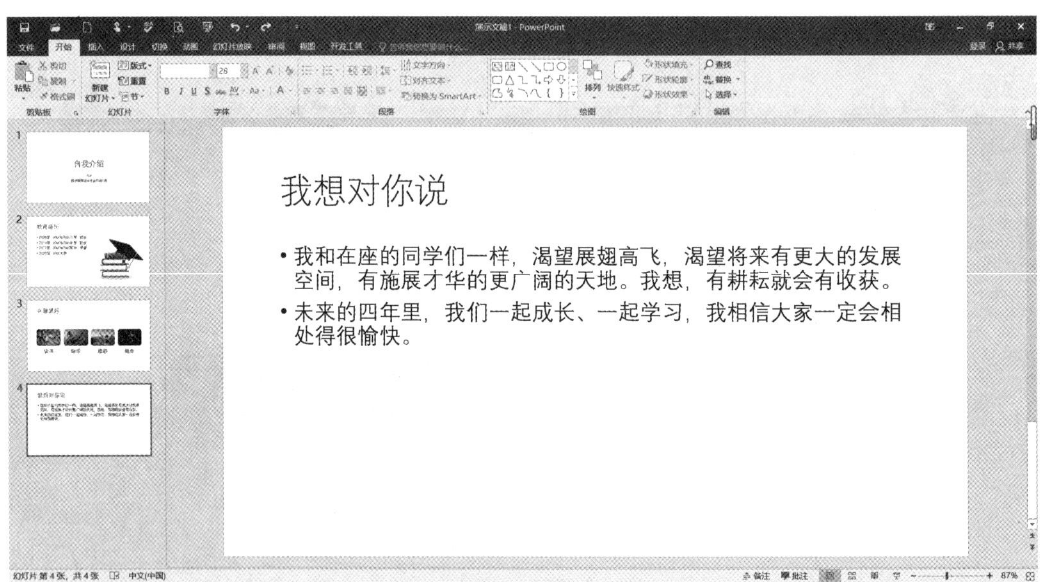

图 6-36　幻灯片效果图

⑥插入一张新幻灯片，在“插入”面板中单击“文本”功能区中的“艺术字”按钮，选择“渐变填充-金色-着色 4”选项，插入艺术字，修改文字内容为“谢谢”，如图 6-37 所示，设置艺术字字体为“微软雅黑”，大小为 96 磅。

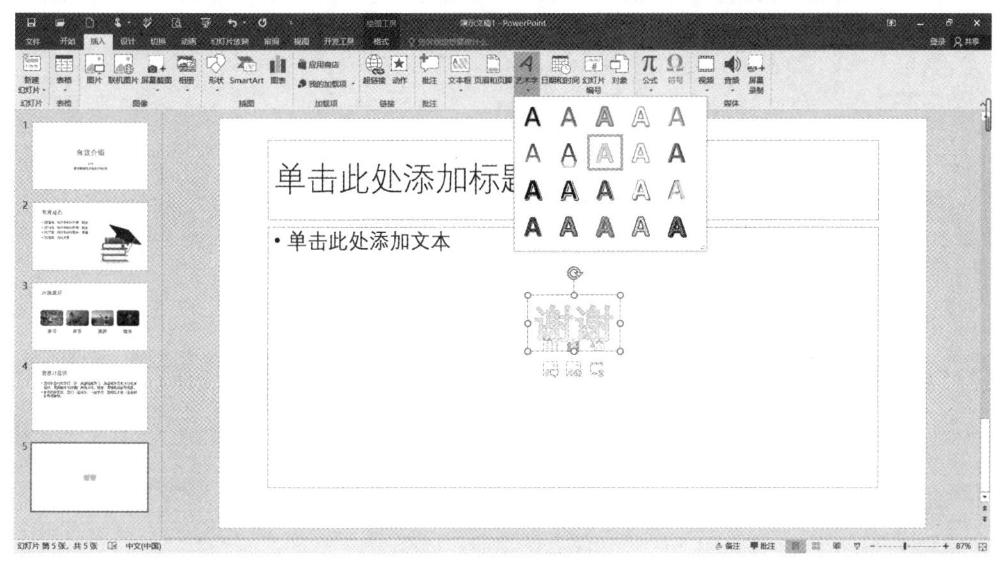

图 6-37　插入艺术字

⑦在“视图”面板中单击“母版视图”功能区中的“幻灯片母版”按钮，设置标题和副标题字体为“微软雅黑”，如图 6-38 所示。

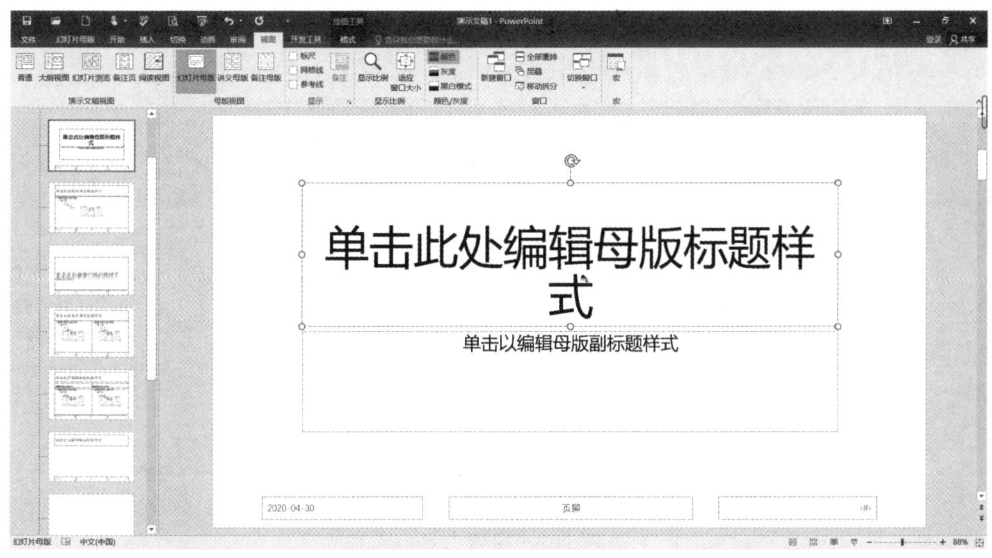

图 6-38　设置幻灯片母版标题

⑧选择下一张幻灯片母版，同样设置字体为“微软雅黑”。选中下方的文本框，在“开始”面板的“段落”功能区，设置行间距为 1.5 倍行距，如图 6-39 所示。

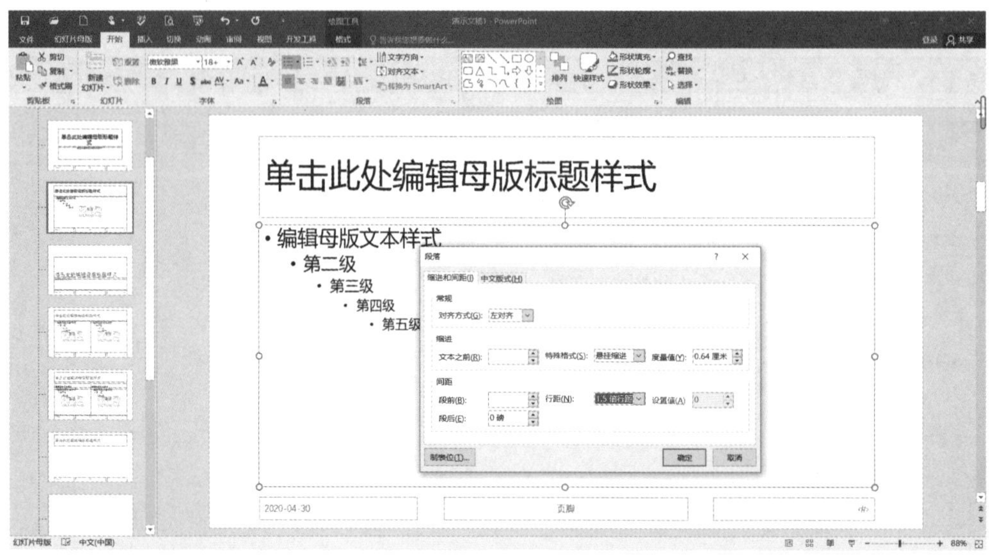

图 6-39　设置行间距

⑨在幻灯片空白处单击鼠标右键，在快捷菜单中选择“设置背景格式”选项，在右侧的窗格设置背景色为蓝色，单击“全部应用”按钮，如图 6-40 所示。

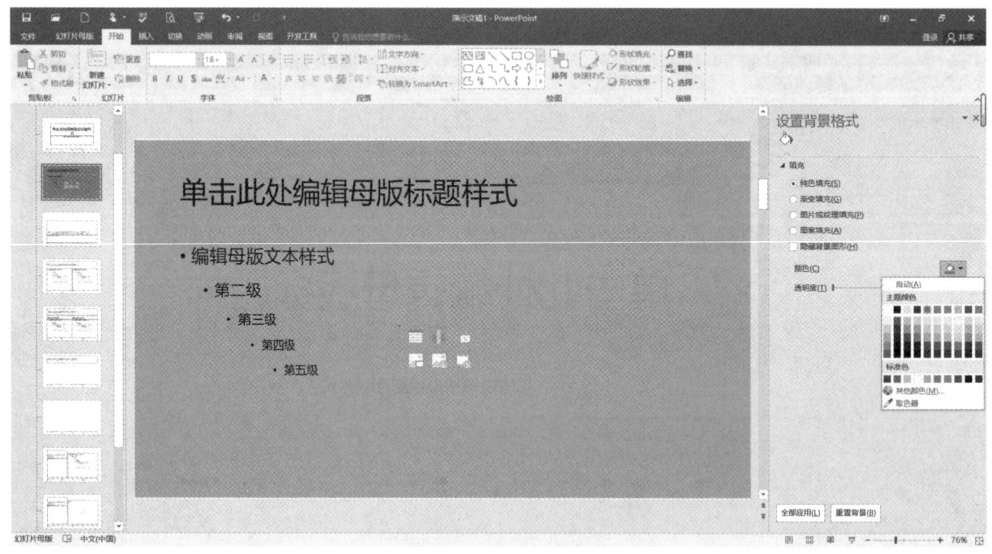

图 6-40　设置背景色

⑩选择“幻灯片母版”面板，单击“关闭母版视图”按钮。演示文稿背景和字体都发生了改变，可以单击窗口右下角的“幻灯片放映”按钮进行播放预览。

⑪执行“文件”→“保存”命令，保存演示文稿。

6.2　制作“毕业论文答辩”演示文稿

1. 任务目标

①掌握 PowerPoint 2016 基本操作方法及演示文稿中音频、视频等媒体元素的使用和设置方法。

②能够为幻灯片设置动画效果、切换效果等。

③能够为幻灯片设置超链接、动作、放映方式等。

2. 任务提出

毕业论文答辩是一种有组织、有准备、有计划、有评价的比较正规的审查论文的形式。根据论文内容制作一个适合毕业答辩的演示文稿能起到事半功倍的效果。

3. 任务分析

毕业答辩环节的演示文稿设计要简洁明了，要利用图片、视频等素材以及合适的动画形式、切换方式将论文关键内容完美地展示出来。

4. 效果展示

效果如图 6-41 所示。

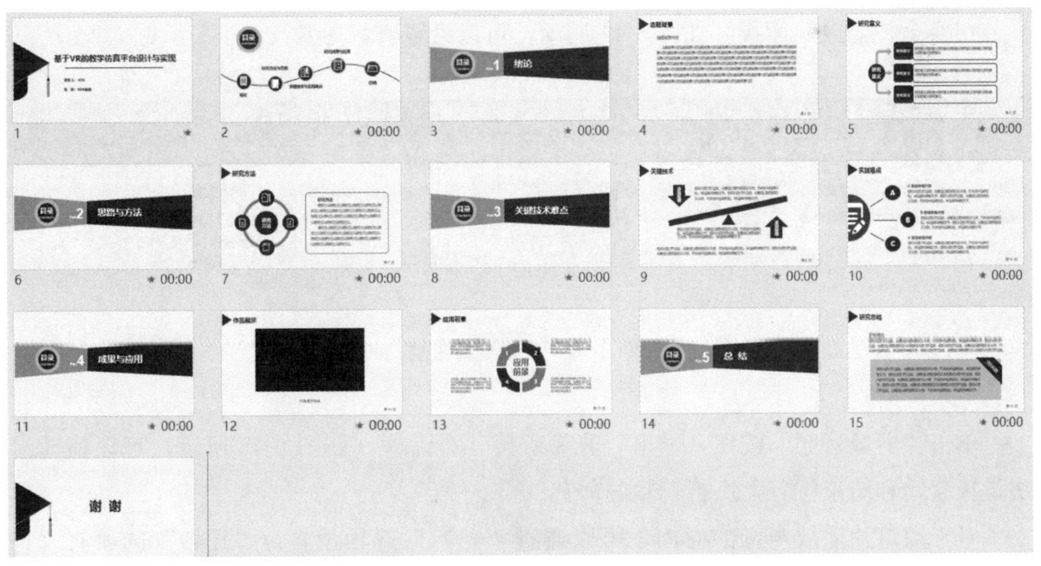

图 6-41　毕业答辩演示文稿示例

5. 相关知识

(1) 音频的使用

打开要插入音频的幻灯片，切换至“插入”面板，单击“音频”下拉按钮，在展开的下拉列表中选择“PC 上的音频”选项，如图 6-42 所示。也可以选择“录制音频”，利用 PowerPoint 2016 可以自己录制音频插入幻灯片中。

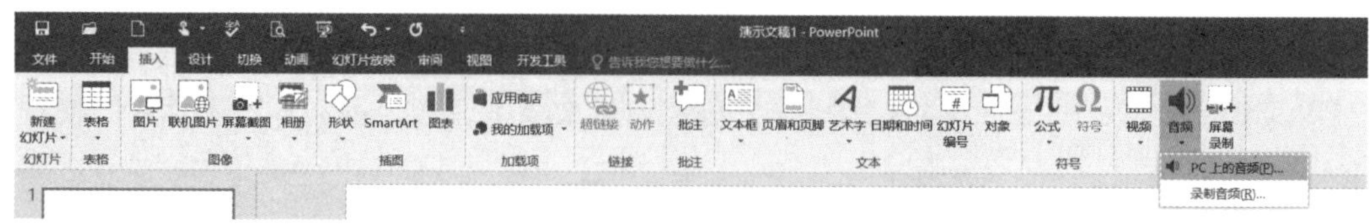

图 6-42 插入音频

在弹出的“插入音频”对话框中选择音频文件，单击“插入”按钮，即可完成音频文件的插入，效果如图 6-43 所示。

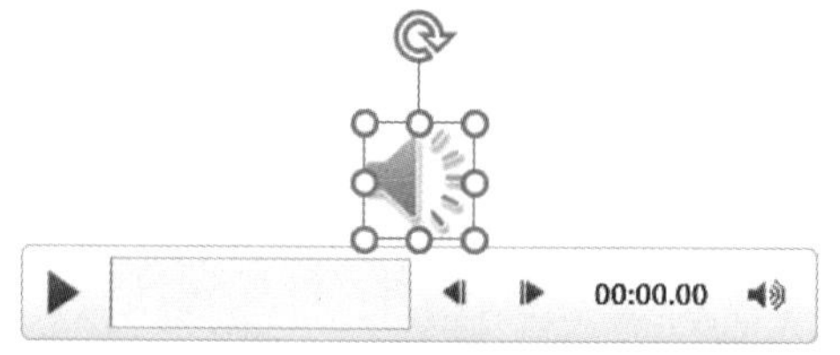

图 6-43 插入的音频图标

切换至“播放”面板，如图 6-44 所示，可以设置音频参数。

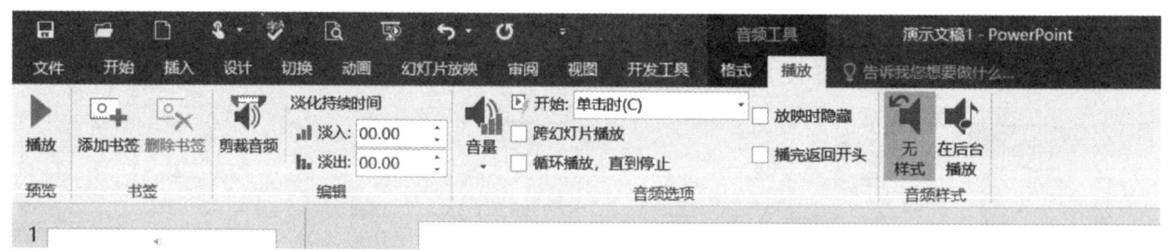

图 6-44 音频参数设置

单击“剪裁音频”按钮，弹出“剪裁音频”对话框，如图 6-45 所示，可以拖动滑块设置起始和结束位置，进行音频的剪裁。

对于幻灯片播放声音的时间，可以通过“开始”选项设置。“开始”选项有“自动”和“单击时”两子选项，选择“自动”选项，幻灯片播放时声音将自动播放；选择“单击时”选项，在幻灯片播放时，只有在单击时声音才开始播放。

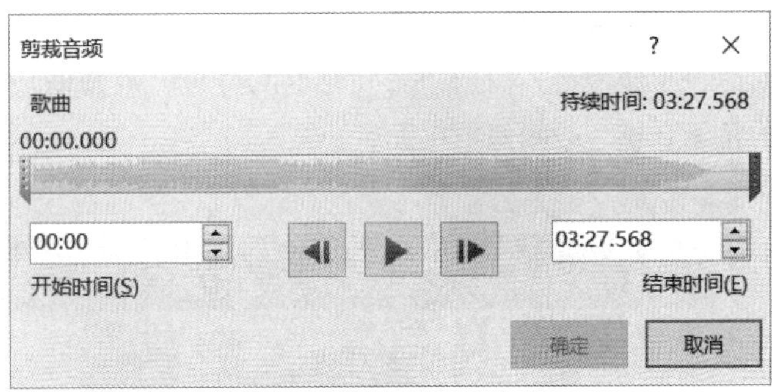

图 6-45　剪裁音频

单击“音量”按钮，在打开的下拉列表中勾选相应的选项，对播放音量进行设置。勾选“音频选项”功能区中的“循环播放，直到停止”复选框，声音将在整个演示文稿的播放过程中一直循环播放；勾选“放映时隐藏”复选框，幻灯片播放时将不会显示音频图标；勾选“播完返回开头”复选框，声音播放完成后将返回到开头，而不是停在末尾。

（2）视频的使用

在 PowerPoint 2016 中可以插入计算机中的视频文件，PowerPoint 为用户提供了多种兼容的视频文件格式，如. flv、. avi、. wmv、. mp4 等。

打开要插入视频的幻灯片，切换至“插入”面板。单击“视频”按钮，打开下拉列表，选择“PC 上的视频”选项，在弹出的“插入视频文件”对话框中选择需要插入的视频文件后，单击“插入”按钮即可完成视频插入。单击浮动控制栏上的“播放”按钮即可播放视频。如图 6-46 所示。

图 6-46　插入视频

拖动视频即可改变其在幻灯片中的位置，拖动视频边框上的控制柄可以改变视频放映时的大小。

切换到“播放”面板，如图 6-47 所示。在“视频选项”功能区中，勾选“全屏播放”复选框，视频将会全屏播放；勾选“未播放时隐藏”复选框，幻灯片放映时将自动隐藏视频播放窗口；勾选“循环播放，直到停止”复选框，视频将不断重复播放，直到按下暂停键；勾选“播放完返回开头”复选框，在视频播放完后画面会停留在影片的第一帧，否则停留在最后一帧。

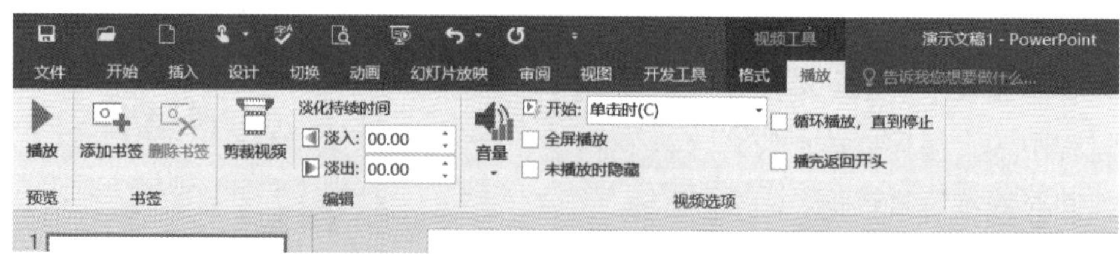

图 6-47 “播放”面板

（3）幻灯片切换

幻灯片切换方式是指，某张幻灯片进入或退出屏幕时的特殊视觉效果。目的是使前后两张幻灯片之间过渡自然。在 PowerPoint 2016 中，系统为用户提供了多种不同的切换效果，包括细微型、华丽型、动态内容三大类型。

打开幻灯片，切换到“切换”面板，单击“切换到此幻灯片”功能区中的下拉按钮，如图 6-48 所示。此处我们选择“推进”效果，幻灯片就会自动播放一次应用后的效果，如果需要再次预览效果，可以在“预览”功能区中单击“预览”按钮。

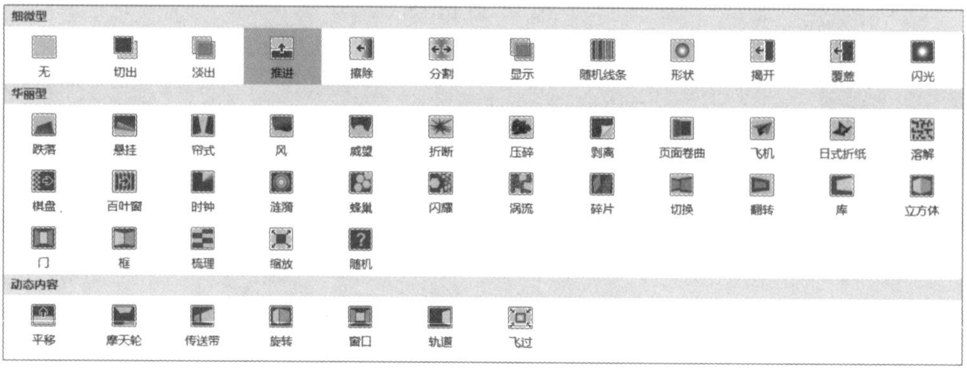

图 6-48 选择幻灯片切换效果

单击“效果选项”按钮，在下拉列表中可以进行所选效果的方向设置，如图 6-49 所示。在“计时”功能区中，可以选择不同的声音添加到切换效果中；改变切换的持续时间就可以调整切换幻灯片的速度；还可以设置幻灯片换片的方式，包括单击鼠标时换片和设置自动换片时间这两种方式。单击“全部应用”按钮可以设置所有幻灯片切换应用选中的效果。

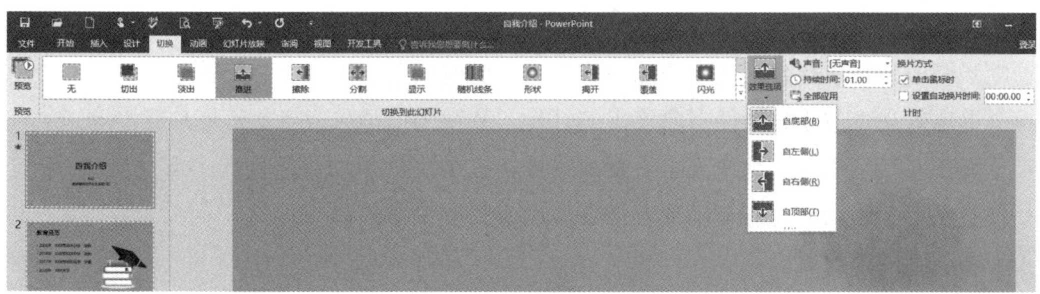

图 6-49　切换效果设置

（4）设置动画效果

动画效果是指，在幻灯片的放映过程中，幻灯片上的各种对象以一定的次序及方式进入画面中产生的动态效果。可以将演示文稿中的文本、图片、形状、表格、SmartArt 图形和其他对象制作成动画，赋予它们进入、退出、大小或颜色变化甚至移动等视觉效果。

①动画效果介绍。

PowerPoint 2016 中有以下不同类型的动画效果，如图 6-50 所示。

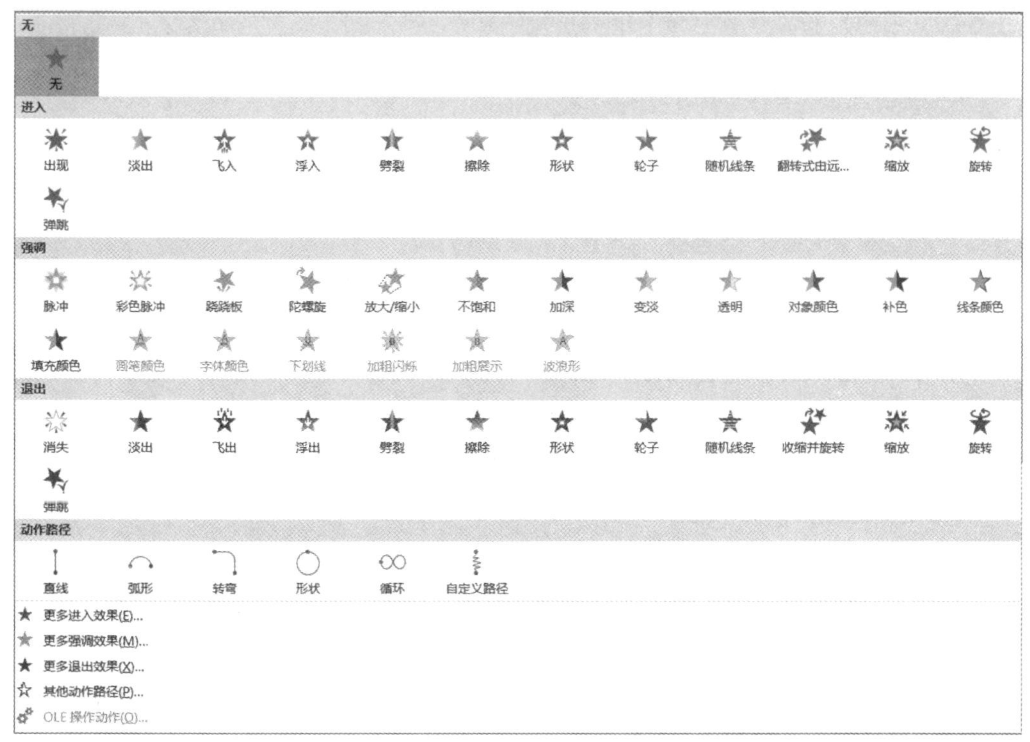

图 6-50　动画效果

进入效果：效果包括使对象逐渐淡入焦点、从边缘飞入幻灯片或者跳入视图中等。

强调效果：效果包括使对象缩小或放大、更改颜色或沿其中心旋转等。

退出效果：效果包括使对象飞出幻灯片、从视图中消失或者从幻灯片旋出等。

动作路径（指定对象或文本沿行的路径，它是幻灯片动画序列的一部分）：效果包括使对象上下移动、左右移动或者沿着星形或圆形图案移动等。

②动画效果设置。

打开幻灯片，选中一张幻灯片中的图片，切换到“动画”面板，在“动画”功能区中选择进入动画为“擦除”效果，如图 6-51 所示。单击“效果选项”按钮，可以对所选动画效果进行方向设置。

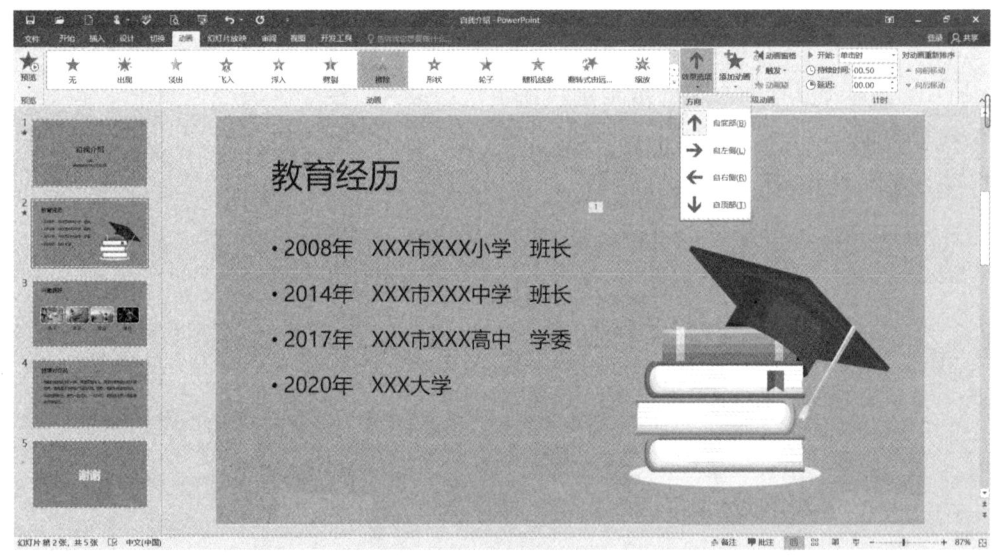

图 6-51 动画效果设置

“计时”功能区可以对动画的开始播放时间、延迟时间、在幻灯片中显示的时间进行设置，也可对动画的顺序进行调整。“持续时间”参数可以设置该动画从开始到结束的显示时间。“延迟”参数可以设置该动画开始前等待的时间。

对动画的开始播放时间进行设置，有三种状态：

• 单击时：是指单击幻灯片时开始播放动画。

• 与上一动画同时：是指在上一个动画开始播放时，该动画也同时开始播放。

• 上一动画之后：是指上一个动画播放完成时，该动画开始播放。

在幻灯片中选择添加了动画效果的对象，在“高级动画”功能区中单击“动画刷”按钮选择动画刷。使用“动画刷”单击幻灯片中的对象，动画效果将复制给该对象，双击“动画刷”按钮可以连续使用多次。

③动画窗格的使用。

在 PowerPoint 中使用动画窗格可以一边观察多个动画的运动状态一边控制动画的播放。在动画窗格中可以调整动画的播放顺序，控制动画的播放方式、播放时间等。

在“动画”面板中单击“动画窗格”按钮打开“动画窗格”，如图 6-52 所示。窗格中按照动画的播放顺序列出了当前幻灯片中的所有动画效果，单击窗格中的“播放自”按钮将播放幻灯片中的动画。在“动画窗格”中拖动动画选项改变其在列表中的位置，将能够改变动画播放的顺序。将鼠标放置到时间条上，会得到动画开始和结束的时间，通过时间条能够改变动画开始的延迟时间。

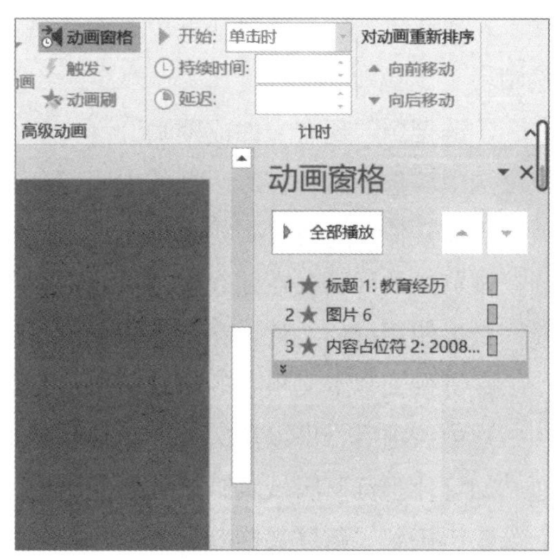

图 6-52　动画窗格

(5) 设置超链接

超链接是控制演示文稿放映的一种重要手段。在 PowerPoint 中可以创建指向网页、图片、电子邮件地址或程序的超链接，用于幻灯片播放时以定位的方式进行跳转。使用超链接可以制作出具有交互功能的演示文稿。

打开幻灯片，选中要添加超链接的对象，切换到“插入”面板，单击“链接”功能区中的“超链接”按钮，弹出“插入超链接”对话框，如图 6-53 所示，可进行超链接的设置。

图 6-53　插入超链接

在“插入超链接”对话框中，左边有一个“链接到”面板，在其选项区中有 4 个选项：

①链接到“现有文件或网页”。

选中该选项后，在对话框的中间部分有 3 个选项。

当前文件夹：通过查找本地文件来建立超链接。

浏览过的网页：在列表中列出最近浏览过的网页可供选择。

最近使用过的文件：在列表中列出最近使用过的文件可供选择。

②链接到“本文档中的位置”。

选中该项后，可以从幻灯片列表中选择要链接的幻灯片或自定义放映，并且可通过“幻灯片预览”区域对链接效果进行预览。

③链接到“新建文档”。

选中该项后，则可以链接到一个新的演示文稿，默认情况下为“开始编辑新文档”，并以指定的名称和位置编辑。窗格下方还有“以后再编辑新文档”和“开始编辑新文档”等设置。

④链接到“电子邮件地址”。

通过输入新的电子邮件地址、主题，可以选定电子邮件内容建立超链接。另外，也可以选择“最近使用过的电子邮件地址”来设置超链接。

设置好超链接后，被链接文字的默认格式为“蓝色且有下划线”。当幻灯片放映时，鼠标光标停在被链接的文字上时就变成手柄形状，如设置有“屏幕提示文字”，则会在屏幕上显示出来。单击超链接，自动跳转到指定的页面，并且被链接的文字将会改变颜色，默认情况下变成紫色。

图 6-54　动作设置

（6）设置动作

PowerPoint 中动作和超链接有着异曲同工之妙。用户既可以为一个已有的对象添加动作，也可以直接添加动作按钮，都能实现超链接的一些功能。在幻灯片中适当添加动作按钮，然后加上适当的动作链接操作，可以方便地对幻灯片的播放进行控制。

打开演示文稿，在幻灯片中选择需要添加动作的对象，单击“插入”面板“链接”功能区中的“动作”按钮，弹出“操作设置”对话框，如图 6-54 所示。

①“单击鼠标”选项卡。

放映幻灯片时，通过单击对象来触发动作。

• 无动作。

• 超链接到：将单击动作设置为链接到某个幻灯片。

• 运行程序：设置执行动作时打开的程序。运行宏和对象动作都是基于运行程序设置的。

勾选“播放声音”复选框，在下拉列表中选择声音，在幻灯片放映时单击对象，将播放选择的声音作为动作的提示音。

②“鼠标悬停”选项卡。

通过该选项卡可设置当鼠标指针移到对象上方时触发动作。设置方法与“单击鼠标”选项卡一样。

③添加动作按钮。

选择需要添加动作按钮的幻灯片，在“插入”面板中单击“形状”按钮，然后在下拉列表中选择“动作按钮”栏中的按钮，如图 6-55 所示。PowerPoint 2016 提供了 12 种动作按钮供用户选择使用，将鼠标指针放置到某个按钮上时，PowerPoint 会给出该按钮的功能提示信息。

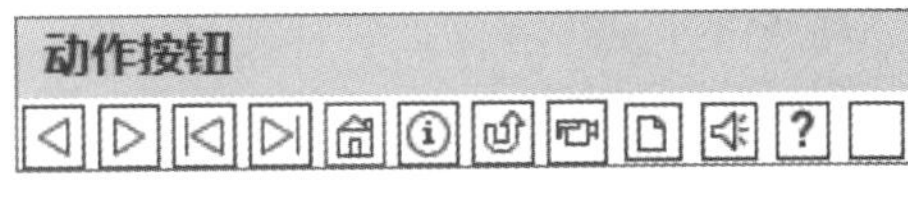

图 6-55　插入动作按钮

动作按钮实际上是一个形状，使用“格式”面板中的选项可以对其样式进行修改。如果需要修改某个按钮的默认动作，可以用鼠标右键单击幻灯片中的该按钮，选择快捷菜单中的“编辑超链接”选项，打开“操作设置”对话框，在该对话框中对按钮动作进行重新设置。如果需要创建鼠标指针移过按钮时发生的动作，可以在“操作设置”对话框的“鼠标悬停”选项卡中进行设置。

（7）幻灯片放映

为了更完美地演示文稿放映效果，控制好放映幻灯片的时间、范围等都非常重要。若要播放幻灯片，单击“幻灯片放映”面板上“开始放映幻灯片”功能区中选择放映方式，如图 6-56 所示。

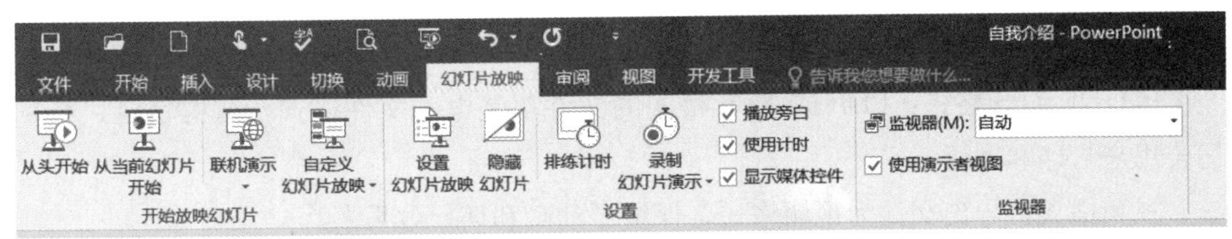

图 6-56　“幻灯片放映”面板

从头开始：单击该按钮，演示文稿从第一张幻灯片开始放映。

从当前幻灯片开始：单击该按钮，从当前幻灯片页面开始放映。

联机演示：单击该按钮，可以让其他人员在 Web 浏览器中观看并下载幻灯片内容。

自定义幻灯片放映：单击该按钮，可以选取部分幻灯片播放。

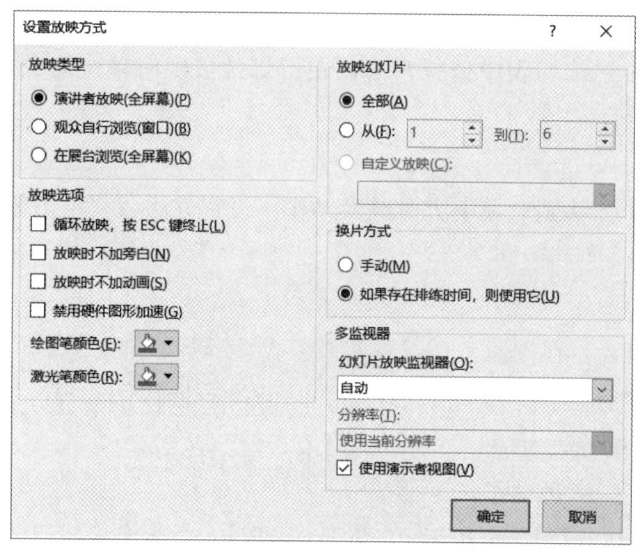

图 6-57　设置放映方式

在“设置”功能区中单击“设置幻灯片放映”按钮，弹出“设置放映方式”对话框，如图 6-57 所示。

放映类型：用于选择演示文稿的不同放映形式，共有三种形式可供选择。

放映选项：有“循环放映，按 ESC 键终止”“放映时不加旁白”“放映时不加动画”等功能设置，还可设置绘图笔、激光笔的颜色。

放映幻灯片：默认选择播放全部幻灯片；也可播放部分幻灯片并具体设置页数范围；还可以自定义放映，从下拉列表中选择幻灯片。

换片方式：“手动”方式，播放时需要单击来切换幻灯片；“如果存在排练时间，则使用它”方式，在播放时是根据已经设置好的排练时间来自动进行切换。

（8）输出演示文稿

在 PowerPoint 2016 中，除了可以将演示文稿保存为“PowerPoint 演示文稿”默认格式（pptx）外，还可以输出以下几种格式：

PowerPoint 放映格式（ppsx）：将演示文稿保存为始终在幻灯片放映视图（而不是普通视图）中打开的演示文稿。

PowerPoint 97-2003 演示文稿格式（ppt）：主要是为了兼容以前版本的 PowerPoint 软件。

PDF 或 XPS 格式：PDF 或 XPS 格式的文件都是电子文件格式，结构稳定，特别适合用来打印和阅读。

视频格式：导出文件为视频格式，保留了动画和切换效果。

6. 任务实现

①打开素材文件“论文答辩. pptx”，演示文稿相关内容已经部分制作完成，如图 6-58 所示。

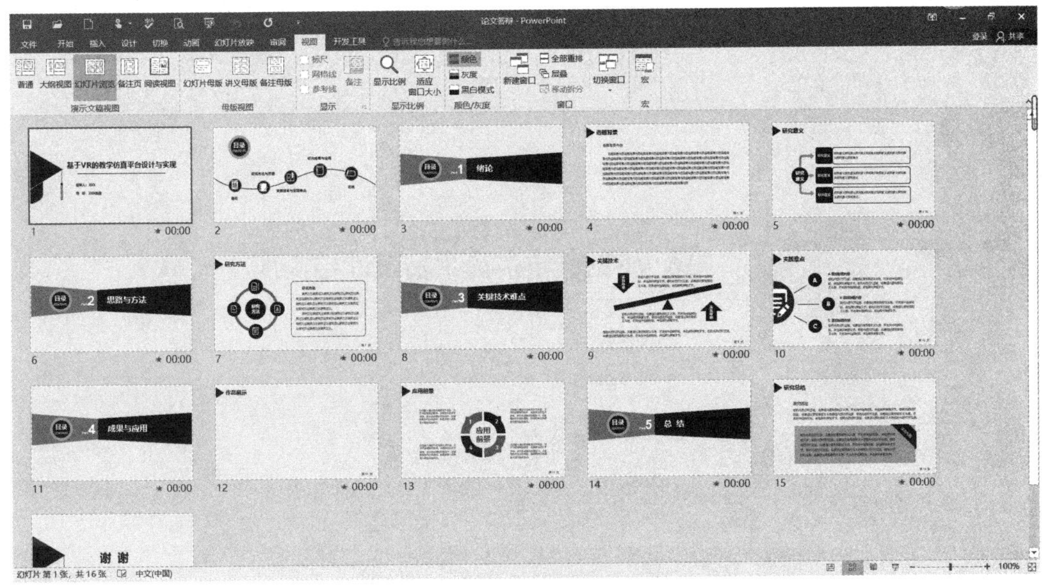

图 6-58　演示文稿效果图

②打开第一张幻灯片，按照动画顺序依次设置各个元素的动画效果。切换到“动画”面板，选择学士帽组合对象，设置动画效果为“擦除”，方向为“自左侧”，计时选择“与上一动画同时”。如图 6-59 所示。

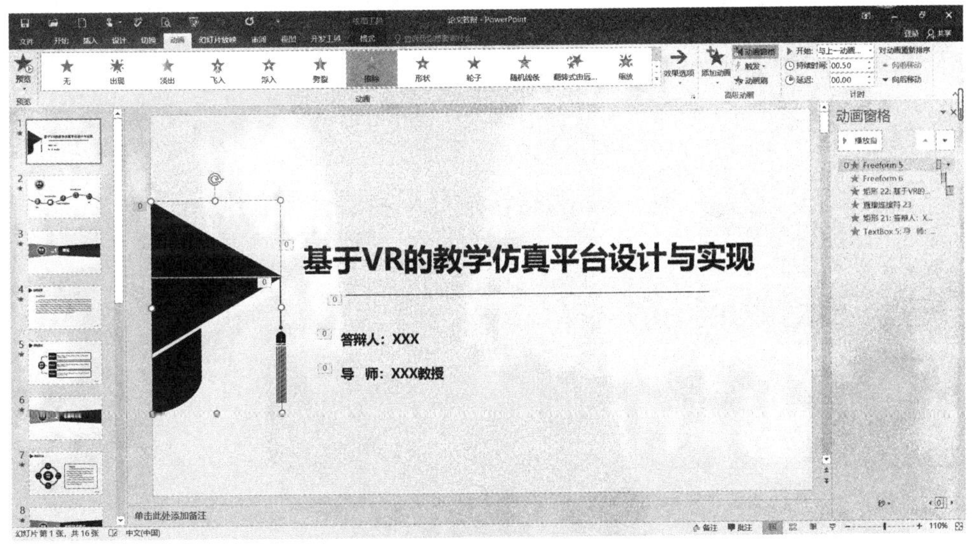

图 6-59　学士帽对象动画设置

③选中流苏对象，设置动画效果为“擦除”，方向为“自顶部”，计时选择“上一动画之后”，如图 6-60 所示。

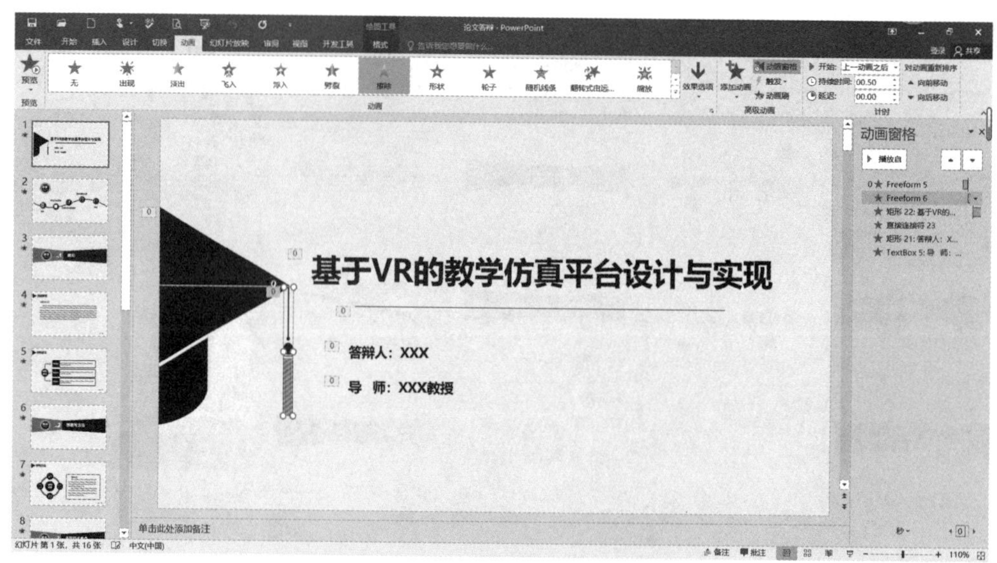

图 6-60　流苏对象动画设置

④选中标题文本，设置动画效果为“浮入”，方向为“上浮”，序列为“作为一个对象”，计时选择“上一动画之后”，持续时间为“1 分钟”，如图 6-61 所示。

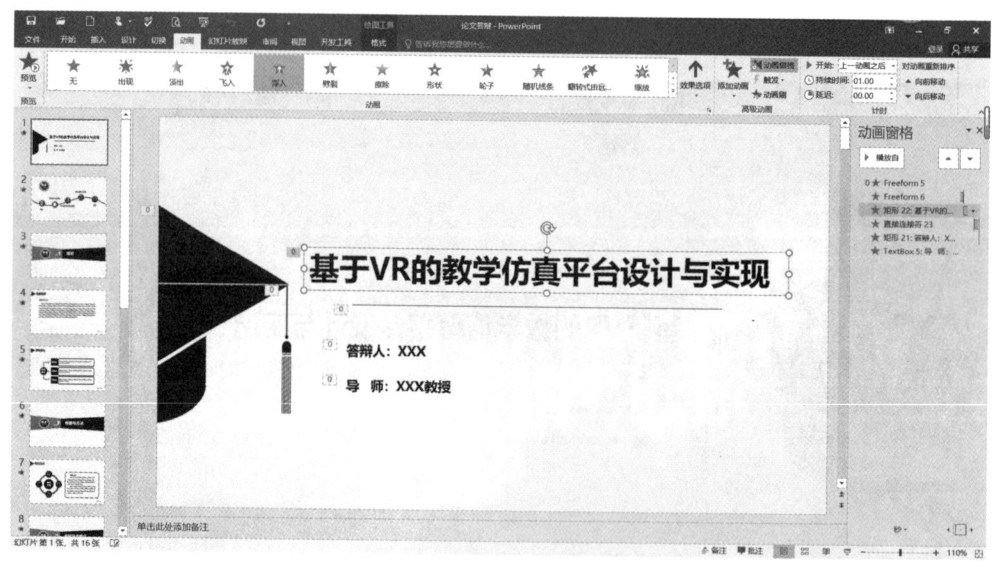

图 6-61　标题文本动画设置

⑤选中直线对象，设置动画效果为“擦除”，方向为“自左侧”，计时选择“上一动画之后”，如图 6-62 所示。

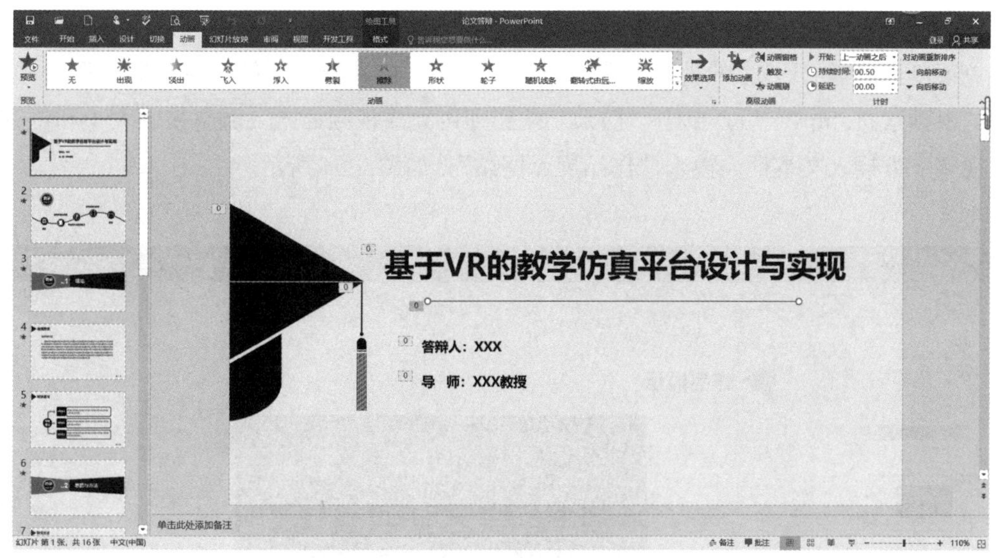

图 6-62　直线对象动画设置

⑥选中答辩人文本，设置动画效果为“飞入”，方向为“自右侧”，计时选择“上一动画之后”，如图 6-63 所示。

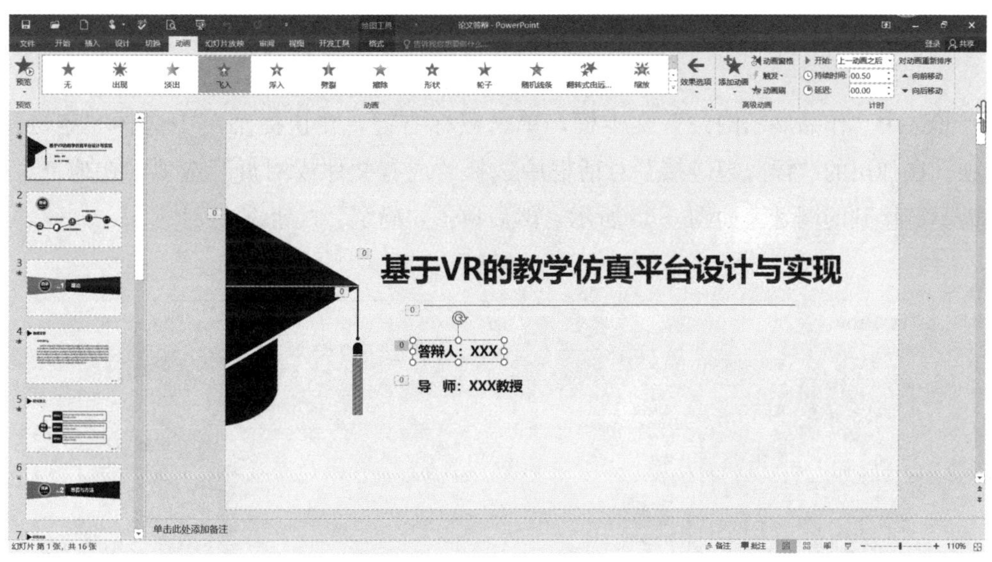

图 6-63　“答辩人”文本动画设置

⑦选中“答辩人”文本动画，单击“动画刷”按钮，然后单击“导师”文本对象，将动画效果应用到该文本对象。

⑧其他页面动画设置参考前面步骤，结合动画顺序和显示需要选择合适的动画效果。

⑨切换到作品展示幻灯片页面，切换至“插入”面板，单击“视频”按钮，打开下拉菜单，选择“PC 上的视频”选项，在弹出的“插入视频文件”对话框选择素材中的“视频素材.mp4”后，单击“插入”按钮即可完成视频插入。调整视频大小和位置，在视频下方插入文本框，输入“作品展示网站”，如图 6-64 所示。

图 6-64 插入视频后效果

⑩选中“作品展示网站”文本框，单击鼠标右键，在快捷菜单中选择“超链接”选项，在弹出的“插入超链接”对话框中选择“现有文件或网页”选项，在地址栏输入需要链接到的网址，如图 6-65 所示，然后单击“确定”按钮。

图 6-65 插入网页超链接

⑪切换到目录幻灯片页面，选中“绪论”文本框，单击鼠标右键，在快捷菜单中选择“超链接”选项，在弹出的“插入超链接”对话框中选择“本文档中的位置”选项，然后选择链接对应的幻灯片，如图 6-66 所示，然后单击“确定”按钮。

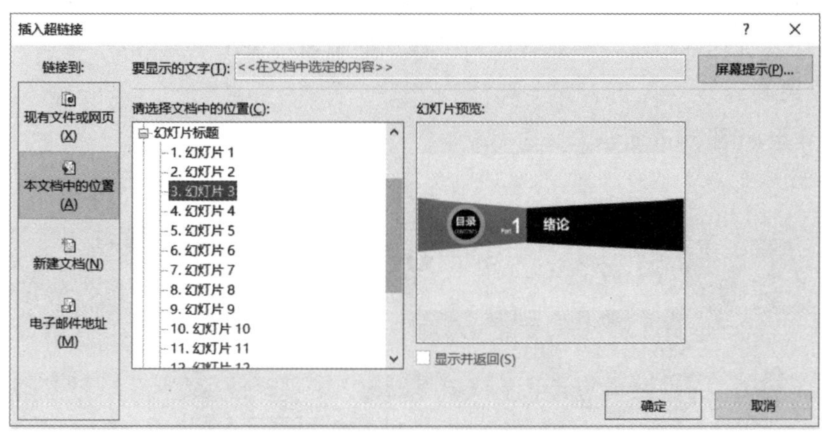

图 6-66　插入文档内的超链接

⑫按照前面的方法依次设置好目录页面的其他链接。

⑬切换到“切换”面板，选择“切换到此幻灯片”功能区中的“淡出”效果，持续时间设置为“0.7”，换片方式设置为“单击鼠标时”，如图 6-67 所示，选择“全部应用”，完成幻灯片切换效果设置。

图 6-67　幻灯片切换效果设置

6.3　制作“公司介绍”演示文稿

1. 任务目标

①掌握 PowerPoint 2016 基本操作方法及各种媒体元素的使用和设置方法。

②能够为幻灯片设置动画效果、切换效果等。

③能够利用相关优化插件美化幻灯片。

2. 任务提出

企业介绍演示文稿有两种显著的作用：对外企业形象宣传及对内企业文化熏陶。通过演示文稿的形式真实、准确、及时地把企业文件传达到企业的各个层次，可达到转变思想、统一认识、凝聚力量、形成共识的目的和形成良性的发展机制。

3. 任务分析

企业介绍 PPT 的制作形式必须依托于企业 VI（企业视觉识别系统）。在标题部分，一个标准的企业图标是必不可少的，页面元素用色也要严格按照 VI 规范，并且贯穿整个 PPT，还要合理地将统计信息转化为可视化的图表，突出重点内容。

4. 效果展示

示例效果如图 6-68 所示。

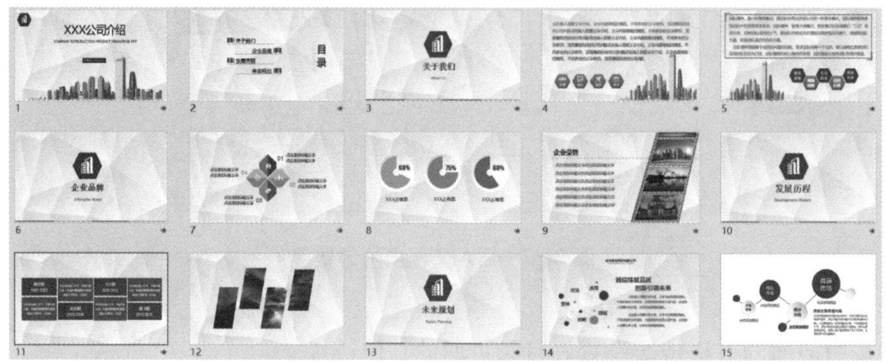

图 6-68 “公司介绍”演示文稿示例

5. 相关知识

(1) 艺术字体的创作

在幻灯片中插入一张图片和一行文字，将文字置于最顶层，如图 6-69 所示。

图 6-69 插入图片和文字效果

按住 Ctrl 键先选择图片，再选择文字，在“格式”面板中选择“合并形状”下拉列表中的“相交”选项，如图 6-70 所示，艺术字体就设置完成了。

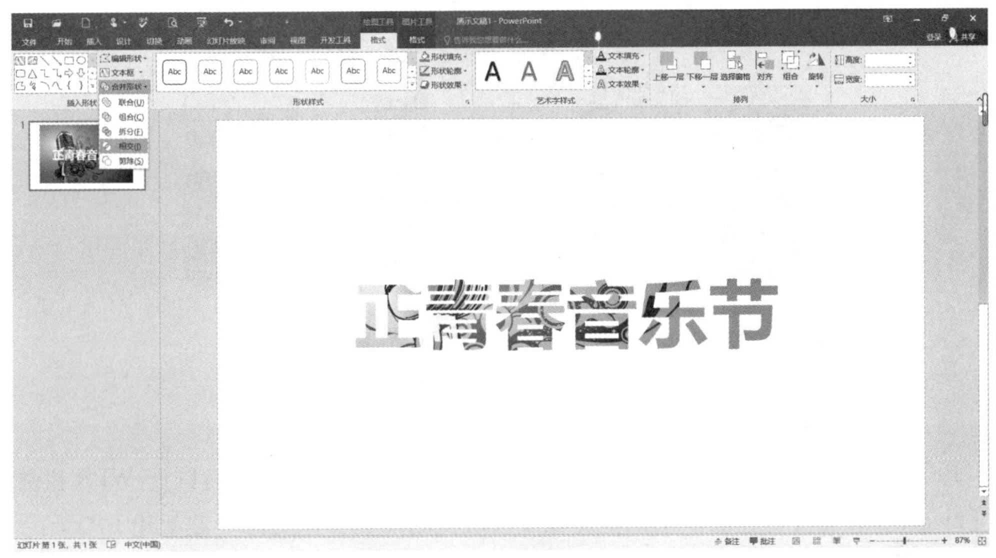

图 6-70　艺术字体效果

（2）拆分图片

在幻灯片中插入一张图片和一个圆角矩形，按住 Ctrl 键拖动圆角矩形进行复制，如图 6-71 所示。

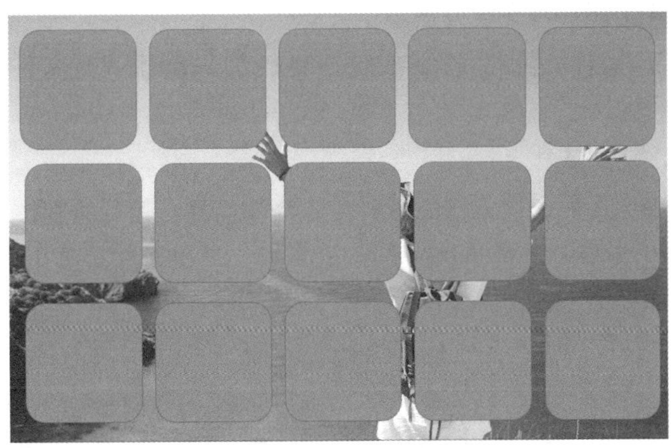

图 6-71　插入图片和圆角矩形效果

按住 Ctrl 键先选择图片，再框选所有圆角矩形，在“格式”面板中选择“合并形状”下拉列表中的“拆分”选项，然后选中图片按 Delete 键，效果如图 6-72 所示。

图 6-72　拆分图片效果

（3）PPT 美化大师

PPT 美化大师是一款强大的 PPT 美化软件。PPT 美化大师支持国产 WPS 和微软的 PowerPoint 软件，它提供了丰富的在线模版供用户选择，支持一键新建 PPT，帮助用户制作精美的 PPT。

①海量在线模板素材。

PPT 美化大师提供专业模板、精美图示、创意画册、实用形状等，分类细致，持续更新。

②一键美化，快捷智能。

能够一键全自动智能美化，简单快捷。

③一键输出只读 PPT，安全方便。

无须存为 PDF 文件，可将 PPT 文件一键转为只读模式，文件不可更改，不可复制。

④完美结合，操作简单。

PPT 美化大师完美嵌套在 Office 软件中，操作简易，运行速度快。

安装 PPT 美化大师后，启动 PowerPoint 软件，可以看到“美化大师”面板，如图 6-73 所示。

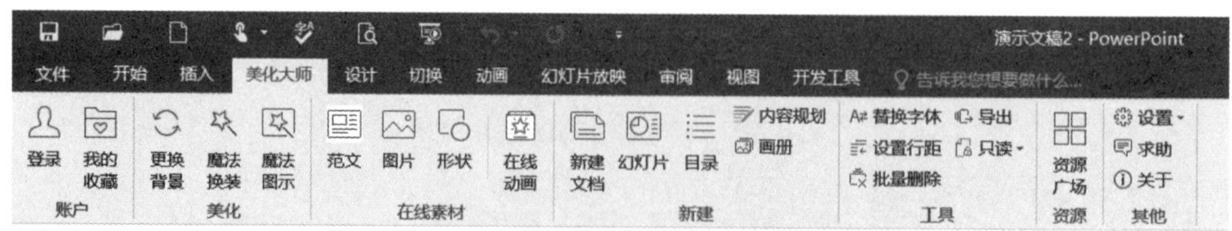

图 6-73　“美化大师”面板

图片库里包含种类丰富的本地图片，“更多资源”链接里还有海量在线资源，如图 6-74 所示。

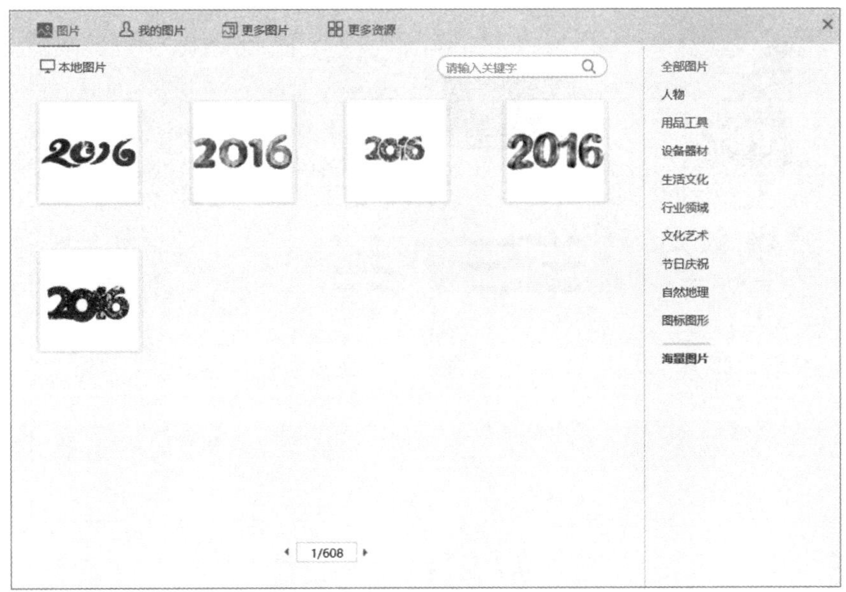

图 6-74　图片素材资源

形状素材资源分类清晰，方便查找，如图 6-75 所示。

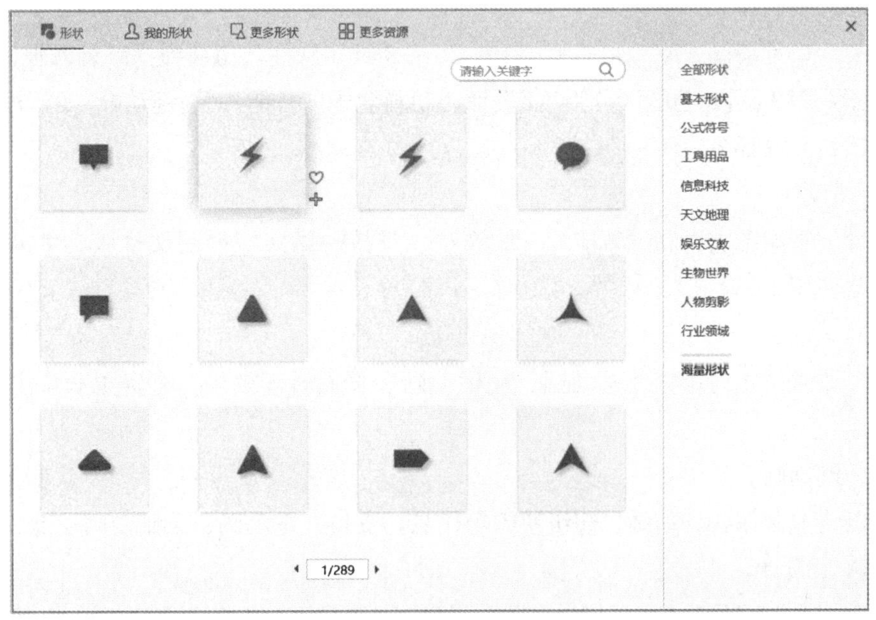

图 6-75　形状素材资源

幻灯片素材里包含目录、章节过渡页、图示、结束页等分类，如图 6-76 所示。

图 6-76　幻灯片素材

（4）口袋动画 PA

口袋动画是一个基于 PowerPoint 的软件插件，主要用于简化 PPT 动画设计过程，完善 PPT 动画相关功能，为 PPT 动画爱好者提供更多的功能支持，辅助传统 PPT 动画插件的开发制作。

安装“口袋动画 PA”插件后，启动 PowerPoint 软件，切换到“口袋动画 PA”面板，如图 6-77 所示。功能区分为 AI 设计、动画盒子（智能）、一键动画（创作）、PPT 设计（素材）等部分。

①AI 设计。

包含“智能图文”和“智能设计”选项，支持一站式智能图文排版，可以预览效果和下载使用。

②动画盒子。

可以非常简便地设置片头动画、片尾动画和页面转场效果，有资源非常丰富的超级动画库。

③一键动画。

可以快速制作抖音动画、超级快闪等作品，支持一键动画、录制动画功能。

④PPT 设计。

包含“主题背景”“模板库”“高清图库”“海量图标”等设置选项，支持智能配色、一键换装功能。

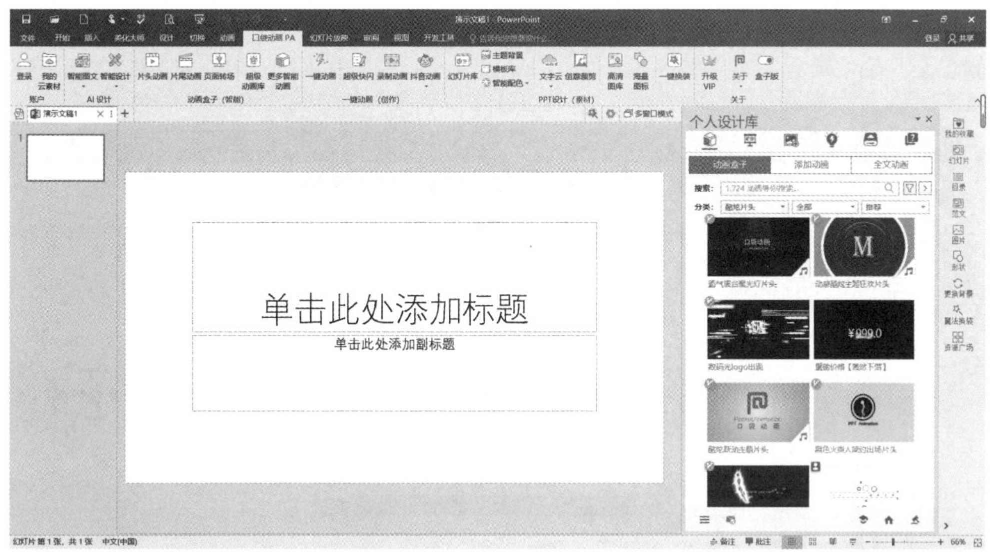

图 6-77　“口袋动画 PA”面板

（5）个性化图表

图表是演示文稿的重要组成内容，使用非常广泛。PPT 图表种类很多，有饼图、柱形图等类型，可以使 PPT 在数据表达上更形象、生动。

切换到“插入”面板，在“插图”功能区中单击“图表”按钮，在弹出的“插入图表”对话框中选择“条形图”里的“簇状条形图”选项，如图 6-78 所示，然后单击“确定”按钮插入图表。

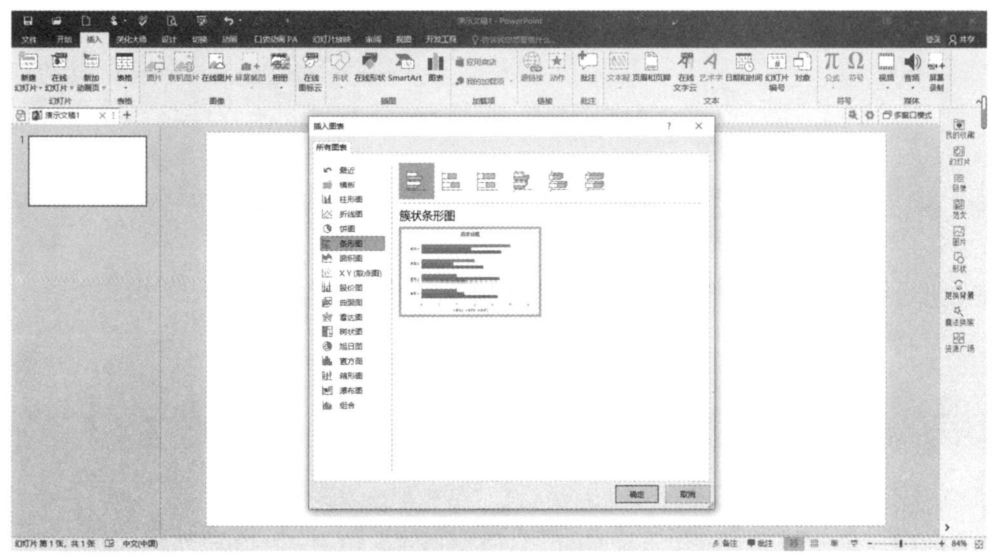

图 6-78　插入图表

使用默认数据系列，删除系列 2 和系列 3 的数据，如图 6-79 所示，对图表进行编辑。

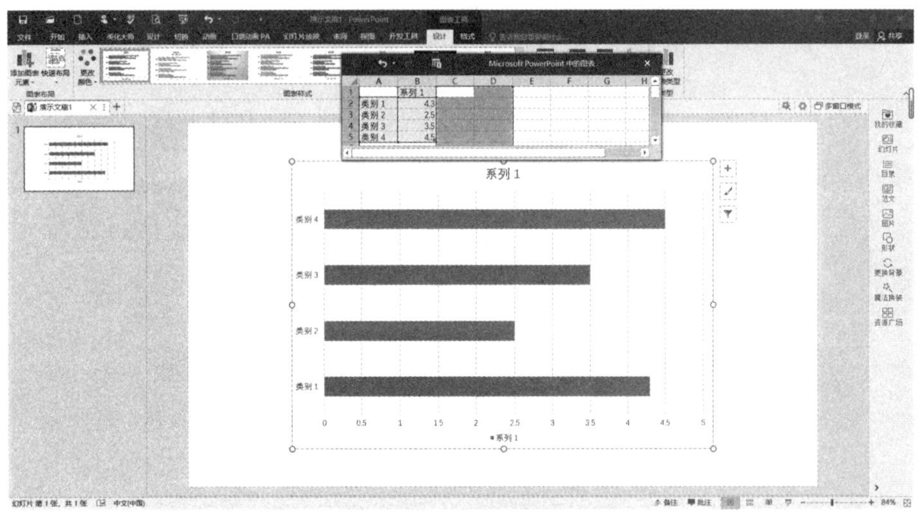

图 6-79　图表数据编辑

切换到“美化大师”面板，在“在线素材”功能区中单击“形状”按钮，在弹出的“形状”对话框中选择“人物剪影”选项，选择一个人物剪影插入幻灯片中，如图 6-80 所示。

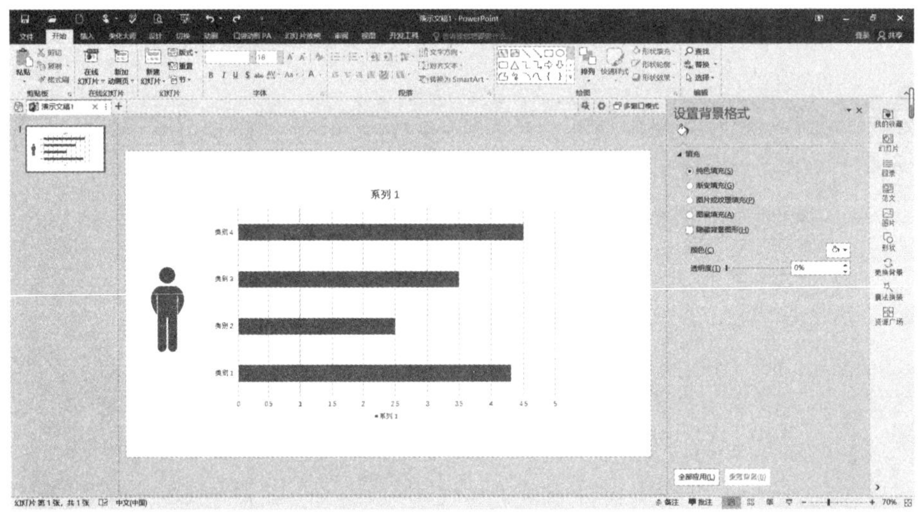

图 6-80　插入人物剪影形状

选中人物剪影形状，按组合键 Ctrl+C 复制形状，单击选中条形图中的数据系列，按组合键 Ctrl+V 粘贴形状，将原来的条形系列替换成人物剪影形状。

选择数据系列，单击鼠标右键，在弹出的快捷菜单中选择“设置数据系列格式”选项，在打开的窗口中选择“填充与线条”标签中的“填充”选项，在列表中选中“层叠”单选按钮，可得到如图 6-81 所示的图表效果。

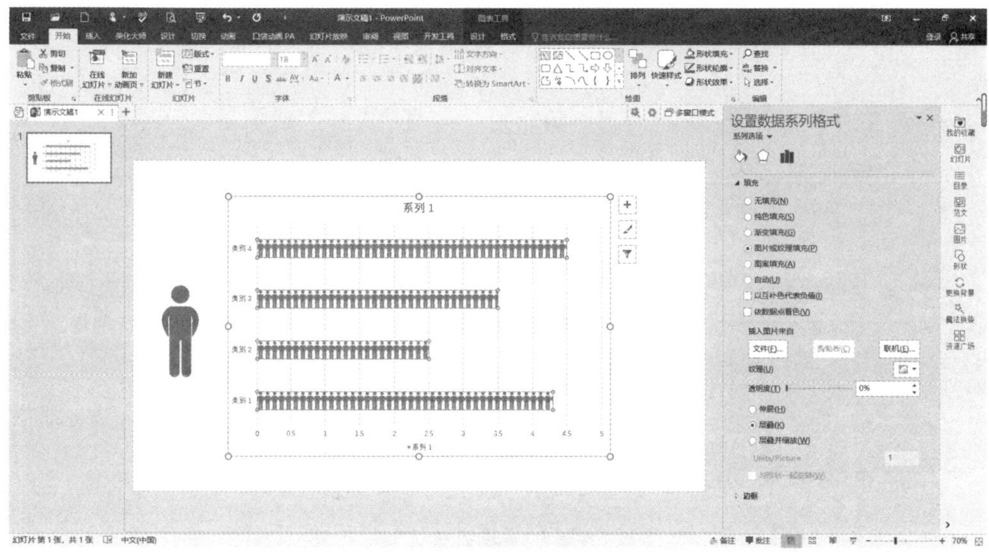

图 6-81 设置数据系列格式

6. 任务实现

①打开素材“企业介绍. pptx”，演示文稿相关内容已经部分制作完成，如图 6-82 所示。

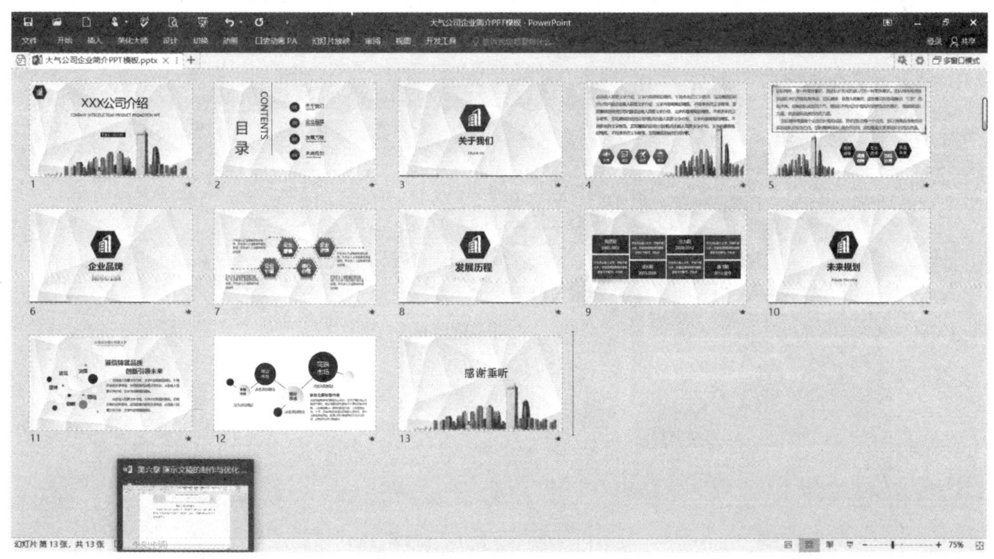

图 6-82 演示文稿效果图

②切换到“美化大师”面板，单击“目录”按钮，在弹出的对话框中选择如图 6-83 所示的目录样式，并在右侧输入目录内容，单击“完成”按钮。

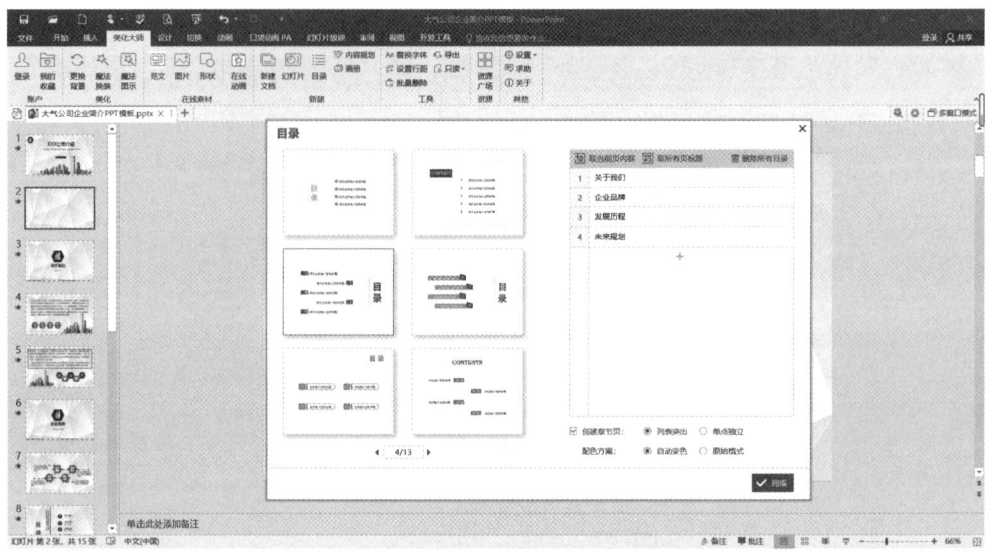

图 6-83 插入目录

③“美化大师”自动插入了目录页和过渡页面，如果不使用过渡页可以将其删除，如图 6-84 所示修改目录页文字字体和字号，调整目录页为第二张幻灯片。

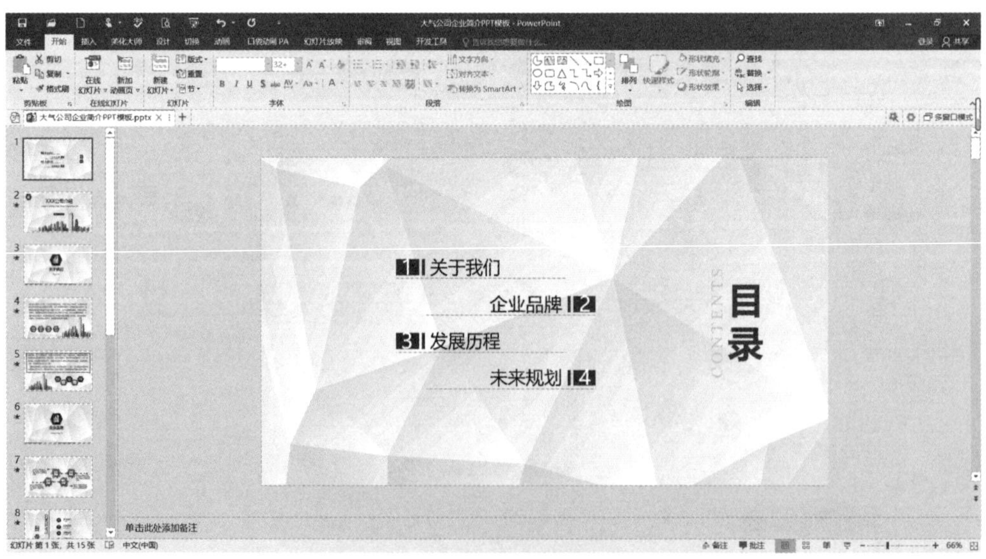

图 6-84 设置目录页

④在“美化大师”面板中单击“幻灯片”按钮，在弹出的对话框中依次选择“图示”“4”“并列列表”选项，如图 6-85 所示，单击“插入（自动变色）”按钮，即可完成插入图示操作。

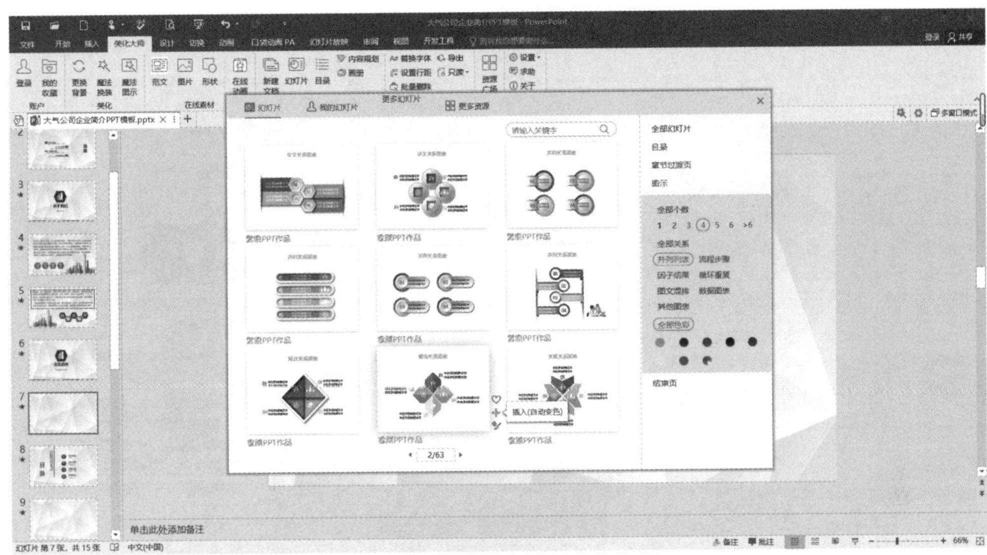

图 6-85　插入图示

⑤修改图示文字字体和字号，如图 6-86 所示，根据演示文稿内容输入相应文本。

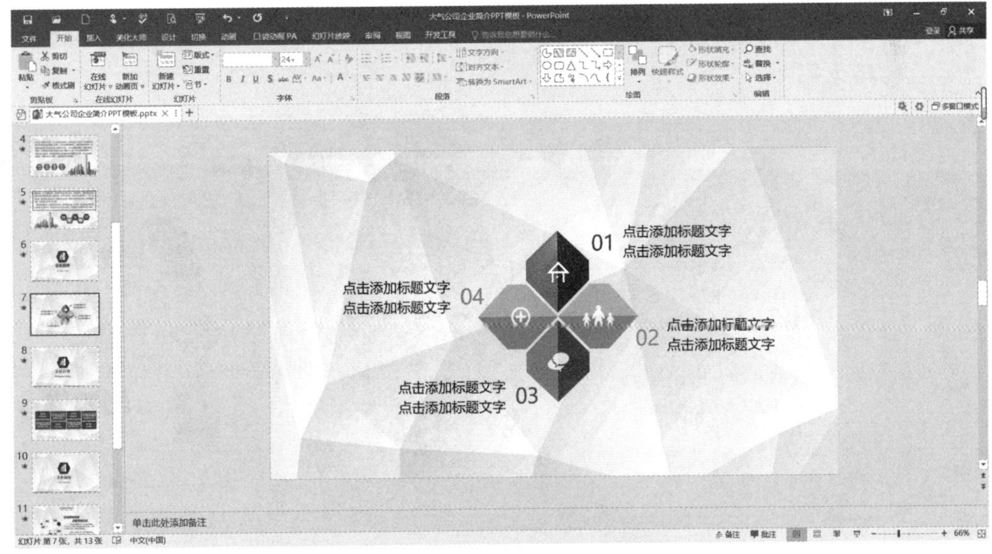

图 6-86　修改图示内容和格式

⑥切换到“口袋动画 PA”面板，单击“PPT 设计”功能区中的“幻灯片库”按钮，在“分类”下拉列表中选择“结构关系”选项，然后选择“图文混排”选项，选择如图 6-87 所示样式，然后单击“下载”按钮，插入幻灯片库样式。

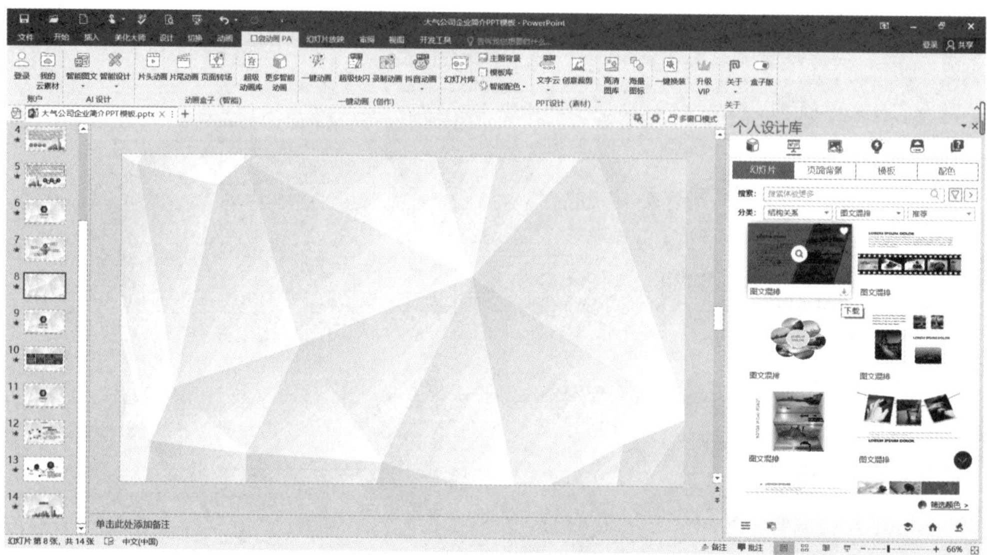

图 6-87　插入幻灯片库样式

⑦调整幻灯片文本内容字体、字号和图片位置，如图 6-88 所示。

图 6-88　调整幻灯片内容格式

⑧在“分类”下拉列表中选择“数据表达”选项，然后选择“饼状图”选项，选择如图6-89所示样式，单击“下载”按钮，插入图表。

⑨更改图表文本内容和字体、字号等，选中内部颜色环部分，单击“图表筛选器”按钮，选择“销售额”选项后面的“编辑序列”命令按钮，如图6-90所示，在弹出的Excel表中进行数据的调整，图表随之变化。

⑩在“口袋动画PA”面板中，单击“高清图库”按钮，在右侧窗格中选择一张图片插入，然后切换到“插入”面板中，单击“形状”按钮，在“基本形状”下拉列表中选择“平行四边形”选项，绘制平行四边形并复制3个，如图6-91所示。

⑪按住Ctrl键先选择图片，再框选所有矩形，在“格式”面板中选择“拆分”选项，然后选中图片按Delete键，图片拆分效果如图6-92所示。根据需要添加合适的文本内容进一步丰富幻灯片。

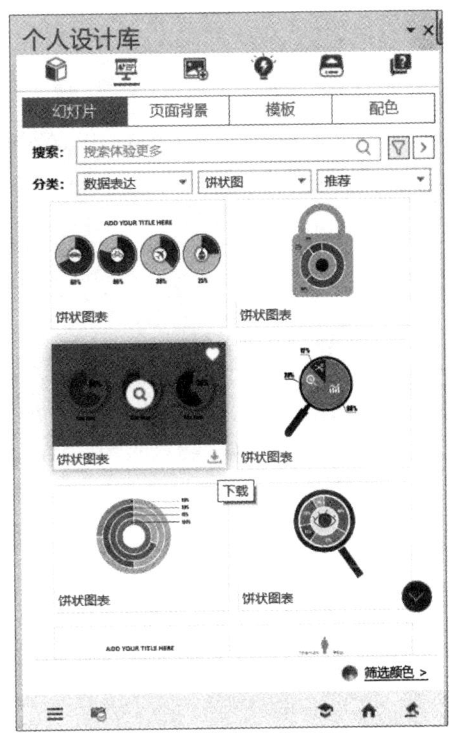

图6-89　插入图表

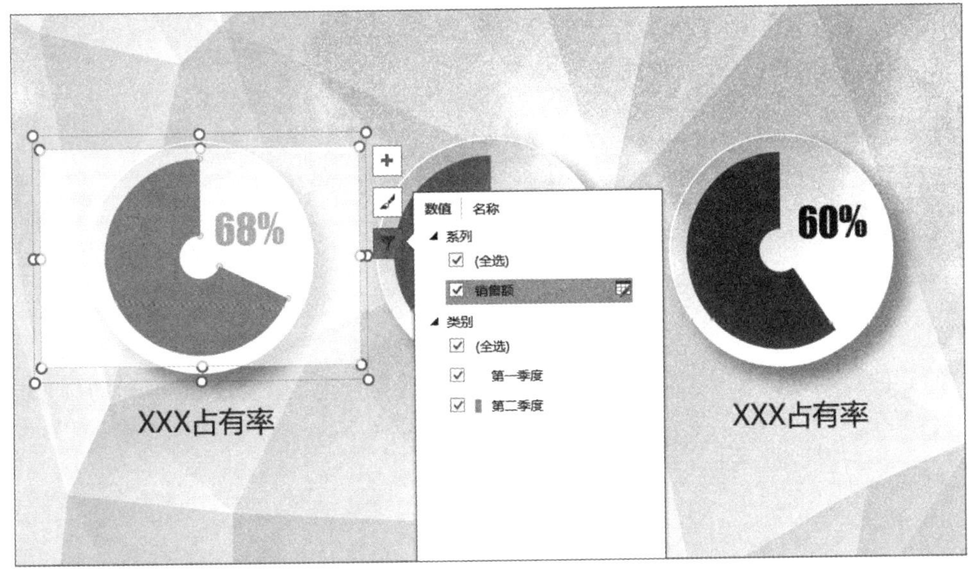

图6-90　修改数据序列

图 6-91　插入形状效果

图 6-92　图片拆分效果

⑫其他页面可以参考上面的步骤进行修改，选择合适的图表、图示和动画来进行优化。

第 7 章　数据的计算与统计

本章能力目标

①能够创建、编辑、保存和打印电子表格。

②能够在电子表格中运用函数和编辑公式。

③掌握数据排序、数据筛选、数据分类汇总和创建数据透视表的方法。

④能够将电子表格数据转换成图表形式，掌握数据图表操作方法。

7.1　电子表格的创建与打印

1. 任务目标

①了解 Excel 2016 基本功能和工作界面。

②掌握 Excel 2016 工作表建立、编辑、保存方法。

③掌握数据输入方法。

④掌握工作表格式设置、页面设置和打印方法。

2. 任务提出

启动 Excel 软件，在 Book1 的 Sheet1 工作表中，按照图 7-1 所示的内容建立一张工作表，工作表名称为“销售表”，工作簿名称为“中鹏公司销售”。

具体要求如下：

①“产品编码”列：用首项为 20111001、步长为 1、末项为 20111010 的等差数列自动填充。

②“产品类型”“产品型号”“单价”和“生产厂家”列：按表 7-1 所示输入，尽量使用填充方法操作。

③“出厂日期”列：从 2019 年 1 月开始，按月以步长 1 的规律递增。

④“联系电话”列：按图 7-1 所示输入。

⑤“一月、二月、……、六月”为一个自动序列，此 6 列的数据表示按月销售产品的数量，按图 7-1 所示输入。

⑥A1:O1 单元格合并后居中。

⑦行高设置：第 1 行行高 30 磅，其余各行行高 18 磅。

⑧列宽设置：各列设置为“自动调整列宽”。

⑨文字格式设置：第一行文本字体为“黑体”，字号为 18 磅；第二行文本字体为“宋体加粗”，字号 12 磅；其余各行文本字体为“宋体”，字号 12 磅。

⑩边框设置：A2:O12 区域单元格加边框，线条黑色，线宽 0.5 磅，线型实线。

⑪页面设置：纸张大小为 A4，纸张方向为横向，页边距上下各 1.9 厘米，左右各 1 厘米，水平居中，顶端标题行 $1:$2。

⑫打印：打印预览或用 A4 纸打印工作表。

⑬将工作簿存盘。

3. 效果展示

工作表制作效果如图 7-1 所示。

	A	B	C	D	E	F	G	H	I	J	K	L	M	N	O
1	中鹏公司上半年商品销售表														
2	产品编码	产品类型	产品型号	单价（元）	生产厂家	出厂日期	联系电话	一月	二月	三月	四月	五月	六月	销售数量	销售额（元）
3	20111001	彩电	CD-32	1698	海信	Jan-19	7935005	9	4	1	4	6	3		
4	20111002	彩电	CD-40	1998	海信	Feb-19	7935005	8	7	3	4	8	4		
5	20111003	彩电	CD-50	2198	海信	Mar-19	7935005	10	10	4	7	9	6		
6	20111004	彩电	CD-55	2388	海信	Apr-19	7935005	0	6	2	2	2	4		
7	20111005	加湿器	YC-B740	688	亚都	May-19	3011765	8	5	1	6	2	2		
8	20111006	加湿器	YC-B741	888	亚都	Jun-19	3011765	6	8	0	5	7	6		
9	20111007	加湿器	YC-B742	988	亚都	Jul-19	3011765	10	9	1	5	6	0		
10	20111008	洗衣机	BC203	1840	海尔	Aug-19	6899011	10	7	7	2	3	3		
11	20111009	洗衣机	BC204	2060	海尔	Sep-19	6899011	8	2	0	4	6	8		
12	20111010	洗衣机	BC205	2280	海尔	Oct-19	6899011	8	5	1	1	4	1		

图 7-1 销售表

4. 任务分析

工作和生活中，数据大多需要用二维表格来体现。Excel 作为一个功能强大的数据处理软件，具有这方面的功能。在制作电子表格时，尽量使用填充柄填充数据，以提高工作效率。

5. 任务实现

(1) 启动 Excel 软件，将工作簿存盘，文件名为“中鹏公司销售. xlsx”

操作步骤略。

(2) 数据输入

①选中 A1 单元格，输入文本“中鹏公司上半年商品销售表”。

②在 A2:G2 单元格分别输入文本“产品编码”“产品类型”“产品型号”“单价（元）”“生产厂家”“出厂日期”“联系电话”。

③在 H2 单元格输入文本“一月”，然后在选中 H1 单元格的情况下，将鼠标指针放在 H1 单元格右下角变成黑十字形状时，向右拖动填充柄至 M2 单元格。

④在 N2 和 O2 单元格输入文本“销售数量”和“销售额（元）”。

⑤在 A3 单元格输入数据“20111001”，然后选中 A3 单元格，按住 Ctrl 键拖动填充柄至 A12 单元格。

⑥选中 B3:B6 单元格区域，输入文本“彩电”，然后按 Ctrl＋回车键。使用同样方法在 B7:B9 单元格区域输入文本“加湿器”，在 B10:B12 单元格区域输入文本“洗衣机”，在 E3:E6 单元格区域输入文本“海信”，在 E7:E9 单元格区域输入文本“亚都”，在 E10:E12 单元格区域输入文本“海尔”，在 G3:G6 单元格区域输入文本“7935005”，在 G7:G9 单元格区域输入文本“3011765”，在 G10:G12 单元格区域输入文本“6899011”。

⑦按示例图输入 C 列、D 列、H 列、I 列、J 列、K 列、L 列、M 列数据。

⑧在 F3 单元格输入日期“2019-1-1”，然后单击“数字格式”按钮，打开“单元格格式”对话框，选中“数字”选项卡中“日期”分类中的“Mar-12”类型选项，然后单击“确定”按钮。

⑨在选中 F3 单元格的情况下，将鼠标指针放在单元格右下角，拖动填充柄至 F12 单元格填充数据。

⑩选中 A1:O1 单元格区域，然后单击“合并后居中”工具按钮，将 A1:O1 单元格区域进行合并。

（3）格式设置

①单击行号 1，选中第一行，然后打开“格式”面板，单击“行高”按钮，打开“行高”对话框，输入“30”后单击“确定”按钮。如图 7-2 所示。选中第二行至第十二行，用同样方法设置行高为 18 磅。

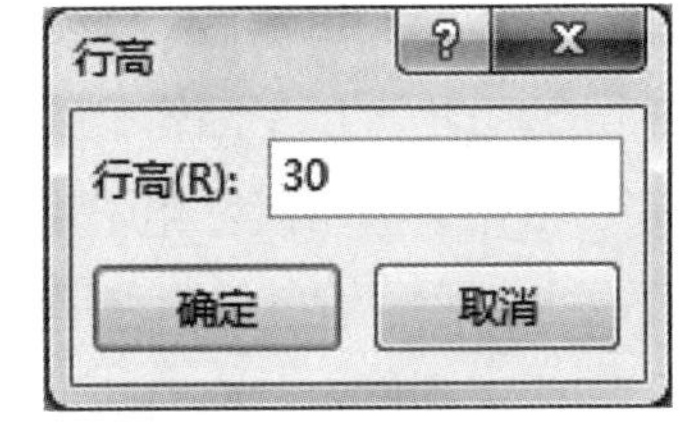

图 7-2　行高对话框

②单击列号，选中 A 列至 O 列，然后打开“格式”面板，单击“自动调整列宽”按钮。

③选中 A1 单元格，然后在“字体”列表，选择“黑体”列表项，在“字号”列表选择“18”列表项。

④选中 A2:O2 单元格区域，在“字体”列表选择“宋体”列表项，在“字号”列表选择“12”列表项，然后再单击加粗工具按钮“B”。

⑤选中 A3:O12 单元格区域，在“字体”列表选择“宋体”列表项，在“字号”列表选择“12”列表项。

⑥选中 A2:O12 单元格区域，打开“格式”面板，单击“设置单元格格式”按钮，打开“单元格格式”对话框，选择“边框”选项卡，设置“直线样式”为 0.5 磅实线，在“颜色”下拉列表选择“黑色”颜色，然后单击“预置”选项中的“外边框”和“内部”，最后单击“确定”按钮。

（4）页面设置

单击“页面布局”面板，然后单击“纸张大小”按钮，选择“A4”选项；单击“纸张方向”面板，选择“横向”选项；单击“页边距”按钮，选择“自定义页边距”选项，在打开的“页面设置”对话框中设置上下边距为1.9厘米、左右边距为1厘米，在“居中方式”选项区选中“水平”复选框；如果表占多页，可以单击“打印标题”按钮，设置顶端标题行。

（5）文件打印

单击“文件”菜单，执行“打印”命令。

（6）保存

单击“保存”按钮进行保存。

6. 相关知识

（1）启动Excel

执行“开始”→“程序”→“Excel”命令可启动Excel。也可以在桌面建立Excel程序的快捷方式，方便使用。

（2）Excel窗口及基本操作

Excel窗口界面主要包括菜单栏、命令面板、名称框、编辑栏、行号、列标、工作表编辑区、状态栏等。

菜单栏：Excel程序的执行命令可以在菜单栏中找到。

名称框：用于显示活动单元格地址或名称，单元格地址用行号和列标表示。

编辑栏：用于编辑公式和插入函数。

工作表编辑区：用于用户输入数据编辑工作表。

状态栏：显示工作表当前的状态信息。

①工作区窗口网格线的显示与隐藏。

Excel启动后，呈现的工作表的工作区带有网格线，可以清楚地区分一个个单元格，方便操作。这些网格线并不是真实的表格线，因此工作区单元格的网格线也可以隐藏。若想打印带有表格边框线的工作表，通常需自行设置工作表的边框线。

单击“视图”面板，取消“网格线”复选框中的选中状态，则网格线将被隐藏。选中“网格线”复选框，则显示网格线。

②认识活动单元格与填充柄。

单击工作表中某个单元格，该单元格有一个绿色边框，此单元格称为活动单元格。只有活动单元格可以接受键盘输入的数据。

活动单元格绿色边框右下角有一个点，此点为单元格的“填充柄”，填充柄的作用是填充数据。

③窗口的拆分。

单击“视图”面板，单击“拆分”按钮，可以在活动单元格处将工作区拆分成 4 个窗口显示。这样可以便于用户操作大的表格，将工作表不同的区域显示在一屏中。

④单元格数据输入与编辑。

Excel 单元格有选定和编辑两种状态。单击单元格为单元格选定状态，此单元格也称为活动单元格，接受键盘输入的内容。双击单元格，进入单元格的编辑状态，可以增加、删除和修改单元格中的内容。

激活单元格便可输入数据，对不同的数据类型，数据输入方法不同。

文本输入：由汉字、字母和数字组成的文本可以直接输入，显示默认左对齐。如果是由纯数字构成的文本，如电话号码和邮政编码，输入时需要在前面加个半角的撇“'”。

数值数据输入：数值数据可以直接输入，只要不被系统认为是文本，便以数值显示，默认右对齐。输入分数时，需要在分子前加上 0 和空格。负数的输入可以加负号，也可以用小括号。

日期和时间的输入：输入日期最简单的有两种格式，一是“年-月-日”，二是“年/月/日”。时间输入格式是“时:分:秒”。如果在同一单元格中同时输入日期和时间，则在日期和时间之间加一个空格。

⑤认识 Excel 系统提供的自定义序列。

- 在单元格中输入“一月”，然后用填充柄向右或向下自动填充。
- 在单元格中输入“第一季”，然后用填充柄向右或向下自动填充。
- 在连续的单元格中分别输入“1”和“2”，然后用填充柄向右或向下自动填充。
- 在单元格中输入“星期一”，然后用填充柄向右或向下自动填充。

上述操作就是利用的 Excel 软件中的序列填充命令。也可以使用“开始”面板“填充”下拉列表中的“序列”选项完成单元格区域的填充。

⑥格式设置。

在“开始”面板中，在“字体”功能区可以进行字体设置，“对齐方式”功能区可以设置水平和垂直方向的对齐方式，在“数字”功能区可以设置数据格式，在“单元格”功能区可以设置行高、列宽、单元格区域的边框和底纹等。

7.2　数据的计算

1. 任务目标

①掌握公式编辑方法。

②掌握常用函数的使用方法。

2. 任务提出

打开 Excel 工作簿文件“中鹏公司销售. xlsx”，按如下要求操作。

①制作工作表“销售表”的复本工作表“销售表（2）”，然后对工作表“销售表（2）”继续以下操作。

②使用函数计算“销售数量”列数据。

③编辑公式计算“销售额（元）”列数据。

3. 效果展示

任务完成效果如图 7-3 所示。

	A	B	C	D	E	F	G	H	I	J	K	L	M	N	O
1	中鹏公司上半年商品销售表														
2	产品编码	产品类型	产品型号	单价（元）	生产厂家	出厂日期	联系电话	一月	二月	三月	四月	五月	六月	销售数量	销售额（元）
3	20111001	彩电	CD-32	1698	海信	Jan-19	7935005	9	4	1	4	6	3	27	45846
4	20111002	彩电	CD-40	1998	海信	Feb-19	7935005	8	7	3	4	8	4	34	67932
5	20111003	彩电	CD-50	2198	海信	Mar-19	7935005	10	10	4	7	9	6	46	101108
6	20111004	彩电	CD-55	2388	海信	Apr-19	7935005	0	6	2	2	2	4	16	38208
7	20111005	加湿器	YC-B740	688	亚都	May-19	3011765	8	5	1	6	2	2	24	16512
8	20111006	加湿器	YC-B741	888	亚都	Jun-19	3011765	6	8	0	5	7	6	32	28416
9	20111007	加湿器	YC-B742	988	亚都	Jul-19	3011765	10	9	1	5	6	0	31	30628
10	20111008	洗衣机	BC203	1840	海尔	Aug-19	6899011	10	7	7	2	3	3	32	58880
11	20111009	洗衣机	BC204	2060	海尔	Sep-19	6899011	8	2	0	4	6	8	28	57680
12	20111010	洗衣机	BC205	2280	海尔	Oct-19	6899011	8	5	1	1	4	1	20	45600

图 7-3　销售表（2）

4. 任务分析

Excel 对于数据的计算，可以使用自定义编辑公式，也可以使用系统函数。编辑公式以“＝”开头，使用函数时用鼠标单击“插入函数 fx”按钮，然后选择函数。

5. 任务实现

（1）制作复本

单击工作表标签“销售表”，然后将鼠标指针放在“销售表”标签上，按住 Ctrl 键向右拖动鼠标，于是制作出复本“销售表（2）”。

（2）计算“销售数量”

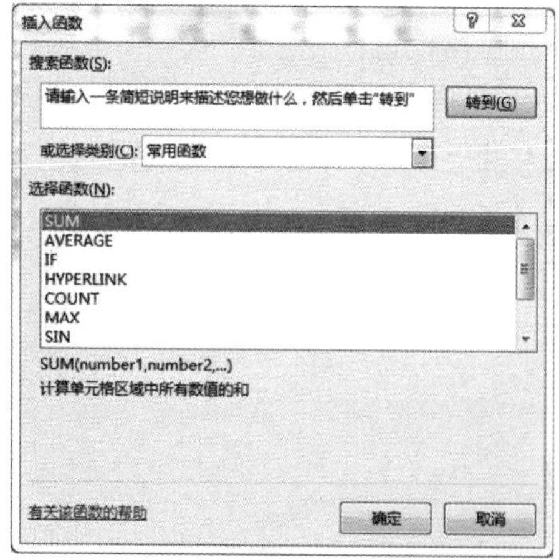

图 7-4　“插入函数”对话框

①选中 N3 单元格，然后单击“插入函数 fx”按钮，在打开的“插入函数”对话框中选择 SUM 函数，如图 7-4 所示，于是弹出“函数参数”对话框。

②单击“函数参数”对话框中的区域引用按钮，引用区域 H3:M3，然后单击区域返回按钮返回至“插入函数”对话框，然后单击“确定”按钮。

③将鼠标指针放在 N3 单元格右下角，当鼠标指针变成黑十字时，向下拖动鼠标至 N12，于是 N3:N12 应用了 SUM 函数。

（3）计算“销售额”

①选中 O3 单元格，输入“=”，单击 D3 单元格，按“ * ”键，再单击 N3 单元格，然后回车，于是计算出 O3 单元格数据。

②将鼠标指针放在 O3 单元格右下角，当鼠标指针变成黑十字时，向下拖动鼠标至 O12，于是 O3:O12 应用了编辑的公式。

6. 相关知识

（1）SUM 函数

SUM 函数用于计算单元格区域中数据的和。

SUM（value），计算 value 单元格区域数据的和。

SUM（value1，value2），计算 value1 和 value2 单元格区域数据的和。

（2）AVERAGE 函数

AVERAGE 函数用于计算单元格区域中数据的平均值。

AVERAGE（value），计算 value 单元格区域数据的平均值。

AVERAGE（value1，value2），计算 value1 和 value2 单元格区域数据的平均值。

（3）COUNT 函数

COUNT 函数用于统计自变量标识的单元格区域中数据项的个数。

COUNT（value），计算 value 单元格区域数据项的个数。

COUNT（value1，value2），计算 value1 和 value2 单元格区域数据项的个数。

（4）MAX 函数

MAX 函数用于计算自变量标识的单元格区域中数据项的最大值。

MAX（value），计算 value 单元格区域数据项的最大值。

MAX（value1，value2），计算 value1 和 value2 单元格区域数据项的最大值。

（5）MIN 函数

MIN 函数用于计算自变量标识的单元格区域中数据项的最小值。

MIN（value），计算 value 单元格区域数据项的最小值。

MIN（value1，value2），计算 value1 和 value2 单元格区域数据项的最小值。

（6）SUMIF 函数

SUMIF 函数用于按条件计算自变量标识的单元格区域中数据项的和。

SUMIF 函数语法是 SUMIF（range，criteria，sum_range），其中参数 range 为条件区域，参数 criteria 是求和条件，参数 sum_range 为实际求和区域。

（7）COUNTIF 函数

COUNTIF 函数用于对指定区域中符合指定条件的单元格计数。

COUNTIF 函数语法是 COUNTIF（range，criteria），其中参数 range 是要计算其中非空单元格数目的区域；参数 criteria 是以数字、表达式或文本形式定义的条件。

(8) LEFT 函数

LEFT 函数用于得到字符串左部指定个数的字符。

LEFT 函数语法是 LEFT (string, n),其中参数 string 是必要参数。字符串表达式中最左边的那些字符将被返回,如果包含 Null,将返回 Null。参数 n 为数值表达式,指出将返回多少个字符,如果为 0 则返回零长度字符串 (""); 如果大于或等于 string 的字符数,则返回整个字符串。

(9) RIGHT 函数

RIGHT 函数用于得到字符串右部指定个数的字符。

RIGHT 函数语法是 RIGHT (string, n),其中参数 string 是必要参数。字符串表达式中最右边的那些字符将被返回,如果包含 Null,将返回 Null。参数 n 为数值表达式,指出将返回多少个字符,如果为 0 则返回零长度字符串 (""); 如果大于或等于 string 的字符数,则返回整个字符串。

(10) MID 函数

MID 函数得到用于字符串中部指定个数的字符。

MID 函数语法是 MID (string, m, n),其中参数 string 是必要参数。字符串表达式中最右边的那些字符将被返回,如果包含 Null,将返回 Null。参数 m 指定截取开始位置,参数 n 指定将返回多少个字符。

(11) TRIMMEAN 函数

TRIMMEAN 函数用于返回数据集的内部平均值。TRIMMEAN 函数先从数据集的头部和尾部除去一定百分比的数据点,然后再求平均值。

TRIMMEAN 函数语法是 TRIMMEAN (array, percent),参数 array 为需要进行筛选并求平均值的数组/数据区域,参数 percent 为计算时所要除去的数据点的比例。

(12) RANK 函数

RANK 函数用于返回结果集分区内指定字段的值的排名,指定字段的值的排名是相关行之前的排名加一。

RANK 函数语法是 RANK (number, ref, order),其中参数 number 指定要查找排名的数据。参数 ref 是组数或对一个数据列表的引用,非数字值将被忽略。参数 order 指定在列表中排名的数字,如果为 0 忽略为降序,非 0 值为升序。

(13) YEAR 函数

YEAR 函数用于将系列数转换为年。

YEAR 函数语法是 YEAR (number),其中参数 number 是一个日期值。

(14) MONTH 函数

MONTH 函数用于将系列数转换为月。

MONTH 函数语法是 MONTH (number),其中参数 number 是一个日期值。

(15) DAY 函数

DAY 函数用于将系列数转换为日。

DAY 函数语法是 DAY（number），其中参数 number 是一个日期值。

(16) TODAY 函数

TODAY 函数用于返回系统当前日期。

TODAY 函数语法是 TODAY（）。

(17) VLOOKUP 函数

VLOOKUP 函数用于对工作表依据关键字纵向查找数据，可以将其他工作表中的数据按关键字导入到当前工作表中。

语法：VLOOKUP(lookup_value,table_array,col_index_num,[range_lookup])。

VLOOKUP 函数有 4 个参数，第一个参数 lookup_value 是要查找的值；第二个参数 table_array 是查找的范围，这里一般使用绝对引用；第三个参数 col_index_num 是返回结果的区域所在列号；第四个参数 range_lookup 是查找的方式，0 代表精确查找，1 代表模糊查找。

7.3　利用表格数据生成统计报表

1. 任务目标

①掌握数据的排序操作方法。

②掌握数据的筛选操作方法。

③掌握数据的分类汇总操作方法。

④掌握数据透视表创建方法。

2. 任务提出

打开 Excel 工作簿文件“中鹏公司销售. xlsx”，按如下要求操作。

①对工作表“销售表（2）”制作 4 个复本工作表“销售排序”“销售筛选”“销售分类汇总”“销售数据透视表”。

②对工作表“销售排序”进行排序操作：以销售数量为依据降序排序。

③对工作表“销售筛选”进行筛选操作：

• 使用高级筛选，筛选出“销售数量”高于 30 或者“销售额”10 万元以上的数据。
• 条件区域 E15:F17。
• 结果放在 A20 开始的单元格区域。

④对工作表“销售分类汇总”进行数据分类汇总操作：

• 分类字段是“产品类型”。
• 汇总项是“销售数量”和“销售额（元）”。

• 汇总方式为求和。

⑤对工作表“销售数据透视表”进行数据汇总操作：

• 透视表位置为 A20 开始的单元格区域。

• 列字段项选“产品类型”。

• 行字段项选“生产厂家”。

• 对“销售数量”进行求和统计。

3. 效果展示

①排序结果如图 7-5 所示。

中鹏公司上半年商品销售表

产品编码	产品类型	产品型号	单价（元）	生产厂家	出厂日期	联系电话	一月	二月	三月	四月	五月	六月	销售数量	销售额（元）
20111003	彩电	CD-50	2198	海信	Mar-19	7935005	10	10	4	7	9	6	46	101108
20111002	彩电	CD-40	1998	海信	Feb-19	7935005	8	7	3	4	8	4	34	67932
20111006	加湿器	YC-B741	888	亚都	Jun-19	3011765	6	8	0	5	7	6	32	28416
20111008	洗衣机	BC203	1840	海尔	Aug-19	6899011	10	7	7	2	3	3	32	58880
20111007	加湿器	YC-B742	988	亚都	Jul-19	3011765	10	9	1	5	6	0	31	30628
20111009	洗衣机	BC204	2060	海尔	Sep-19	6899011	8	2	0	4	6	8	28	57680
20111001	彩电	CD-32	1698	海信	Jan-19	7935005	9	4	1	4	6	3	27	45846
20111005	加湿器	YC-B740	688	亚都	May-19	3011765	8	5	1	6	2	2	24	16512
20111010	洗衣机	BC205	2280	海尔	Oct-19	6899011	8	5	1	1	4	1	20	45600
20111004	彩电	CD-55	2388	海信	Apr-19	7935005	0	6	2	2	2	4	16	38208

图 7-5 排序结果图

②筛选结果如图 7-6 所示。

中鹏公司上半年商品销售表

产品编码	产品类型	产品型号	单价（元）	生产厂家	出厂日期	联系电话	一月	二月	三月	四月	五月	六月	销售数量	销售额（元）
20111001	彩电	CD-32	1698	海信	Jan-19	7935005	9	4	1	4	6	3	27	45846
20111002	彩电	CD-40	1998	海信	Feb-19	7935005	8	7	3	4	8	4	34	67932
20111003	彩电	CD-50	2198	海信	Mar-19	7935005	10	10	4	7	9	6	46	101108
20111004	彩电	CD-55	2388	海信	Apr-19	7935005	0	6	2	2	2	4	16	38208
20111005	加湿器	YC-B740	688	亚都	Ma[illegible]9	3011765	8	5	1	6	2	2	24	16512
20111006	加湿器	YC-B741	888	亚都	Jun-19	3011765	6	8	0	5	7	6	32	28416
20111007	加湿器	YC-B742	988	亚都	Jul-19	3011765	10	9	1	5	6	0	31	30628
20111008	洗衣机	BC203	1840	海尔	Aug-19	6899011	10	7	7	2	3	3	32	58880
20111009	洗衣机	BC204	2060	海尔	Sep-19	6899011	8	2	0	4	6	8	28	57680
20111010	洗衣机	BC205	2280	海尔	Oct-19	6899011	8	5	1	1	4	1	20	45600

销售数量	售额（元）
>30	
	>100000

产品编码	产品类型	产品型号	单价（元）	生产厂家	出厂日期	联系电话	一月	二月	三月	四月	五月	六月	销售数量	销售额（元）
20111002	彩电	CD-40	1998	海信	Feb-19	7935005	8	7	3	4	8	4	34	67932
20111003	彩电	CD-50	2198	海信	Mar-19	7935005	10	10	4	7	9	6	46	101108
20111006	加湿器	YC-B741	888	亚都	Jun-19	3011765	6	8	0	5	7	6	32	28416
20111007	加湿器	YC-B742	988	亚都	Jul-19	3011765	10	9	1	5	6	0	31	30628
20111008	洗衣机	BC203	1840	海尔	Aug-19	6899011	10	7	7	2	3	3	32	58880

图 7-6 筛选结果图

③分类汇总结果如图 7-7 所示。

	A	B	C	D	E	F	G	H	I	J	K	L	M	N	O
1	中鹏公司上半年商品销售表														
2	产品编码	产品类型	产品型号	单价（元）	生产厂家	出厂日期	联系电话	一月	二月	三月	四月	五月	六月	销售数量	销售额（元）
7		彩电 汇总												123	253094
11		加湿器 汇总												87	75556
15		洗衣机 汇总												80	162160
16		总计												290	490810

图 7-7　分类汇总结果图

④数据透视表结果如图 7-8 所示。

求和项：销售数量	列标签			
行标签	彩电	加湿器	洗衣机	总计
海尔			80	80
海信	123			123
亚都		87		87
总计	123	87	80	290

图 7-8　数据透视表结果图

4. 任务分析

数据排序时可以依据一个关键字，也可以依据多个关键字，多关键字排序时，关键字有优先级别之分。排序时可以是升序，也可以是降序。

数据筛选分自动筛选和高级筛选。自动筛选时，在工作表中各列标题右侧系统自动加上筛选标记，以此标记进行筛选。高级筛选时，先编辑筛选条件，然后再进行筛选。

分类汇总时，先要按关键字进行分类，然后再选择汇总方式进行汇总。

创建数据透视表时，先选择数据区域或激活数据区域中的任一单元格，然后创建数据透视表，指定页字段、行字段、列字段和数据字段。

5. 任务实现

（1）创建多个工作表

选中工作表“销售表（2）”，将鼠标指针放在工作表标签上，按住 Ctrl 键同时拖动鼠标，制作 4 个工作表副本，然后分别将副本工作表重命名为“销售排序”“销售筛选”“销售分类汇总”“销售数据透视表”。

（2）数据排序

对“销售排序”工作表进行操作。选中“销售数量”列任一有数据的单元格，然后单击“数据”面板中的“降序”按钮。

（3）数据筛选

对“销售筛选”工作表进行操作。

①编辑筛选条件：将 N2 和 O2 单元格数据复制到 E15 和 F15 单元格，在 E16 单元格输入“＞30”，在 F17 单元格输入“＞100000”。

②选中工作表中任一有数据的单元格，然后单击“数据”面板中的“高级筛选”按钮，打开“高级筛选”对话框，如图 7-9 所示。

③在“方式”选项区选择“将筛选结果复制到其他位置”选项，在“列表区域”文本框绝对引用区域 A2：O12，在“条件区域”文本框引用区域 E15：F17，在“复制到”文本框引用单元格 A20，然后单击“确定”按钮。

(4) 分类汇总

对“销售分类汇总”工作表进行操作。

①首先进行分类。选中“产品类型”列任一有数据的单元格，然后单击“数据”面板中的“升序”或“降序”按钮。

②选中工作表中任一有数据的单元格，然后单击“数据”面板中的“分类汇总”按钮，打开“分类汇总”对话框，如图 7-10 所示。

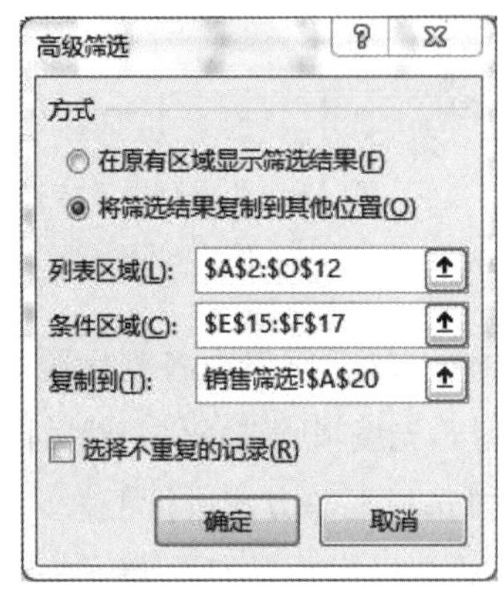

图 7-9 “高级筛选”对话框

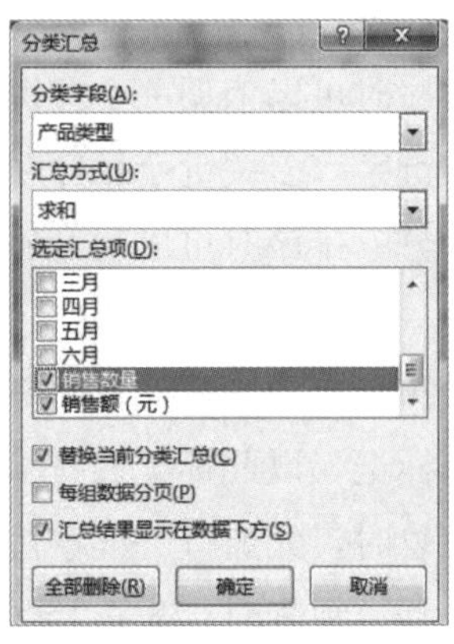

图 7-10 “分类汇总”对话框

③在“分类字段”下拉列表选择“产品类型”选项，在“汇总方式”下拉列表选择“求和”选项，在“选定汇总项”复选框中选中“销售数量”和“销售额（元）”选项，其他处默认，然后单击“确定”按钮。

(5) 创建数据透视表

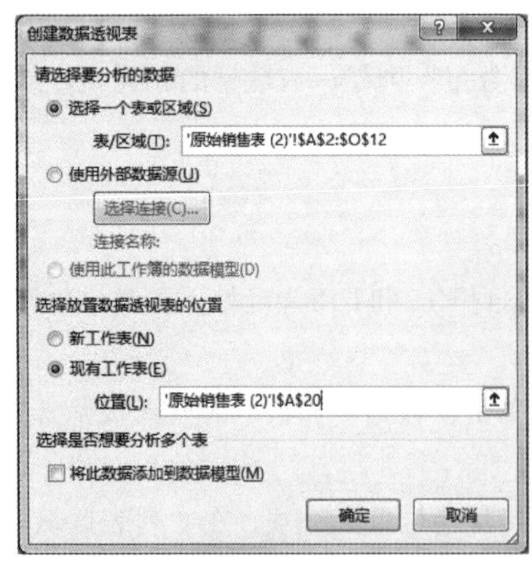

图 7-11 “创建数据透视表”对话框

对“销售数据透视表”工作表进行操作。

①选中“销售数据透视表”工作表中任一有数据的单元格，然后单击“插入”面板中的“数据透视表”按钮，则弹出“创建数据透视表”对话框，如图 7-11 所示。

②在“表/区域”文本框中引用区域 A2：O12，在“位置”文本框引用单元格 A20，其他默认。然后单击“确定”按钮，于是打开“数据透视表字段”对话框，如图 7-12 所示。

③在“数据透视表字段”对话框中，拖动“产品类型”到列字段，拖动“生产厂家”到行字段，拖动“销售数量”至∑值字段。

6. 相关知识

(1) 数据排序

排序是按照某一字段值或多个字段值的大小对数据库中的全部数据重新排列。排序说明：

①数据排序可以选择某字段值的升序或降序两个方向进行。

②用于排序条件的字段名称为“关键字”，它可以是一个，也可以是多个。当排序关键字有两个以上时，第一个起作用的称为“主要关键字”；其他关键字分别称为“次要关键字”“第三关键字”……

③字段名所在的行称为“标题行”，排序时不应包括它，为此应向系统申明“有标题行”，以将它排除在外。

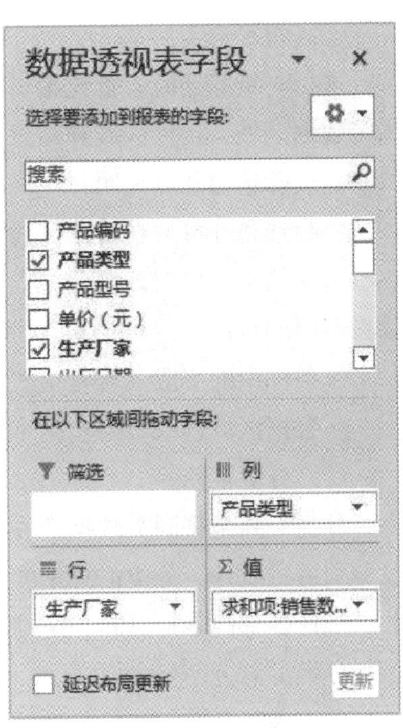

图 7-12　“数据透视表字段”对话框

排序操作步骤如下：

①单击工作表中任一单元格。

②单击“数据”面板中的“排序”按钮，则弹出“排序”对话框。

③单击“添加条件”按钮，并依次选择关键字，选择升序或降序，并申明有无标题行。

④最后单击“确定”按钮。

当排序关键字只有一个时，可使用“数据”面板中的“升序”按钮或“降序”按钮排序。

(2) 数据筛选

筛选是将工作表中数据满足一定条件的记录显示出来，而其他记录隐藏起来，以利于进行分析。

Excel 有两种筛选方法：自动筛选和高级筛选。

①自动筛选。

单击“数据”面板，单击“筛选”按钮，则工作表中每个字段名的右侧出现一个下拉箭头。

单击作为自动筛选条件的字段名右侧的箭头，打开下拉列表。可以根据本列的值进行筛选，也可以选择下拉列表中的“数字筛选”选项，下一级中有“等于”“不等于”“大于”“大于或等于”“小于”“小于或等于”“介于”“前 10 项”“高于平均值”“低于平均值”和“自定义筛选”等选项。按需要选择其中之一进行筛选。

②高级筛选。

进行高级筛选时，首先编辑筛选条件，然后单击“数据”面板中的“高级”按钮，指定数据区域、条件区域和结果区域完成高级筛选。

高级筛选的几点说明：

• 筛选条件可放在数据区的右边或下边，但要与数据区至少隔开一行或一列。

• 多筛选条件时，若是“与”关系，则放置在同行内；若是“或”关系，则条件放在不同的行。

• 条件中的字段名若有格式设置，应用粘贴方法填入。

• 数据区域选取时要包括字段名行。

（3）分类汇总

分类汇总是将同类数据放在一起，即对记录进行分类，然后对各类记录的数值字段分别进行统计。分类汇总是实际工作中经常用到的统计方法，如统计各部门职工人数、统计各部门工资总和、统计各班学生各科平均成绩等。

分类汇总分两步完成。

①先进行分类，即按分类关键字进行排序。

②然后打开“分类汇总”对话框，指定分类字段、汇总方式和汇总项完成汇总。

注：分类汇总操作完成后，结果显示在窗口中，窗口左侧会出现由折叠展开按钮。单击这些按钮，可以改变汇总结果的显示层次。

（4）数据透视表

数据透视表是一种对大量数据快速汇总的交互式工作表，用于对现有的数据清单或记录进行汇总和分析。创建数据透视表后，用户可以随时按照不同的需要、不同的关系来提取和组织数据。

数据透视表是一种动态工作表，它提供了一种以不同角度观看数据清单的简便方法。

数据透视表由筛选页标签、行标签、列标签、∑值组成。

页标签：是数据透视表中指定为页方向的源数据清单或表单中的字段，是页字段的分类条目。

行标签：是在数据透视表中指定为行方向的源数据清单及表单中的字段。

∑值：是汇总数值型数据。默认情况下，数据透视表中文本数据用 COUNT 函数汇总，而数值数据则用 SUM 函数汇总。

7.4 数据变图表

1. 任务目标

①掌握由数据创建图表的方法。

②掌握图表的编辑和格式设置方法。

2. 任务提出

打开 Excel 工作簿文件“中鹏公司销售. xlsx”，根据工作表“销售表（2）”中数据创建图表工作表“销售图表”，具体要求如下：

①图表类型选择“簇状柱形图”。

②分类轴数据取自“产品类型”列，文字格式为宋体、9 磅、黑色。

③数值轴数据取自“销售数量”列，文字格式为宋体、9 磅、黑色，数值型，最小值 0，最大值 50，坐标轴交叉于 0 处，主刻度线类型为“内部”，次刻度线类型为“无”。

④图表标题为“2019 年上半年销售数量对比”，文字格式为隶书、16 磅、红色。

⑤图例靠上。

⑥分类轴标题“家电型号”，文字格式为楷体、10 磅、蓝色。

⑦数值轴标题“销售数量（台）”，文字格式为楷体、10 磅、蓝色。

⑧图表区设置：“羊皮纸”纹理填充。

⑨绘图区设置：渐变填充，预设渐变“顶部聚光灯-个性色 2”，类型“矩形”，方向“从右下角”。

3. 效果展示

数据图表效果如图 7-13 所示。

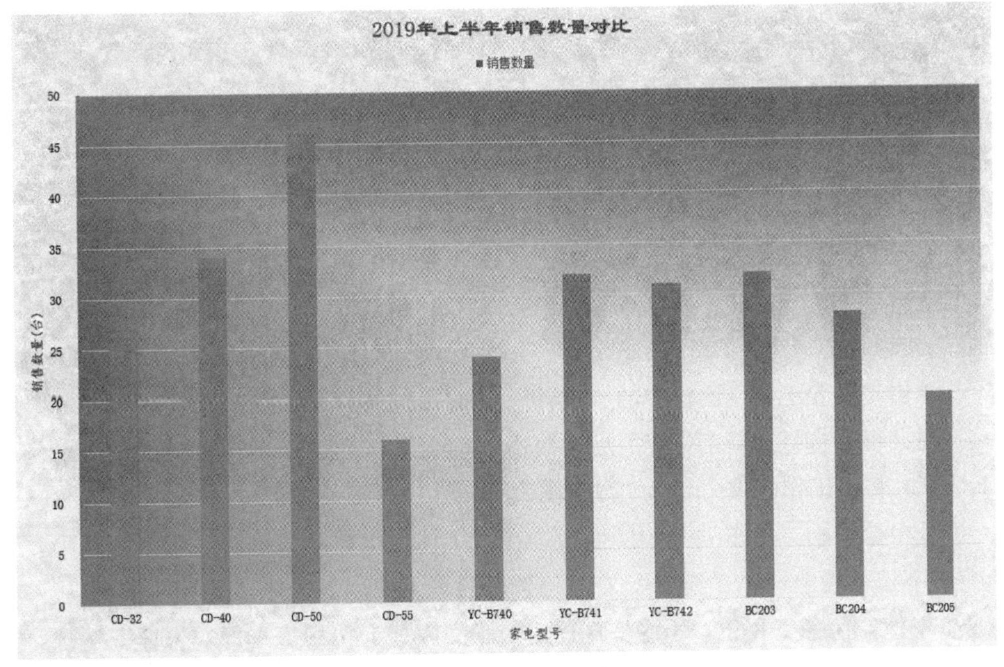

图 7-13　数据图表样图

4. 任务分析

数据图表是以数据为依据制作的图表。制作图表时，需要选定数据区域、图表类型、数据系列。关键是要清楚系列产生在行还是列，本例中系列产生在列。

5. 任务实现

①打开工作簿“中鹏公司销售. xlsx”，对工作表“销售表（2）”进行操作。

②选中工作表“销售表（2）”任一有数据的单元格，选择“图表”面板中的“二维簇状柱形图”选项，于是以默认方式建立了一个嵌入式图表。

③单击“图表工具”面板中的“设计”子面板下的“选择数据”按钮，打开“选择数据源”对话框，如图 7-14 所示。

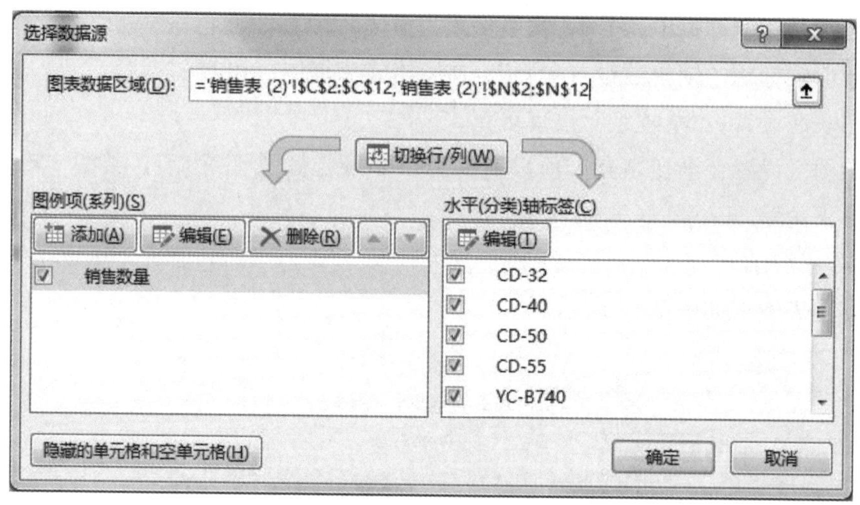

图 7-14 “选择数据源”对话框

④在“选择数据源”对话框中，单击“图表数据区域”文本框右边的区域引用按钮，首先选中 C2:C12 单元格区域，然后按住 Ctrl 键选中 N2:N12 单元格区域，单击“确定”按钮。

⑤单击“图表工具”面板中的“设计”子面板的“移动图表”按钮，打开“移动图表”对话框，选择“新工作表”后，单击“确定”按钮，于是图表单占一个工作表“Chart1”，将该工作表重命名为“数据图表”。

⑥选中分类轴，单击“开始”面板，在“字体”下拉列表选择“宋体”选项，在“字号”下拉列表选择“9”选项，在“字体颜色”下拉列表选择“黑色”选项。

⑦选中数值轴，单击“开始”面板，在“字体”下拉列表选择“宋体”选项，在“字号”下拉列表选择“9”选项，在“字体颜色”下拉列表选择“黑色”选项。

⑧鼠标右键单击数值轴，在弹出的菜单中选择“设置坐标轴格式”选项，在打开

的“设置坐标轴格式”对话框中，在“最小值”文本框输入“0”，在“最大值”文本框输入“50”，在“坐标交叉于”文本框输入“0”，在“数字类别”下拉列表中选择“数字”选项，在“小数位数”文本框中输入“0”，在“主刻度线类型”下拉列表选择“内部”选项，在“次刻度线类型”下拉列表选择“无”选项。

⑨选择默认的图表标题，输入文本“2019 年上半年销售数量对比”，单击“开始”面板，在“字体”下拉列表选择“隶书”选项，在“字号”下拉列表选择“16”选项，在“字体颜色”下拉列表选择“红色”选项。

⑩右键单击图例，在弹出的菜单中选择“设置图例格式”选项，打开“设置图例格式”对话框，“图例位置”选择“靠上”选项。

⑪单击“图表工具”面板中的“设计”子面板的“添加图表元素”“坐标轴标题”“主要横坐标轴”按钮，于是分类轴添加默认标题，将分类轴标题内容修改为“家电型号”。然后单击“开始”面板，在“字体”下拉列表选择“楷体”选项，在“字号”下拉列表选择“10”选项，在“字体颜色”下拉列表选择“蓝色”选项。

⑫使用同样的方法设置纵坐标轴标题。单击“图表工具”面板中的“设计”子面板的“添加图表元素”“坐标轴标题”“主要纵坐标轴”按钮，于是数值轴添加默认标题，将数值轴标题内容修改为“销售数量（台）”。然后单击“开始”面板，在“字体”下拉列表选择“楷体”选项，在“字号”下拉列表选择“10”选项，在“字体颜色”下拉列表选择“蓝色”选项。

⑬选中图表区，在“设置图表区格式”对话框中进行设置。选择“填充”中的“图片或纹理填充”选项，在“纹理”下拉列表选择“羊皮纸”选项。

⑭选中绘图区，在“设置绘图区格式”对话框中进行设置。选择“填充”中的“渐变填充”选项，在“预设渐变”下拉列表选择“顶部聚光灯-个性色 2”选项，在“类型”下拉列表选择“矩形”选项，在“方向”下拉列表选择“从右下角”选项。

6. 相关知识

Excel 具有将数据转换为图表的功能，以便于数据分析。图表按位置有两种分类：一种是嵌入式图表，即将图表置于数据工作表内；另一种是图表工作表，即建立在数据工作表之外，与数据分开显示，单占一个工作表，但与对应的数据工作表同处于一个工作簿内。

（1）图表类型

常用的图表类型有“柱形图”“条形图”“折线图”“饼图”“XY（散点图）”“面积图”等。

柱形图：柱形图用于显示一段时间内的数据变化或说明项目之间的比较结果。通过水平组织分类、垂直组织值可以强调说明一段时间内的变化情况。

条形图：条形图显示了各个项目之间的比较情况。纵轴表示分类，横轴表示值，它主要强调各个值之间的比较而并不太关心时间。

折线图：折线图显示了相同间隔内数据的预测趋势。

饼图：饼图显示了构成数据系列的项目相对于项目总和的比例大小。

XY（散点图）：XY 散点图既可以显示多个数据系列的数值间的关系，也可以将两组数字绘制成一系列的坐标。

面积图：面积图强调了随时间的变化幅度。

（2）图表中的术语

数据系列：图表中表示绘图值的条形图、饼图、直线或其他元素。

分类：分类反映一个系列中元素的数目。图表可以有一个分类，也可以有几个分类。

坐标轴：二维图表有一个 X 轴（水平）和一个 Y 轴（垂直）。X 轴含有图表中的所有数据系列和分类。Y 轴反映柱、条、折线或绘图点的值。

图例：定义图表的不同列，即每一部分各代表什么。

网格线：强调数据系列的 Y 轴和 X 轴刻度。

（3）创建图表

①单击“插入”面板，选择“图表”功能区中满足需要的图表类型。

②单击“图表工具”面板下的“选择数据”按钮，弹出“选择数据源”对话框。

③引用图表数据区域，切换行/列。需要的话还可以添加图例项和编辑分类轴标签。

④单击“确定”按钮，完成图表创建。

第 8 章　素材的处理

本章能力目标

①了解 Photoshop CC 的基本功能和工作界面。

②掌握 Photoshop CC 工具的使用方法和图像处理的流程。

③熟练掌握 Photoshop CC 的内容识别填充命令。

④掌握 GoldWave 的基本操作办法。

⑤能熟练使用 GoldWave 录制音频和进行音频处理。

⑥掌握 Camtasia Studio 的基本操作办法。

⑦能熟练使用 Camtasia Studio 录制视频，掌握视频的编辑技巧。

8.1　图片素材处理

8.1.1　证件照换背景

1. 任务目标

①了解 Photoshop CC 的基本功能和工作界面。

②掌握 Photoshop CC 基本工具的使用方法，如魔棒工具、移动工具、裁剪工具、油漆桶工具的使用。

③掌握 Photoshop CC 调整图像大小的方法。

2. 任务提出

大学新生要进行网上注册，需要提交小二寸（宽 3.3 cm，高 4.8 cm）蓝底证件照，但是目前只有大尺寸的红底证件照，如何利用 Photoshop 来制作符合要求的照片呢?

3. 任务分析

利用 Photoshop 的“魔棒工具”将人物抠出，并去除边缘杂色，利用“油漆桶工具”填充蓝色背景色。通过“裁剪工具”调整照片尺寸为小二寸大小。

4. 效果展示

任务完成效果如图 8-1 所示。

图 8-1　证件照换背景对比图

5．任务实现

①启动 Photoshop（本书中使用的版本为 Photoshop CC 2019），执行“文件”→“打开”命令，打开素材图片，如图 8-2 所示。

图 8-2　打开图片

②选择工具箱中的“魔棒工具”，单击图片中红色部分，红色背景被选中，如图 8-3 所示。

图 8-3　魔棒工具选择背景

③执行“选择”→“反选”命令，选中人物。确保当前选择的状态，执行“选择”→“修改”→“收缩”命令，在弹出的“收缩选区”对话框中设置合适的收缩量，如图 8-4 所示，单击“确定”按钮。

图 8-4　设置收缩量

④按下 Ctrl+J 键，复制当前选区内容到新图层，单击“图层”面板底部的“新建图层”按钮，新建图层 2，拖动图层 2 到图层 1 下方，如图 8-5 所示。

图 8-5　图层操作

⑤单击工具栏底部的“设置前景色”选项，在弹出的对话框中设置前景色为蓝色(R:0 G:191 B:243)，如图 8-6 所示。

图 8-6　设置前景色

⑥使用“油漆桶工具”填充前景色到图层 2，图片背景就替换好了。如图 8-7 所示。

⑦调整图片尺寸到小二寸。单击“裁剪”工具，在工具属性栏分别设置“宽×

高×分辨率”为 3.3 厘米、4.8 厘米、300 像素/英寸，如图 8-8 所示，按下回车键确定裁剪。

图 8-7　填充图层

图 8-8　裁剪图片

⑧执行“文件”→“存储为”命令，设置保存类型为“JPEG”图片格式，单击“保存”按钮。在弹出的对话框中可以设置图片品质（如果要打印照片的话建议使用高品质），如图 8-9 所示，单击“确定”按钮完成制作。

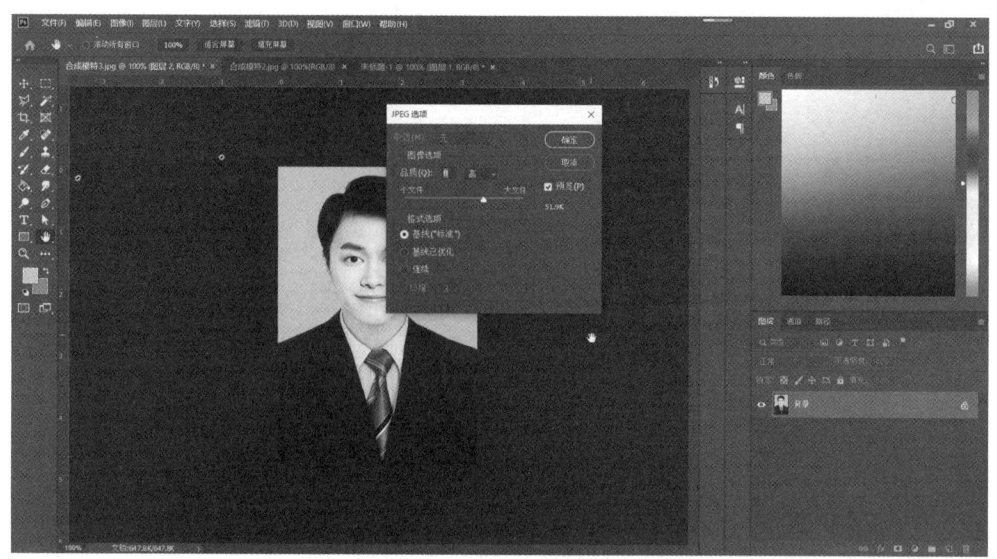

图 8-9　设置图片品质

6. 相关知识

(1) Photoshop CC 简介

Adobe Photoshop CC（Creative Cloud）是由软件厂商 Adobe 发布的一款功能非常强大的图片处理软件。

启动 Photoshop CC 后进入其工作界面，包含菜单栏、标题栏、文档窗口、工具箱、工具选项栏、状态栏和浮动面板等组件。如图 8-10 所示。

图 8-10　Photoshop CC 工作界面

（2）新建文件

打开 Photoshop，执行“文件”→“新建”命令，弹出新建文件对话框，如图 8-11 所示。

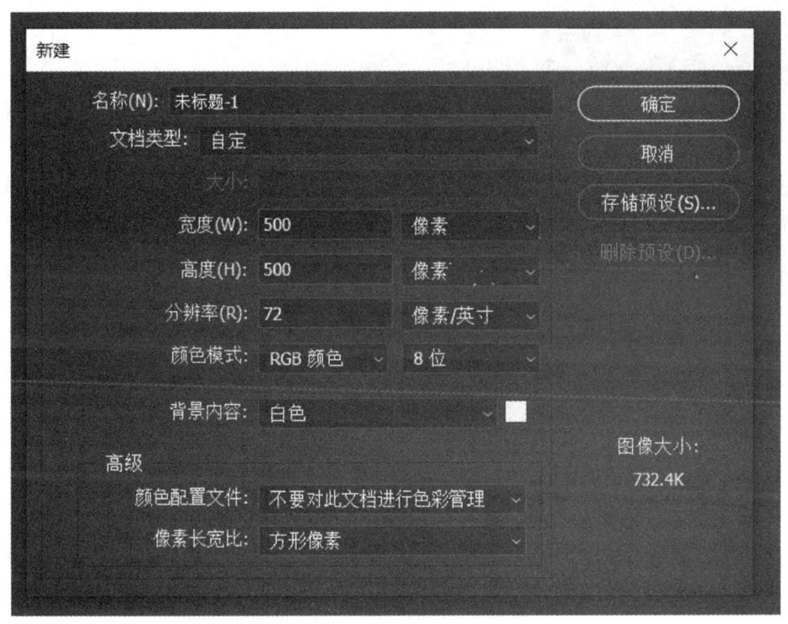

图 8-11　新建文件对话框

①宽度和高度常用单位为“像素”“厘米”和“毫米”，可以根据需求进行选择。

②分辨率终端设备显示使用 72 像素/英寸，印刷品使用 300 像素/英寸以上。

③颜色模式一般使用 RGB 模式，工业印刷使用 CMYK 模式。

（3）恢复与还原操作

在使用 Photoshop 编辑制作图片时，有时候操作错误，需要使用“历史记录”的选项来恢复上一步的操作。执行“窗口”→“历史记录”命令，打开“历史记录”面板，如图 8-12 所示，可以通过选择相应记录恢复到相应状态。

另外，还可以通过快捷键来进行操作，后退还原快捷键为 Ctrl+Z，前进重做一步为 Ctrl+Shift+Z。

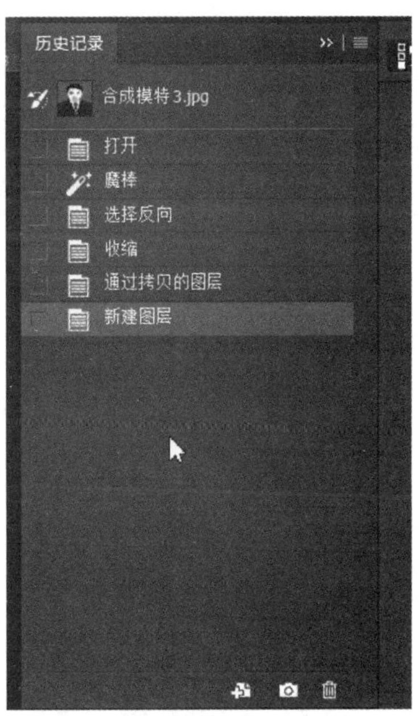

图 8-12　“历史记录”面板

图 8-13 工具列表

(4) 工具箱的使用

Photoshop 工具箱中很多工具图标右下角都有一个小三角，这表示是一组工具。单击工具按钮不松开或者鼠标右键单击工具按钮即可展开工具列表，如图 8-13 所示。

8.1.2 清除图像上的杂物

1. 任务目标

①掌握缩放工具的使用方法。

②掌握选框工具的使用方法。

③熟练掌握 Photoshop CC 的内容识别填充命令。

2. 任务提出

在 Photoshop 中擦除不需要的对象和图像，是设计过程中经常做的事。下面我们将图片中桌面上的咖啡杯擦除掉，还原整洁的桌面效果。

3. 任务分析

我们需要使用桌面图案替换掉咖啡杯及其阴影图像，可以利用 Photoshop 的“内容识别填充”命令将咖啡杯擦除。

4. 效果展示

清除效果如图 8-14 所示。

图 8-14 清除图像上的杂物对比图

5. 任务实现

①启动 Photoshop，执行“文件”→“打开”命令，打开素材图片，如图 8-15 所示。

②选择工具箱中的“缩放工具”，单击图片上咖啡杯的位置，放大图像。使用“套索工具”将需要擦除的区域选中，注意阴影和交界的位置，如图 8-16 所示。

图 8-15　打开素材图

图 8-16　选中需要擦除的区域

③执行“编辑”→“内容识别填充”命令，窗口界面分为四部分，从左到右依次为工具栏、工作区、预览区、参数调整面板，如图 8-17 所示。

④在左侧的图片中可以看到绿色遮罩层，被遮罩的部分是取样区域，从预览区可以看出擦除后的效果，此时桌面花纹依然存在瑕疵。使用工具栏中的“取样画笔工具”，执行“从叠加区域中减去”命令，擦除产生干扰的区域，只保留桌面部分，单击“确定”按钮即可消除瑕疵部分，如图 8-18 所示。

图 8-17 内容识别填充

图 8-18 内容识别填充设置

6. 相关知识

(1) 基本工具

执行“内容识别填充”命令时，左侧工具栏另外 3 个工具分别为“套索工具”“抓手工具”“缩放工具”。

套索工具：通过在此工具属性栏设置参数可以修改擦除区域的范围。

缩放工具：通过在此工具属性栏设置参数可以放大、缩小图片。

抓手工具：图片放大显示时，通过此工具可以平移视图。

（2）污点修复画笔工具

污点修复画笔工具是 Photoshop 中处理照片常用的工具之一，如图 8-19 所示。利用污点修复画笔工具可以快速移去照片中的污点和其他不理想部分，操作简单。

打开素材图片，模特脸上有颗黑痣，选择污点修复画笔工具，设置画笔大小，在污点位置单击鼠标，如图 8-20 所示，即可修复完成。

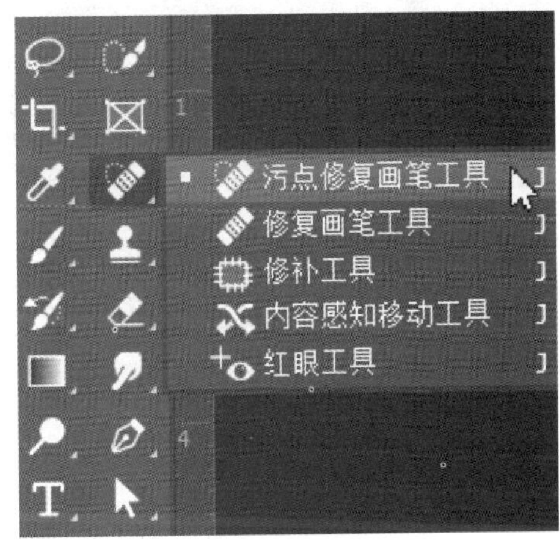

图 8-19　污点修复画笔工具

图 8-20　使用污点修复画笔工具

8.2　声音录制与处理

1. 任务目标

①掌握 GoldWave 的基本操作方法。

②能熟练使用 GoldWave 录制音频。

③熟练掌握声音的降噪处理方法。

2. 任务提出

大多数人录音会用计算机或者手机自带的录音软件，觉得这样更加方便快捷。但是，录制环境存在很多不可避免的杂音噪声，这样录制的音频后期还得进行降噪处理，比较麻烦。那么可不可以录音和降噪一步搞定呢？

3. 任务分析

利用 GoldWave 软件首先录制一段环境音，完成对环境中噪声的取样，以采样为基础进行降噪处理，可达到去除环境噪声的目的。

4. 任务实现

①运行 GoldWave 软件（使用的软件版本为 V6.51），启动界面如图 8-21 所示。

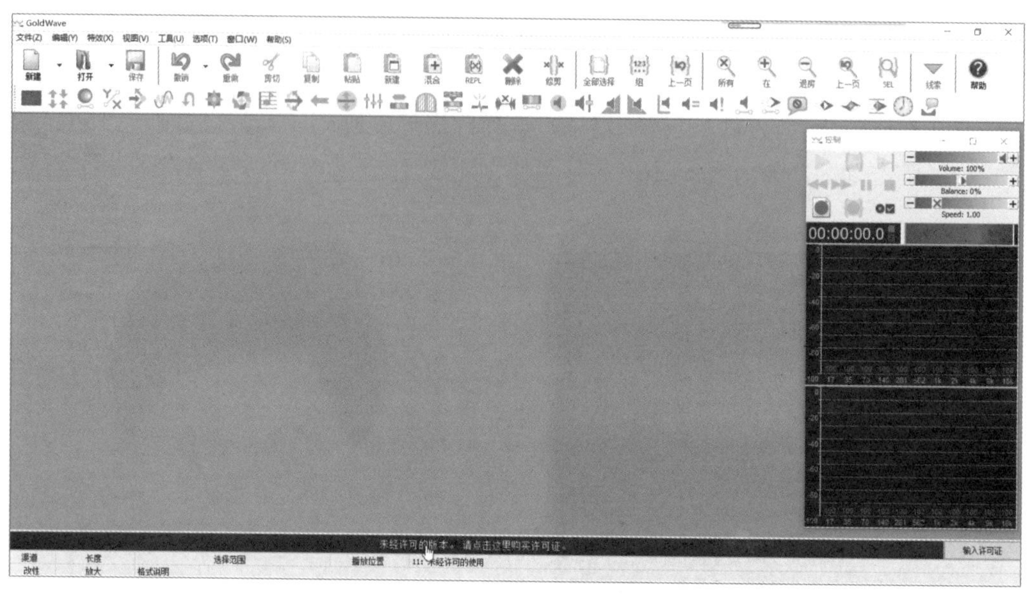

图 8-21　GoldWave 启动界面

②单击控制窗口中的“创建一个新文件并开始录制”红色按钮，在弹出的窗口中根据实际需求设置录音时长，如图 8-22 所示，单击“好”按钮即可开始录制声音。

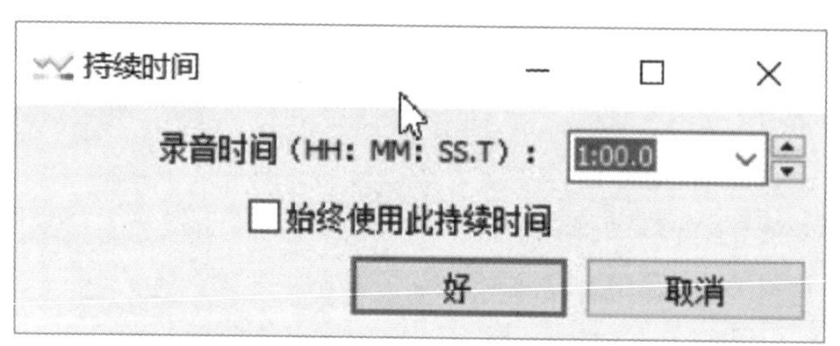

图 8-22　录音时间设置

首先录制一段 5～10 s 的环境音，然后进行正式录音，录音时可以看到右侧控制窗口中显示声音的大小和录制的时间等信息，如图 8-23 所示。录制结束后单击窗口中的“停止”按钮，完成音频录制。

③在音频窗口中，选定开始位置，单击鼠标左键，向后拖动，直到需要结束的地方后松开鼠标左键，即可快速选定音频区域。如图 8-24 所示，选择录制的前几秒环境音部分。

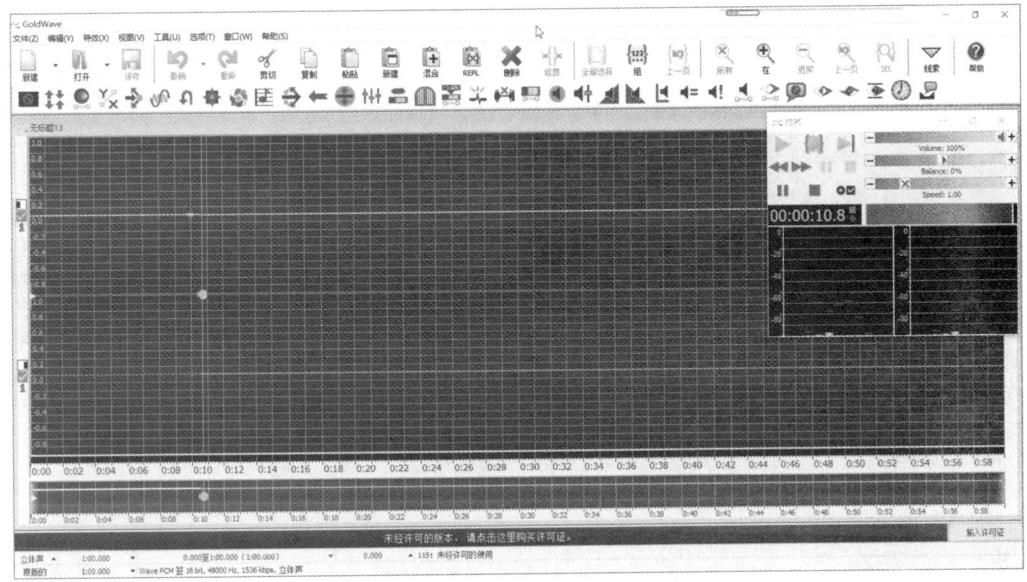

图 8-23　音频的录制

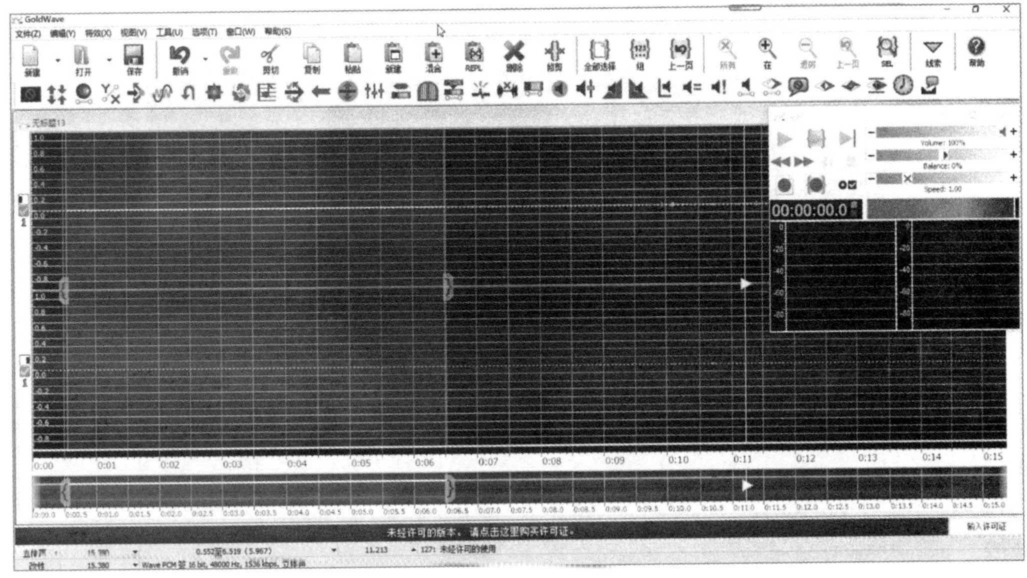

图 8-24　选择音频

④单击工具栏上的“复制”按钮，将选择的音频复制到剪贴板中，然后按下 Ctrl＋A 键选择整个音频，单击特效栏中的“降噪”按钮，如图 8-25 所示。

⑤在弹出的“降噪”窗口选择“使用剪贴板”选项，如图 8-26 所示，单击“好”按钮即可完成降噪。可以在控制窗口单击“播放”按钮进行播放，检验效果。

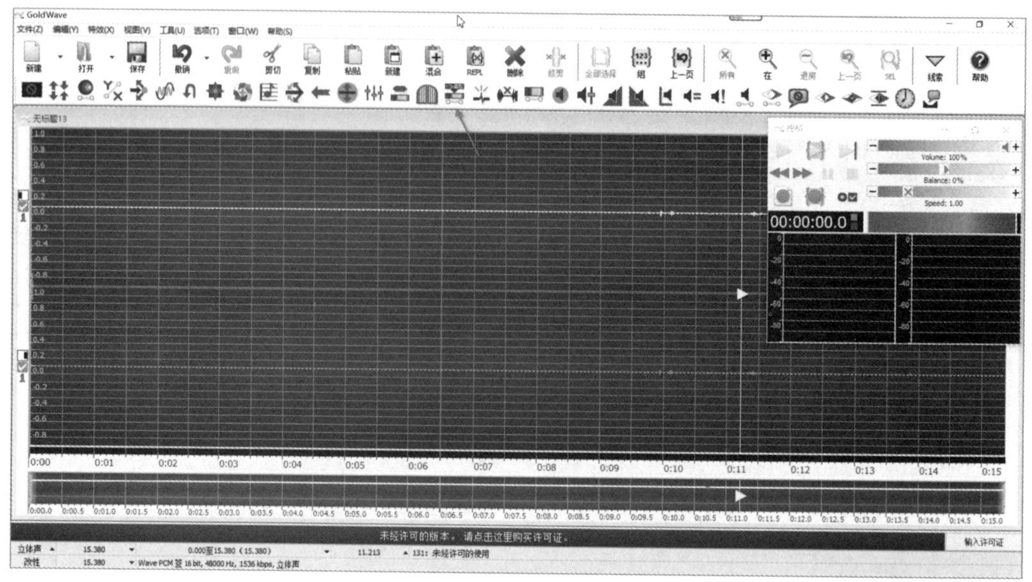

图 8-25　音频编辑

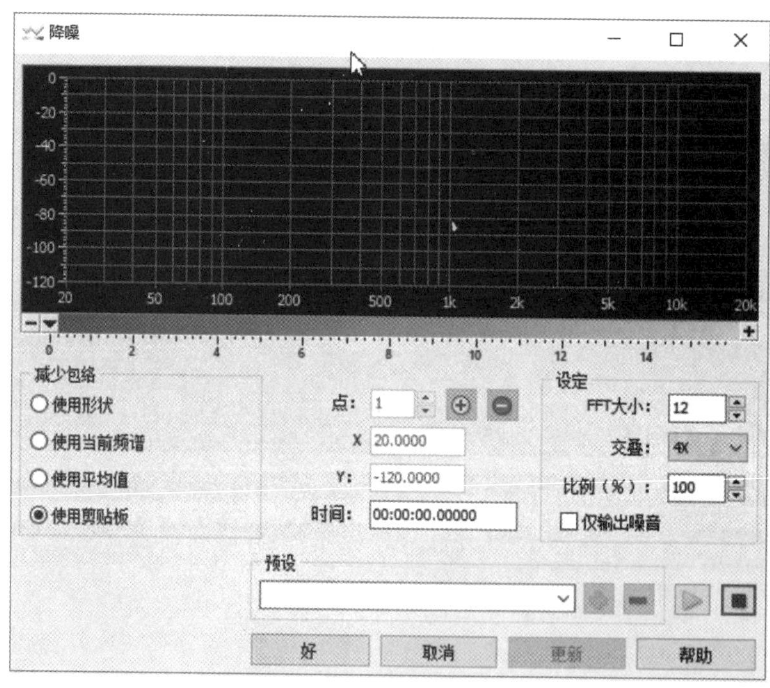

图 8-26　降噪设置

⑥如步骤③一样，选择前几秒的环境音，单击工具栏中的“删除”按钮，如图 8-27 所示，删除前面的空白内容。

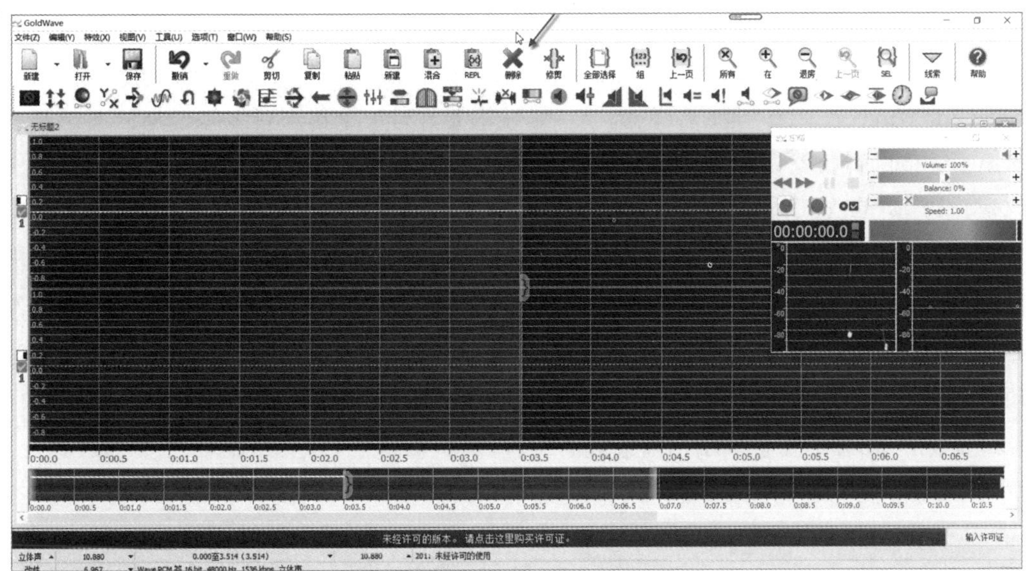

图 8-27　删除声音

⑦执行“文件”→“保存”命令，在弹出的“保存声音为”对话框中根据实际需要设置文件名、保存路径、保存类型等，如图 8-28 所示，单击“保存”按钮即可完成声音的保存。

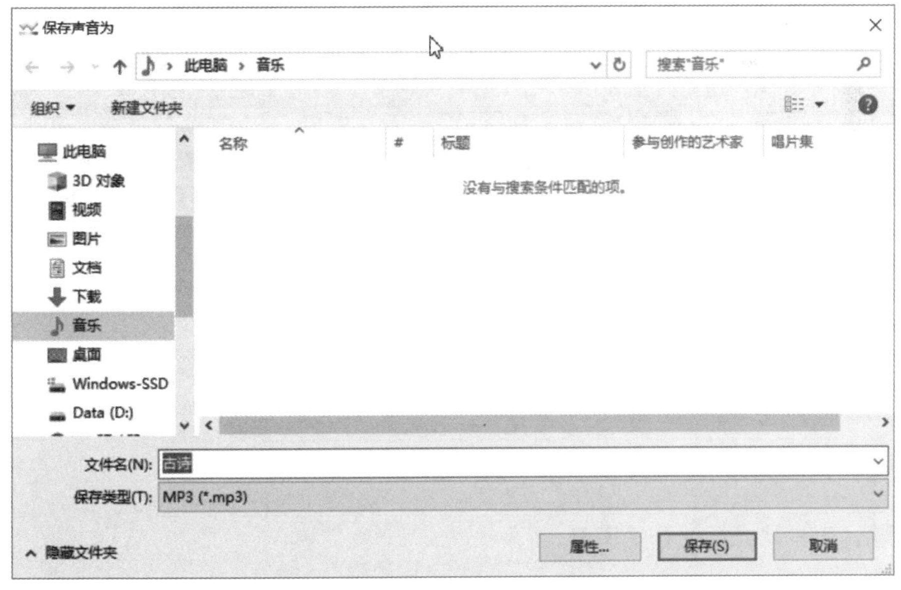

图 8-28　保存声音

5. 相关知识

(1) GoldWave 简介

GoldWave 是一个功能强大的数字音乐编辑器，是一个集声音编辑、播放、录制和转换于一体的音频工具。它体积小巧，功能却无比强大，支持对多种格式的音频文件编辑，包括 WAV、OGG、VOC、IFF、AIFF、AIFC、AU、SND、MP3、MAT、DWD、SMP、VOX、SDS、AVI、MOV、APE 等音频格式。它还可以对音频内容进行转换格式等处理，并且内含丰富的音频处理特效。使用 GoldWave 打开一个音频文件后，界面如图 8-29 所示，包括菜单栏、工具栏、特效栏、音频窗、控制窗等部分。音频窗口中显示了该音频的两个声波的波形，白色代表左声道，红色代表右声道，光标（绿色三角）所在的位置表示当前播放的位置。

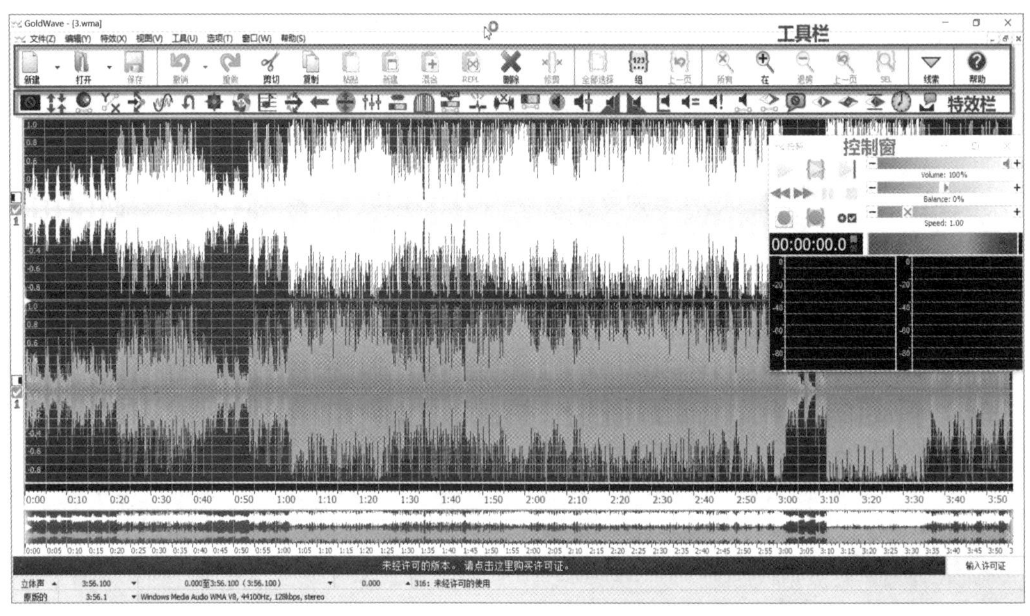

图 8-29　GoldWave 软件界面

①对音频的一些简单操作，主要是通过右侧单独的控制窗口来调整控制。如图 8-30 所示。

▷：表示从头开始播放。

▷|：表示从光标处开始播放。

[▷]：表示播放选定区间内的音频。在音频窗口选择需要播放的音频区间，再单击此播放按钮，则只会播放该区间内的音频。

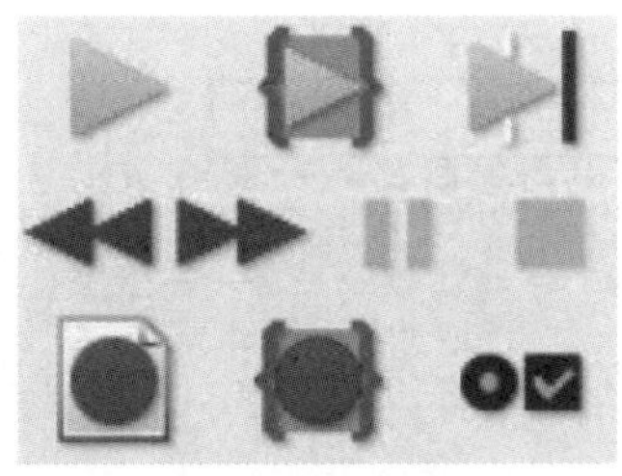

图 8-30　控制命令

：表示从光标位置开始倒序播放音频。

：表示从光标位置开始按设定的 n 倍速播放音频。

：表示暂停播放音频。

：表示停止播放音频。

：表示创建一个新文件，并开始录音。

：表示先在音频窗口内选择一段区域，在选定区域内录音。需要注意的是，新录制的音频会覆盖原有的声音内容。

：表示打开控制面板的属性窗口，在“控制”属性中，可以调整控制窗口中对应按钮的属性。

②转换音频格式：首先打开音频文件，按照需求进行音频编辑后，执行“文件”→“另存为”命令，找到目标文件格式保存即可。格式类型很广泛，包括 WAV、OGG、VOC、IFF、AIFF、AIFC、AU、SND、MP3、MAT、DWD、SMP、VOX、SDS、AVI、MOV、APE 等音频格式。

（2）音频的编辑

选定一段音频波形后，就可以对这段波形进行各种各样的处理了，如图 8-31 所示。

关于音频的编辑主要有剪切、复制、粘贴、删除、修剪等。

“剪切”是将选中的音频部分剪切到剪贴板中。

“复制”是将选中的音频部分复制到剪贴板中。

“粘贴”是将选中的音频部分粘贴到插入点。

“删除”是将选中的音频部分删除。

“修剪”是将未选中的音频部分删除，只保留选中的部分。

“新建”是将选中的音频部分粘贴到新文件中。

“混合”是将选中的音频部分与原有音频混合到一起。

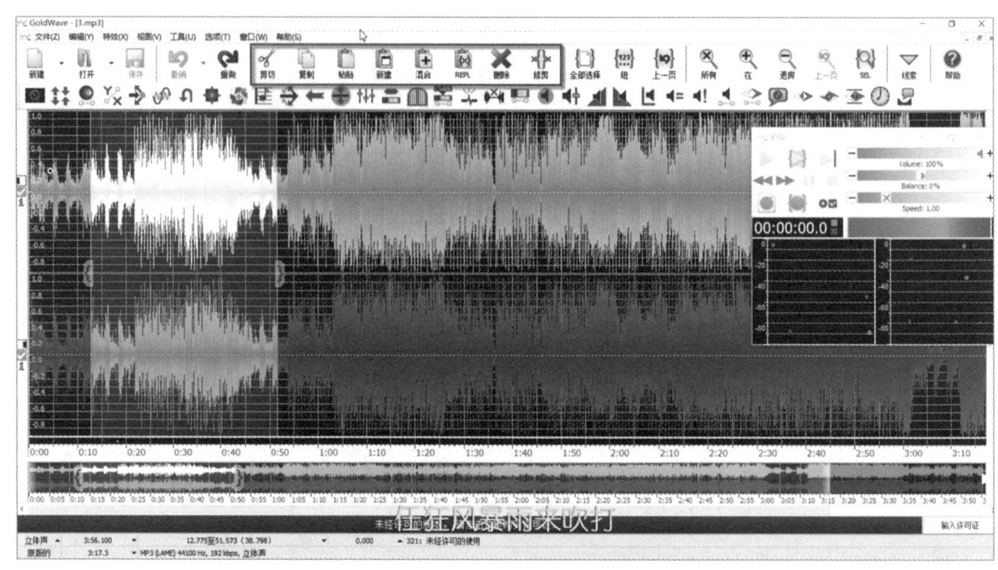

图 8-31 音频的编辑

8.3 微视频录制与编辑

1. 任务目标

①掌握 Camtasia Studio 的基本操作方法。

②能熟练使用 Camtasia Studio 录制视频。

③熟练掌握 Camtasia Studio 的视频编辑技巧。

2. 任务提出

制作一个 PPT 录屏＋教师讲解的微视频。

3. 任务分析

利用 Camtasia Studio 软件录制微课视频，根据需求进行剪辑，然后进行声音降噪处理，最后输出视频。

图 8-32 微课效果图

4. 效果展示

任务完成效果如图 8-32 所示。

5. 任务实现

①启动 Camtasia Studio 软件（本实例采用的软件版本为 V9.1），启动界面如图 8-33 所示，单击“新建录制”按钮。

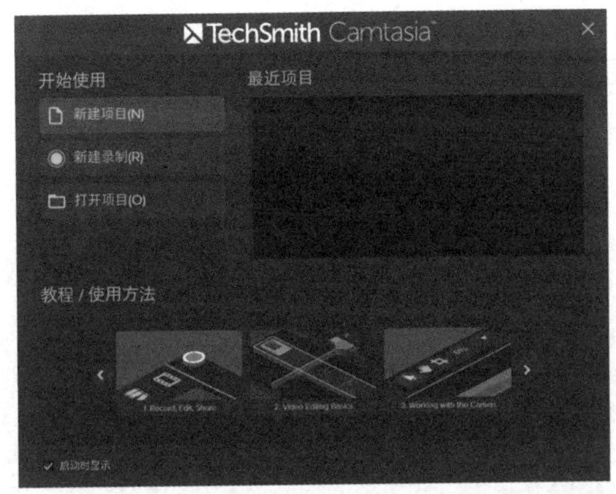

图 8-33　Camtasia Studio 启动界面

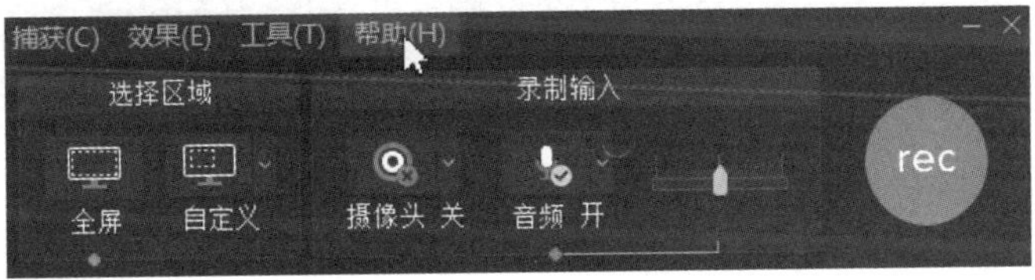

图 8-34　录制设置面板

②弹出录制设置面板如图 8-34 所示，设置录制选择区域为“全屏”，音频来源选择“麦克风”。打开并播放 PPT，单击红色“rec”录制按钮。按照脚本设计进行讲解，录制完成时按下功能键 F10 即可完成视频录制。

③结束录制后，进入到视频编辑界面，该界面由菜单栏、工具区、视频预览区、属性设置区、时间轴等部分组成，如图 8-35 所示。

图 8-35　视频编辑界面

④在视频预览区单击“播放”按钮，可以预览录制的视频。在时间轴上单击某位置，视频即可跳转到相应位置。选中视频中失误的部分，如图 8-36 所示，单击时间轴左上方的“剪切”按钮删除选中的视频。

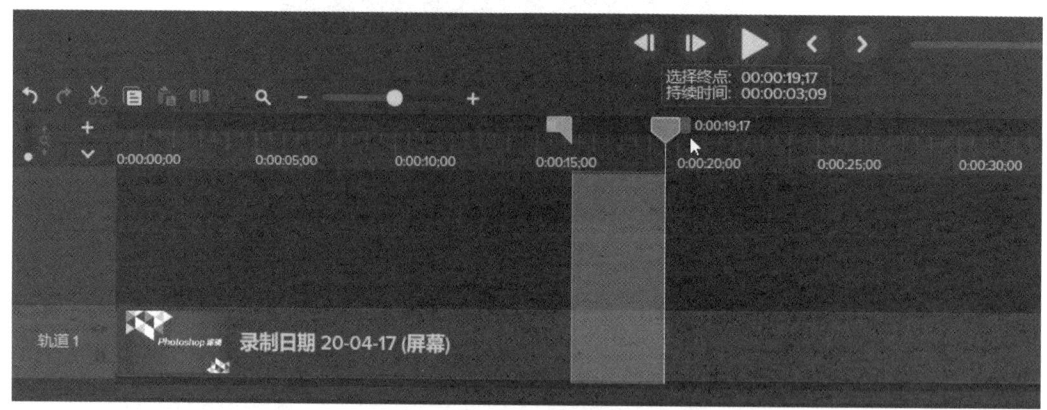

图 8-36 编辑视频

⑤在时间轴区域，单击选中视频，如图 8-37 所示。在工具区选择“音频效果”工具，鼠标右键单击“降噪”按钮选择“添加到所选媒体”选项完成对录制视频的降噪处理。执行“文件”→“保存”命令保存项目。

图 8-37 降噪处理

⑥单击屏幕右上角的“分享”按钮，如图8-38所示，选择“本地文件”选项。

图8-38　分享设置

⑦在弹出的“生成向导”对话框中，根据需要选择输出视频的尺寸，如图8-39所示。

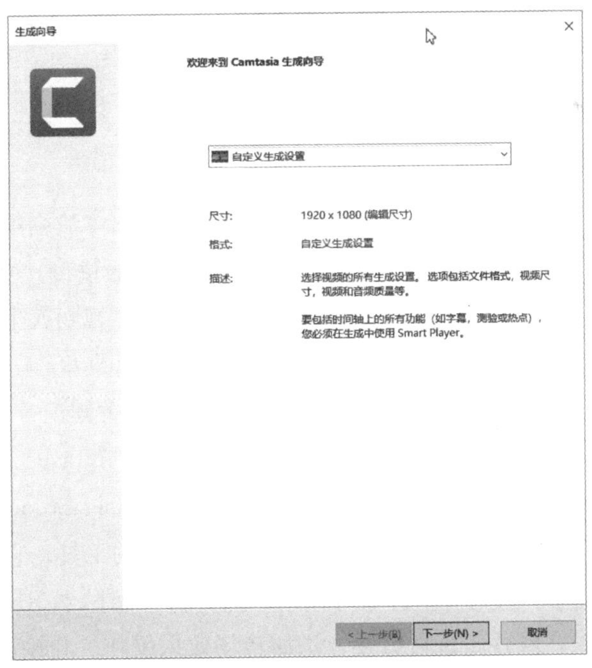

图8-39　输出尺寸设置

⑧单击“下一步”按钮，设置项目名称、存储文件夹，取消“将生成的文件组织到子文件夹中”选项，单击“完成”按钮，如图 8-40 所示。

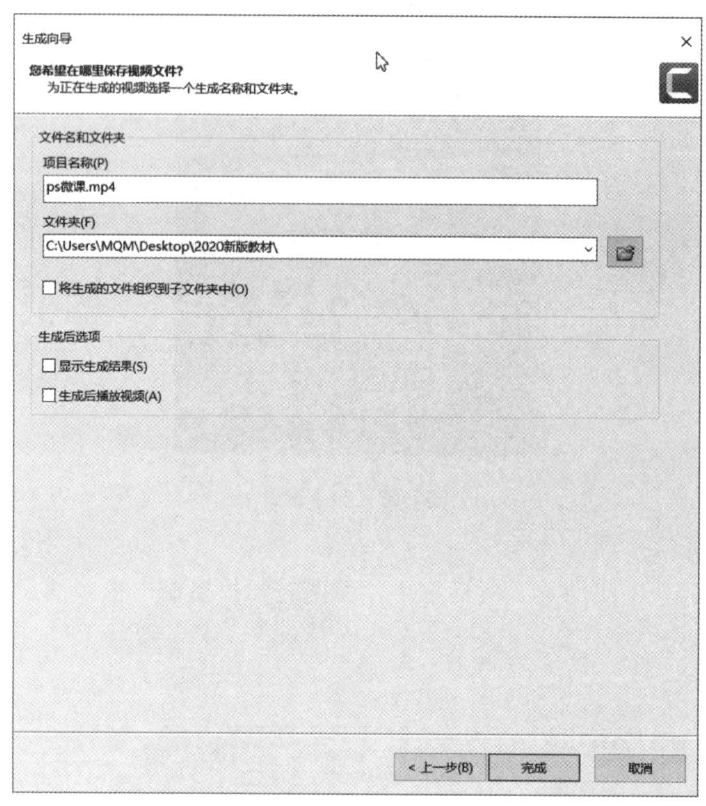

图 8-40 输出视频设置

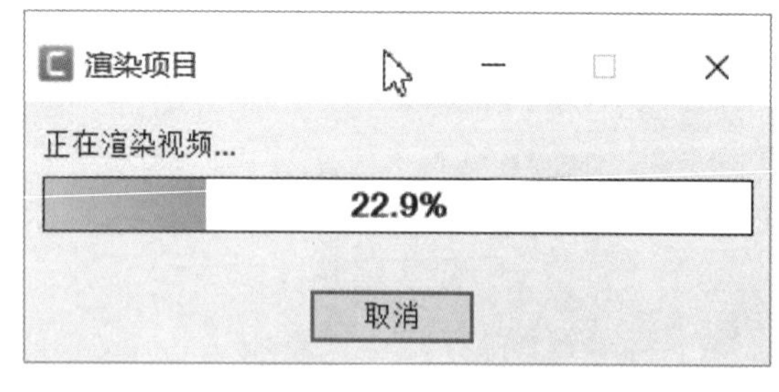

图 8-41 渲染项目

⑨弹出“渲染项目”对话框，显示渲染视频的进度，如图 8-41 所示。渲染完成后，视频就生成并保存在上一步设置的文件夹里。

6. 相关知识

（1）Camtasia Studio 软件介绍

Camtasia Studio 是一款专门录制屏幕动作的工具，它能轻松地记录屏幕动作，包括影像、音效、鼠标移动轨迹、解说声音等。另外，它还具有即时播放和编辑压缩的功能，可对视频片段进行剪接、添加转场效果操作。它输出的文件格式很多，包括 MP4、AVI、WMV、M4V、CAMV、MOV、RM、GIF 动画等多种常见格式，是制作视频演示文件的绝佳工具。

（2）分离音频和视频

选中视频媒体，单击鼠标右键，在快捷菜单中选择“分离音频和视频”选项，如图 8-42 所示。分离后界面增加了两个轨道，分别是分离的音频和视频轨道，如图 8-43 所示。

图 8-42　分离音频和视频

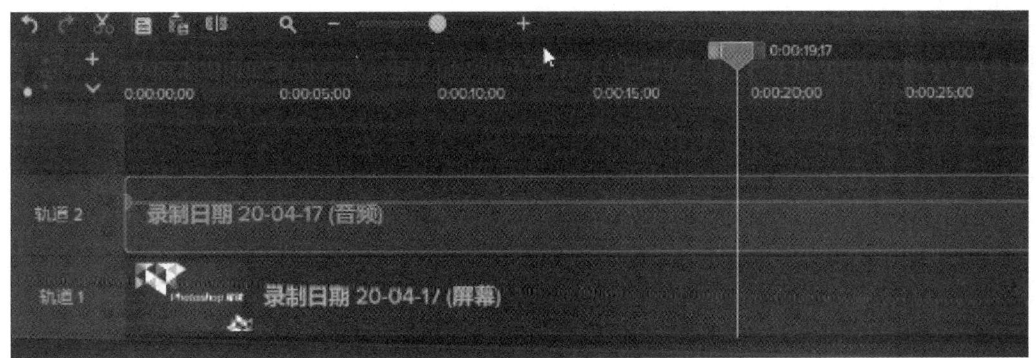

图 8-43　分离后的音频和视频轨道

（3）添加转场效果

单击工具区的“转场”工具按钮，选择合适的转场效果，拖动效果至视频即可，如图 8-44 所示。

图 8-44 添加转场效果

（4）添加字幕

单击工具区的“字幕”工具按钮，拖动时间滑块到字幕开始的位置，单击“添加字幕”按钮，如图 8-45 所示，在下方的时间轴上将会增加字幕轨道。在时间轴上可以设置字幕的显示时间，也可以在右侧预览界面设置字幕的显示时间，然后在字幕输入界面输入相关的字幕信息，如图 8-46 所示。

图 8-45 添加字幕

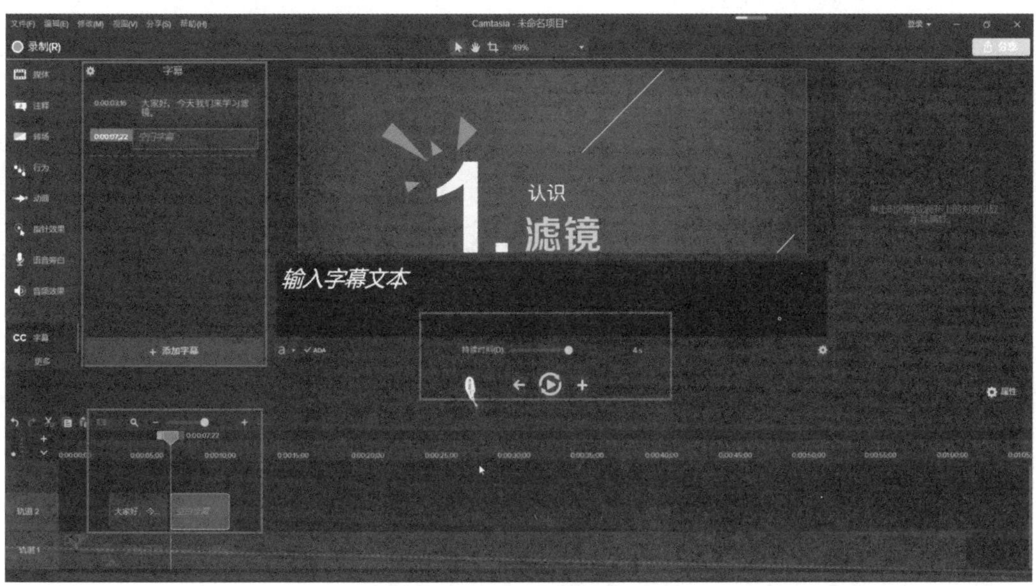

图 8-46　输入字幕文本

第 9 章　问题求解与算法

本章能力目标

①了解计算与问题求解的关系。

②理解算法的含义和算法的要素、基本特性。

③了解算法的描述方法，能够针对实际问题进行算法设计。

④理解算法的分析和评价标准。

⑤了解算法思维的含义、算法思维与计算思维的关系。

⑥了解实现算法常用的高级程序设计语言及其特点。

9.1　计算与问题求解

谈到计算，自然会想到小学数学的加减乘除运算，中学、大学的各种函数、对数、指数、微积分等计算，可以说计算伴随了我们学习过程的每个阶段。

计算是指根据已知条件，将初始数据按照运算符的规则进行数据变换，得到结果的过程。

对于计算，需要注意以下两点：

①计算的过程可以由人或某种机器执行来完成。

②同一个计算可以由不同的技术来实现。

计算与人类总是在同步前进，在人类历史上，计算的作用受到了人脑运算速度和手工记录计算结果的制约，使得能通过计算解决的问题规模非常小。有时候虽然人们掌握了计算的规则，但因为计算过于复杂，超过了人的计算能力，所以无法计算得到结果。此时，可以通过两种方法来解决。

一种方法是利用数学上的规则推导，获得等效的计算方法，完成计算。例如，计算 1 到 100 的自然数之和。计算 100 个数相加，对于人力而言不轻松。通过数学推导可知，$S=\frac{n(n+1)}{2}$，代入 $n=100$ 就可以轻松地完成计算。

另一种方法是设计规则，让机器重复执行，进行自动计算。例如，可以将上述

1 到 100 的自然数求和问题转化为以下自动计算的计算规则。

①输入整数 n。

② $s=0$。(s 是和的初始值)

③ $i=1$。(i 即要求和的自然数)

④ $s=s+i$。(将 i 加到 s 上)

⑤ $i=i+1$。(将 i 变成下一个自然数)

⑥如果 $i<=n$，那么转入步骤④；否则，继续下一步。

⑦输出 s，得到计算结果。

从这两种计算问题的求解方法来看，高效的自动计算是人类追求问题求解的目标。计算科学的基本问题是："什么能够被有效地自动计算，什么不能被有效地自动计算?""哪些问题可以在有限时间和有限空间内自动计算，计算的时间和空间复杂度怎样?""通过人类的思维模式，如何设计有效的计算方法，以减少计算的时间和空间复杂度?"

自动计算往往离不开计算工具，自动计算与计算工具的发展相辅相成。不断设计高效的计算工具来实现自动计算，并且提高计算速度，是人类的探索方向。

9.2　算法概述

计算的核心是什么? 怎样实现高效的自动计算呢? 答案就是算法，高效的算法可以让计算更加高效、有效。那么到底什么是算法? 算法为什么值得研究? 算法的作用是什么? 下面我们先来看一个生活中的实例。

9.2.1　微信抢红包背后隐含的算法

微信的拼手气红包是节假日尤其是春节等喜庆节日大家非常喜欢玩的一种游戏。在微信群里由某人设置好红包总金额和红包个数以及祝福语后把红包发到群里，由群里的朋友来抢。每个抢红包的人抢到的金额是不确定的随机金额，红包在一定时限内被抢光后，所有人抢到的红包金额之和应等于红包总金额。

假设红包总金额是 100 元，红包个数是 10 个。那么每个人抢到的红包可能是多少? 这个红包生成策略是怎样的?

我们来对这个问题进行分析。在微信抢红包的问题中，红包总金额可以用 Sum 来表示，红包个数可以用 N 来表示，第 i 个红包的金额可以用 P_i 来表示。那么在对问题分析后发现，Sum、N、P_i 之间的关系必然有：

① $\mathrm{Sum}=\sum_{i=1}^{N} P_i$ (即红包总金额等于所有红包金额之和)。

② $0.01 \leqslant P_i < \mathrm{Sum}$ (即每个红包的金额最小为 0.01 元，并且小于红包总金额)。

③ P_i 和 Sum 均为具有两位小数的实数。

下面我们来思考这个问题的解决步骤。虽然 P_i 是随机的，但其数值不能在 0 到 Sum 之间直接取随机值来产生，因为如果前几个红包金额过高，如假设第一个红包即 P_1 是 99.99 元，那么剩余的 9 个红包的金额将无法生成。因此不能直接使用取随机值的方法来获得红包金额。

一种解决方案是：100 元随机分成 10 个红包，可以设置前 9 个红包的金额为：在当前剩余红包人均金额的 2 倍以下取随机值，而第 10 个红包的金额是前 9 个红包生成后的剩余金额。此方法可以称为二倍均值法。为方便计算，将红包金额的计量单位由“元”转换为“分”，则该解决方案的步骤可描述如下。

①设置初始红包总金额 Sum 为 100 元（100×100 分），红包个数 N 为 10。

②取 1 到（Sum÷N×2）之间的随机值，生成第 1 个红包金额 P_1。

③Sum 里减去第 1 个红包金额 P_1，成为剩余 9 个红包的总金额。

④红包个数 N 递减成 9。

⑤取 1 到（Sum÷N×2）之间的随机值，生成第 2 个红包金额 P_2。

⑥Sum 里减去第 2 个红包金额 P_2，成为剩余 8 个红包的总金额。

⑦红包个数 N 递减成 8。

……

㉖取 1 到（Sum÷N×2）之间的随机值，生成第 9 个红包金额 P_9。

㉗Sum 里减去第 9 个红包金额 P_9，得到第 10 个红包金额 P_{10}。

这种解决问题的步骤描述就是算法。实际上这个二倍均值法在实际应用时可能会存在一些缺点，如除了最后一个红包，前 9 个红包的金额都不会超过剩余金额平均值的二倍，也就是说红包的金额随机性并不强。如果考虑更多因素，如所有红包大小的概率应服从正态分布，或者使红包的金额随机性更强，可以采用概率法、线段切割法等。

不要认为只有计算问题才有算法，算法遍及生活的各个方面。所以要想利用计算机求解问题，必须先对问题进行认真分析，利用算法确定解决问题的方法和具体步骤，然后选择一种具体的编程语言编制程序，让计算机运行该程序来解决这个问题。

利用以上算法实现微信红包分配的程序代码请参见后文。

9.2.2 算法概述

1. 算法的起源

算法一词在中国最早出现在唐代，当时有《一位算法》《算法》等专著。宋代出现了《算法绪论》《算法秘诀》等，元代出现了《丁巨算法》，明代出现了《算法统宗》，清代出现了《开平算法》《算法一得》《算法全书》等。其中经典的是宋代数学家杨辉的《杨辉算法》，如图 9-1 所示。

算法原为 algorism，意思是阿拉伯数字的运算法则，后来演变为 algorithm。一般认为，历史上第一个算法是欧几里得算法，即辗转相除法。公元前 3 世纪，古希腊数学家欧几里得在其著作《几何原本》第七卷中阐述了这个算法。如图 9-2 所示。

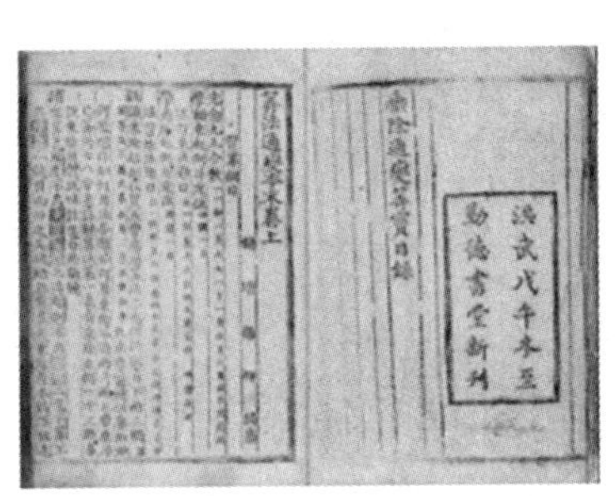

图 9-1　杨辉的算法著作

图 9-2　《几何原本》

2. 算法的定义

什么是算法？通俗地讲，算法就是一种解决问题的方法，是解决方案准确且完整的描述。具体地讲，算法是计算机在求解问题过程中得到的确定的、具体的、有限的步骤，是对具体问题求解的精准描述。正如著名的计算机教育家科尔曼（Thomas H. Cormen）所说：“算法就是任何定义明确的计算步骤，它接收一些值或集合作为输入，并产生一些值或集合作为输出。这样，算法就是将输入转换为输出的一系列计算过程。”按照他对算法的定义可以把算法用图 9-3 进行简单描述。

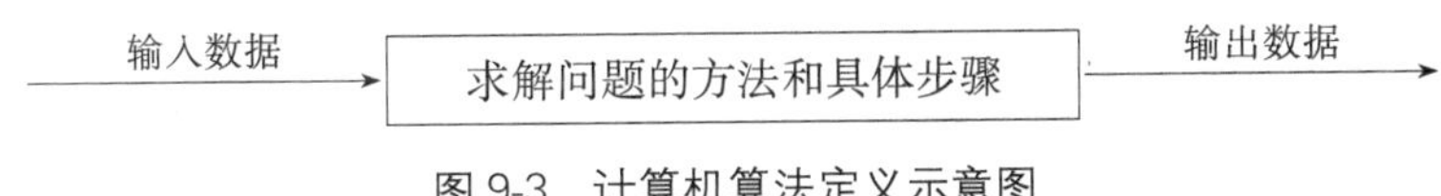

图 9-3　计算机算法定义示意图

解决问题的过程就是算法实现的过程，它用一步接一步的方式来详细描述计算机如何将输入转化为所要求的输出的过程，也是计算机为解决问题所执行计算过程的具体描述，是问题的程序化解决方案。

3. 算法实例

下面我们来看欧几里得算法。

问题描述：给定两个正整数 m 和 n，求解其最大公约数（即同时整除 m 和 n 的最大正整数）。

解决思路分析：输入正整数 m、n，且 $m>n$，输出 m、n 的最大公约数。欧几里得算法又称辗转相除法，就是用较大数 m 除以较小数 n，所得的余数若不为零，则将

其设置为新的 n，原 n 的值设置为新的 m；再用 m 除以 n 求余数，直到余数为零，此时的除数 n 即为所求的最大公约数。

例如，用欧几里得算法求 377 和 319 两个正整数的最大公约数，步骤如下：

377÷319=1……余 58

319÷58=5……余 29

58÷29=2……余 0

余数为 0 时的除数 29 即为所求最大公约数。

算法可以描述如下：

①用 m 除以 n，得到余数 r。

②若 $r=0$，算法结束，n 即所求的最大公约数，输出 n；否则继续下一步。

③把 n 赋值给 m，把 r 赋值给 n，并回到步骤①继续执行。

通过上例可以看出，一个算法由若干步骤构成，这些步骤又是按照一定的顺序执行的。算法是计算机学科中最具有方法性质的核心概念，是计算机科学领域的基石，被誉为计算机学科的灵魂。

9.2.3 算法的要素

从上面的例子可以看出，一个算法涉及一系列操作，而这些操作又是按对应的控制结构所规定的次序执行的。

1. 操作

虽然实现算法的平台很多，但具备的基本操作是相同的，这些操作包括：

①算术运算，如加、减、乘、除等。

②关系运算，如大于、小于、大于等于、小于等于、等于、不等于等。

③逻辑运算，如与、或、非等。

④数据传递，如输入、输出、赋值等。

2. 控制结构

一个算法功能的实现不仅取决于所选用的操作，而且与各操作之间的执行顺序有关。算法中各操作之间的执行顺序称为算法的控制结构。算法的控制结构给出了算法的基本框架，它不仅决定了算法中各操作的执行顺序，而且直接反映了算法的设计是否符合结构化原则。

算法的基本控制结构有以下三种：

①顺序结构。

顺序结构是程序设计中最简单、最常用的基本控制结构。在该结构中，各操作按出现的先后顺序依次执行。它是任何程序主体的基本控制结构，即使在选择结构和循环结构中，也常以顺序结构作为其子结构。如本节微信抢红包的二倍均值算法描述，即为顺序结构。

②选择结构。

选择结构又称为分支结构，是指程序依据条件表达式的结果来决定执行多个分支中的哪一个分支，进而改变程序执行的流程。如前面关于欧几里得算法求最大公约数的步骤②、9.1 中求 1～100 自然数和的第二种方法的步骤⑥，即为选择结构。

③循环结构。

某一类问题可能需要重复多次执行完全一样的计算和处理方法，而每次使用的数据都按照一定的规律在改变。这种可能重复执行多次的结构称为循环结构，又称为重复结构。如前面关于欧几里得算法求最大公约数的步骤①～③即为循环结构。

三种结构采用更形象化的流程图来表示，如图 9-4 所示。一个算法可以由若干个基本结构组合而成。

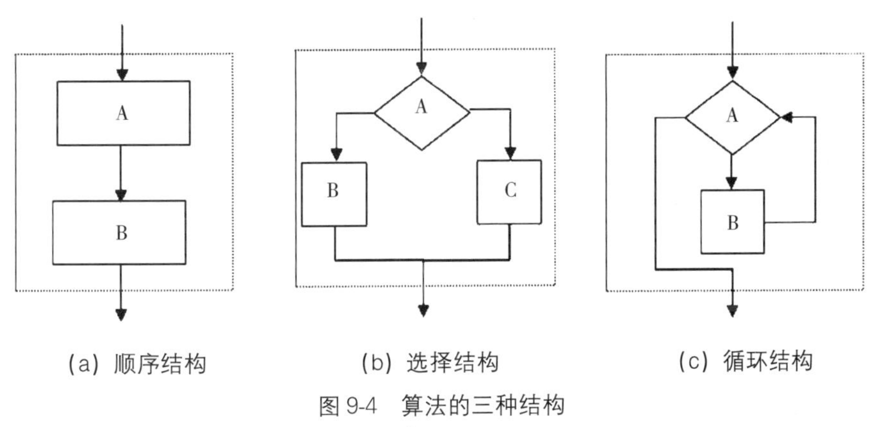

(a) 顺序结构　　(b) 选择结构　　(c) 循环结构

图 9-4　算法的三种结构

9.2.4　算法的基本特性

更严格地从计算机科学的角度来说，算法是由若干条指令组成的有穷序列，它必须满足下述五个基本特性。

1. 输入

一个算法有 0 个或多个外部量作为算法的输入。有些输入量需要在算法执行过程中输入，而有的算法表面上没有输入，实际上输入量已被嵌入算法中。

2. 输出

一个算法产生至少一个量作为输出。它是一组与输入有确定关系的量值，是算法进行信息加工后得到的结果。

3. 确定性

算法中的每条指令必须有确切的含义，无二义性，即每种情况下所应执行的操作在算法中都有确切的规定，因此算法的执行者或阅读者都能明确其含义及如何执行。在任何条件下，对于相同的输入只能得到相同的输出。

4. 有穷性

有穷性是指算法必须能在执行有限步骤后、有限的时间内终止，即每条指令的执行次数和执行时间必须是有限的。

5. 可行性

算法描述的操作可以通过已经实现的基本操作执行有限次来实现，即计算机能执行算法的每个步骤。设计算法时，应考虑每个步骤必须能用计算机所能执行的操作命令来实现。

综上所述，算法是一组严谨定义运算顺序的规划，并且每个规划都是有效的、明确的，此规则将在执行有限的次数后终止。

9.3 算法的描述

9.3.1 算法描述的形式

同一个问题可以设计不同的算法来求解，而且同一个算法也可以采用不同的形式来描述。算法常用的描述形式有自然语言、传统流程图、N-S 流程图、伪代码和计算机高级语言等。

1. 自然语言

日常生活中使用自然语言进行描述，通俗易懂，容易掌握，但是语句烦琐、文字冗长，很难清楚表达算法的逻辑流程，容易出现歧义。因此，自然语言通常用于介绍算法的概要思路。

实例：用自然语言描述输入实数 a、b、c，判断并输出 $ax^2+bx+c=0$ 方程有无实数解的算法流程。

①输入变量 a、b、c。

②计算 $\Delta=b^2-4ac$ 的值。

③若 Δ 值小于 0，则输出此方程没有实数解。

④若 Δ 值大于等于 0，则输出此方程有实数解。

2. 传统流程图

流程图是描述算法的常用工具，是采用美国国家标准化协会规定的一组图形符号及文字说明来描述计算过程的图形。流程图直观地描述一个工作过程的具体步骤，使用一些标准符号代表某些类型的动作，如表 9-1 所示。流程图直观地表示了算法的整个结构，易于理解，着重处理流程描述，便于检查修改，但不方便表达数据处理流程。

表 9-1　传统流程图符号

图示	名称	说明
	开始/结束框	算法的开始或结束
	输入/输出框	输入或输出操作
	处理框	计算与赋值操作
	判断框	条件判断操作
	流程线	算法的流向
	连接点	算法的连接

实例：用传统流程图描述输入实数 a、b、c，判断并输出 $ax^2+bx+c=0$ 方程有无实数解的算法流程。

实例的算法传统流程图描述如图 9-5 所示。

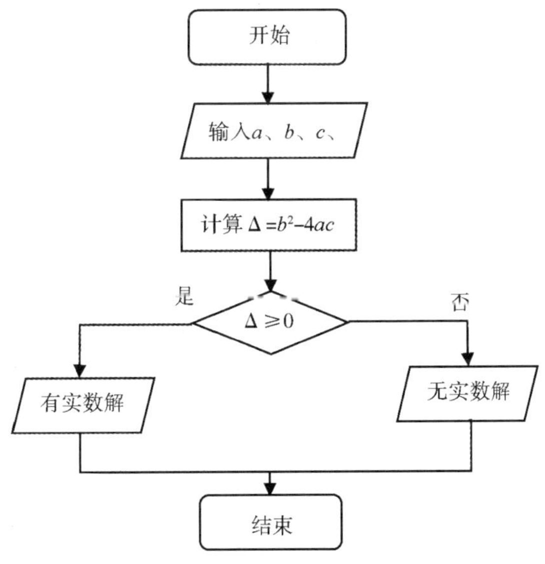

图 9-5　实例的算法传统流程图

3. N-S 流程图

N-S 流程图属于流程图的一种，形式上有自己的特点。N-S 流程图没有流程线，算法写在一个矩形框内，每个处理步骤用一个矩形框表示，处理步骤是语句序列，矩形框中可以嵌套另一个矩形框。N-S 流程图限制了语句的随意转移，保证了程序的良好结构，其基本控制结构如图 9-6 所示。

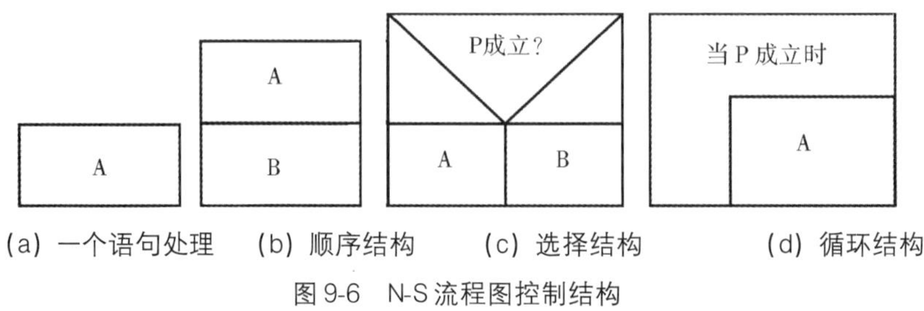

图 9-6 N-S 流程图控制结构

实例：用 N-S 流程图描述输入实数 a、b、c，判断并输出 $ax^2+bx+c=0$ 方程有无实数解的算法流程。

实例的算法 N-S 流程图描述如图 9-7 所示。N-S 流程图直观、清晰，更有利于人们设计与理解算法，是常用的算法描述方法。

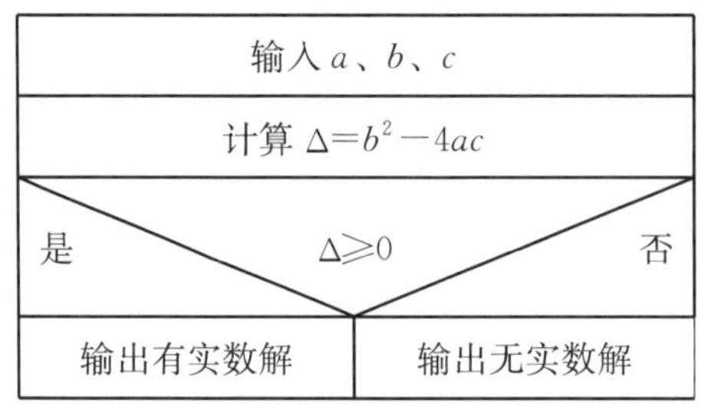

图 9-7 实例的算法 N-S 流程图

4. 伪代码

伪代码也称类语言，接近于高级语言但又不是严格意义上的高级语言，是一种介于自然语言与计算机语言之间的算法描述方式。伪代码具有高级语言的一般语句结构，去掉语言中的细节，以便把注意力集中在算法处理步骤本身的描述上。伪代码结构性较强，比较容易书写和理解，不拘泥于具体语言的语法结构，以灵活的形式表现被描述对象，可将注意力集中在处理步骤中。例如，类 Pascal 语言、类 C 语言。在实际工程中描述算法常用类语言形式，不仅直观、方便，有利于程序员之间交流，而且在设计算法时能较好地考虑算法执行时的动态性。

实例：用伪代码描述输入实数 a、b、c，判断并输出 $ax^2+bx+c=0$ 方程有无实数解的算法流程。

实例的算法伪代码描述如下。

S1：Begin

S2：Input a、b、c

S3：$\Delta=b^2-4ac$

S4：if $\Delta\geqslant 0$ then goto S6

S5：else goto S7

S6：Output “有实数解”

S7：Output “无实数解”

5. 计算机高级语言

高级语言就是用计算机程序设计语言直接表达算法。高级语言描述的算法具有严格、准确的优点，但也有语言细节过多的缺点。

一个具体的算法使用计算机程序设计语言进行描述的过程，实际上就是程序设计的过程，其最终产物就是计算机程序。

实例：输入实数 a、b、c，判断并输出 $ax^2+bx+c=0$ 方程有无实数解的程序如下。

```
def main( ):                                           #定义 main 函数
a,b,c=eval(input("输入 a、b、c 的值,用逗号分隔:"))   #输入 a、b、c 的值
deta=b*b-4*a*c                                         #计算 Δ=b²-4ac
    print('deta 的值是%.2f'%deta)                      #输出 Δ 的值
    if deta>=0:                                        #判断 Δ 大于等于 0 是否成立
        print('有实数解！')                            #成立时,输出有实数解
    else:                                              #否则,Δ 大于等于 0 不成立
        print('无实数解！')                            #输出无实数解

main()                                                 #执行 main 函数
```

对于上面所述的各种算法描述方法，各自既有优点又有缺点。自然语言简单易懂，但不能清晰描述逻辑关系；流程图直观、清晰，但不方便数据处理；伪代码、计算机高级语言的语言严谨，但语言细节描述过多。使用时可以根据实际情况来选择。

9.3.2 算法的评价

解决某一问题存在多种算法，为了获得高效算法，不仅要保证算法正确，还要考虑算法的质量。算法分析就是要评价一个算法的质量优劣，一般算法评价标准有以下五个方面。

1. 正确性

算法的正确性是指对输入数据能够得出满足要求的结果并停止，对一切合法输入都可以得到符合要求的解。如果一个算法对于某些输入数据要么不会停止，要么在停止前给出的不是预期的正确结果，这就是错误算法。

正确性是算法设计最基本、最重要的要求。在很多应用领域中，算法的正确性至关重要。因为算法的错误而造成重大损失甚至灾难的例子并不鲜见。如 20 世纪 60 年代，由于飞行控制计算机程序中的一个错误导致发射到金星的美国太空船“水手号”不幸失事，损失重大。

2. 可读性

算法的可读性是指一个算法可供人们阅读的容易程度。一个算法可读性的好坏十分重要，如果一个算法比较抽象，让人难以理解，那么这个算法就不易交流和推广，对于修改、扩展、维护该算法都十分不利。所以在写算法时，要尽量写得简明易懂。算法首先是用于人们的阅读与交流，其次才是被计算机执行，所以一个合格的算法应该具备良好的可读性。另外，算法简单则程序结构也会简单，便于程序实现和调试。

3. 健壮性

算法的健壮性是指其运行的稳定性、容错性、可靠性和环境适应性。即当出现输入数据错误、无意的操作不当或失误、软件或硬件平台和环境变化时，算法能否保证正常运行，做出相应的判断，而不至于出现莫名其妙的现象、难以理解的结果甚至程序瘫痪。一个合格的算法应具有一定的容错处理能力，即输入非法数据或错误操作时给出提示，而不是中断程序执行，并可以返回表示错误性质的值，以便程序进行处理。

4. 时间复杂度

简单地说，算法的时间复杂度是指程序从开始运行到结束需要的时间。但由于同一算法使用不同的计算机语言实现的效率不同，使用不同的编译器编译效率不同，运行于不同的计算机系统中效率也不相同，因此算法的时间复杂度通常用该算法所执行的基本运算的次数来度量。记作：$T(n)=O(f(n))$。

5. 空间复杂度

算法运行需要存储空间来存放算法本身包含的语句、常量、变量、输入数据和实现其运算所需的数据（如中间结果等），此外还需要一些工作空间来对数据进行操作。因此，算法的空间复杂度是指为解决一个问题而需要的存储空间。它也是问题规模 n 的函数。记作：$S(n)=O(f(n))$。

在评价一个算法优劣的 5 个标准中，重要的是时间复杂度和空间复杂度。这二者共同决定算法的效率，但它们之间往往也是矛盾的。人们总是希望一个算法的运行时间尽量短，而运行所需存储空间尽可能少。实际上在算法设计中，可以“以空间换时间，以时间换空间”。所以人们根据具体情况在时间和空间上找到一个合理的平衡点，这就是算法分析。

9.4　算法实现的工具

9.4.1　算法与程序

算法描述了问题处理的方法和步骤，而程序采用具体语言规则实现算法的功能，算法依靠程序来完成，因此编写程序的程序设计语言就是算法实现的工具，算法是程序的灵魂、核心。那么，什么是程序呢?

程序即计算机程序，是某一具体算法运用计算机程序设计语言的具体实现形式。程序将算法的“做什么”和“怎么做”的问题转化为一组计算机能识别和执行的指令序列，这些指令序列采用计算机程序设计语言的语言规则来编写，可在计算机上运行。

9.4.2　程序与程序设计语言

一个程序如同一篇文章，需要采用某一特定的语言来编写，简单地说编写程序的语言就是程序设计语言。程序设计语言即编程语言，简称计算机语言，是用于编写计算机程序的语言。程序设计语言具有一定的语言规则，这个规则是一种被标准化的交流方式，是在使用程序设计语言编写程序时应当遵循的标准。

程序设计语言的种类很多，根据其发展过程可大致分成三个阶段，分别是机器语言、汇编语言和高级语言。三个阶段的发展如图 9-8 所示。

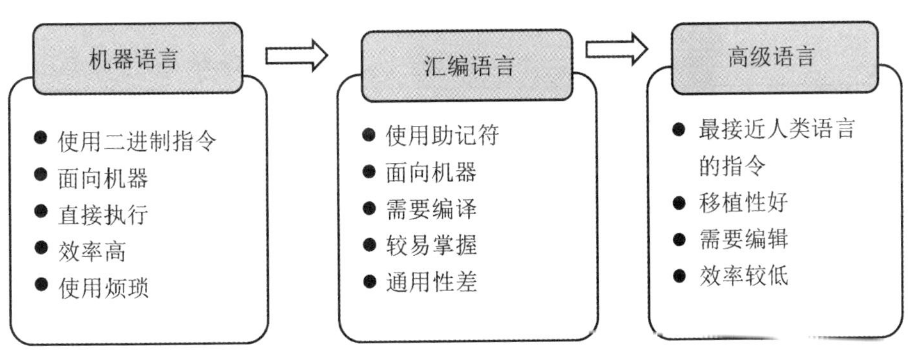

图 9-8　计算机语言发展阶段

程序设计语言是随着计算机软硬件技术的发展而发展的。每一种程序设计语言都有着各自的特点。程序设计语言的种类及特点如表 9-2 所示。

表 9-2 程序设计语言的种类及特点

	分类	定义	特点	代表语言
低级语言	机器语言	用二进制代码表示的计算机能直接识别和执行的一种机器指令的集合	执行速度快；书写记忆困难	
	汇编语言	用助记符表示的、面向机器的计算机语言	不能直接执行；难学难用、容易出错、维护困难	51 单片机汇编 X8632 位汇编 AMD X86 64 位汇编
高级语言	面向过程语言（结构化程序设计语言）	问题被分解成一系列处理过程，针对处理过程、独立于计算机进行程序设计的语言，针对处理过程进行程序设计	不可直接执行；易理解接受；书写方便	BASIC、FORTRAN、COBOL、C、Pascal
	面向对象语言	以对象作为基本程序结构单位的程序设计语言，用于描述的设计是以对象为核心，而对象是程序运行时的基本成分	不可直接执行；具有识认性、类别性、多态性、继承性	Visual Basic、C＋＋、Java
	数据库语言	高级的非过程化编程语言，允许用户在高层数据结构上进行程序设计，具有不同底层结构的不同数据库系统可以使用相同的 SQL 语言作为数据输入与管理的接口	强大的查询与管理功能，对数据库操作方便，有的有图形化操作界面	Access、ForPro、Oracle 数据库管理系统对应 PL/SQL；SQL Server 数据库管理系统对应 T-SQL
	解析语言	面向管理业务的领域特定语言，面向企业管理应用的程序开发语言，用于开发具有丰富业务模型的企业管理应用系统	缩短应用开发过程，降低维护成本，减少调试问题，对用户友好	DSL 语言、MAP 管理解析语言

9.4.3 程序设计语言的编译方式

计算机语言从机器语言、汇编语言发展到高级语言，基本脱离了机器的硬件环境，具有更强的移植性和通用性，采用人们更易理解的、接近自然语言的指令来编写程序，更易识别和理解，具有更强的可读性。但高级语言程序的缺点也是显而易见的，那就是不能直接执行，需要编译后才能执行。那么，什么是编译呢？

编译是指利用编译器将某一种高级语言编写的程序翻译成等价的、可直接执行（二进制语言）的程序的过程。

高级语言可以直接编写的程序称为源程序，是供程序员来查看的；编译后产生的可直接执行的二进制程序，是由计算机来查看的。编译的过程由编译器来完成，编译器相当于程序员和计算机之间的翻译。

在高级语言的编译过程中，主要有以下两种编译方式。

一种称为编译方式，即一个高级语言源程序一次性翻译后，生成一个目标程序，执行源程序时就是运行此目标程序，类似于翻译一部外语著作的方式。

另一种称为解释方式，即一个高级语言源程序在编译时不生成目标程序，而是翻译一句执行一句，边翻译边运行，类似于同声翻译的方式。

两种编译方式的区别是：编译方式把源程序的执行分成两步——编译和运行，产生中间代码，即目标程序；解释方式则是按源程序中语句的顺序逐句解释并立即运行，不产生中间代码。

目前，采用编译方式的高级语言主要有 C、C++、Object-C、Pascal、Go、Swift 等，采用解释方式的高级语言主要有 Java、JavaScript、VBScript、C#、Python、Perl、PHP、Ruby 等。

9.4.4　面向过程的程序设计思想

面向过程（Procedure Oriented）程序设计是一种以过程为中心的编程思想，把问题分解成多个步骤，每个步骤可以是一个操作或一个独立的模块。面向过程的特点是模块化和流程化，以事件流程为考虑问题的出发点。其编程思想的基本要点是自顶向下、逐步细化。

①将要实现的功能描述为一个从开始到结束有序的、连续的步骤或过程。

②依次逐步完成这些步骤，如果某一步的难度较大，又可以将该步骤再次细化为若干个子步骤，以此类推，一直到结束得到想要的结果。

③程序的主体是函数，一个函数就是一个封装起来的模块，可以实现一定的功能，各个子步骤往往就是通过各个函数来完成的，从而实现代码的重用和模块化编程。

例如，新生网上报到注册，以面向过程的思想来看，过程大致包括：学生提供报名资料报名、学生缴费及注册学籍、老师分配班级等环节，如图 9-9 所示。

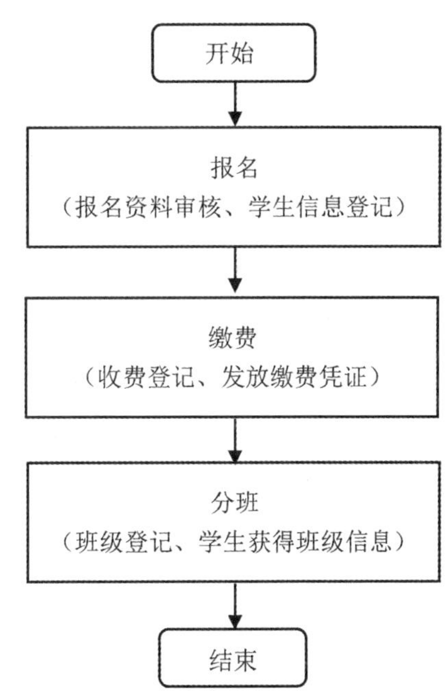

图 9-9　面向过程的新生网上报到注册问题

从图中可以看出，将面向过程的新生网上报到注册问题按三个步骤分解，只要分别实现了三个步骤的功能，此问题即可得到解决。

面向过程的程序设计语言主要有 C、FORTRAN、ALGOL、GOBOL、PASCAL 等。

9.4.5 面向对象的程序设计思想

面向对象程序设计（Object Oriented Programming，简称 OOP）是一种计算机编程架构，比面向过程程序设计产生较晚。面向对象程序设计思想按照现实世界中的思维逻辑处理问题，模拟人类的思维方式，在编程时将任何事物都看成独立的对象，对象是组成程序的基本模块，对象间通过消息传递相互通信。

面向对象的基本原则是计算机程序由多个对象组成，实现了软件工程的三个主要目标：重用性、灵活性和扩展性。面向对象的特点是封装性、继承性和多态性。

例如，仍然以新生网上报到注册为例，以面向对象思想来看，此问题涉及四个对象：学生、财务处成员、班级、教务处成员，每个对象包括一些属性和功能，如图 9-10 所示。

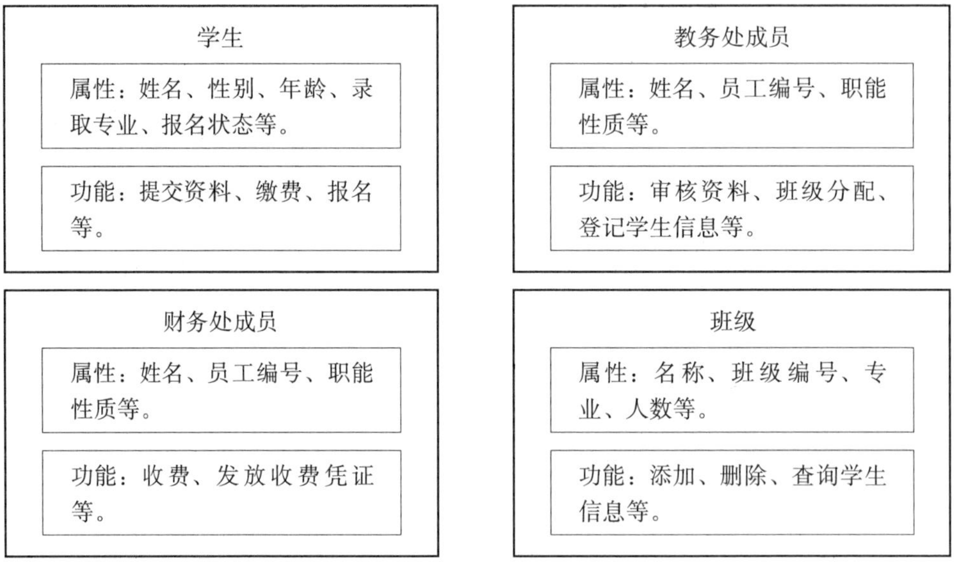

学生	教务处成员
属性：姓名、性别、年龄、录取专业、报名状态等。	属性：姓名、员工编号、职能性质等。
功能：提交资料、缴费、报名等。	功能：审核资料、班级分配、登记学生信息等。

财务处成员	班级
属性：姓名、员工编号、职能性质等。	属性：名称、班级编号、专业、人数等。
功能：收费、发放收费凭证等。	功能：添加、删除、查询学生信息等。

图 9-10 面向对象的新生网上报到注册问题

从图 9-10 可以看出，面向对象的新生网上报到注册问题，将每个角色看成一个对象，每个对象具有自身的属性和功能，通过程序调用对象，来对对象进行操作改变对象的属性。

面向对象的程序设计语言主要有 C++、Java、Python、C# 等。

9.4.6 常用高级语言简介

1. C 语言

C 语言诞生于 1972 年，由贝尔实验室发明，是面向过程、抽象化的程序设计语言。C 语言是许多高级语言的基础，各种语法规则、编程思想发展成熟，其特点如下。

(1) 语言简洁，紧凑灵活，代码量小

C语言一共只有32个关键字，9种控制语句，程序书写自由，主要用小写字母表示。C语言的代码量很小，如Microsoft Word和WPS都是办公软件，功能相似，但WPS的安装文件只有50 MB左右，而Microsoft Word的安装文件超过500 MB，有的版本甚至接近1 GB，原因就是WPS的内核是用C语言编写的。

(2) 运算符丰富

C语言的运算符共有34个，不仅包括常用的算术运算符、逻辑运算符，还把括号、赋值、强制类型转换等都作为运算符处理，运算类型丰富，表达式类型多样、灵活，使用各种运算符可以实现在其他高级语言中难以实现的运算。

(3) 数据结构丰富

C语言的数据类型有：整型、字符型、数组类型、指针类型、结构体类型、共用体类型等，能用来实现各种复杂的数据类型的运算。引入指针概念，使程序效率更高。另外，C语言支持多种显示器和驱动器，且计算功能、逻辑判断功能强大。

(4) 结构化程序，层次清晰

C语言是结构化程序语言，其结构化方式使程序层次清晰，便于使用、维护以及调试。C语言给使用者提供了函数，方便调用，并具有多种循环、条件语句控制程序流向，从而使程序完全结构化。

(5) 语法限制不太严格，程序设计自由度大

一般的高级语言语法检查比较严格，能够检查出几乎所有的语法错误，而C语言允许程序编写者有较大的自由度。

(6) 允许直接访问物理地址，可以直接对硬件进行操作

C语言既具有高级语言的功能，又具有低级语言的许多功能，能够像汇编语言一样对位、字节和地址进行操作，而这三者是计算机最基本的工作单元，可用于底层开发，如单片机以及嵌入式系统开发。

(7) 生成代码质量高，程序执行效率高

C语言兼顾了高级语言和汇编语言的优点，能以简易的方式编译，具有执行效率高、可移植强的特性，C语言程序一般只比汇编语言程序效率低10%～20%。

(8) 适用范围广泛

C语言具有很强的数据处理能力，应用范围广泛，适用于开发从操作系统（如Unix、Linux、Windows都是基于C语言开发）到各种二维、三维图形和动画应用软件。

2. C++语言

C++是C语言的继承与扩展，于20世纪80年代由贝尔实验室在C语言基础上改进而来，是面向对象的程序设计语言，包含了C语言全部语法特征，既可以实现面向

对象编程，也可以开发C语言的面向过程程序。它除了继承C语言的运行效率高、语言简洁、编写风格自由等特点外，还具有如下特点。

（1）支持数据封装和数据隐藏

在C++中，类是支持数据封装的工具，对象则是数据封装的实现。C++通过建立用户定义类支持数据封装和数据隐藏。

在面向对象的程序设计中，将数据和对该数据进行合法操作的函数封装在一起作为一个类的定义。对象被说明为具有一个给定类的变量。每个给定类的对象包含这个类所规定的若干私有成员、公有成员及保护成员。完好定义的类一旦建立，就可看成完全封装的实体，可以作为一个整体单元使用。类的实际内部工作隐藏起来，使用完好定义的类的用户不需要知道类是如何工作的，只要知道如何使用它即可。

（2）支持继承和重用

在C++现有类的基础上可以声明新类型，这就是继承和重用的思想。通过继承和重用可以更有效地组织程序结构，明确类间关系，并且充分利用已有的类来完成更复杂、深入的开发。新定义的类为子类，成为派生类。它可以从父类那里继承所有非私有的属性和方法，作为自己的成员。

（3）支持多态性

C++基于多态性为每个类指定表现行为。多态性形成由父类和它们的子类组成的一个树型结构。在这个树中的每个子类可以接收一个或多个具有相同名字的消息。当一个消息被这个树中一个类的一个对象接收时，这个对象动态地决定给予子类对象的消息的某种用法。继承性和多态性的组合，可以轻易地生成一系列相似但独一无二的对象。由于继承性，这些对象共享许多相似的特征。由于多态性，一个对象可有独特的表现方式，而另一个对象有另一种表现方式。

C++语言在大项目开发上具有优势，在科学计算、操作系统、网络通信、系统开发、引擎开发、游戏开发、嵌入式开发中被大量使用。

3. Java语言

Java语言是由美国Sun Microsystems公司于1995年推出的Java面向对象程序设计语言和Java平台的总称。Java分为三个体系：JavaSE（Java2 Platform Standard Edition，Java平台标准版，简称J2SE）、JavaEE（Java 2 Platform Enterprise Edition，Java平台企业版，简称J2EE）、JavaME（Java 2 Platform Micro Edition，Java平台微型版，简称J2ME）。

Java语言支持静态和动态风格的代码继承及重用，将数据封装于类，利用类的优点实现程序的简洁性和便于维护性。类的封装性、继承性等有关对象的特性，使程序代码只需一次编译可反复使用。Java还提供了众多的一般对象的类，通过继承来使用父类的方法。Java关于类的继承关系是单一的、非多重的，即一个子类只有一个父类，从而更简单清晰。Java 语言具有两大核心机制，即 Java 虚拟机机制和垃圾回收机制。

①Java 虚拟机（Java Virtual Machine，简称 JVM）是建立在硬件和操作系统之上虚构出来的计算机，它提供了不同操作系统平台的接口以及 Java 二进制代码的解释执行功能。Java 引进 Java 虚拟机机制，用 Java 编写的程序运行于 Java 虚拟机之上能够跨平台运行，可移植性强。Java 虚拟机是实现 Java 跨平台的核心技术。

②随着程序的运行，内存中存在的实例对象、变量等信息占据的内存越来越多，如果不及时进行垃圾回收，必然会带来程序性能的下降，甚至会因为可用内存不足造成一些不必要的系统异常。Java 垃圾回收机制（Garbage Collection，简称 GC）是 Java 虚拟机（JVM）垃圾回收器提供的一种用于在空闲时间不定时回收无任何对象引用的对象所占据的内存空间的一种机制。垃圾回收机制通过相应算法去判定内存中的对象是否无用，当判断对象为垃圾时自动回收其占用的内存。而在 C 和 C＋＋语言中，内存的分配与回收需要程序员自身负责。Java 垃圾回收机制可以有效地防止内存泄漏、内存溢出。

Java 语言的两大机制使其具有跨平台性、安全性、可移植性、健壮性等特点。Java 语言广泛应用于企业级软件开发、大数据、云计算等领域，几乎涉及所有信息技术行业。

4. C＃语言

C＃是微软公司于 2000 年发布的基于.NET 框架的面向对象程序设计语言。C＃由 C 和 C＋＋衍生，在继承 C 和 C＋＋强大功能的基础上，在字符串处理、内存管理、指针、编译目标等方面对 C＋＋进行了改进，具有简单、安全、通用的特点。C＃与 Java 相似之处在于单一继承、接口、语法和编译过程等方面。

C＃在基于 Windows 操作系统的应用开发这一领域在取代 C＋＋，但 C＃的微软身份也成为其发展的阻力，在其他信息技术领域应用较少。C＃适合用于独立和嵌入式的系统、复杂操作系统的大型系统以及特定应用的小型系统的开发。Unity3D 开发游戏时，使用 C＃和 JavaScript 语言。

5. Python 语言

Python 是由荷兰人吉多·范罗苏姆（Guido van Rossum）于 1989 年设计的面向对象的程序设计语言，于 1991 年发行第一个公开发行版，被广泛应用于处理系统管理任务和科学计算。Python 遵循优雅、明确、简单的设计理念，语法简单、易学、易读，采用强制缩进的方式使得代码具有较好的可读性。Python 采用解释方式执行，解释器把源代码转换成称为字节码的中间形式，然后再把它翻译成机器语言并运行。Python 还具有以下显著的特点。

（1）类库丰富

Python 标准库非常庞大，覆盖了网络、文件、GUI（图形用户界面）、数据库、文本等各种操作。用 Python 开发，许多功能不必从零编写，直接使用现成的库即可。除此之外，Python 还有许多第三方库可供用户直接使用。

（2）可扩展性

Python 提供了丰富的 API（应用程序编程接口）和工具，以便程序员能够轻松地使用 C、C＋＋语言来编写扩充模块，然后在 Python 程序中调用。

（3）可嵌入性

Python 程序可以嵌入到 C、C＋＋程序中，从而向应用程序提供脚本功能。

（4）可移植性

由于 Python 是开源的，它已经被移植到多个平台上，如 Linux、Windows、Macintosh、Android 等。用户编写的 Python 程序如果未使用依赖于系统的特性，无须修改就可以在任何支持 Python 的平台上运行。

由于 Python 语言的简洁性、易读性以及可扩展性，它在 Web 开发、桌面界面开发、网络爬虫、数据分析、机器学习、图形处理、科学计算、Web 编程、引擎开发、测试等方面，尤其在人工智能方面应用越来越广泛。Python 与 Java、C、C＋＋一起成为全球四大流行语言。

目前，Python 官方网站主要发行 Python 2. X 和 Python 3. X 两个不同系列的版本，这两个版本存在很大的差别且不能兼容。Python 3. X 比 Python 2. X 的设计理念更加合理、高效和人性化，所以得到全面普及和应用是必然的。本书选择 Python 3. X 版本进行 Python 程序设计介绍。

9.5 计算思维

计算机是 20 世纪最伟大的发明之一，其快速发展并深入到各个学科领域。计算机不仅为其他学科提供了新的研究手段和计算工具，其方法论也直接渗透和影响到其他学科，同时改变着人们的思维方式。早在 1972 年，图灵奖得主艾兹格·迪科斯彻（Edsger Dijkstra）就曾说过，“我们所使用的工具影响着我们的思维方式和思维习惯，从而也深刻地影响着我们的思维能力”，这就是著名的“工具影响思维”的论点。计算思维是计算时代的产物，成为信息时代每个人都应当具备的一种思维方式。以计算科学为代表的计算思维，与逻辑思维、实验思维一起，成为人类认识世界和改造世界的三大基本科学思维方式。

9.5.1 三大科学思维

理论科学、实验科学和计算科学已经成为科学发现的三大支柱，推动着人类文明进步和科技发展，三种科学研究的方法对应着三大科学思维，分别是逻辑思维、实验思维和计算思维。

1. 理论科学和逻辑思维

逻辑思维又称为理论思维，它以推理和演绎为特征，以数学学科为代表，是指通过抽象概括，建立描述事物本质的概念，应用逻辑的方法探寻概念之间联系的一种思维方法。

2. 实验科学和实验思维

实验思维又称为实证思维，它以实验和实证来检验结论正确性为特征，以物理学科为代表，是指通过观察和实验获取自然规律法则的一种思维方法。与逻辑思维不同，实验思维需要借助某种特定的客观世界的数据进行分析。

3. 计算科学和计算思维

计算思维又称为构造思维，它以设计和构造为特征，以计算机科学为代表，是指从具体的算法设计规范入手，通过算法过程的构造与实施来解决给定问题的一种思维方法。

三大思维都是人类科学思维方式中固有的部分。逻辑思维强调推理，实验思维强调归纳，而计算思维强调自动求解。科学思维不仅是一切科学研究和技术发展的起点，而且始终贯穿于科学研究和技术发展的全过程，推动着科学的发展和人类的进步，是创新的灵魂。

9.5.2 计算思维

随着现代科学的形成和发展，人们对计算思维的作用和意义的认识不断提升。在很长一段时间里，计算思维被作为数学思维的一部分来研究。

1. 计算思维的定义

2006年美国卡内基·梅隆大学计算机科学系主任周以真（Jeannette M. Wing）教授在美国计算机权威期刊 *Communications of the ACM* 上定义了计算思维（Computational Thinking）。她指出，计算思维是运用计算机科学的基础概念进行问题求解、系统设计以及人类行为理解等涵盖计算机科学之广度的一系列思维活动。

从定义可知，计算思维的目的是求解问题、系统设计和理解人类行为，而使用的方法是计算机科学的方法。根据周以真教授的观点，计算思维就是通过简略、融入、转换和仿真的方法把一个看起来比较困难的问题重新解释成一个人们知道用什么方法解决的问题。计算思维与人们的日常生活及工作密切相关，是人类不可或缺的一种能力。此概念的提出引起了学术界广大学者的热烈讨论，学者们对计算思维进行了深入理解、探讨和阐释。

采用计算思维的方法求解问题，从问题的计算机表示、算法设计直到编程实现，计算思维贯穿于计算的全过程。学习计算思维，就是学会像计算机科学家一样思考和解决问题。而算法思维是以算法为出发点，相比以计算理论出发的计算思维，有更多的局限性。

计算思维吸取了问题解决所采用的一般数学思维方法，现实世界中巨大复杂系统的设计与评估的一般工程思维方法，以及对智能、心理、人类行为的理解等的一般科学思维方法。计算思维的关键是用计算机模拟现实世界。其计算方法和模型的应用使人们敢于去处理那些原本无法由个人独立完成的问题和系统设计。

计算思维的本质是抽象和算法，再详细一点来说，计算思维的本质是对求解问题的合理抽象和对问题处理的高效算法。抽象是抛开现实事物的物理、化学和生物等特性，仅保留其量的关系和空间的形式，完全用符号来表示。例如，前面章节介绍的计算机网络拓扑结构就是一种抽象，它描述了网络中计算机互联的方式。算法是对求解问题步骤的一种描述，如上一章中求解 1 到 100 自然数的和，第二种解决方法的描述就是一种算法。

2. 计算思维的基本原则

理解计算思维的前提是理解计算，因为计算思维本质上还是研究计算。用计算机解决问题时必须遵循的基本原则是，既要充分利用计算机的计算和存储能力，又不能超出计算机的能力范围。

例如，计算机只能表示某一固定范围的有限整数，任何算法如果涉及超出范围的整数，都必须想办法突破这个限制。再如，计算机的存储能力有限，在对超出计算机存储能力的数据量进行计算时会产生错误。

计算思维是人的思想和方法，旨在利用计算机解决问题，而不是使人类像计算机一样做事。作为“思想和方法”，计算思维是一种解题能力，一般不可以机械地套用，只能通过学习和实践来培养。计算机虽然是机械，但人类的思想赋予计算机活力，通过计算思维，人类能利用计算机解决过去无法解决的问题，构造过去无法构造的系统。

3. 计算思维的基本要素

计算思维的基本要素主要有分解、模式识别、抽象、算法思维四个要素。

（1）分解

分解又称分层，是将一个大的、复杂的问题（或数据、过程）拆解成许多小的更容易理解和解决的问题。许多人在编写程序或解决问题时，对于问题的分解不知道从何处着手，将问题想得太庞大，使问题很难被处理。将一个复杂的问题分割成许多小问题，把这些小问题各个击破，小问题全部解决之后，原本的大问题也就解决了。

例如，如果一台计算机出现部件故障，可以将整台计算机逐步分解成较小的部分，对每个部分的硬件部件进行检查，就容易找出有问题的部件。再如，高校综合信息管理平台的开发，需要针对学校的各类人员、教学场所、教学设备、教学相关资料、财务等信息进行全面管理，这个平台是一个综合的、复杂的管理平台，可以将其分解成几个子系统：学生信息管理、教职工人事信息管理、教学管理、教学场所及设备管理、财务管理等，每个子系统再按照各自管理对象的特点和管理流程分解成各项管理操作。

（2）模式识别

在将一个复杂的问题分解之后，我们常常可以发现小问题中有共同的属性以及相似之处，在计算思维中，这些属性被称为“模式”。模式识别是指在一组数据中找出特征或规则，用于对数据进行识别与分类，以作为决策判断的依据。在解决问题的过程中，找到模式是非常重要的，模式可以让问题的解决更简化。当问题具有相同的特征时，它们能够被更简单地解决，因为存在共同模式时，可以用相同的方法解决一类问题。

例如，生物识别技术就是利用人体的形态、构造等生理特征以及行为特征作为依据，通过光学、声学、生物传感等高科技设备的密切结合对个人进行身份识别与身份验证。

（3）抽象

抽象在于过滤以及忽略掉不必要的特征，让我们可以集中在重要的特征上，这样有助于将问题抽象化。通常这个过程开始会收集许多数据和资料，通过模式概括与抽象把无助于解决问题的特性和模式去掉，留下相关的以及重要的属性，直到确定一个通用的问题以及建立解决这个问题的规则。

“抽象”没有固定的模式，它会随着需要或实际情况而有所不同。例如，把一辆汽车抽象化，每个人都有各自的分解方式，像车行的业务员与修车技师对汽车抽象化的结果可能就会有差异。车行业务员会将汽车抽象为轮子、引擎、方向盘、刹车、底盘，而修车技师会将汽车抽象为引擎系统、底盘系统、传动系统、刹车系统、悬吊系统。

如何正确且快速地将现实世界的事物抽象化是一门学问，而计算思维着重于分析、分解与概括（或归纳）的能力，是练习抽象化非常有效的方法。在日常生活中也处处可见抽象化，如我们将复杂、有地形背景的北京地铁运行图简化为纯线路图模式，以简单明了的方式标示出各个不同地铁线路的走向及各个站点。

计算思维可视为运用信息科技有效解决问题的心智历程，它通过模式概括与抽象的过程整理出有用的数据、资源以及限制条件，整个思维过程可以使用“思维导图”来归纳和整理。思维导图是由英国的 Tony Buzan 于 20 世纪 70 年代提出的一种辅助思考的工具，又称脑力激荡图、思维图，它是一种使用图像来帮助思考与表达思维的工具，可以刺激思维并帮助整合思想与信息。借助这种方式，我们可以更轻松地以图形方式来表达自己的想法。

思维导图的中心点通常表示一个核心主题，用关键词向外扩张延伸出分支来表达内容。把绘图者思考、分析、规划、概括和归纳后的信息以笔记方式呈现。通过主题的脑力激荡，把想到的字词、概念全部写下来，使用不同尺寸的文字、线条与图形来区别数据间的从属关系与重要程度。除了材料、内容、色彩等多方面的构思以外，同时也训练绘图者思考过程的“流畅性”与“变通性”。例如，我们要规划一个健身减重的计划，首先必须制订一个核心目标，聚焦在“减重”这个主题上，再按序想出解决问题的方法，再归纳整理。

（4）算法思维

算法思维又称流程思维，是通过一定的流程或规则逐步解决问题的过程。算法是计算思维的体现，不但是人类使用计算机解决问题的技巧之一，也是程序设计的精髓。算法常出现在规划和设计程序的第一步，因为算法本身就是一种计划，每一条指令与每一个步骤都是经过规划的，在这个规划中包含解决问题的每一个步骤和每一条指令。

在日常生活中有许多工作可以使用算法来描述，如员工的工作报告、宠物的饲养过程、厨师准备美食的食谱、学生的课程表等。如今我们几乎每天都要使用的各种搜索引擎都必须借助不断更新的算法来运行。

特别是在算法与大数据的结合下，算法演化出万千应用，如我们网购时，登录到网购平台后，平台会先经过后台的算法帮我们推荐很可能想购买的物品到首页上。在网络时代，通过大数据分析算法，网店可以进一步了解购买产品的人群是哪类人。

4．计算思维的特点

计算思维的所有特征和内容在计算机科学中都得到了充分体现，并且随着计算机科学的发展而同步发展。

（1）计算思维是概念化思维，不是程序化的思维

计算机科学不只是计算机编程，像计算机科学家那样去思考意味着不仅能为计算机编程，还要能够在抽象的多个层次上思考。

（2）计算思维是基础的技能，不是机械的技能

计算思维是一种基础的技能，是每一个人为了在现代社会中发挥职能所必须掌握的。生搬硬套的机械的技能意味着机械地重复。具有讽刺意味的是，只有当计算机科学解决了人工智能的宏伟挑战——使计算机像人类一样思考之后，思维才会变成机械的生搬硬套。

（3）计算思维是人的思维，不是计算机的思维

计算思维是人类求解问题的一条途径，但绝非试图使人类像计算机那样思考，而是使人像计算机科学家那样思考问题。计算机枯燥且沉闷，人类聪颖且富有想象力。人类赋予计算机以激情，计算机赋予人类强大的计算能力，人类应该好好利用这种力

量解决各种需要大量计算的问题。有了计算设备，人们就能用自己的智慧去解决那些计算时代之前不敢尝试的问题，就能构造那些过去无法构造的系统。

（4）计算思维是数学和工程思维的互补与融合

计算机科学本质上源于数学思维，因为像所有的科学一样，它的形式化解析基础构筑于数学之上。计算机科学本质上又源于工程思维，因为人们构造的是能够与实际世界互动的系统。基本计算设备的限制迫使计算机科学家必须计算性地思考，而不能只是数学性地思考。构建虚拟世界的自由使人们能够超越物理世界去打造各种系统。数学与工程思维的互补与融合，很好地体现在抽象、理论和设计三个学科形态上。

（5）计算思维是思想，不是人造品

计算思维不只是以物理形式呈现并时时刻刻触及人们生活的软件、硬件等人造品，还是设计、制造的软硬件中包含的思想。

计算思维虽然具有计算机的许多特征，但其本身并不是计算机的专属。实际上，即使没有计算机，计算思维也会逐步发展，甚至有些内容与计算机没有关系。但是，正是由于计算机的出现，给计算思维的发展带来了根本性变化。这些变化不仅推进了计算机的发展，而且推进了计算思维本身的发展。在这个过程中，一些属于计算思维的特点被逐步揭示出来，计算思维与逻辑思维、实验思维的差别越来越清晰。

9.5.3　计算思维方法

基于计算机的能力和局限，计算机科学家提出了很多计算的思想和方法，从而建立了利用计算机解决问题的一整套思维工具。下面简要介绍计算机科学家在计算的不同阶段所采用的常见思想和方法。

1. 常用的计算思维方法

（1）问题表示

用计算机解决问题，首先要建立问题的计算机表示。问题表示与问题求解是紧密相关的，如果问题的表示合适，那么问题的解法就可能很容易得到，否则很难得到解法。

抽象是用于问题表示的重要思维工具。例如，小学生经过学习都知道将应用题“原来有10个苹果，吃掉2个后还剩几个?”，抽象表示成“10－2”，这里显然只抽取了问题中的数量特征，完全忽略了苹果的颜色或吃法等不相关特性。一般意义上的抽象，就是指这种忽略研究对象的具体的或无关的特性，抽取其一般的或相关的特性。计算机科学中的抽象包括数据抽象和控制抽象，简言之就是将现实世界中的各种数量关系、空间关系、逻辑关系和处理过程等表示成计算机世界中的数据结构和控制结构，或者说建立实际问题的计算模型。另外，抽象还用于在不改变意义的前提下隐去或减少过多的具体细节，以便每次只关注少数几个特性，从而有利于理解和处理复杂系统问题。显然，通过抽象还能发现一些问题共性，从而建立相同的计算模型。总之，抽象是计算机科学中广泛使用的思维方法。

（2）算法设计

得到问题表示后，接下来的关键是找到问题的解法——算法。算法设计是计算机思维大显身手的领域，计算机科学家采用多种思维方式和方法来发现有效的算法。例如，利用分治法的思想找到了高效的排序算法，利用递归思想轻松地解决了汉诺塔问题，利用贪心法寻求复杂路网中的最短路径，利用动态规划方法构造决策树，等等。计算机在各个领域中的成功应用，都有赖于高效算法的发现。高效算法的发现，又依赖于各种算法设计方法的巧妙运用。

对于大型复杂问题，很难得到直接的解法，这时计算机科学家会设法将原问题重新表述，降低问题难度，常用的方法包括分解、化简、转换、嵌入、模拟等。如果一个问题过于复杂难以得到精确解法，或者根本不存在精确解法，那么计算机科学家会寻求能得到近似解的解法，通过牺牲精确性来换取有效性和可行性，尽管这样做的结果可能导致问题解是不完全的，或者结果中混有错误。例如，搜索引擎，一方面它们不可能搜出与用户搜索关键词相关的所有网页，另一方面还可能搜出与用户搜索关键词不相关的网页。

（3）编程技术

找到了解决问题的算法，接下来就要用编程语言来实现算法。例如，通过类型化与类型检查方法将待处理的数据划分为不同的数据类型，编译器或解释器借此可以发现很多编程错误，这和自然科学中的量纲分析的思想是一致的。又如，结构化编程方法使用规范的控制流程来组织程序的处理步骤，形成层次清晰、边界分明的结构化构造，每个构造具有单一的入口和出口，从而使程序易于理解、排错、维护和验证正确性。模块化编程方法采取从全局到局部的自顶向下设计方法，将复杂程序分解成许多较小的模块，完成了所有底层模块后，将模块组装起来即构成最终程序。面向对象编程方法以数据和操作融为一体的对象为基本单位来描述复杂系统，通过对象之间的相互协作和交互实现系统的功能。另外，程序设计不能只关注程序的正确性和执行效率，还要考虑良好的编码风格和程序美学问题。

（4）可计算性与算法复杂性

在用计算机解决问题时，不仅要找出正确的解法，还要考虑解法的复杂度。这和数学思维不同，因为数学家可以满足于找到正确的解法，决不会因为该解法过于复杂而抛弃不用。但对于计算机来说，如果一个解法太复杂，导致计算机耗费时间太久，那么这种解法就要抛弃，问题等于没有解决。有时即使一个问题已经有了可行的算法，计算机科学家仍然会去寻求更有效的算法。

有些问题是可解的但算法复杂度太高，而另一些问题则根本不可解，不存在任何算法过程。计算机科学的根本任务是从本质上研究问题的可计算性。虽然现代计算机已经能够从事定理证明、自主学习、自动推理等低级智能活动，但是对较高级的智能活动目前的计算机还是无法做到的。

虽然很多问题对于计算机来说难度太高甚至是不可能完成的任务，但计算思维具有灵活、变通、实用的特点，对这样的问题可以去寻求不那么严格但现实可行的实用解法。例如，计算机所做的一切都是由确定性的程序决定的，以同样的输入，执行程序后必然得到同样的结果，因此不可能实现真正的“随机性”。但这并不妨碍人们利用确定性的“伪随机数”生成函数来模拟现实世界的不确定性、随机性。

当计算机有限的内存无法容纳复杂问题中的海量数据时，这个问题是否就不可解了呢？当然不是，计算机科学家设计出缓冲方法来分批处理数据。当许多用户共享并竞争某些系统资源时，计算机科学家又利用同步、并发控制等技术来避免竞态和僵局。

2. 计算思维应用实例

问题描述：相传，在古印度有一种被称为汉诺塔的游戏。在一块铜板装置上有三根杆（编号 A、B、C），在 A 杆自下而上、由大到小按顺序放置 64 个金盘，如图 9-11 所示。游戏的目标是把 A 杆上的金盘全部移到 C 杆上，并仍保持原有顺序叠好。操作规则是每次只能移动一个盘子，并且在移动过程中三根杆上都始终保持大盘在下、小盘在上，操作过程中盘子可以置于 A、B、C 任一杆上。

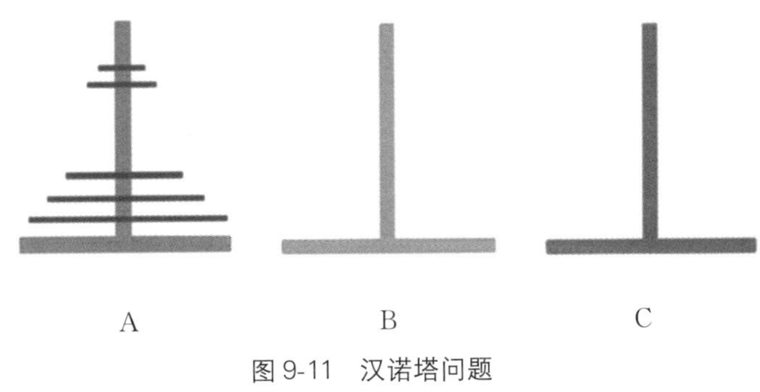

图 9-11　汉诺塔问题

问题分析：对于这样一个问题，任何人都不可能直接写出移动盘子的每一步，但我们可以利用下面的方法来解决。设移动盘子数为 n，为了将这 n 个盘子从 A 杆移动到 C 杆，可以做以下三步：

①以 C 杆为中介，从 A 杆将 1 至 $n-1$ 号盘移至 B 杆。

②将 A 杆中剩下的第 n 号盘移至 C 杆。

③以 A 杆为中介，从 B 杆将 1 至 $n-1$ 号盘移至 C 杆。

这样问题解决了，但实际操作中，只有②步可直接完成，而①、③步又成为移动的新问题。以上操作的实质是把移动 n 个盘子的问题转化为移动 $n-1$ 个盘，那①、③

步如何解决？事实上，上述方法设盘子数为 n，n 可为任意数，该法同样适用于移动 $n-1$ 个盘。因此，依据上面的方法，可解决 $n-1$ 个盘子从 A 杆移到 B 杆（第一步）或从 B 杆移到 C 杆（第三步）问题。现在，问题由移动 n 个盘子的操作转化为移动 $n-1$ 个盘子的操作。依据该原理，层层递推，即可将原问题转化为解决移动 $n-2$、$n-3$、……、3、2 个盘子，直到移动 1 个盘子的操作，而移动 1 个盘子的操作是可以直接完成的。至此，我们的任务算是真正完成了。而这种由繁化简，用简单的问题和已知的操作运算来解决复杂问题的方法就是递归法。在计算机程序设计语言中，用递归法编写的程序就是递归程序。

9.5.4 计算思维教育

1. 知识教育与思维教育

在目前的教育实践中，以知识传授为取向的教学占有较大比重。随着知识的发展，知识的更新周期越来越短，以知识为教育目标的传统教育形式渐渐不能满足教育的需要。20 世纪 90 年代以来，每隔 4 年就有 75%的知识需要更新，这种现象在计算和信息学科的表现尤其突出。为知识而教与教育目标的长期性发生了冲突，教育需要谋求变革。

在实际教学中发现，思维水平的高低必然影响到掌握知识的质量与速度，必然影响到知识的应用水平和创造力。解决现实问题需要掌握思维技能。为了学生未来发展的教育，需要培养学生应对现实问题挑战的能力，而这种能力就是解决现实问题的思维能力。因此，我们需要变知识教育为思维教育。

思维教育的变革反映了教育的发展是与生产力和生产方式的发展以及人类认识能力的发展基本同步的，也是遵循教育自身发展规律的。思维教育的变革，为开发思维能力、为创新型脑力劳动人力资源的培养奠定基础。

知识是构成思维的基础，掌握知识的多少、知识积累的厚薄，在一定程度上影响着思维能力的发展。所以说，思维教育必须以知识为基础，同时以此来发现问题、解决问题，并在此过程中发展思维。

2. 计算思维教育

计算思维是关于计算学科的思维，是涉及计算机科学本质问题和未来走向的基础性概念。周以真教授认为，计算思维是 21 世纪每个人都要用的基本工具，它会像数学和物理那样成为人类学习知识和应用知识的基本技能。中国科技大学陈国良院士认为，当计算思维真正融入人类活动的整体时，它作为一个问题解决的有效工具，人人都应当掌握，处处都会被使用。

计算思维教育已成为高校计算机基础教学界公认的计算机基础教学改革的方向。2011 年，美国的计算机科学教师协会（CSTA）将计算思维纳入《CSTAK-12 标准》。英国计算在学校工作组（CAS）将计算思维作为“学校计算机和信息技术课程”的一项关键内容。2012 年，我国教育部高等学校计算机基础课程教学指导委员会召开的第一届计算思维与大学计算机课程教学改革研讨会上，专家提出将“普及计算机文化，培养专业应用能力，训练计算思维能力”作为大学计算机基础课程教学的总体目标要求。

计算思维教育需要以一定的计算知识与计算理论为基础，没有这些知识，有关计算思维的活动就难以开展。计算思维教育更需要关注各种知识的逻辑关系、各种概念的产生过程、各种问题解决的策略与技巧，也就是计算学科的程序性知识和策略性知识。计算思维教育应该在有关运用计算方法与策略解决问题的过程中进行，图 9-12 显示了计算思维教育的内容。

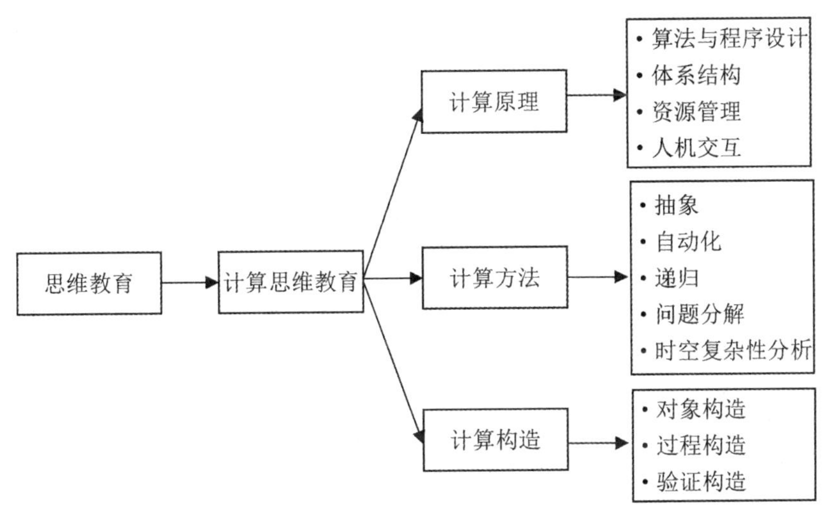

图 9-12　计算思维教育的内容分类

从计算学科、计算机及相关计算装置的原理分析、设计制造角度，计算思维教育内容的内容分为算法与程序设计、体系结构、资源管理、人机交互四个方面。从计算机学科方法论角度，计算思维教育内容可以分为抽象、自动化、递归、问题分解、时空复杂性分析五个方面。从计算模型的角度，计算思维教育内容分为对象构造、过程构造、验证构造三个方面。

计算思维教育应达成的两个目标是：

①理解计算机等各种计算机器的工作原理和实现方法，以及采用这些实现方法的缘由；能够对客观事物进行分析，并清楚什么是可计算的，什么是不可计算的；能够区别人脑计算和机器计算的差异。

②善于用计算的方法解决问题。这里指的解决问题，既包括对客观世界的观察、

分析、抽象，也包括根据需求完成相关的设计与制作。用计算的方法解决的问题，可能是计算学科的、有关计算装置的设计与制造的问题，也可能是与计算学科无关的其他问题，包括用计算的方法指导人的行为。

9.5.5 计算思维在其他学科中的应用

随着计算机在各行各业中得到广泛应用，计算思维对许多学科产生了重要影响。下面以数学、生物学、物理、化学和经济学为例进行介绍。

1. 计算思维与数学

最初的计算机只是一个数值计算工具，用于快速、大量的数值计算，对数值计算方法的研究导致了计算数学的形成。后来数学家利用计算机进行代数演算形成了计算机代数，利用计算机研究几何问题形成了计算几何学。数学家还利用计算机验证数学猜想，虽然不能证明猜想，但是一旦发现反例就可以推翻猜想。在定理证明方面，美国数学家通过设计算法过程来验证构型，最终证明了著名的四色定理。此外，还有寻找最大梅森素数、密码学研究，以及世界上最复杂的数学结构之一——李群 E8 的计算等数学难题都是由数学家们通过利用计算机找到了答案。我国的吴文俊院士更是建立了初等几何和微分几何定理的机械化证明方法，为数学机械化开辟了方向。总之，现在计算机已经成为数学的研究手段，大大提高了数学家的研究能力。

2. 计算思维与生物学

计算机和互联网迅速且显著地改变了生物学的研究，过去生物学家在实验室进行的研究，现在可以在计算机上进行，因此出现了生物信息学（即计算生物学）这一学科。当前生物学数据量和复杂性不断增长，每 14 个月基因研究产生的数据就会翻一番，单单依靠观察和实验已难以应付，必须依靠大规模计算模拟技术从海量信息中提取最有用的数据。生物信息学的内容不仅包括基因组测序、建立基因数据库，还包括生物序列的片段拼接、序列对接、基因识别、种族树建构，以及建立生物信息库等，这一切都有赖于计算技术的应用。生物信息学的发展正改变着生物学家的思维方式，他们除了研究生物学，还研究高效的算法，对于生物信息学家来说，对生物学的理解和对计算的理解同等重要。

为了利用计算机来处理生物信息，首先要将生物信息表示成计算机中的数据。例如，听上去很复杂的 DNA 和蛋白质的链状分子用符号序列表示即可。DNA 是由 4 种单体，即 A（腺嘌呤）、C（胞嘧啶）、G（鸟嘌呤）、T（胸腺嘧啶）代表的 4 种核苷酸聚合成的生物大分子。蛋白质是另一类由 20 种单体，即以 A、C、D、W 等表示的 20 种氨基酸聚合成的大分子。在链状分子的特定位置上，只能出现某种确定的单体（字符），而不是几种可能字符的组合，因此分子链可以用一维的、不分岔的、有方向的字符序列来表示。例如，DNA 分子可表示成如 AGTGATG 的字符序列。

一种衡量基因序列相似性的方法是基因组比对，该方法是先将两个基因序列对齐

(如果序列长度不同可以在序列中插入一些空白位置，然后对齐每一对字符打分，所有分数的总和就是两个序列的相似度。例如，对于两个基因序列 AGTGATG 和 GTTAG，适当插入空白（用下划线表示）后可以按如下方式对齐：

A G T G A T G

_ G T T A _ G

假如按表 9-3 的打分规则计算该对齐方案，其得分为 14 分。当然也可以按其他方式对齐，但上面给出的对齐方案是得分最高的。这个最优对齐方案可以利用计算机的动态规划算法求得。

表 9-3　打分规则表

	A	C	G	T	_
A	5	−1	−2	−1	−3
C	−1	5	−3	−2	−4
G	−2	−3	5	−2	−2
T	−1	−2	−2	5	−1
_	−3	−4	−2	−1	—

3. 计算思维与物理

物理学旨在发现、解释和预测宇宙运行规律，而为了更准确地做到这一点，今天的物理学越来越依赖于计算机。首先，很多物理问题涉及海量的实验数据，依靠手工处理根本无力解决。例如，在高能物理实验中，由于实验技术的发展和测量精度的提高，实验规模越来越大，实验数据也大幅增加，只能利用计算机来处理实验数据。其次，很多物理问题涉及复杂的计算，解析方法或手工数值计算方法无法解决这样的计算问题。例如，电子反常磁矩修正的计算，对于四阶修正的手工解析技术已相当复杂，而对于六阶修正的计算已经包含了 72 个费曼图，手工解析运算已不可能完成，只能利用计算机来解决问题。

在物理学中运用计算思维，使人们可以利用数值计算、符号计算和模拟等方法来发现和预测物理系统的特性和规律。

计算物理学研究利用计算机来解决物理问题，是计算机科学、计算数学和物理学相结合而形成的交叉学科。如今，计算物理学已经与逻辑物理学、实验物理学一起构成了物理学的三大支柱。

解决物理问题时，通常在获得描述物理过程的数学公式后，需要进行数值分析以便与实验结果进行对照。对于复杂的计算，手工数值分析是不可能的，只能采用数值计算方法利用计算机来完成。有些物理问题不是数值计算问题，如统计物理中的自回避随机迁移问题，这样的问题不像一般的迁移问题那样可以用微分方程来描写系统的统计行为，计算机模拟几乎是唯一的研究方法。计算机模拟不受实验条件、时间和空间的限制，只要建立了模型，就能进行模拟实验，因此具有极大的灵活性。

总之，计算物理学依据理论物理提供的物理原理和数学方程，针对实验物理提供的实验数据，进行数值计算或符号计算，从而为理论研究提供数据，帮助分析实验数据和模拟物理系统。

4. 计算思维与化学

计算思维对公认的纯实验科学——化学也产生了巨大影响，化学的研究内容、研究方法甚至学科的结构和性质都因此发生了深刻变化，从而形成了计算化学这一交叉学科。计算化学的主要研究内容包括分子结构建模与图像显示、计算机分子模拟、计算量子化学、分子 CAD、化学数据库等，能够帮助化学家在原子/分子水平上阐明化学问题的本质，在创造特殊性能的新材料、新物质方面发挥了重要作用。

有些化学问题是无法用分析方法解决的，只能通过计算来解决。计算化学一般用于解决数学方法足够成熟从而能在计算机上实现的化学问题。计算化学有两个用途：一是通过计算来与化学实验互为印证、互为补充；二是通过计算来预测迄今完全未知的分子或从未观察到的化学现象，或者探索利用实验方法不能很好研究的反应机制。

例如，分子模拟利用计算机程序来模拟化学系统的微观结构和运动，并用数值计算、统计方法等对系统的热力学、动力学等性质进行理论预测。宏观化学现象是无数个分子（原子）的集体行为，一般通过统计方法来研究。然而，化学统计力学通常仅适用于理想系统（如理想气体、完美晶体等），量子力学方法也不适用于动力学过程和有温度、压力变化的系统。作为替代方法，分子模拟将原子、分子按经典粒子处理，提供了化学系统的微观结构、运动过程及与宏观性质相关的数据和直观图像，从而能在一般的情形下研究系统行为。分子模拟有两种主要方法，一种是基于粒子运动的经典轨迹的分子动力学方法，另一种是基于统计力学的蒙特卡罗方法。分子模拟技术不仅可用于计算化学，而且可用于药物设计和计算生物学中的分子系统。

计算化学内部还包括量子化学计算、化学人工智能、化学 CAD（计算机辅助设计）和 CAI（计算机辅助教学）等领域，可以解决识别化学结构与性质之间的相关性、化合物的有效合成、设计能与其他分子按特定方式进行反应的分子（如新药设计）等问题。解决问题过程中所用到的计算化学方法有些是高精确的，更多的则是近似的。计算化学的目标是使计算误差极小化，同时保证计算是可行的。

5. 计算思维与经济学

社会经济系统是一类开放的复杂巨系统，随着计算机技术的发展，计算思维对经济学的研究也产生了一定影响。

经济系统的复杂性表现在经济系统中人的行为的复杂性、经济社会结构的复杂性、经济社会要素间相互作用的复杂性、环境的限制和作用表现出的复杂性、认识论模式上的复杂性。社会经济系统的复杂性主要来源于高智能性和自适应性的自主主体、社会经济系统的非线性机制、社会经济系统的开放性、社会经济系统的层次结构性。

计算经济学是计算机科学与经济和管理科学相结合形成的交叉学科，其主要研究领域包括经济系统的计算模型、计算计量经济学、计算金融学等，目的是利用计算技术和数值方法来解决传统方法无法解决的问题。计算机科学的建模技术为计算经济学提供了非常有用的方法和工具。

计算机博弈论改变了经济学家的思考方式。冯·诺依曼于1928年提出了二人零和博弈的极小化极大定理，作为博弈论奠基的标志。自20世纪50年代以来，博弈理论逐渐成熟并实用起来，尤其在经济学领域博弈论引发了经济学的“博弈论革命”。博弈论的概念和方法改造了经济学的思维，也从而推进了经济学的研究。1994年诺贝尔经济学奖被授予纳什、泽尔腾和豪尔绍尼三位博弈论专家，有力地证明了博弈论在现代经济学研究中的地位。博弈论作为现代经济学的前沿领域，已经成为占据主流地位的基本分析工具。

计算思维改变了各学科领域的研究模式，计算思维应用计算机技术，通过抽象建模，将研究从定性分析转化为定量研究，将计算应用于社会科学的各个领域。

9.6　Python 编程基础

Python 语言因其简洁性、易读性以及可扩展性，在 Web 开发、桌面界面开发、网络爬虫、数据分析、机器学习、测试等多个领域日益流行起来。TIOBE（编程语言排行榜）在2024年4月发布的排名中，Python 排名第一，与 C、C＋＋、Java 一起成为全球四大流行语言。因此，学习 Python 是非常必要的。

像对其他的编程语言的学习一样，第一个 Python 程序是打印“Hello World!”。

我们现在要做的事情是利用 Python 语言编写程序在计算机上输出英文语句“Hello World!”。这是一个很简单的入门任务，但是要怎么编写 Python 代码来完成这个任务呢？带着这个任务开始这一部分的学习吧。

9.6.1　搭建 Python 开发环境

像进行文字编辑时需要选择 Microsoft Word 或者 WPS 工具一样，编写程序也要首先搭建运行和开发程序的环境。Python 是一种跨平台的编程语言，可以在不同的操作系统上运行，但不同的操作系统下安装 Python 开发环境的方法是不一样的，下面主要介绍 Python 在 Windows 操作系统中搭建开发环境的方法。

1. 安装 Python

（1）选择 Python 版本

目前，Python 官方网站同时发行 Python 2.X 和 Python 3.X 两个不同系列的版本，这两个版本存在很大的差别且不能兼容。Python 3.X 在增加了很多新标准库的同时也删除了一些 Python 2.X 的标准库，还对 Python 2.X 的标准库进行了一定程度的合并和拆分。当然，适用于 Python 2.X 和 Python 3.X 的扩展库之间也存在着很大的差别。

总体来说，Python 3.X 比起 Python 2.X 的设计理念更加合理、高效和人性化。

基于上述考虑，本书以 Python 3.X 为教学内容，读者可以选择具体的某一个 Python 3.X 系列的版本。

（2）安装 Python

访问 https://www.python.org/downloads/windows/，根据操作系统类型（32 位或 64 位操作系统）下载 Windows 环境下的 Python 安装程序。安装时切记勾选上 Path 选项，只要勾选，基本就能配置成功。推荐大家选择“默认”安装。

提示：打开命令窗口，执行“python”命令可以检查 Python 是否安装成功，若出现 Python 的版本信息则表示安装成功，出现提示 Python 不是内部指令信息，代表 Python 环境没配置成功。

（3）配置 pip 自动安装第三方库环境

pip 是一个现代的、通用的 Python 包管理工具，提供了对 Python 包的查找、下载、安装和卸载的功能，可以利用它很方便地安装一些第三方的库。考虑到后面会用到其他的库，我们需要先配置一下 pip 的运行环境。

需要先找到 Python 的安装位置，安装位置里 Scripts 文件夹的位置是 pip 配置的文件位置，复制好 Scripts 文件夹的路径，添加到环境变量 Path 中即可。

提示：进入命令窗口，输入“pip list”命令，检查 pip 是否安装成功。

Python 自动安装第三方库的方法：只需要在 cmd 窗口中输入 pip install 需要安装的库名（如要安装科学计算库 numpy，只需要在里面输入：pip install numpy）。执行 pip install 命令，默认从网站下载安装包进行安装，下载、安装的速度比较慢，可以采用镜像源进行下载，镜像源的地址可以自行查找。

2. 集成开发环境

（1）Python 自带的 IDLE

IDLE 是 Pyhton 自带的一款编辑器，对于初学者，也可以从这个编辑器开始学习。IDLE 具备语法高亮、自动缩进、单词自动完成以及查看历史等功能，这些功能能够有效地提高开发效率。

（2）Sublime Text 文本编辑器

Sublime Text 是一款简单、流行、轻量级易学的文本编辑器，对于初学者来说比较容易上手。但它需要付费使用，虽说可以无限期使用评估版本。另外，安装部分插件可能比较麻烦，也不直接支持在编辑器里执行和调试代码。

（3）Spyder

Spyder 是一款开源的 IDE（Integrated Development Environment，集成开发环境），针对数据科学做了一定的优化。它和其他 Python IDE 相比有一个很大的特点，就是可以用表格的形式查看数据，有点 Matlab 的感觉，如果是做数据相关的开发可以选择这款 IDE。

（4）PyCharm

PyCharm 是一款非常好用的 Python IDE，由 JetBrains 公司开发。PyCharm 作为一款 IDE，它具备的功能有很多，如调试、语法高亮、Poject 管理、代码跳转、智能提示、自动完成、单元测试、版本控制等。另外，Pycharm 还提供了一些功能用于 Django 开发。PyCharm 分为两个版本，professional 专业版和 community 社区版，推荐安装社区版。

同样的，可以到 PyCharm 官网上下载适合自己操作系统的安装程序，按向导进行安装。需要注意的是，安装 PyCharm 之前必须安装 Python，否则 PyCharm 找不到运行环境，将不能被正常使用。另外，根据使用习惯，大家可以对其进行汉化。PyCharm 的汉化过程很简单，在网上即可找到操作流程，这里就不多做介绍。

后面的 Python 实例将以 PyCharm 为开发工具，初学者也可以直接用 Python 自带的 IDLE 来编写程序。

9.6.2　运行 Python 程序

根据前面所学知识，搭建好自己的编程环境后，可以只安装 Python 3. X，也可以再安装一个集成开发环境 PyCharm。安装好了环境后，就可以写代码和执行代码了。

1. Python 交互模式运行程序

（1）进入交互模式

在 Windows 操作系统下安装 Python 3. X 成功，打开命令窗口，输入命令“Python”切换到 Python 的命令行模式。提示符“>>>”表示已经在 Python 交互式环境中了，在后面可以输入 Python 代码，按回车键后会立刻执行，输入 exit（）并按回车键就可以退出 Python 交互环境。

（2）输出“Hello World!”

在提示符“>>>”之后输入“print("Hello World!")”，按下回车键即可在之后出现“Hello World!”的内容，如图 9-13 所示。

```
管理员: C:\Windows\system32\cmd.exe - python
Microsoft Windows [版本 10.0.18362.53]
(c) 2019 Microsoft Corporation。保留所有权利。

C:\Users\Administrator>python
Python 3.7.6 (tags/v3.7.6:43364a7ae0, Dec 19 2019, 00:42:30) [MSC v.1916 64 bit (AMD64)] on win32
Type "help", "copyright", "credits" or "license" for more information.
>>> print("Hello World!")
Hello World!
>>>
```

图 9-13 输出“Hello World!”

2. 利用 Python 自带 IDLE 运行程序

(1) 启动 IDLE

执行“开始”→“所有程序”→“Python 3.7”→“IDLE (Python 3.7 64-bit)”命令启动 IDLE。IDLE 启动后的窗口如图 9-14 所示。

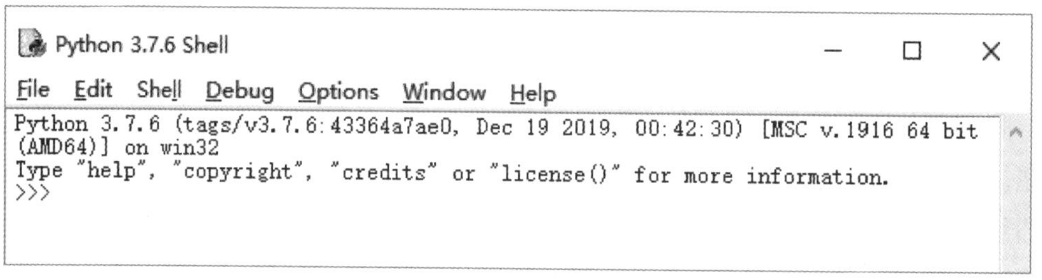

图 9-14 IDLE 的交互式编程模式

初始窗口默认也是交互模式，此时也可以按交互式编程模式来执行 Python 代码。

(2) 利用 IDLE 编写 Python 程序

在交互模式下运行的程序不能长期保存下来，代码不需要被保存下来时可以用这种方式调试程序。如果想先把写的代码保存下来再去执行，则需要通过新建文件、编辑代码和调试运行代码来完成。

步骤 1：新建文件，执行“File”→“New File”命令启动编辑器，创建一个源程序文件，输入所需要的代码并保存文件（文件的扩展名为.py），如图 9-15 所示。示例程序的源代码如下：

```
#打印 Hello World!
p=input("请输入您的密码:\n")
if p! ="123":
    print("密码错误!")
```

```
else:
    print("成功!")
```

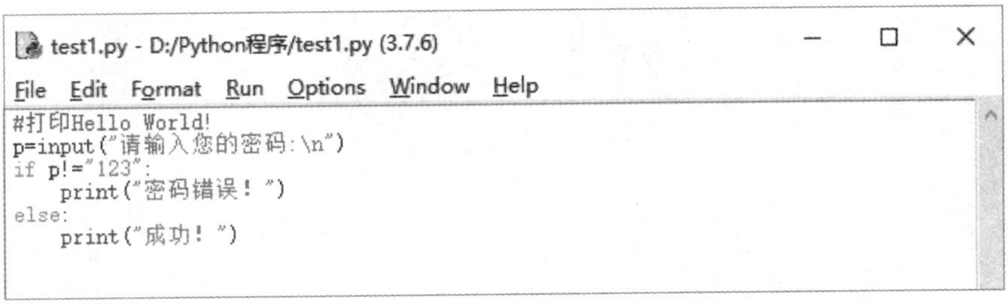

test1.py - D:/Python程序/test1.py (3.7.6)

File　Edit　Format　Run　Options　Window　Help

```
#打印Hello World!
p=input("请输入您的密码:\n")
if p!="123":
    print("密码错误! ")
else:
    print("成功! ")
```

图 9-15　IDLE 编辑器

步骤 2：执行“Run”→“Run Module”命令，或者直接按 Alt+F5 来执行程序。

3. PyCharm 的使用

安装好 PyCharm 后，可以使用它来编写 Python 程序。

(1) 启动 PyCharm

执行“开始”→“所有程序”→“Jet Brains”→“PyCharm 2019.3.2”命令启动 PyCharm 窗口，其窗口如图 9-16 所示。

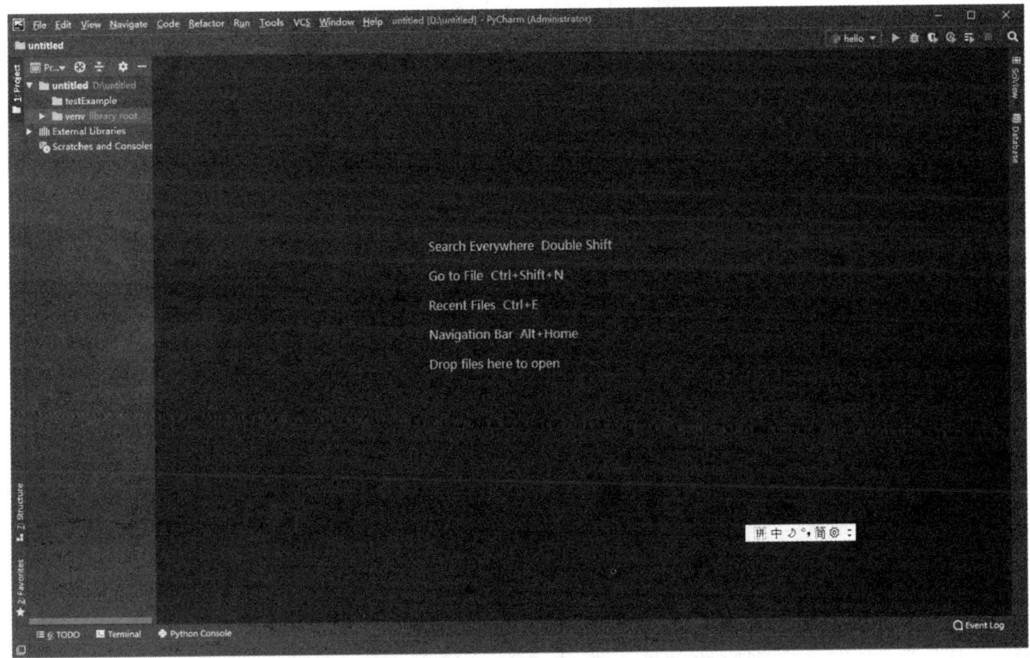

图 9-16　PyCharm 项目开发窗口

第一次加载 PyCharm 程序时会打开如图 9-17 所示的界面，以后每次会默认打开最近一次的项目。

图 9-17 PyCharm 创建项目界面

图 9-17 中共有三个选项，这三个选项的作用如下：

Create New Project：用来创建一个新项目。

Open：用来打开已经存在的项目。

Get from Version Control：从版本控制中检出项目。

这里，我们选择第一个选项，创建一个新项目，然后一步一步操作进入到项目开发界面。

(2) 创建新的项目和新的 Python 文件

执行"File"→"New Poject"命令，确定项目保存的位置。创建好项目后，需要在项目中创建 Python 文件。单击鼠标右键选中项目名称，执行"New"→"Python File"命令，为新建的 Python 文件命名，这里我们命名为"Hello World"，然后单击"Ok"按钮就创建好了 Python 文件。在创建好的 Python 文件中，可以开始编写我们的第一个 Python 程序了。这里，我们在文件中输入下列语句：print（"Hello World!"），右键单击创建的文件，选择"Run'HelloWorld'"选项运行程序。具体如图 9-18 所示。

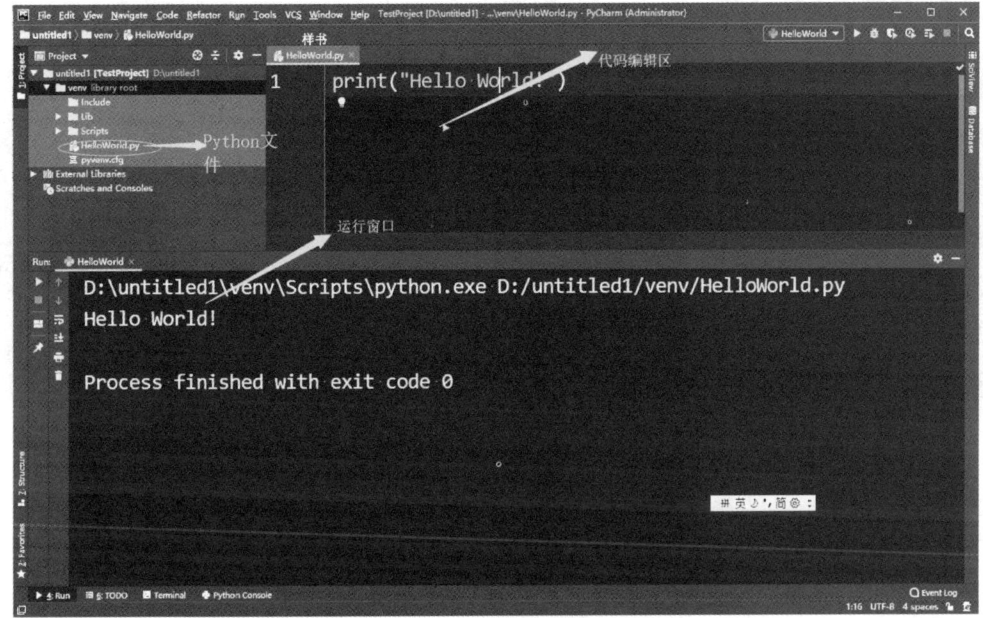

图 9-18　PyCharm 编辑运行代码界面

9.6.3　输入和输出

在学任何一门语言时都要先了解它是如何实现数据的标准输入和输出的，前面的例子中已经用到了 print，它是负责输出数据的，输入又是如何实现的呢？下面详细介绍一下在 Python 中如何进行输入和输出。

1. 输出

①在 Python 中使用 print（）函数进行输出。

②输出字符串时可用单引号或双引号括起来。

③输出变量时，不能加引号；同时输出字符串和多个变量时，需要用“,”隔开各项。注意：其中的逗号、单引号和双引号均为英文状态下输入形式。

例：使用 print（）函数输出数据。

【参考代码】

```
print("这是一个输出示例")    #print（）函数使用双引号输出
url='www.xxx.com'            #创建变量 url，赋值为 www.xxx.com
print('我们的网址是',url)    #print（）函数使用单引号输出变量 url
```

【运行结果】

运行结果如图 9-19 所示。

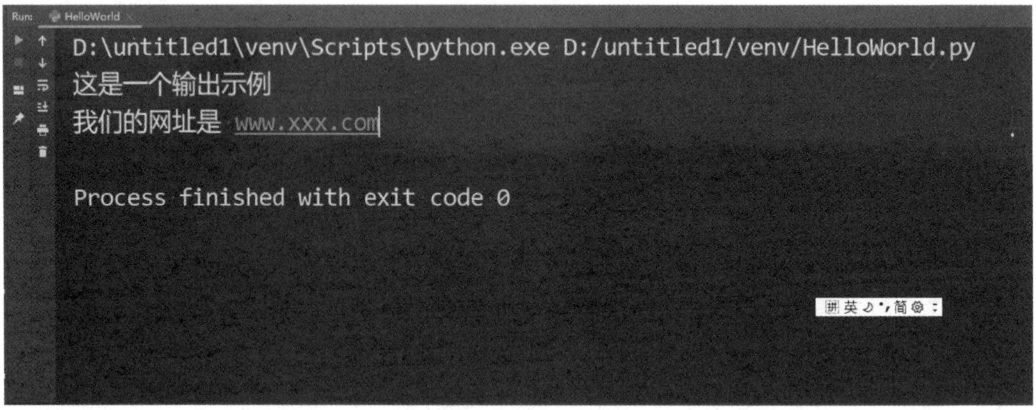

```
D:\untitled1\venv\Scripts\python.exe D:/untitled1/venv/HelloWorld.py
这是一个输出示例
我们的网址是 www.xxx.com

Process finished with exit code 0
```

图 9-19　print 输出示例

从运行结果可以看出，print 默认输出是换行的，如果要实现不换行需要在变量末尾加上 end=""。

提示：以“#”开头的部分为注释部分，注释部分是给人看的，计算机对其将忽略不执行。

2. 输入

①Python 提供了 input（）函数用于获取用户键盘输入的字符。

②input 函数使用的一般形式如 p=input（“请输入密码:”）。

③input 中的字符串是提示用户输入信息，input（）函数让程序暂停运行，等待用户输入数据，当获取用户输入信息后，Python 将其以字符串的形式存储在一个变量中，方便后面使用。

④接收到的数据为字符串类型，若需要按其他类型数据处理，需要进行数据类型转换。

例：使用 input 函数接收数据。

【参考代码】

```
p=input("请输入您的密码:")  #输入数据赋给变量 password
print('您刚刚输入的密码是:',password)  #输出数据
```

9.6.4 Python 编码规范

任何一种语言都有一些约定俗成的编码规范，Python 也不例外。本节重点介绍 Python 的编码规范，最好在开始编写第一个 Python 程序时就遵循这些规范和建议，养成一个好的习惯。

1. 注释

一个好的、有使用价值的源程序都应加上必要的注释，以提高程序的可读性。

Python允许有多种注释方式，常用的包括单行注释和多行注释两种。

①以“#”开始的单行注释。这种注释可以单独占一行，也可以出现在一行中其他内容的右侧。此种注释以“#”开始，以换行符结束。

②以三对引号（单引号或双引号）开始，同样以三对引号结束的多行注释。

2. 缩进

Python最独特的一点就是依靠代码块的缩进来体现代码之间的逻辑关系。例如，对于选择结构来说，行尾的冒号以及下一行的缩进表示一个代码块的开始，而缩进结束则表示一个代码块的结束。

在Python中最好使用4个空格进行悬挂式缩进，并且同一级别的代码块的缩进量必须相同。例如：

```
num1=1              #num1赋值为1
num2=2              #num2赋值为2
if num1>num2:             #如果num1>num2
    print(num1)           #输出num1的值
else:             #否则
    print(num2)         #输出num2的值
```

3. 语句换行

Python建议每行代码的长度不要超过80个字符。对于过长的代码，建议进行换行。换行有两种方式：

①可以在行尾使用续行符“\”来表示下面紧接的一行仍属于当前语句。例如：

```
test='https://www.python.'\
    'org/downloads/'\
    'windows/'
```

等价于

```
test='https://www.python.org/downloads/windows/'
```

②根据Python会将圆括号中的行隐式连接起来这个特点，可以使用圆括号包含多行内容。例如，上述语句还可用以下形式表示：

```
test=('https://www.python.'
      'org/downloads/'
      'windows/')
```

提示：需要注意的是，在 []、{} 或 () 中的语句，不需要再使用圆括号进行换行。

4. 使用必要的空格与空行

使用必要的空格与空行可增强代码的可读性。一般来说，运算符两侧、函数参数之间、逗号后面建议使用空格进行分隔。而不同功能的代码块之间、不同的函数定义以及不同的类定义之间则建议增加一个空行以提高程序的可读性。

9.6.5 猜拳游戏

1. 任务描述

跟计算机玩一场石头、剪刀、布的猜拳游戏吧。

2. 任务分析

Python 支持面向过程的编程和面向对象的编程，对于初学者来说，首先建立面向过程的编程思想，之后再根据需要学习面向对象的编程。

程序有一个典型的公式：程序＝数据结构＋算法，这个公式是从面向过程的角度来说的，就是说进行程序设计时先确定问题中所涉及的数据，即输入数据是什么、输出数据是什么，然后确定解决问题的步骤，再按照步骤依次解决问题即可。

拿厨师做一道酸辣白菜为例。这个厨师需要怎么去做呢？应该先准备所需要的材料。那准备材料时的依据是什么？应该是这个厨师做这道菜的方法或者步骤。准备好材料，厨师又设计好了做菜的步骤，就可以按制作步骤去完成了。我们设计程序也一样，数据结构就好比厨师做菜的原材料，对于我们来说就是解决问题时所涉及的数据，需要确定所需数据是什么类型的数据；算法就好比厨师做菜的步骤，对于我们来说就是解决问题的步骤。下面就按照这个思想对猜拳游戏进行分析。

（1）分析所需数据类型，确定输入数据和输出数据

首先，石头、剪刀和布如何来区别表示？由玩家输入汉字石头、剪刀或者布不方便，可以让玩家输入不同的数字来代表所出的石头、剪刀和布。设置石头为 1，剪刀为 2，布为 3，当然也可以设计其他数字来对应，只要 3 个数字的值是不一样的即可。

然后，还要考虑计算机如何出石头、剪刀和布。如何模拟计算机出拳呢？计算机出拳的结果是不定的，可以用一个随机数来确定。

最后，需要输出的结果是显示玩家赢了还是输了的结论。

（2）算法描述（解决问题的步骤）

第一步：初始化数据。玩家输入出拳对应的数字（1，2，3），用 1、2、3 中随机

出现的数字作为计算机的出拳。

第二步：比较玩家输入的数据与计算机给出的数据，得出结论。玩家出的数字的3种情况分别与计算机的3种情况对比，一共是9种情况。假如玩家出的1（石头），如果计算机出2（剪刀）则玩家赢，如果计算机出3（布）则玩家输，否则就是平局。依次再判断玩家出另外两种数字的情况。

第三步：显示结果。

提示：采用面向过程思想设计算法时，从整体看是分三步，即确定输入数据（数据初始化），解决问题，根据得出的结论输出数据。

3. 参考代码

```
#猜拳游戏
import random #导入 random 模块,随机数模块
player=input("请输入您想出拳对应的数字,石头(1)"
             "剪刀(2)、布(3)\n")#玩家输入出拳对应的数字
computer=random.randint(1,3)#获取1到3之间的整数的随机数
result=""#玩家输赢结果,初始值为空
if player=="1":  #玩家出了石头
    if computer=="2":#计算机出了剪刀
        result="您赢了!"#玩家赢了,结论的提示可以自行设计
elif computer=="3":#计算机出了布
        result="您输了!"  #玩家输了
    else:#计算机出了石头
        result="哈哈,你们平局了!"
elif player=="2":  #玩家出了剪刀
    if computer=="3":#计算机出了布
        result="您赢了!"#玩家赢了
elif computer=="1":#计算机出了石头
        result="您输了!"  #玩家输了
    else:#计算机出了剪刀
        result="哈哈,你们平局了!"
elif player=="3":#玩家出了布
    if computer=="1":#计算机出了石头
        result="您赢了!"#玩家赢了
elif computer=="2":#计算机出了剪刀
```

```
        result="您输了!"#玩家输了
    else:#计算机出了布
        result="哈哈,你们平局了!"
else:
    result="您输错数据了,只能输入 1、2、3"
print("最后的结论:",result)
```

4. 任务描述

对于猜拳游戏，若加入三局两胜的条件设计又如何实现呢?

5. 任务分析

在上面的算法基础上，加入两个变量，分别用来记录玩家和计算机猜拳游戏中赢的次数，初始值均为 0，上面的代码是针对一次猜拳的，现在需要重复三次，在每次猜拳中赢的那方的变量值+1 即可。重复执行，需要用到循环语句来实现。

6. 参考代码

```
    #猜拳游戏
import random #导入 random 模块,随机数模块
result=""#玩家输赢结果,初始值为空
player_count=0
computer_count=0 #也可以不计算计算机赢的次数
#为了把玩家输入错误数据的那一局作废,玩家玩游戏的次数不一定是 3 次
#定义变量记录玩游戏成局的次数,初始值为 0
game_count=0
while game_count<3:#循环,游戏玩 3 局
    player=input("请输入您想出拳对应的数字,石头(1)"
                "剪刀(2)、布(3)\n")  #玩家输入出拳对应的数字
    computer=random.randint(1,3)  #获取 1 到 3 之间的整数的随机数
    if player=="1":  #玩家出了石头
        if computer=="2":  #计算机出了剪刀
player_count=player_count+1  #玩家赢了
elif computer=="3":  #计算机出了布
computer_count=computer_count+1  #玩家输了
        else:  #计算机出了石头
            pass  #平局什么都不做,pass 起到占位作用,空语句
```

```
elif player=="2": #玩家出了剪刀
        if computer=="3": #计算机出了布
player_count=player_count+1 #玩家赢了
elif computer=="1": #计算机出了石头
computer_count=computer_count+1 #玩家输了
        else: #计算机出了剪刀
            pass #平局什么都不做,pass起到占位作用,空语句
elif player=="3": #玩家出了布
        if computer=="1": #计算机出了石头
player_count=player_count+1 #玩家赢了
elif computer=="2": #计算机出了剪刀
computer_count=computer_count+1 #玩家输了
        else: #计算机出了布
            pass #平局什么都不做,pass起到占位作用,空语句
    else:
        #result="你输错数据了,只能输入1、2、3"
        continue #数据出错,此局作废
game_count=game_count+1 #游戏次数加1
#while循环结束后根据player_counter的值判断输赢
if player_count>=2:
    result="您赢了!"
if computer_count>=2:
    result="您输了"
else:
    result="不输不赢"
print("最后的结论:",result)
```

7. 技术支持

(1) 变量的使用

变量是指在程序运行过程中其值可以发生改变的量。变量由名称和值组成，那么如何给变量命名，又如何给变量赋值？

①变量名的命名。

标识符：在编程过程中，经常需要定义一些符号来标记一些名称，如变量名、函数名、参数名等，这些符号被称为标识符。标识符可以由字母、数字和下划线构成，

并且第一个符号不能是数字。如 a1 可以，1a 就不可以。

关键字：在编程语言中事先定义好并赋予了一定含义的标识符称为关键字。如 if、elif、for、while 等，可以通过输入 keyword. kwlist 命令来查看所有的关键字。

给变量起名字要遵守标识符的规则，并且不能与规定的关键字重名。Python 的变量名区分英文字母大小写。

②变量的赋值。

Python 中的变量不需要类型声明，直接利用运算符“＝”给变量进行赋值。

第一种形式：变量名＝变量的值，作用就是将运算符右侧的表达式的值赋值给左侧的变量。如 $a=1$，作用就是将 1 赋值给变量 a。

第二种形式：同时为多个变量赋值，如 $a=b=c=1$，给多个变量赋相同的值。也可以给多个变量赋不同的值，如 a，b，$c=1$，2，“hello world”。其赋值号左侧的变量名与右侧的逗号分隔的表达式的值从左向右一一对应。

（2）数据类型

Python 的数据类型包括数字、布尔类型、字符串、列表、元组、字典和集合。下面介绍前三种类型，后面的类型留到后面再介绍。

①数字。

数字类型用于存储数值。具体包括三种类型：int（整型）、float（浮点型）和 complex（复数）。示例代码如下：

a＝－172 ＃整型变量，在 Python 3. X 中可以处理任意大小的整数，不再区分取值范围了

b＝0.0001 ＃浮点型变量，可以以十进制形式表示，也可以以指数形式表示，如 $0.1e^{-3}$

c＝2＋12.3i ＃复数变量

②布尔。

布尔类型比较特殊，它只有“True（真）”和“False（假）”两种值。注意 True 和 False 的大小写。

③字符串。

字符串是一种以单引号或者双引号括起来的任意文本，如‘abc’“hello world”等。如果单引号本身也是字符串中的一个字符，那可以用双引号括起来；如果双引号本身也是字符串中的一个字符，那就用单引号括起来。如果字符串内部既包含单引号又包含双引号，则可以用转义字符“\”来标识。

转义字符是以“\”开头，后跟一个字符，通常用来表示一些控制代码和功能定义，常用的转义字符如表 9-4 所示。

表 9-4　常用转义字符

转义字符	说明	转义字符	说明
\n	回车换行	\'	单引号符
\b	退格	\"	双引号符
\r	回车	\a	鸣铃
\t	水平制表	\f	走纸换页
\v	垂直制表	\\	反斜线符\

(3) 运算符

下面介绍 Python 中运算涉及的各种运算符。

①算数运算符。

Python 提供了 7 个基本的算术运算符，分别是＋（加）、－（减）、*（乘）、/（除）、%（求模，也就是求余数）、**（幂）、//（整除），其运算方式与数学中基本类似，不再赘述。

②赋值运算符。

赋值运算符用来给变量赋值，Python 提供的赋值运算符可分为简单赋值与复合赋值两大类。

简单赋值运算符就是“＝”，前面已经介绍。复合赋值运算符指的是其他运算符与简单赋值运算符组合起来构成的一种运算符，常用的是算数运算符与简单赋值运算符组合而成。示例代码如下：

```
a+=b      #相当于 a=a+b
a-=b      #相当于 a=a-b
a*=b-3    #赋值号右侧是包含若干项的表达式,则相当于它有括号,即等价于 a=a*(b-3)
```

③关系运算符。

关系运算符又称比较运算符，比较的结果是一个布尔值，即 True 或 False。具体见表 9-5 所示。

提示：关系运算符的优先级低于算术运算符，但高于赋值运算符。关系运算符的结合性为从左到右。

表 9-5　关系运算符

序号	符号	功能	优先级
1	＞	大于	优先级相同（高）
2	＞＝	大于等于	
3	＜	小于	
4	＜＝	小于等于	
5	＝＝	等于	优先级相同（低）

示例代码如下：

```
a=3
b=4
c=a>b-3   #等价于 c=[a>(b-3)]
print(c)  #结果应该是 True
```

④逻辑运算符。

Python 的逻辑运算符包括 and（与）、or（或）、not（非）三种，与 C/C＋＋、Java 等语言不同的是，Python 中逻辑运算的返回值不一定是布尔值。具体见表 9-6 所示。

表 9-6　逻辑运算符

运算符	含义	举例	说明
and	与	a and b	如果 a 为 False，无须计算 b 的值，返回值为 a，否则返回 b 的值
or	或	a or b	如果 a 为 True，无须计算 b 的值，返回值为 a，否则返回 b 的值
not	非	not a	如果 a 为 True，返回值为 False；如果 a 为 False，返回值为 True

提示：在 Python 中，当参与逻辑运算的数值为 0 时，则把它看作逻辑“假”，而将所有非 0 的数值都看作逻辑“真”。

示例代码如下：

```
print(3-3 and 3<7)   #结果为 0,3-3 为 0 相当于 False,则不计算 3<7
print(3< 6 and 3+7)  #结果为 10,3<6 为 True,则计算 3+7
print(1+2 or 3<7)    #结果为 3
print(3<6 or 3+7)    #结果为 True
```

```
print(not 3>7)          #结果为 True
```

⑤成员运算符。

成员运算符用于判断一个元素是否在某个序列中。运算符有两个，分别为 in 和 not in。例如，x in y，若 x 在序列 y 中则返回 True，否则返回 False；x not in y 则是判断 x 是否不在 y 序列中。

⑥身份运算符。

关系运算符中“==”是比较两个对象的值是否相等，身份运算符用来判断两个变量的引用对象是否指向同一个内存对象。其运算符有两个，分别为 is 和 is not。

例如，x is y，如果 x 与 y 指向同一个对象则返回值为 True，否则返回 False；x is not y，如果 x 和 y 引用的不是同一个对象则返回 True，否则返回 False。

⑦位运算符。

位运算是指按数据的二进制位进行的运算。具体介绍如表 9-7 所示。

表 9-7　位运算符

运算符	名称	说明
&	按位与	只有对应的两个二进制位均为 1 时，结果才为 1，否则为 0
|	按位或	只要对应的两个二进制位有一个为 1 时，结果就为 1
^	按位异或	对应的两个二进制位不同时，结果为 1，否则为 0
～	取反	对每个二进制位取反
<<	左移	左操作数的二进制位全部左移，由右操作数决定移动的位数，移出位删掉，移进的位补零
>>	右移	左操作数的二进制位全部右移，由右操作数决定移动的位数，移出位删掉，移进的位补零

表达式中出现不同种类的运算符时按照它们的优先级进行运算，其优先级如表 9-8 所示。

表 9-8　运算符优先级

优先级顺序	运算符	说明
1	**	指数（次幂）运算
2	～ ＋ －	取反、正号运算和负号运算
3	* / % //	乘、除、取模和取整除
4	＋ －	加法、减法运算

续表

优先级顺序	运算符	说明
5	>> <<	右移、左移位运算
6	&	按位与运算
7	^ |	按位异或和按位或运算
8	<= < > >=	比较运算（关系运算）
9	== !=	等于和不等于运算
10	= %= /= //= -= += *= **=	赋值运算
11	is is not	身份运算
12	in not in	成员运算
13	not or and	逻辑运算

（4）选择语句

选择语句又叫分支语句，就是指有几种可选择的情况，根据不同条件进行选取，在 Python 中利用 if 语句来选择。

①if 语句的基本形式。

if 语句的基本形式是双分支结构，它的基本形式如下：

```
if 表达式:
    语句组 A
else:
    语句组 B
```

执行过程：计算机先计算表达式的值，如果值为“真”则执行语句组 A，否则执行语句组 B。

示例代码：

```
a=3
b=4
if a>b:      #如果 a>b 成立,则输出 a,否则输出 b。
    print("输出 a 的值",a)
else:
    print("输出 b 的值",b)
```

由于 a>b 不成立，所以执行 else 分支的语句。其运行结果为：输出 b 的值 4。

if 基本形式由 if 子句和 else 子句构成，其中 else 子句可以省略。也就是当我们遇到如果满足条件就去执行语句组 A，否则什么都不做的情况时就不需要 else 分支。

②多分支语句（if 语句的嵌套）。

多分支结构其实就是 if 语句的嵌套，也就是上面的基本形式中的语句组 A 中又用到了 if 语句，或者语句组 B 中用到了 if 语句。它的形式如下：

```
if 条件 1：
……＃外面 if 子句其他的语句
if 条件 2：
    语句组 1
else：
    语句组 2
……＃外面 if 子句其他的语句
else：
……＃外面 else 子句其他的语句
if 条件 3：
    语句组 3
else：
    语句组 4
……＃外面 else 子句其他的语句
```

在 if 语句的嵌套结构中，要注意 if 子句与 else 子句配对的问题，else 子句不能独立存在，它必须与某一个 if 子句配对。Python 中通过对齐将不同子句进行对应。

对于多分支结构还可以用 if—elif—else 语句来实现，其形式如下：

```
if 判断条件 1：
语句组 1
elif 判断条件 2：
语句组 2
……
elif 判断条件 n：
语句组 n
else：
语句组 n+1
```

在上面的猜拳游戏中我们就用到了 if—elif—else 语句来实现玩家出拳的几种不同的情况，在每种情况与计算机出拳对比时又用到了 if 语句的嵌套。

（5）循环语句

当我们遇到需要重复性执行某种操作时，就会用到循环语句去实现。在 Python 中的循环语句有 while 语句和 for 语句。

①while 语句。

```
while 判断条件：
语句块#循环体
```

while 循环语句是“先判断，后执行”。当条件成立时就执行语句块（循环体），如果刚进入循环时条件就不满足，则循环体一次也不执行。还需要注意的是，在循环体中一定要有修改判断条件的语句，使其有为假的时候，否则将出现“死循环”。

例：编写程序，求 $S=1+2+3+\cdots+100$ 的值。

求 100 及以内数的和，重复性进行 $S=S+i$，重复 100 次。用 while 语句实现的示例代码如下：

```
i=1                  #创建变量i,赋值为1
S=0                  #创建变量S,赋值为0
while i<=100:        #循环,当i>100时结束,i为循环变量
S+=i                 #求和,将结果放入S中
i+=1                 #变量i加1,改变循环变量
print("S=1+2+3+…+100=",S)  #输出S的值,结果为S=1+2+3+…+100=5050
```

②for 语句。

while 语句非常灵活，实际应用中会经常用到。但遇到遍历集合、字符串、元组、列表等序列中的元素时用 for 语句更方便一些。其基本形式如下：

```
for 变量 in 序列：
    语句块
```

示例代码：

```
for x in "Hello":
    print(x)
```

上面的代码就是使用 for 循环输出“Hello”字符串中的每一个字符，print () 会自动换行，所以输出的每个字符独立在一行显示。Python 中用 for 循环遍历列表、元组、字典等元素的具体使用方法在这里不做赘述。

用 for 循环语句实现上面的 100 以内数求和的运算时，需要与 range () 函数一起使用。range () 函数是 Python 的内置函数，可用于创建一个整数列表。range () 函数的语法是 range([start,]stop[,step])，该函数中有三个参数，start 是起始值，可以省略，省略时它的值为 0；stop 是计数的结束值，但不包括 stop 本身；step 是步长，可以省略，默认为 1。

用 for 循环语句解决 100 以内数求和问题的示例代码如下：

```
S=0          #创建变量S,赋值为0
for i in range(1,101):                #循环变量i从1循环到100
S+=i         #求和,将结果放入S中
print("S=1+2+3+…+100=",S)      #输出S的值
```

③循环嵌套。

循环可以嵌套，即循环体里面又用到了循环语句。两种循环语句 while 语句和 for 语句可以互相嵌套、自由组合。外层循环体中可以包含一个或多个内层循环结构。

例：编写一个程序，输出一个九九乘法表。

九九乘法表有 9 行，每一行又有多列，行需要重复 9 次，列也需要重复多次，我们就要用到循环嵌套去完成。利用循环语句解决问题的关键是找出问题重复性执行的操作是什么，即循环体的操作。其示例代码如下：

```
for x in range(1,10):    #循环变量x从1循环到9
    for y in range(1,x+1):    #循环变量y从1循环到x
        print(y,"*",x,"=",x*y,"",end="")#输出乘法表达式,"end="
不换行
    print("")    #输出空字符串,作用是为了换行
```

(6) break 和 continue 语句

①break 语句。

在循环语句中，可以利用 break 语句实现在循环条件成立的情况下终止循环、跳出循环。也就是在循环体中想跳出循环时用 break 语句来实现，一般跟 if 语句结合使用。

例：求 1 000 以内所有数的和，但是和值超过 5 050 时结束。

解决这个问题很显然会用到循环语句，只是在求和时需要根据和值来判断是否结束循环。示例代码如下：

```
S=0
i=0
while i<1000:
S+=i
#要不要进行下一次循环,需要根据S的值来决定
if S>5050:
    break
i+=1 #改变循环变量的值,为下一次循环做准备
#循环结束后输出S的值
print(S) #注意此语句是与 while 语句对齐的,它与 while 语句是顺序结构
```

②continue 语句。

有时并不希望跳出循环，而只是希望提前结束本次循环，这时就可以用 continue 语句。continue 语句的作用是结束本次循环，本次循环中 continue 语句之后的代码不被执行。

例：输出 1～20 之间的偶数。

输出 20 以内所有的偶数，我们可以用 for 语句结合 range() 函数来实现，只需要将步长设置为 2 即可。也可以步长在默认为 1 的情况下通过 continue 语句来实现，其示例代码如下：

```
for n in range(1,21):  #循环,n的取值为1到20
    if n%2!=0:         #判断n是否为偶数
        continue           #当n为奇数时跳出本次循环,没有机会执行下
面的print()语句
    print(n)  #当n为偶数时执行此语句,输出n的值
```

9.6.6　抢红包算法实现

1. 任务描述

在微信群里有一种拼手气的抢红包游戏，就是发红包人设置好红包总金额和红包个数以及祝福语后把红包发到群里，由群里的朋友来抢。每个抢红包的人抢到的金额是不确定的随机金额，红包在一定时限内被抢光后，所有红包金额之和应等于红包总金额。

利用 Python 来编写程序，实现在指定总金额和抢红包个数后，计算出每个人是第几个抢到的红包及其抢到的金额。

2. 任务分析

抢红包的任务中关键是要确定每个红包分配的金额，若设定总人数有 n 人，总金额为 m，每次发放的红包即是在［0.01，m）范围随机产生，又要保证之后的红包金额大于 0.01（微信红包中规定的最低值），所以每次发放红包的金额要考虑之后还剩的金额和人数。

解决这个问题有多种算法，这里采用比较简单的二倍均值法来确定每次发放的金额。假如 100 元随机分成 10 个红包，可以设置前 9 个红包的金额为：在当前剩余红包人均金额的二倍以下取随机值，而第 10 个红包的金额是前 9 个红包生成后的剩余金额。

（1）分析所需数据，确定输入数据和输出数据

①设定总金额为 m。

②设定抢红包总人数 n。

③设定循环变量 i 来控制重复执行的次数。

④设定当前剩余金额为 m_remain。

⑤设定剩余的人数为 n_remain。

⑥设定每次的红包金额为 packet。

⑦m 与 n 的值需要输入。

⑧需要输出每次红包是第几次发放的红包和红包的金额。

（2）算法描述

①输入 m、n 的值。

②将剩余金额以分为单位，m_remain＝m * 100。

③packet 为（1，m_remain/n_remain * 2）之间的随机数。

④n_remain＝n_remain－1。

⑤m_remain＝m_remain－packet。

⑥输出红包是第几个红包及红包的金额。

⑦重复②～⑥共 n－1 次。

⑧最后一个红包金额为 m_remain 当前的值，输出最后一个红包信息。

3. 参考代码

```
# coding:utf-8
import random
# m:红包总金额
# n:红包个数
# packet:本次抢到的金额
#所有金额以分为单位
defredbag(m,n):
    m_remain=m*100 #剩余金额,换算单位为分
    n_remain=n #红包剩余个数
    for i in range(1,n):#注意:不包括 n
        if m_remain==0:
            print('已经全部发完了')
        else:
    #random 随机数模块,后面有介绍
        packet=random.randint(1,int(m_remain/n_remain*2)) #取随机的整数
        n_remain=n_remain-1
        m_remain=m_remain-packet
        print('第%d 位成员红包的金额为%.2f 元,余额为%.2f,剩余%d 人未领
红包'%(i,packet/100,m_remain/100,n_remain))
    print('最后一个成员红包金额为%.2f 元'%(m_remain/100))
    return
    if__name__=="__main__":
    Sum=input('请设置红包总金额:')#输入红包总额
    N=input('请设置红包个数:')  #设置红包个数
    redbag(float(Sum),int(N))  #函数调用
```

4. 技术支持

面向过程开发还强调一个模块化思想，它指的是在实际开发中遇到复杂的问题时将复杂问题分解成一个一个小的基本的问题，解决了这些基本问题后复杂的问题也就迎刃而解了。我们可以把解决的基本问题的代码封装为函数，然后在需要的地方调用该函数。这样不仅可以实现代码的复用，还可以使代码更有条理性，增加代码的可靠性。下面就介绍 Python 中函数的应用。

(1) 函数的定义

函数是一段具有特定功能的、可重复使用的代码段，它能够提高程序的模块化程度和代码的复用率。Python 提供了很多内建函数（Python 自带的函数），如 print ()、input ()、int () 等函数，以及标准库函数，如 math 库中的 sqrt () 函数。用户还可以自己编写函数，称为自定义函数。

在 Python 中，函数定义的基本形式如下：

```
def 函数名(函数参数列表)：
函数体
return  表达式或者值
```

在这里说明几点：

①在 Python 中 def 为函数定义时的关键字，不用指定返回值类型。

②函数参数可以是 0 个、1 个或者多个。参数之间用逗号隔开，参数类型不用指定，因为 Python 是一种解释型的语言，程序根据运行时变量的值来判断变量属于哪种类型。

③Python 函数的定义中缩进部分是函数体，一般缩进 4 个空格。

④函数的返回值通过 return 语句来获得，return 语句后面可以返回多个返回值，如 return x，y，表示返回了 x 和 y 的值，在调用时可以给两个变量赋值；return 语句也可以没有返回值，这时系统会自动返回 None（空值）；return 语句可以在函数体内任何地方出现，表示函数调用执行到此结束。

⑤函数名要符合标识符的规则，由字符、数字、下划线构成，第一个字符不能是数字，不能是关键字。

⑥注意：函数定义中的括号和冒号都要在非中文状态进行输入。

(2) 函数调用

在定义了函数之后，就可以使用该函数了，就是对函数的调用。但是在 Python 中不允许在定义函数之前调用该函数，也就是函数需要先定义、后使用。示例代码如下：

```
x=add(1,2)#此语句调用 add 函数
print(x)
def add(a,b)：
    return a+b;
```

上面的代码运行时将会报错，错误信息是“name ‘add’ is not defined”，意思是在使用时系统发现 add 函数未定义。所以在任何时候调用某个函数，必须确保该函数在

调用之前已经定义了。

上面的代码改正后为：

```
def add(a,b):
    return a+b;
x=add(1,2)  #将1给a,2给b
print(x)
```

(3) 参数的传递

在定义函数时，括号里面的参数称为形参（变量在定义时其值并没有确定），在函数调用时括号里面的参数称为实参（实际的参数），函数调用时根据不同的参数类型，将实参的值直接或引用传递给形参。

①传值。

当参数类型为固定数据类型（如整数、浮点数、字符串、元组等）时，在函数内部直接修改形参的值不会影响实参，可以理解为实参向形参传递的是值。示例代码如下：

```
def Change(a,b):
a,b=b,a #两数交换
a=2
b=3
Change(a,b)#函数调用
print(a,b)
```

运行上面的程序后，结果输出 a 和 b 的值仍然是 2 和 3，没有发生改变。而在调用函数执行函数体时，a 和 b 两数发生了交换，即在函数体内部的 a 和 b 的值发生了交换。

在函数定义时的 a 和 b 是属于函数本身的，只能被该函数使用，在函数外部使用的 a 和 b 是属于外部程序的，与函数定义里面的参数 a 和 b 不是一回事。

②引用。

当参数类型为可变数据类型（如列表、字典、集合等）时，在函数内部使用下标或其他方式为参数增加、删除元素或修改元素值时，修改后的结果是可以反映到函数之外的，即实参也会得到相应的修改。这时可以理解为，实参将它的一个别名传给了形参，形参相当于直接对实参进行了操作，所以出现形参发生改变，实参也随之发生相应的改变。示例代码如下：

```
def change(list):#list 是列表类型
mylist.append([1,2])
    print("函数内输出",list)#输出结果[5,6,7,[1,2]]
    return
mylist=[5,6,7]
change(mylist)
print("函数外输出:",mylist)#输出结果[5,6,7,[1,2]]
```

执行上面的代码后发现，函数体内部的输出结果与外部的输出结果是一样的。

③默认参数。

定义函数时可以给参数设置一个默认值，这个参数就是默认参数。带有默认参数的函数定义形式如下：

```
def 函数名(…,形参名=默认值):
    函数体
```

在调用带有默认值参数的函数时，可以不用为设置了默认值的形参进行传值，此时函数将会直接使用函数定义时设置的默认值，也可以通过显式赋值来替换其默认值。示例代码如下：

```
def printinfo(name,age=35):      #定义函数,输出传入的姓名和年龄
    print("名字:",name)
print("年龄:",age)
#调用 printinfo 函数
printinfo("周军",50)      #显式赋值
printinfo("李鹿")         #使用默认值参数
```

提示：

• 可以用“函数名._efaults_”随时查看函数所有默认值参数的当前值，其返回值为一个元组，其中的元素依次表示每个默认值参数的当前值。

• 在定义带有默认值参数的函数时，默认值参数必须出现在函数形参列表的最右端，否则会提示语法错误。

• 多次调用函数并不为默认值参数传递值时，默认值参数只在定义时进行一次解释和初始化，对于列表、字典这样可变类型的默认值参数，这一点可能会导致逻辑错

误。因此，一般来说，要避免使用列表、字典、集合或其他可变数据类型作为函数参数的默认值。

④关键字参数。

对于关键字参数，调用函数时的参数传递方式是一种按参数名字传递值的方式。使用关键字参数，允许函数调用时参数的顺序与定义时不一致，Python 解释器能够用参数名匹配参数值。

示例代码如下：

```
def printinfo(name,age):
    print("名字:",name)
    print("年龄:",age)
    return
#调用 printinfo 函数
printinfo(age=50,name="runoob")#关键字参数,参数的顺序可以改变
```

⑤不定长参数。

在定义一个函数时，若希望函数能够处理比定义时更多的参数，可以在函数中使用不定长参数。其函数定义形式如下：

```
def 函数名([形参列表,]*args,**kwargs):
    函数体
```

其中，*args 参数是用来接收任意多个实参并将其放在一个元组中，参数 **kwargs 用来接收类似关键字参数一样显式赋值形式的多个实参，并将其放入字典中。

```
def fun(a,b,*args,**kwargs):
    print(a) #输出 a 的值 1
    print(b) #输出 b 的值 2
    print(args) #多余的简单类型的 3,4,5 都被 args 接收,输出结果为元组
(3,4,5)
    print(kwargs) #接收其余两个参数,输出结果为字典{'x':6,'z':7}
fun(1,2,3,4,5,x=6,z=7) #函数调用
```

9.6.7　网络爬虫

1. 任务描述

从“房天下”网站上获取天津的房源动态信息。

2. 任务分析

网络爬虫（Web Spider）又称网络蜘蛛或网络机器人，是一段用来实现自动采集网站数据的程序。它不仅能够为搜索引擎采集网络信息，而且还可以作为定向信息采集器，定向采集某些网站中的特定信息。

对于定向信息的爬取，网络爬虫主要采取数据抓取、数据解析、数据入库（存入文件或者进行可视化展示）的操作流程。

①数据抓取。

网络爬虫工作流程的第一步是数据的抓取，也就是使用 Requests 库实现发送 HTTP 请求和获取 HTTP 响应的内容。

一般商业网站都有反爬机制，会指定一些发请求时的规则，这些规则会在请求头（header）中设置。对不符合规定的请求，网站会拒绝。爬虫程序发出请求时需要隐藏自己的身份，模仿通过浏览器发出请求，从而获得网站给出的正常响应。

查看网页的请求头信息的方法如下：

首先打开相关的网页，按 F12 或选择浏览器右上角的“打开应用程序菜单”选项，再选择“工具”级联菜单中的“开发者工具”选项，选择“开发者工具”窗口中的“Network”选项，按 F5 刷新页面，列表中会出现该网页中所发出的请求。一般情况下只需要单击第一个请求，在其右侧窗口中可查看 Request Headers 的 User-Agent 字段。

模拟浏览器发出请求获取响应数据，该响应数据是一个 HTML 代码。有时会出现汉字的乱码现象，则需要按指定的汉字编码方式对该 HTML 代码再次解码。

②对 HTML 代码进行数据解析，获取所需要的数据。

③数据的可视化显示，可以以图表的形式显示，也可以将数据存入一个文件中，或可以存入数据库中。

3. 解决任务

（1）利用第三方库 Requests 去获取数据

Requests 是用 Python 语言基于 urllib 编写的，它采用的是 Apache2 Licensed 开源协议的 HTTP 库，Requests 支持 HTTP 连接保持和连接池，支持使用 cookie 保持会话，支持文件上传，支持自动响应内容的编码，支持国际化的 URL 和 POST 数据自动编码。

它在 python 内置模块的基础上进行了高度的封装，从而使得 Python 进行网络请求时变得人性化。使用 Requests 可以轻而易举地完成浏览器的任何操作。

（2）利用第三方库 lxml 的 etree 模块去清洗数据

第三方库 lxml 是第一款表现出高性能特征的 Python xml 库，支持 Xpath 1.0、

XSLT 1.0、定制元素类，甚至 Python 风格的数据绑定接口。lxml 是通过 Cpython 实现的，构建在两个 C 库上（libxml2 和 libxslt），为执行解析、序列化、转换等核心任务提供了主要动力，是爬虫程序处理网页数据的一件利器。

lxml 对 xml 和 html 都有很好的支持，可以使用 lxml. etree 和 lxml. html 两个模块对数据进行清洗。我们的爬虫程序中使用 lxml. etree 模块下的 Xpath，使用路径表达式在 XML 文档中选取节点。

（3）数据的可视化

①利用第三方库 pyechart 中的 charts 模块进行数据的图表展示。

②利用第三方库 pyechart 中的 options 对图表进行优化。

③利用 csv 库将数据读入到一个 csv 文件中。

pyecharts 是一个用于生成 Echarts 图表的类库。Echarts 是百度开源的一个数据可视化 JS 库。它的特性如下：

- 简洁的 API 设计，使用流畅，支持链式调用。
- 囊括了 30 多种常见图表，应有尽有。
- 支持主流 Notebook 环境，支持 Jupyter Notebook 和 Jupyter Lab。
- 可轻松集成至 Flask、Django 等主流 Web 框架。
- 高度灵活的配置项，可轻松搭配出精美的图表。
- 详细的文档和示例，帮助开发者更快上手项目。
- 多达 400 多项的地图文件以及原生的百度地图，为地理数据可视化提供强有力的支持。

Python 中的内置模块 csv 实现了读写 csv 格式文件的一些类，它可以让程序以一种更容易被 Excel 处理的格式来输出或者读入数据，而不必纠结于 csv 文件的一些麻烦的小细节。而且，利用 csv 模块可以自由地定制 csv 格式文件。

4. 参考代码

```
import requests
from lxml import etree
#从网页中搜索天津的房源信息
def fang_spider():#定义函数，功能是获取天津的房源信息，返回房源名称列表和价格列表
    #房源地址
    url="https://tj.newhouse.fang.com/newblog/"
    #一般商业网站都有反扒机制
    #设置 user-Agent 模仿浏览器发出请求
    headers={
```

```
        "user-Agent":"Mozilla/5.0(Windows NT 10.0;WOW64)AppleWebKit/
537.36(KHTML,like Gecko)Chrome/55.0.2883.87 Safari/537.36"
    }
    #发出请求,返回一个 Response 对象
    resp=requests.get(url,headers=headers)
    #将相应的内容按 gbk 标准解析
    resp_txt=resp.content.decode(encoding='gbk')
    #解析响应内容为 Element 对象
    resp_html=etree.HTML(resp_txt)#获得 Element Html 对象
    #利用 XPath helper 查找所需数据
    item_xpath='//*[@id="newbloglist"]/ul//li'
    resp_list=resp_html.xpath(item_xpath)
    names=[]#房源名称 list
    prices=[]#房源价目 list
    for i in resp_list:
        #有.是从当前节点对象去找,去掉.就是从当前文档中去找,也就是找所有的
节点
        #//所有路径下找,/直系找
        name=i.xpath('.//div[@class="nlcd_name"]/a/text()')#获取房源名称
        price=i.xpath('.//div[@class="nhouse_price"]/span/text()')#获取价格
#去除空的和未定义价格的房源信息
        if name! =[]and price!=[]and price[0]! ='未定义价格':
names.append(name[0])
            prices.append(price[0])
    return names,prices
#调用函数获取房源信息
names,prices=fang_spider()
#进行可视化显示,或者将数据存入 csv 文件中
from pyecharts.charts import Bar
#创建一个柱状图对象
bar=Bar()
#设置柱状图 X 轴和 Y 轴
bar.add_xaxis(names)
bar.add_yaxis('房源价目图表',prices)
```

```
#图表优化
import pyecharts. options as opts
#设置标题
#bar. set_global_opts(title_opts=opts. TitleOpts(title="房源价目图表",subtitle
=""))
bar. render('天津房源动态. htm')
```

5. 运行结果

运行结果是生成文件“天津房源动态. htm”，运行后结果如图 9-20 所示。

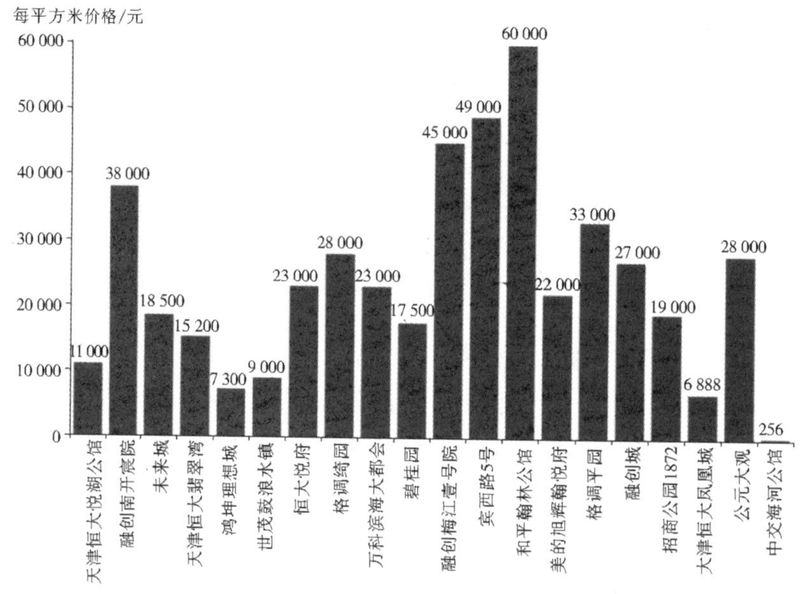

图 9-20　天津房源动态图表（2021 年）

9.6.8 NLP 中分词与词云展示

1. 任务描述

利用 Python 实现对《三国演义》中词频的词云展示。读《三国演义》想知道里面有关刘备、曹操、诸葛亮等人物的词语出现的次数的对比，并想将结果进行可视化展示。

2. 任务分析

这个任务属于人工智能的 NLP 方向，NLP 是指自然语言处理。该任务是要将《三国演义》这本书的内容进行分词，也就是一个词一个词地解读，将分词划分出来之后进行每个相同词的个数的统计，再进行图表或者图像的展示。

3. 任务解决

(1) 准备工作

①准备《三国演义》的电子书文件“三国演义. txt”。

②安装 jieba 模块，该模块是分词模块。

③安装 pyecharts 模块，该模块用于图表展示。

④导入模块 jieba 和 pyecharts. echarts 中的 Bar 图表模块。

提示：最好利用国内镜像源进行各模块的下载和安装。

(2) 分词划分

①读取文件。

利用 Python 内置的 open 函数打开文件，该函数的常用语法格式如下：

```
file=open(file_name[,mode='r'[,buffering=-1[,encoding=None]]])
```

此格式中，用 [] 括起来的部分为可选参数，即可以使用也可以省略。其中各个参数所代表的含义如下：

file：表示要创建的文件对象。

file_name：表示要创建或打开文件的文件名称。需要注意的是，如果要打开的文件和当前执行的代码文件位于同一目录，则直接写文件名即可；否则，此参数需要指定打开文件所在的完整路径。

mode：可选参数，用于指定文件的打开模式。如果不写，则默认以只读（r）模式打开文件。

buffering：可选参数，用于指定对文件做读写操作时是否使用缓冲区。

encoding：设定打开文件时所使用的编码格式，常用的编码格式有“utf-8”和“gbk”格式。

②进行分词划分。

利用 jieba 的 lcut 函数对分词进行划分，使用形式为 words=jieba. lcut(file)。

jieba 库是一款优秀的 Python 第三方中文分词库，jieba 支持三种分词模式，分别是精确模式、全模式和搜索引擎模式。精确模式对语句进行最精确切分，不存在冗余数据，适合做文本分析；全模式是将语句中所有可能是词的词语都切分出来，速度很快，但是存在冗余数据；搜索引擎模式是在精确模式的基础上，对长词再次进行切分。

(3) 统计每个词语出现的次数

一般得到的数据形式是：{“曹操”:888,“张飞”,777,“诸葛亮”:666,……}，这种形式的数据结构在 Python 中指的是字典类型。

字典是一种通过名字或者关键字引用的数据结构，也就是说我们给一个字典里面的每个值都取了名字（键），在这个字典中，可以通过名字访问对应的数据（值）。在一个字典中，键不允许重复，不同键对应的值可以相同。

字典的每个键值对用逗号“,”分割，每个键与值之间用冒号“:”分割，整个字典在大括号{}中，其形式为：d={key1:value1,key2:value2}。

①字典的创建。

创建一个空字典的形式为：字典名={}，如words_dict={}。

②字典元素的新增/修改。

字典元素的新增/修改的形式为：字典名［“键名”］=键值，如words_dict[“曹操”]=1。若原来字典中没有新增的键，则还要新增对应键值，若原本字典中已有该键值，则修改键的值。

③字典元素的删除。

删除字典中某个键的形式为：del字典名［“键名”］，如del words_dict[“曹操”]，删除名为“曹操”的键。

④字典元素的访问。

字典元素的访问有两种形式，分别为：字典名［“键名”］和字典名.get（“键名”），当键名在字典中不存在时，用这两种形式访问时会有所不同，前一个会报错，后一个会返回一个“None”值，表示未找到该键。所以为了避免代码报错而终止程序的执行，我们常常使用后一种形式对字典元素进行访问。

⑤字典的遍历。

字典的遍历就是对字典的每个元素进行一次访问。可以按键遍历，可以按值遍历，还可以按字典项进行遍历。例如，遍历字典words _ dict的形式如下：

```
for key inwords_dict:#利用键遍历字典
        print(key,words_dict[key])#输出每一对键和值
for value in words_dict.values():#利用值遍历字典
        print(value)#输出每一个值
for item in dict.items():#利用字典项遍历字典
      print(item)  #输出每一个字典项,形式(键,值)
```

（4）图表/图像展示

利用第三方库pyechart中的charts模块进行数据的图表展示，其使用方法参见前面的例子。

若将分词统计的结果按某一张选取的图像样式来显示，则需要准备一个图片文件，然后利用wordcloud库来实现图像显示。

wordcloud 是优秀的词云展示第三方库，词云以词语为基本单位，更加直观和艺术地展示文本。具体操作步骤：首先创建词云对象，在此基础上进行配置对象参数、加载词云文本和输出词云文件的操作；然后利用 NumPy 库和 PIL 库对图像进行分析和优化处理，利用 matplotlib. pyplot 模块对图像进行展示。

PIL（Python Imaging Library，图像处理类库）提供了通用的图像处理功能，以及大量有用的基本图像操作，如图像缩放、裁剪、旋转、颜色转换等。PIL 是 Python 的第三方库，安装时的安装库的名字为 pillow。

NumPy（Numerical Python 的简称）是高性能科学计算和数据分析的基础包，通常与 SciPy（Scientific Python）和 Matplotlib. pyplot（快速绘图库）一起使用，这种组合广泛用于替代 MatLab，是一个强大的科学计算环境，有助于我们通过 Python 学习数据科学或者机器学习。

SciPy 是一个开源的 Python 算法库和数学工具包。SciPy 包含的模块含最优化、线性代数、积分、插值、特殊函数、快速傅里叶变换、信号处理和图像处理、常微分方程求解和其他科学与工程中常用的计算。

Matplotlib 是 Python 编程语言及其数值数学扩展包 NumPy 的可视化操作界面。它为利用通用的图形用户界面提供工具包，旨在用 Python 实现 Matlab 的功能。注意，安装 Matplotlib 之前要先安装 Numpy。

4. 参考代码

```
import jieba #中文分词的模块
from pyecharts. charts import Bar
txt=open('三国演义. txt','r',encoding='utf-8'). read()   #读取文件
words=jieba. lcut(txt)#分词
words_count={}   #字典
#遍历分词列表
for word in words:
    if len(word)==1:   #过滤掉标点符号、感叹词等一个字符构成的词
        continue
    else:
        # 如果没有出现过,则赋值为 1
        # 若已经出现就在基础上+1
words_count[word]=words_count. get(word,0)+1

words_list=list(words_count. items())#将字典变成列表
```

```
words_list.sort(key=lambda x:x[1],reverse=True)   #排序,降序排列
#创建两个空列表
word_list=[]#词语
count_list=[]#次数
for i in range(15):
    word,count=items[i]
    word_list.append(word)
    count_list.append(count)
#数据可视化效果【图表展示】
#bar=Bar()
#bar.add_xaxis(word_list)
#bar.add_yaxis('三国演义热词榜',count_list)
#bar.render('三国演义.html')

#数据可视化效果【图像展示】
from wordcloud import WordCloud
from wordcloud import ImageColorGenerator
fontpath='SourceHanSansCN-Regular.otf'

import numpy as np
from PIL import Image
picmask=np.array(Image.open('ying.jpg'))
genclr=ImageColorGenerator(aimask)
wc=WordCloud() #产生词云对象
#设置参数
wc.font_path=fontpath #设置免费字体文件路径
wc.background_color='white' #背景色白色
wc.max_words=1000 #词语个数最大为 1000
wc.max_font_size=100 #最大字体
wc.min_font_size=1   #最小字体
wc.collocations=False
wc.mask=picmask
wc.color_func=genclr
wc.width=1600
```

```
wc.height=1200
wc.margin=2
wc.generate(txt) #产生 txt 的词云
#wc.to_file("a.jpg") #将词云显示到图片文件,打开图片文件即可看到结果
#或者利用 matplotlib 重新绘制图像
import matplotlib.pyplot as plt
plt.figure(dpi=150)
plt.imshow(wc,interpolation='catrom',vmax=1000)
plt.axis('off') #隐藏坐标
plt.show() #图像展示
```

5. 运行结果

原始图片如图 9-21 所示，运行程序后结果如图 9-22 所示。

图 9-21　原始图片

图 9-22　运行结果

9.6.9　办公自动化

任务 1：自动获取股票价格波动情况

1. 任务描述

利用 Python 自动获取某只股票的价格波动情况。

2. 任务分析

如果想获得某只股票在一段时间内的价格波动情况，如何获取呢？当然，可以到各大财经网站上去查看，但是我们考虑如何利用 Python 方便、快捷、自动地获取指定股票的价格走势信息。

要解决这个问题，首先要获取某财经平台的指定股票的数据，然后再将获取的数据进行折线图展示。

3. 任务解决

（1）获取股票在一段时间内的信息

利用 pandas _ datareader 模块来获取股票信息，pandas _ datareader 是一个远程获取金融数据的工具，是一个第三方模块，使用时需要安装。在这里我们可以利用网站去获取数据。其获取数据的方法如 web. get_data_baidu('AAPL', start＝start, end＝end)。其中，'AAPL' 是某公司的股票代码，指股票上市的名字，start 是起始时间，end 是结束时间。

利用 datetime 模块获取时间，如 start＝datetime(2024,1,1), end＝datetime. now()，开始时间是 2024 年 1 月 1 日，结束时间为今天。

（2）绘制价格走势图

利用 matplotlib. pyplot 模块进行图形绘制。走势图的展示可以利用 matplotlib. pyplot 中的 plot（）函数实现。

4. 参考代码

```
import matplotlib. pyplot as plt
from datetime import datetime
#输入股票代码,如'AAPL'
stockCode=input("请输入要查询的股票代码:\n")
start=datetime(2024,1,1) #开始时间
end=datetime(2024,2,1) #结束时间
stockCode_data=web. get_data_baidu(stockCode,start=start,end=end)
#将数据导入 Excel 文件,文件名为股票代码. xlsx,%s 按字符串进行格式化
    #aapl. to_excel('%s. xlsx'%stockCode)
    #股票价格走势图
aaple_AdjClose=stockCode_data['Adj Close']
aaple_AdjClose. plot()
    #可以设置图表标题、坐标轴标签字体大小等
    plt. title('%s 价格走势图'%stockCode)  #图表标题为价格走势图
    plt. rcParams['font. sans-serif']=['SimHei'] #指定字体,默认状态下 plt 中
没有汉字的字体
    plt. show()
```

5. 运行结果

程序运行结果如图 9-23 所示。

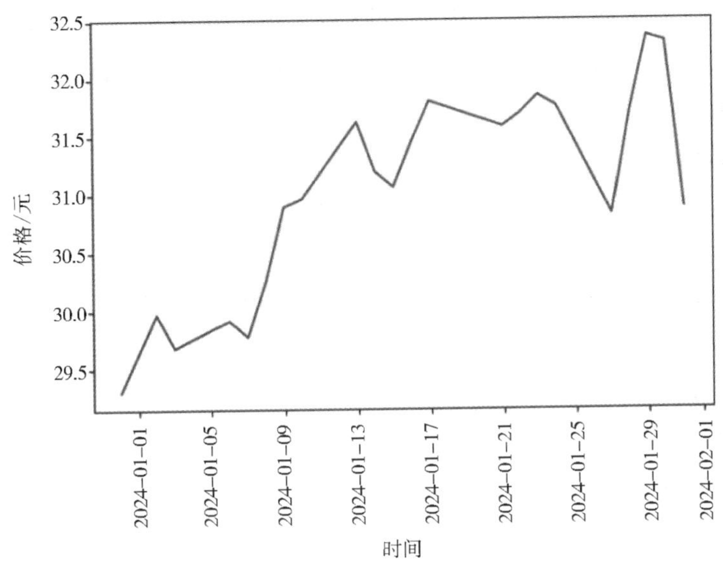

图 9-23　某股票的价格走势图

任务 2：多张 Excel 表数据的合并

1. 任务描述

办公中遇到的最多的工作就是大量的 Excel 表格数据处理的问题，利用 Python 可以对大量的 Excel 数据进行处理。我们先利用 Python 对多张 Excel 数据表中具有相同结构的数据进行合并处理。例如，将上一个示例中的 AAPL 股票数据与 AMZN 股票数据进行合并。

2. 任务分析

首先准备要处理的 Excel 文件，如 APPL. xlsx 和 AMZN. xlsx，将它们放到项目的一个文件夹中，然后读取文件夹中扩展名为. xlsx 的文件，进行合并。

3. 任务解决

(1) 利用 os 模块获取某文件夹中的文件

os 模块是 Python 内置模块，是操作系统模块，负责对系统中的文件和目录进行处理。

(2) 利用 Pandas 模块进行数据分析，对相关 Excel 文件进行数据合并

Pandas 模块是进行数据分析时必备的模块，是 Python 的一个数据分析包，Pandas 最初被作为金融数据分析工具而开发出来，因此 Pandas 为时间序列分析提供了很好的支持。Pandas 提供的数据类型有 Series（系列）、DataFrame（二维表格型数据结构）和 Panel（面板，三维的数组）。

Pandas 中的 DataFrame 有很多函数可以用来进行数据统计，包括基本统计和分组

统计，还支持功能全面的高性能内存中链接操作，与 SQL 关系数据库非常相似。Pandas 提供了一个 merge () 函数，用于实现 DateFrame 对象之间所有标准数据库的合并/连接操作。

4. 参考代码

```
import os
import pandas as pd
excel_file=[]
ame in os. listdir('. /'):
    if '. xlsx' in fname:
excel_file. append(pd. read_excel(fname))
#文件合并
df=pd. concat(excel_file,sort=False) #sort 是否排序
df. to_excel('hebing. xlsx',index=False) #index 是否要加索引行
```

提示：由于安装的开发环境的版本不同，在运行过程中有可能会提示缺失某个模块的情况，这时需要利用 pip 命令安装缺失的模块即可。上面的代码在开发环境（Python 3.7、Pycharm 2019.3）中运行时会提示缺失 xlrd 模块，该模块是负责读 Excel 的，而另一个模块 xlwt 是负责写 Excel 的。

5. 运行结果

执行代码后会在程序代码文件当前目录下生成运行结果“hebing. xlsx”文件。

课后习题：

一、问答题

1. 谈一谈计算与算法、算法与程序设计语言的关系。

2. 请用自然语言描述解决 10 个自然数升序排序问题的算法。

3. 请上网搜索使用本章介绍的程序设计语言开发的实例（或软件）情况，并汇总成表格与同学分享。

二、选择题

1. 下面不属于 Python 特性的是（　　）。

A. 简单易学　　B. 开源、免费

C. 属于低级语言　　D. 高可移植性

2. Python 脚本文件的扩展名是（　　）。

A. . python　　B. . py

C. pt　　　　　　D. pyth

3. 下列（　　）语句在 Python 中是不合法的。

A. x=y=z=1　　　　　　B. x=(y=z+1)

C. x,y=y,x　　　　　　D. x　+=　y

4. 执行下列代码，当 k 等于 5 的时候，打印的结果是（　　）。

```
if k<=10 and k>0:
  if k>5:
    if k>8:
    x=0
    else:
    x=1
  else:
    if k>2:
      x=3
    else:
      x=4
print(x)
```

A. 0　　　　　　B. 1

C. 2　　　　　　D. 3

5. 执行下列代码的结果是（　　）。

```
result=1
n=5
for i in range(1,n+1):
    result=result * i
print(result)
```

A. 5　　　　　　B. 720

C. 120　　　　　　D. 0

三、程序设计题

1. 打印 1～100 内的所有的素数。

2. 猜数游戏。在程序中预设一个 0～9 之间的整数，让用户通过键盘输入所猜的数，如果大于预设的数，显示“遗憾，太大了”；小于预设的数，显示“遗憾，太小了”，如此循环，直至猜中该数，显示“预测 N 次，您猜中了!”，其中 N 是用户输入数字的次数。